普通高等教育"十四五"规划教材

材料科学基础

李 酽　刘秀琳　李艾琳　耿冬苓　编

扫码看本书数字资源

U0314729

北 京
冶金工业出版社
2024

内 容 提 要

本书从材料的成分、组织结构出发，介绍了材料性能与材料结构和工艺之间的相互关系，系统阐述了材料凝固、相变、变形、缺陷、纳米材料电子性质及基本效应等共性基础知识及原理。与现有教材相比，本书补充了点缺陷、载流子输运特性、纳米材料等相关的基础知识。为了方便教学和学习，本书配备了PPT课件和教学视频。

本书可作为高等学校材料专业本科生及研究生教材，也可供其他相关专业师生及广大材料从业者参考。

图书在版编目(CIP)数据

材料科学基础/李酽等编 . —北京：冶金工业出版社，2024.4
普通高等教育"十四五"规划教材
ISBN 978-7-5024-9746-0

Ⅰ.①材… Ⅱ.①李… Ⅲ.①材料科学—高等学校—教材 Ⅳ.①TB3

中国国家版本馆 CIP 数据核字(2024)第 045354 号

材料科学基础

出版发行 冶金工业出版社		**电　　话**	(010)64027926
地　　址 北京市东城区嵩祝院北巷 39 号		**邮　　编**	100009
网　　址 www. mip1953. com		**电子信箱**	service@ mip1953. com

责任编辑　杨　敏　美术编辑　吕欣童　版式设计　郑小利
责任校对　梁江凤　责任印制　禹　蕊
三河市双峰印刷装订有限公司印刷
2024 年 4 月第 1 版，2024 年 4 月第 1 次印刷
787mm×1092mm　1/16；21 印张；510 千字；326 页
定价 49.00 元

投稿电话　(010)64027932　投稿信箱　tougao@cnmip.com.cn
营销中心电话　(010)64044283
冶金工业出版社天猫旗舰店　yjgycbs. tmall. com
(本书如有印装质量问题，本社营销中心负责退换)

前　言

　　材料科学是研究材料的组成、结构、性能、制备工艺、应用及其相互关系的一门基础科学，在发展和使用新材料及其功能器件等方面具有重要的指导意义。当前国内已出版的同类教材版本虽然较多，但各教材面向的专业背景和教改进程有明显差异，选编的内容侧重点也各不相同。编者根据课程教改及学生培养新要求编写了本书。

　　本书以全面提高学生材料类科学素养为宗旨，以培养学生材料创新思想和创新能力为重点，力求优化知识体系，反映材料科技发展新趋势。本书注重知识体系融会贯通，从晶体学的基础知识入手，进而讨论不同材料所具有的结构特点；在此基础上，进一步全面介绍了晶体缺陷理论、固体中的扩散、材料的形变和再结晶、固体凝固的基础理论和相图等基础知识；同时，注重学科的交叉融合，根据材料科学发展最新动态，扩展了材料科学基础知识体系，介绍了纳米材料、功能材料及器件等物理学方面的基础知识。在章节安排上，本书遵循循序渐进的编写逻辑，注重各部分内容间的联系，使前面的内容构成后面的基础，后面的内容是前面内容的拓展和发展，并力求使各知识单元形成一个整体。同时，本书配备了完整的PPT课件和教学视频，为线上线下混合式教学和学生自主学习提供了便利。

　　本书由李酽、刘秀琳、李艾琳、耿冬苓编写，其中绪论、第1章、第2章、第7章7.1节~7.6节由李酽教授编写；第3章、第7章7.7节、第8章、第9章由刘秀琳教授编写；第4章、第6章由李艾琳博士编写；第5章由耿冬苓副教授编写。在本书编写过程中王任聪、宋港龙等研究生在课件制作、资料整理、图形绘制等方面做了大量工作。

　　本书参考了有关文献资料，在此向文献资料作者表示衷心的感谢。

　　由于编者水平所限，书中不足之处，敬请广大读者批评指正。

编　者

2023 年 10 月

目　　录

绪　　论

　　材料是人类赖以生存和发展的物质基础。材料、信息和能源已经成为现代人类文明发展的三大支柱，尤其是材料与国民经济建设、国防建设和人民生活质量密切相关。当前，世界各国将新材料的发展列入其重要发展战略，特别是在诸如芯片、半导体、传感材料及器件、新能源材料、生物医用材料和高性能航空合金等方面的发展程度和水平，已成为国家间竞争力的重要标志。

A　材料发展的历史进程

　　人类社会发展的历史表明，材料是人类进步程度的主要标志，每一次材料的明显进步都伴随着人类生产生活方式和社会面貌的变革。材料发展的每一次巨大进步都代表着人类社会进步的新里程碑。纵观人类历史，不难发现每一类重要材料的发现和广泛使用，都会把人类支配和改造自然的能力提高到一个全新的水平，给社会生产力和人类生活方式带来翻天覆地的变化，把人类的物质文明和精神文明推进到新高度。历史已然证明，材料发展和更新的速度完全与人类科技发展同步，从材料发展的历史长度可以很清楚地发现，材料更新换代的速度呈加速度式突破。

a　石器时代

　　追溯到一百万年以前，古人类尝试用形态和硬度适宜的石头做工具，人类由此进入旧石器时代。大约一万年以前，人类学会了对石头进行初步的加工处理，能够制成比较精致的器皿或工具，使人类进入新石器时代。这个时期，人类能够利用动物皮毛遮身挡体。早在8000年前，我国古人就开始用蚕丝制造衣服；4500年前，古印度人开始了棉花种植。这些都体现了人类使用材料并促进人类文明的进步。在新石器时代，古人发明了陶瓷制作工艺，将黏土成型，并进行烧结而成为陶器。陶器的出现，不但用于器皿，而且成为装饰品，这是古代精神文明的一大进步。历史上虽无陶器时代的名称，但陶器对人类文明的贡献是不可估量的。

b　青铜器时代

　　约8000~9000年前，古人在烧（熏）制陶器过程中，某些偶然的机会发现了烧制产物中存在金属铜和锡。当时，人们还不明白这是铜、锡的氧化物在高温下被炭还原的产物。但是能利用这样的原材料生产出色泽鲜艳又能浇铸成型的青铜器，从此开启了人类大量利用金属材料的历史，使人类进入青铜器时代，成为人类文明发展的又一重要里程碑。由于地域差异和通信不发达，世界各国青铜时代出现的时间节点差异明显。古希腊在公元前3000年前，古埃及在公元前2500年前，古巴比伦在公元前19世纪中叶，古印度大约在公元前3000年已广泛使用青铜器。中国在公元前2700年已经使用青铜器了，至今已有约5000年的历史，到商周（公元前17~前3世纪）进入了鼎盛时期，如河南安阳出土的达875 kg的鼎、湖北随县的编钟、西安青铜车马都充分反映了当时中国冶金技术水平和制造工艺的高超。

c　铁器时代

公元前 13~前 14 世纪，人类便开始了铁的使用。3000 年前，铁器的使用远远超过了青铜器，标志着铁器时代的到来。当然，青铜器也一直在延续和发展之中。中国最早出土的铁器制品大约出现在公元前 9 世纪。到了春秋（公元前 770~前 476 年）末期，生铁技术有较大突破，遥遥领先于世界其他地区，如用生铁退火而制成韧性铸铁及以生铁炼钢技术的发明，促进了春秋战国时期生产力的大发展，对战国和秦汉的农业、水利和军事的发展起到巨大的推动作用。早在公元 2 世纪，中国的钢和丝绸已驰名古罗马帝国。生铁技术在公元前 5 世纪，即春秋末叶已经在黄河长江流域传播。这些技术于公元 6~7 世纪传入朝鲜半岛、日本和北欧，推动了整个世界文明的进步。

d　近代材料时代

随着人类材料文明的不断进步，18 世纪蒸汽机被发明，19 世纪电动机问世。这类机械技术的发明和大范围使用对金属材料提出了更多更高的要求，同时也对钢铁冶金技术的发展产生了更大的带动作用。1854 年和 1864 年转炉和平炉炼钢技术先后被发明，世界钢产量有了一个飞速发展。贯穿整个 20 世纪，金属材料占据了结构材料的主导地位，同时，复合材料在结构材料中的占比越来越高。随着有机化学的发展，19 世纪末叶，西方科学家受到中国丝绸的启发而发明了人造丝，这是人类改造自然材料的又一里程碑。20 世纪初，人工合成有机高分子材料相继问世，如 1909 年的酚醛树脂（电木）、1920 年的聚苯乙烯、1931 年的聚氯乙烯及 1941 年的尼龙等，因其性能优异、资源丰富、建设投资少、收效快而得到迅速发展。目前世界三大有机合成材料（树脂、纤维和橡胶）年产量逾亿吨。而且有机材料的性能不断提高，附加值大幅度增加，特别是特种聚合物正向功能材料各个领域进军，显示其巨大的潜力。

陶瓷本来用作建筑材料、容器或装饰品等。由于其资源丰富、密度小、高模量、高硬度、耐腐蚀、膨胀系数小、耐高温、耐磨等特点，到了 20 世纪中叶，通过材料合成及一些新的制备方法的出现，使得人们能够制备出具有各种不同功能的先进陶瓷（如 Si_3N_4、SiC、ZrO_2 等），陶瓷成为 20 世纪末期材料中非常活跃的研究领域，有人甚至提出"精细陶瓷时代"。但由于其脆性问题难以解决，且价格过高，作为结构材料没有像钢铁或高分子材料一样得到广泛应用。

复合材料是 20 世纪后期快速发展的一类新材料。众所周知，在自然界中，很多天然产物本身就是复合材料，如木材、皮革、竹子等。事实上，人类很早就制造了复合材料，如泥巴中混入碎麻或麦秆用以建造房屋。混凝土是钢筋和水泥构成的复合材料，兼具脆性和韧性。为了改善陶瓷的性能，陶瓷基复合材料也不断受到关注。碳是使用温度最高的材料（可达 2500 ℃），为了克服热震性能差，并提高其力学性能而制出的碳-碳复合材料已广泛用于军工，并扩展到民用。

功能材料虽然是 20 世纪末期才开始发展，但自古就受到了重视，早在战国（公元前 3 世纪）时期，人们已经学会利用天然磁铁矿来制造司南。到宋代，人们能够利用钢针磁化技术制造罗盘，为航海的发展提供了关键技术。功能材料是信息技术及自动化的基础，特别是半导体材料的出现，加速了现代文明的发展，1947 年，第一只具有放大作用的晶体管被发明，10 余年后科研人员又成功研制集成电路，使以硅材料为主体的计算机的功能不断提高，体积不断缩小，价格不断下降，加之高性能的磁性材料不断涌现，激光材料与光导纤维的问世，使人类社会进入了信息时代。因为硅是微电子技术的关键材料，所以有人称之为"硅片为代表的电子材料时代"，再一次说明材料对人类文明起了关键的作用。

e　现代新材料时代（纳米材料时代）

进入 21 世纪，科学技术快速发展对于材料提出了更高的要求，需要的材料种类越来越多，功能越来越丰富，性能越来越高。特别是一大批纳米材料、生物材料、光电子功能材料、新能源材料等的涌现，使得材料科技进入了一个全新时代。在航空航天领域，材料的轻量化和强度需求越来越高，需要采用先进复杂的材料制备工艺；在医疗领域，兼具功能性和人体相容性生物材料的发展使得人体组织修复成为现实；在能源领域，新型材料的开发显著提高了能源转化效率和存储效率，为可持续发展带来了新机遇。石墨烯、气凝胶、碳纳米管、富勒烯、非晶合金、泡沫金属、离子液体、纳米纤维素、纳米点钙钛矿、MXene 等新材料已经被越来越多的人所熟知，它们具有比传统材料更加优异的力学性能、电学性能和光学性能，在能源存储与转换、传感器、多功能聚合物复合材料等多个领域受到广泛关注。纳米技术在半导体芯片、癌症诊断、光学新材料和生物分子追踪等前沿领域得到高速发展。纳米金属氧化物半导体场效应管、平面显示用发光纳米粒子与纳米复合物、纳米光子晶体管应运而生，用于集成电路的单电子晶体管、记忆及逻辑元件、分子化学组装计算机，分子、原子簇的控制和自组装、量子逻辑器件、分子电子器件、纳米机器人、集成生物化学传感器等被研究制造出来。当前纳米技术的研究和应用已经扩展到材料、微电子、计算机技术、医疗、航空航天、能源、生物技术和农业等各领域。目前，世界各国已经将纳米材料和纳米科技作为前瞻性、战略性、基础性、应用性重点研究领域，投入大量的人力、物力和财力。据估计，2021~2027年期间，纳米材料市场规模将大幅扩大，纳米技术正逐步应用于更多的工业部门。例如医疗保健、化妆品、食品、饮料、家庭、花园、电子和计算系统。纳米技术在航空航天、国防工业以及其他经济部门将发挥重要作用。此外，为了以无污染和生态友好的方式生产纳米材料，逐步实施纳米材料绿色合成方法。2020 年，全球纳米材料市场规模为 71 亿美元，到 2026 年将达到 121 亿美元，年综合增长率为 9.7%。根据全球产业分析公司（Global Industry Analysts Inc.）的数据，2021 年美国纳米材料市场规模为 21 亿美元，到 2026 年，中国的纳米材料市场规模将达到 12 亿美元（年综合增长率为 11.4%）。在日本、加拿大和德国，年综合增长率预计分别为 8.1%、8.7% 和 9.1%。同一时期，美国国家纳米技术计划为纳米技术项目增加拨款，从 2001 年 4.64 亿美元增加到 2019 年的 62 亿美元。同样，欧盟（EU）和日本的纳米技术投资也从 2005~2010 年的 15 亿~18 亿美元发展到 2019~2020 年的 30 亿~40 亿美元。纳米材料的出现极大地改变了乘用车领域（成本、燃油效率和尺寸）。例如，2009 年，塔塔汽车（印度）向市场推出了世界上最便宜的汽车塔塔 Nano（10 万卢比）。它们之所以成为可能，是因为组件中的纳米材料提高了发动机效率，并减少了汽车的总重量。

B　材料的定义、分类

材料是指具有满足特定工作条件下使用要求的具有一定形态和物理性状的物质，是组成或制造生产工具的物质基础。更具体地讲，材料是人类用于制造物品、器件、构件、机器或其他产品的那些物质。必须注意，材料是物质，但不是所有物质都可以称为材料。如燃料和化学原料、工业化学品、食物和药物，一般都不算是材料。但是这个定义并不那么严格，如炸药、固体火箭推进剂，一般称之为"含能材料"，因为它属于火炮或火箭的组成部分。

材料有多种分类方法。按材料组成和结合键的性质，把材料分为金属材料、高分子材料、无机非金属材料以及复合材料四大类，这是最常见也是最为被广泛使用的材料分类。金属材料包括各种纯金属及其合金。塑料、合成橡胶、合成纤维等称为有机高分子材料。还有许多材料，如陶瓷、玻璃、水泥和耐火材料等，既不是金属材料，又不是有机高分子材料，人们统称它们为无机非金属材料。此外，人们还发展了一系列将两种以上的材料通过特殊方法结合起来而构成的复合材料，按照材料所起的作用，可将其分为结构材料和功能材料两类。

a　金属材料

金属材料通常分为黑色金属材料和有色金属材料（非铁材料）两类。黑色金属材料包括钢和铸铁。钢铁是现代工业中的主要金属材料，在机械产品中占整个用材消耗的 60% 以上。有色金属材料是指除 Fe 以外的其他金属及其合金。这些金属有八十余种，分为轻金属（相对密度小于 4.5）、重金属（相对密度大于 4.5）、贵金属、类金属和稀有金属五类。工程上最重要的有色金属有 Al、Cu、Zn、Sn、Pb、Mg、Ni、Ti 及其合金。有色金属材料的消耗虽然只占金属材料总消耗的 5%，但是它们具有优良的导电导热性，同时相对密度小、化学性质稳定、耐热、耐腐蚀，因而使得它们在工程上占有重要地位。

金属材料的基本特性：结合键为金属键，常规方法生产的金属为晶体材料；金属在常温下一般为固体、熔点较高；具有金属光泽；纯金属范性大，延展性大，强度较高；自由电子的存在，使得金属具有优良的导热和导电性；多数金属在空气中易被氧化。

b　无机非金属材料

无机非金属材料主要包括陶瓷、玻璃、水泥和耐火材料等。它们的主要原料是天然的硅酸盐矿物、人工合成的氧化物及其化合物。其生产过程与传统陶瓷的生产过程相近，需经过原料合成、预处理、成型、煅烧等过程。

陶瓷是含有玻璃相和气相的多晶体材料。绝大多数陶瓷是一种或几种金属元素与非金属元素组成的化合物。陶瓷分为传统陶瓷、特种陶瓷和功能陶瓷等。传统陶瓷以天然硅酸盐矿物为原料，经粉碎、成型和烧结制成，主要用作日用陶瓷。特种陶瓷是以人工化合物（氧化物、氮化物、碳化物、硼化物等）为原料制成的，主要用于化工机械、动力、电子、能源等领域，工程陶瓷主要指的是特种陶瓷。功能陶瓷主要以各类氧化物、复合氧化物等为原料制成的具有环境敏感性的新型陶瓷，如气敏陶瓷、光电陶瓷、压电陶瓷等，其在传感器等功能器件方面具有重要用途。

无机非金属材料的基本特性：结合键主要是离子键、共价键以及它们的混合键；硬而脆、韧性低、抗压不抗拉、对缺陷敏感；熔点较高，具有优良的耐高温、抗氧化性能；自由电子数目少、导热性和导电性较差；耐化学腐蚀性好；耐磨损；成型方式为粉末制坯、烧结成型。

c　高分子材料

高分子化合物是以 C、H、N、O 等元素为基础，由许多结构相同的基本单位（链节）重复连接组成，含有成千上万个原子，分子量很大，并在某一范围内变化。

　　高分子材料的分类方法很多，根据来源可分为天然和人工合成的两类；根据使用性质可分为塑料、橡胶、纤维、黏合剂、涂料等类型；根据高分子化合物的主链结构可分为碳链、杂链、元素高聚物三类；根据其对热的性质又可分为热塑性、热固性及热稳定性高聚物三类。如果按照材料的用途，又可分为高分子结构材料、高分子绝缘材料、耐高温高聚物、导电高分子、高分子建筑材料、生物医用高分子材料、高分子催化剂、包装材料等多种品种。

　　高分子材料的基本特性：结合键主要为共价键，有部分范德华键；分子量大，无明显的熔点，有玻璃化转变温度、黏流温度，并有热塑性和热固性两类；力学状态有玻璃态、高弹态和黏流态；重量轻；良好的绝缘性；优越的化学稳定性；成型方法较多。

　　d　复合材料

　　由两种或两种以上组分构成，并具有与其组分不同的性能的材料称为复合材料。

　　复合材料按性能分为结构复合材料和功能复合材料。根据增强剂形状及增强原理，可分为颗粒增强复合材料和纤维复合材料。根据复合材料的主要组分可分为树脂基复合材料、陶瓷基复合材料和金属基复合材料。

　　复合材料的基本特性：比强度和比模量高；良好的抗疲劳性能；耐烧蚀性和耐高温性好；结构件减振性能好；具有良好的减摩、耐磨和自润滑性能。

　　此外，按照材料的使用功能性，可以将材料分为两大类：功能材料和结构材料。功能材料是指表现出特殊的发光、光吸收、磁性、压电、光催化、敏感等物理和化学性质的一类材料，用于制造显示屏、传感器、声波器件、发光器件、压电电源等；结构材料主要是利用材料优良的力学特性，制造各类设备或结构的承力或固定结构，如手机壳体、电脑箱体、桥梁横梁、飞机结构件、发动机连杆等。

　　也可按照材料的应用行业或领域分类，分为纺织材料、建筑材料、食品包装材料、五金材料、电子材料、仪表材料、催化材料等。

　　按照性能可分为磁性材料、电子材料、光学材料、声学材料、机械材料、催化材料、敏感材料、化学功能材料等。

C　材料科学概述

　　a　材料科学的形成

　　"材料"一词很早就被广泛使用，但"材料科学"的概念出现较晚，始于20世纪60年代初。当时，世界发达国家的一些大学相继成立了各类材料研究中心，开始采用先进的科学理论与试验方法对材料进行深入的研究，取得了一系列重要成果。从此，"材料科学"这个名词在全球学术界开始流行并引起相关领域科学工作者的关注。

　　从本质上讲，"材料科学"的形成是相关科学与技术共同发展的结果。

　　首先，固体物理、无机化学、分析化学、有机化学、物理化学、结晶化学、矿物学等学科得到了充分发展，对物质结构和物性的深入研究推动了对材料本质的了解；同时，冶金学、金属学、陶瓷学、高分子科学的发展也使人们对材料本身的研究大大加强，从而对材料的化学组成、制备、结构与性能，以及它们之间的相互关系的研究也越来越深入和系统，为材料科学的形成打下了比较坚实的基础。

　　其次，在材料科学这个名词出现以前，冶金工程、金属材料、高分子材料与陶瓷材料等都已自成体系，各自都有了比较系统的理论和知识架构。与材料密切相关的机械加工也得到较好发展。随后，复合材料也获得广泛应用，其研究也逐步深入。这些学科门类之间存在着颇多相似和相通之处，对不同类型材料的研究可以相互借鉴，从而促进了材料学科的发展。如马氏体相变本来是金属学家提出来的，而且广泛地被用来作为钢热处理的理论基础，但在氧化锆陶瓷中也发现了马氏体相变现象，并用来作为陶瓷增韧的一种有效手段。又如材料制备方法中的溶胶-凝胶法，是利用金属有机化合物的水解而得到纳米级高纯氧化物粒子，成为改进陶瓷性能的有效途径；再如水热合成法的基本方法和理论来源于对地质学相关的研究，现在却最广泛地成为材料科学与工程的重要内容。虽然不同类型的材料各有其专用测试设备与生产装置，但各类材料的研究检测设备与生产手段有很多共同之处。例如显微镜、电子显微镜、表面测试及物性与力学性能测试设备等。在材料生产中，许多加工装置的原理也有颇多相通之处，可以相互借鉴，从而加速材料的发展。

最后，许多不同类型的材料可以相互替代和补充，能更充分发挥各种材料的优越性，达到物尽其用的目的。尽管从社会发展对材料的需求和各门类材料相关学科或专业的共性来看，完全有必要形成一门材料科学，但是由于各类材料的学科基础不同，也存在一些明显差异，甚至认知上的分歧，这就需要材料科学工作者相互取长补短，积极推动材料科学与工程的快速发展。

b　材料科学的研究内容

材料科学是一门交叉性比较强的学科，但其重点内容通常被理解为研究材料的组织、结构与性质的关系，探索其自然规律，属于基础研究。同时，材料是面向实际和为经济建设服务的，是一门应用科学，研究与发展材料的目的在于应用，而材料又必须通过合理的工艺流程才能具有实用价值，通过批量生产才能成为工程材料或器件。因此，"材料科学与工程"概念随之被提出。许多大学原来的冶金系、材料系相继更名为"材料科学与工程系"，偏重基础方面的就称"材料科学系"，偏重工艺方面的称"材料工程系"。当然，也有称之为"冶金与材料科学系"的，如英国的剑桥大学。相应地，有关材料科学或材料科学与工程方面的杂志和书籍也应运而生。首部《材料科学与工程百科全书》最先由美国麻省理工学院的科学家主编，自 1986 年开始陆续由英国 Pergamon 出版社出版发行。其中，对材料科学与工程所作的定义为：材料科学与工程就是研究有关材料组成、结构、制备工艺流程与材料性能和用途的关系及其运用。也就是说，材料科学与工程研究材料组成、结构、生产过程、材料性能与使用效能以及它们之间的关系。因而把成分与结构（composition—structure）、合成与制备（synthesis—fabrication）、性能（properties）及使用效能（performance）称为材料科学与工程的四个基本要素（basic elements）。把四要素联结在一起，便形成一个四面体（tetrahedron），如图 1（a）所示。

考虑到四要素中的组成和结构的含义区别明显，即使在成分相同的情况下，因材料的组织结构不同使得材料的性质或使用效能千差万别。为此，提出了五要素模型，即成分（composition）、合成/制备（synthesis/fabrication）、组织结构（structure）、性能（properties）和使用效能（performance）。如果把它们连接起来，则形成一个六面体（hexahedron），如图 1（b）所示。在这个五要素模型中，又引入了材料理论与设计这一材料学的中心要素，即一切的材料成分、结构、合成/制备、性能、使用效能都依赖于材料的理论与设计。

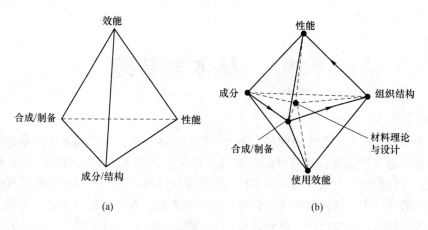

图 1　材料科学与工程要素图
（a）四要素；（b）五要素

　　材料科学与工程五要素模型相较于四要素，有两个主要特点：首先，性质与使用效能之间存在一种特殊的联系，材料的使用效能是材料性质在使用条件下的具体表现。环境对材料性能的影响是很大的，如温度、受力状态、气氛、介质等。比如有些材料在一般环境下的性能表现优异，而在腐蚀介质或环境中性能却下降显著；有的材料力学性能在表面光滑时表现很好，而在有缺口或微裂纹情况下性能大为下降，特别有些高强度材料表现尤为突出，但凡有一个划痕，就会造成灾害性破坏。因此，环境因素的引入对工程材料来说十分重要。其次，是材料理论和材料设计或工艺设计有了一个适当位置，它处在六面体的中心。因为这五个要素中的每一个要素，或几个相关要素都有其理论，根据理论建立模型（modeling），通过模型可以进行材料设计或工艺设计，以达到提高性能及使用效能、节约资源、减少污染或降低成本的最佳状态。这是材料科学与工程最终努力的目标。目前，国际流行的仍是四要素模型，五要素模型也在国际上逐渐被使用。

1 晶体学基础

无论天然的还是人工合成的材料，绝大多数是晶体材料，或者其主体由晶体构成。晶体的结构和形态与晶体生长和处理的过程息息相关，其决定了材料的最终性能和使用前景。因此，材料科学与工程领域的很多科学和技术问题都依赖于对晶体结构的理解。在一些新型材料的设计中，晶体结构是材料设计的根本依据。本章重点介绍用于表达晶体结构的空间点阵、晶胞、晶面指数、晶向指数、极射投影和倒易点阵等基础内容，为后续进一步学习和掌握晶体结构的类型和特征夯实专业基础。

1.1 晶体和非晶体

根据大量现有材料结构特征探索和表征的科学事实，目前发现的固体材料（结构）只包括晶体、非晶体和准晶三种类型。其中，晶体是最常见且大量存在的一种固体材料。晶体结构最基本的特征是其所包含的质点（原子、分子、离子或原子团）在三维空间呈周期性重复排列，即存在长程有序结构；非晶体的特征在于其所包含的质点在三维空间不具有周期性排列，即存在短程有序、长程无序的结构，也可以描述为质点在三维空间杂乱无章的排列结构；准晶介于晶体和非晶体之间，其质点在三维空间具有一定的规则排列状态，但不具有晶体结构的本质特征（点阵结构），但具有 5 次、10 次等这样的轴对称特征。晶体和非晶体的一般区别在于：（1）在一定压力下，晶体具有固定的熔点，而非晶体无固定熔点，存在一个熔化温度范围；（2）晶体具有各向异性，沿着晶体的不同方向，晶体的各种性质是有明显差异的，如折射率、晶体生长速度、原子线密度等；而非晶体为各向同性，沿着不同方向，其宏观物理和化学性质是相同的。

科研人员已经利用 X 射线衍射分析的方法揭示了大量晶体的内部结构。研究表明，一切晶体不论其外形如何，它的内部质点（原子、离子或分子）都是规律排列的，这种规律主要表现为质点在三维空间上的周期性重复性，构成所谓的格子构造。因此，物质中凡是质点作整齐规律排列，即具有格子构造者称为结晶质。结晶质在空间的有限部分即为晶体。由此，可以对晶体作出如下定义：晶体是具有格子构造的固体。

与上述情况不同，有些状似固体的物质如玻璃、琥珀、松香等，它们的内部质点不作规律排列，即不具格子构造，称为非晶体或非晶质体。从内部结构的角度来看，非晶质体中质点的分布颇类似于液体。非晶质与晶体结构的不同之处如图 1.1 所示。在石英晶体中，每个硅原子周围氧原子的排列是一样的，这种规律叫作近程规律；而且，在石英晶体中，硅和氧的这种排列方式在较大空间有规律地重复而形成格子构造，这种规律称为远程规律。但在石英玻璃的结构中则没有远程规律，只有近程规律。在气体中则既不存在远程规律也不存在近程规律。

由此可见，晶体是固体中最典型的代表。晶体的分布非常广泛，不仅自然界的矿物、岩石以及砂粒与土壤大都是结晶质的，而且实验室里多种药品与试剂，建筑用的钢材，日用的陶瓷制品，以至于食用的糖、盐和味精也都是晶体。各类晶体形态复杂多样，大小悬殊。例如矿物晶体有的可重达百吨，直径数十米；有的则需借助显微镜，甚至电子显微镜或 X 射线分析才能识别到。

这里还应指出的是，自然界还存在一些呈胶凝体状态的矿物，虽然组成胶体的微粒通常是结晶质的，但由于颗粒太细（在一般光学显微镜下亦不易区分），而颗粒间又呈不规则排列，因此，它不可能具有晶体的规则外形，在 X 射线衍射、光学性质等一系列性质上的表现也与非晶质类似。胶体状态不稳定，可逐渐向显微镜下可以辨识的隐晶质乃至显晶质转化。

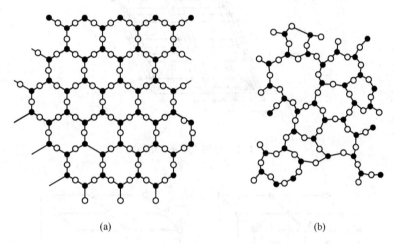

(a)   (b)

图 1.1　晶体结构与非晶体结构
（a）石英晶体；（b）石英玻璃（非晶体）

1.2　晶体点阵和晶胞

晶体种类繁多，结构千变万化，性能异彩纷呈，晶体中的质点（原子、分子、离子或原子团等）在三维空间表现出纷繁复杂的排列方式。为了便于从总体上揭示晶体结构的规律性，一般情况下，将实际晶体结构看成完整无缺的理想晶体，忽略掉少数质点排列的不完善性。研究发现，无论任何晶体，其结构中总能抽象出一个能反映晶体结构基本构成的代表性质点，观察这些质点在空间排列的规律性就能从总体上把握晶体的基本结构特征。不同的晶体结构，所选取的代表性质点是不同的，这个代表性质点可以是原子，也可以是分子、离子、原子对、离子对、原子团等。当同时把晶体中所有这些相同的代表性质点抽象为没有大小的几何点（称之为阵点）时，这些阵点表现出完全相同的周围环境，且其在三维空间呈现出周期性重复排列，这样的点列称为空间点阵，简称点阵。如图 1.2 所示，如果用许多平行的直线将所有阵点连接起来，便构成一个三维几何格架，其反映了晶体结构的基本特点，将其称为晶体的空间格子（空间点阵）。这里以氯化铯（CsCl）晶体结构（图 1.3）为例进行说明。图 1.3 中，双圈与黑点分别表示 Cl^- 和 Cs^+ 离子的中心。可以看出，无论 Cl^- 离子或 Cs^+ 离子在晶体结构的任一方向上都是每隔一定的距离重复出现一次。

为了进一步揭示这种重复规律，可以对它作某种抽象。先在结构中找出任一相邻的一对 CsCl，将其抽象为一个几何点，这个点的位置置于 Cl⁻离子中心或 Cs⁺离子中心，或者它们之间的任意一点都可以，然后在结构中找出与此点相当的所有几何点（等效点），也就是将其他所有的一个个 CsCl 抽象为几何点（等效点）。等效点排列如图 1.3（b）所示；显然，如果把原始点放在 Cs⁺离子中心或其他任何地方，那么找出的相当点的分布也同样如图 1.3（b）所示。

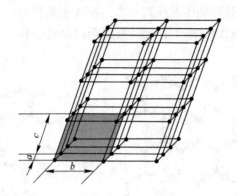

图 1.2　空间点阵的一部分

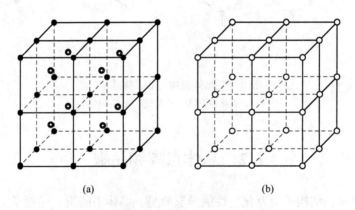

(a)　　　　　　　　　　　(b)

图 1.3　氯化铯的晶体结构与空间点阵
(a) 晶体结构；(b) 空间点阵

　　正因为晶体点阵是一个巨大的周期性重复性结构，只要找出其中最小的结构单元，就能把握其整体架构。根据空间格子构造的特征，这个最小单元恰好是一个能代表该结构的最小平行六面体，称之为晶胞。晶胞在三维空间重复堆砌就构成了空间格子（空间点阵）。从这个意义上看，只要掌握了这个晶胞的几何特征和参数，就能完全确定所对应晶体的点阵结构类型。

　　然而，对于同一空间点阵可能由于选取方式不同而得到不同大小和形态的晶胞，图 1.4 示意出在一个二维点阵中可以选取的不同晶胞样式。为了建立统一的晶体结构分类，有必要提出几条规定性的晶胞选取原则：

　　（1）选取的平行六面体应能充分反映点阵的最高对称性；

（2）平行六面体内的棱和角相等的数目应最多；

（3）当平行六面体的棱边夹角存在直角时，直角数目应最多；

（4）在满足上述条件的情况下，晶胞应具有最小的体积。

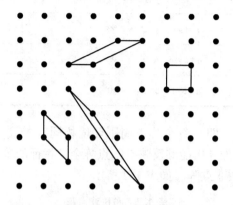

图 1.4　二维点阵中选取晶胞

显而易见，准确描述晶胞的形状和大小，需要确定这个平行六面体中相交于一点的三条棱边长度 a、b、c（称为点阵常数）及棱间夹角 α、β、γ 6 个参数来表达，称这 6 个参数为点阵参数，如图 1.5 所示。也可以采用 3 个点阵矢量 a、b、c 来描述晶胞，这 3 个矢量不仅确定了晶胞的形状和大小，并且完全确定了此空间点阵。根据 6 个点阵参数间的相互关系，将全部空间点阵划分为 7 种类型，即 7 个晶系，如表 1.1 所示。

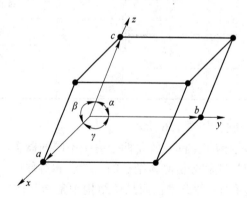

图 1.5　晶胞、晶轴和点阵矢量

表 1.1　晶系

晶系	棱边长度及夹角关系	举　例
三斜	$a \neq b \neq c,\ \alpha \neq \beta \neq \gamma \neq 90°$	K_2CrO_7
单斜	$a \neq b \neq c,\ \alpha = \gamma = 90° \neq \beta$	$\beta\text{-S},\ CaSO_4 \cdot 2H_2O$
正交	$a \neq b \neq c,\ \alpha = \beta = \gamma = 90°$	$\alpha\text{-S},\ Ga,\ Fe_3C$

晶系	棱边长度及夹角关系	举　例
六方	$a_1 = a_2 = a_3 \neq c$, $\alpha = \beta = 90°$, $\gamma = 120°$	Zn, Cd, Mg, NiAs
菱方	$a = b = c$, $\alpha = \beta = \gamma \neq 90°$	As, Sb, Bi
四方	$a = b \neq c$, $\alpha = \beta = \gamma = 90°$	β-Sn, TiO$_2$
立方	$a = b = c$, $\alpha = \beta = \gamma = 90°$	Fe, Cr, Cu, Ag, Au

　　按照晶体结构的特点，即"每个阵点周围环境相同"的要求，法国物理学家布拉菲（A. Brayals）用数学方法推导出能够反映空间点阵全部特征的单位平面六面体只有 14 种，这 14 种空间点阵也称布拉菲点阵，如表 1.2 所示。

表 1.2　布拉菲点阵

晶系	布拉菲点阵	图 1.6	晶系	布拉菲点阵	图 1.6
三斜	简单三斜	(a)	六方	简单六方	(h)
单斜	简单单斜	(b)	菱方	简单菱方	(i)
	底心单斜	(c)			
正交	简单正交	(d)	四方	简单四方	(j)
	底心正交	(e)		体心四方	(k)
	体心正交	(f)	立方	简单立方	(l)
	面心正交	(g)		体心立方	(m)
				面心立方	(n)

　　14 种布拉菲点阵的晶胞，如图 1.6 所示。

　　必须明确的是，晶体结构与空间点阵是两个完全不同的概念。空间点阵是晶体中质点排列的几何学抽象，用以描述和分析晶体结构的周期性和对称性，由于阵点周围环境相同的几何学限制，它只可能有 14 种类型；而晶体结构则是指晶体中实际质点（原子、离子或分子）的具体空间排列，它们能组成各种类型的结构，可见，实际存在的晶体结构近似无限多。图 1.7 为金属中常见的密排六方晶体结构，但不能看作是一种空间点阵。这是因为位于晶胞内的原子与晶胞角上的原子具有不同的周围环境。若将晶胞角上的一个原子与相应的晶胞之内的一个原子共同抽象为一个几何质点（阵点）[（0, 0, 0）阵点可看作是由（0, 0, 0）和（2/3, 1/3, 1/2）这一对原子所组成的]，这样得出的密排六方结构应属简单六方点阵。图 1.8 所示为 Cu、NaCl 和 CaF$_2$ 三种晶体结构，显然，这三种结构有着很大的差异，属于不同的晶体结构类型，然而它们却同属于面心立方点阵。又如图 1.9 所示为 Cr 和 CsCl 的晶体结构，它们都是体心立方结构，但 Cr 属体心立方点阵，而 CsCl 则属简单立方点阵。

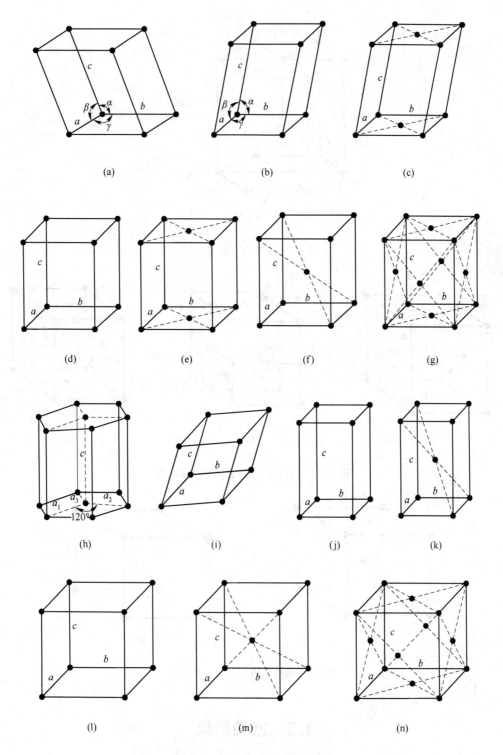

图 1.6 14 种布拉菲点阵的晶胞

（a）简单三斜；（b）简单单斜；（c）底心单斜；（d）简单正交；（e）底心正交；（f）体心正交；

（g）面心正交；（h）简单六方；（i）简单菱方；（j）简单四方；（k）体心四方；（l）简单立方；

（m）体心立方；（n）面心立方

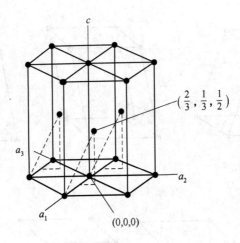

图 1.7   密排六方晶体结构

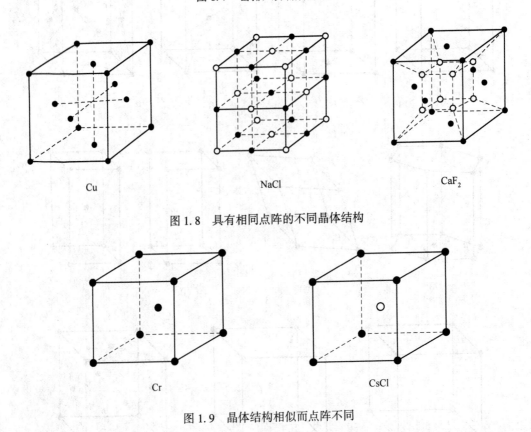

Cu

NaCl

CaF$_2$

图 1.8   具有相同点阵的不同晶体结构

Cr

CsCl

图 1.9   晶体结构相似而点阵不同

1.3   密勒指数

在讨论有关晶体的生长、变形、相变及性能等问题时，涉及晶体中原子的位置、原子列的方向（晶向）、原子构成的平面（晶面），以及它们之间的空间关系问题。只要掌握了晶体结构中原子列和原子面的具体排列及空间关系，晶体结构便明确了。为了便于对晶体结构和特征进行描述和计算，国际上通常用密勒（William Hallowes Miller，1801～1880年，英国结晶学家）指数来统一标定晶向指数与晶面指数。

1.3.1 晶向指数

如果赋予晶向一个特定的符号或代码，既能区别于其他晶向，也能反映这个晶向上原子排列的特点，对于晶体结构的表达是非常便利的。如图 1.10 所示，在一个三维点阵结构中，任何阵点 P 的位置可由矢量 r_{uvw} 或该阵点的坐标（u，v，w）来确定，即

$$r_{uvw} = \overrightarrow{OP} = ua + vb + wc \tag{1.1}$$

同一晶向上，所选 P 点坐标的 u、v、w 的数值不同，但其约化后的最小整数 u、v、w 是相同的；而不同晶向上约化后的 u、v、w 的数值是完全不同的。因此，可用约化的 $[uvw]$ 来表示晶向指数。晶向指数的确定步骤描述如下：

（1）以晶胞的某一阵点 O 为原点，过原点 O 的晶轴为坐标轴 x、y、z，以晶胞点阵矢量的长度 a、b、c 作为坐标轴的长度单位；这里需要注意，不同坐标轴上相同的坐标值对应的实际长度是不一样的。

（2）过原点 O 作一直线 OP，使其平行于待定晶向。

（3）在直线 OP 上选取距原点 O 最近的一个阵点 P，确定 P 点的 3 个坐标值。

（4）将这 3 个坐标值约化为最小整数 u、v、w，按照晶体坐标轴 x、y、z 的次序写在方括号内，即 $[uvw]$ 为待定晶向的晶向指数。若坐标中某一数值为负则在相应的指数上加一负号，如 $[1\bar{1}0]$、$[\bar{1}00]$ 等。

图 1.11 列举了正交晶系的一些重要晶向的晶向指数。

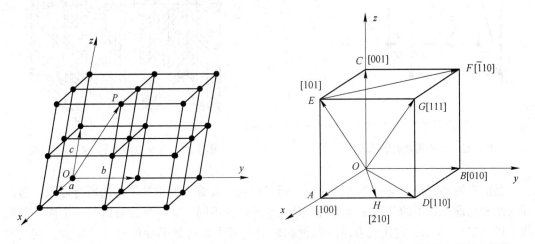

图 1.10 点阵矢量（晶向）　　　图 1.11 正交晶系一些重要晶向的晶向指数

晶向指数虽然只是通过一列具体的原子列方向矢量得到的，但必须注意到晶向指数表示着所有相互平行、方向一致的晶向，即原子列所在方向。若所指的方向相反则晶向指数的数字相同，但符号相反。同样，晶体中因对称关系而等同的各组晶向可归并为一个晶向族，用<uvw>表示。例如，立方晶系的体对角线 $[111]$、$[\bar{1}11]$、$[1\bar{1}1]$、$[\bar{1}\bar{1}1]$、$[11\bar{1}]$、$[1\bar{1}\bar{1}]$、$[\bar{1}1\bar{1}]$、$[11\bar{1}]$，就可用符号<111>表示。

16

1.3.2　晶面指数

晶面是指晶体结构中的原子面或其点阵结构中阵点所在的平面，该平面包含了多个在同一平面上的晶向。晶面指数标定步骤如下：

（1）在点阵中设定参考坐标系，设置方法与确定晶向指数时相同。切记，不能将坐标原点选在待确定指数的晶面上，以免出现零截距。

（2）求得待定晶面在三个晶轴上的截距，若该晶面与某轴平行则在此轴上截距为∞；若该晶面与某轴负方向相截，则在此轴上截距为一负值。

（3）取各截距的倒数。

（4）将三个截距的倒数化为互质的整数比，并加上圆括号，即表示该晶面的指数，记为（hkl）。

图 1.12 中待标定的晶面 $a_1b_1c_1$ 相应的截距为 1、1/3、2/3，其倒数为 1、3、3/2，化为简单整数为 2、6、3，故晶面 $a_1b_1c_1$ 的晶面指数为（263）。如果所求晶面在晶轴上的截距为负数，则在相应的指数上方加一负号，如（$\bar{1}10$）、（$11\bar{2}$）等。图 1.13 为正交点阵中一些晶面的晶面指数。

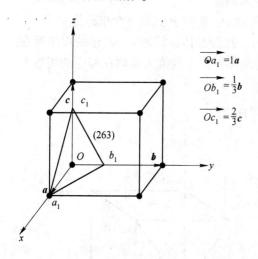

图 1.12　晶面指数的表示方法

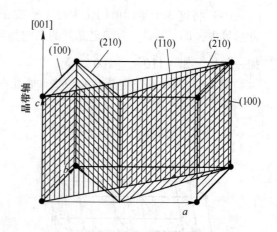

图 1.13　正交点阵中的一些晶面指数

晶面指数不仅代表某一个具体的原子面，而且代表着一组相互平行的所有晶面。若晶面间距和晶面上原子的分布完全相同，只是空间位向不同，这组晶面可以归并为同一晶面族，以 $\{hkl\}$ 表示，它代表着由对称性相联系的若干组等效晶面的总和。例如，在立方晶系中：

$$\{110\} = (110) + (101) + (011) + (\bar{1}10) + (\bar{1}01) + (0\bar{1}1) + (1\bar{1}0) + (\bar{1}0\bar{1}) +$$
$$(01\bar{1}) + (1\bar{1}0) + (10\bar{1}) + (01\bar{1})$$

这里，前六个晶面与后六个晶面两两相互平行，共同构成一个十二面体。所以，晶面族 $\{110\}$ 又称为十二面体的面。

$$\{111\} = (111) + (\bar{1}11) + (1\bar{1}1) + (11\bar{1}) + (\bar{1}\bar{1}\bar{1}) + (1\bar{1}\bar{1}) + (\bar{1}1\bar{1}) + (\bar{1}\bar{1}1)$$

这里，前四个晶面和后四个晶面两两平行，共同构成一个八面体。因此，晶面族
{111} 又称八面体的面。此外，在立方晶系中，具有相同指数的晶向和晶面必定是互相垂
直的。例如 [110] 垂直于 (110)，[111] 垂直于 (111) 等。

1.3.3　六方晶系指数

同样，六方晶系的晶向指数和晶面指数也可以应用上述方法标定，这时取 a_1、a_2、c
为晶轴，而 a_1 轴与 a_2 轴的夹角为120°，c 轴与 a_1、a_2 轴相垂直，如图 1.14 所示。但按三
轴方法标定的晶面指数和晶向指数，指数的数字及排列不能完美地体现六方晶系的六次对
称的特点，同类型的晶面和晶向，其指数却不具有相似性，往往单从晶向和晶面指数看不
出它们之间的等同关系。例如，晶胞的六个柱面是等同的，但其晶面指数却分别为
(100)、(010)、($\bar{1}$10)、($\bar{1}$00)、(0$\bar{1}$0) 和 (1$\bar{1}$0)。为了克服这一缺点，特意采用一种专
门用于六方晶系的指数，即四轴指数。

根据六方晶系的 c 轴为六次对称轴的特点，对六方晶系专门采用 a_1、a_2、a_3 及 c 四个
晶轴的晶体坐标系来确定密勒指数，a_1、a_2、a_3 之间的夹角均为120°，且在同一平面内。
这样，其晶面指数就以 (hkil) 四轴指数来表示。根据几何学可知，三维空间独立的坐标
轴最多不超过三个。前三个指数中只有两个是独立的，它们之间存在关系：$i = -(h+k)$。
晶面指数的具体标定方法同三轴指数相同，在图 1.14 中列举了六方晶系的一些晶面的指
数。采用这种标定方法，等同的晶面可以从指数上反映出来。例如，上述六个柱面的指数
分别为 (10$\bar{1}$0)、(0$\bar{1}$10)、($\bar{1}$100)、($\bar{1}$010)、(0$\bar{1}$10) 和 (1$\bar{1}$00)，这六个晶面可归并为
{10$\bar{1}$0} 晶面族。

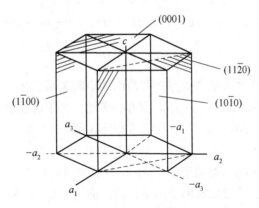

图 1.14　六方晶系一些晶面的指数

采用四轴坐标时，晶向指数的确定原则仍同前述（图 1.15）。通常六方晶系晶向指数
中的前三个值 u、v、t 使用图 1.15 的格子结构用行走法确定。但用这种方法确定的指数是
不唯一的，同一个晶向走过的路径可以是不同的，这就导致了晶向指数的不确定性。例
如，a_1 轴的指数可以是 [2$\bar{1}$$\bar{1}$0]，也可以是 [2000]；$a_2$ 轴的指数可以是 [$\bar{1}$2$\bar{1}$0]，也可
以是 [0200]。那么，如何解决这个问题呢？要想使等价晶向具有相似的四轴指数
[uvtw]，只好人为地附加一个条件："前三个指数之和为零"。即要求满足 $u+v=-t$，以保
持晶向指数的唯一性。

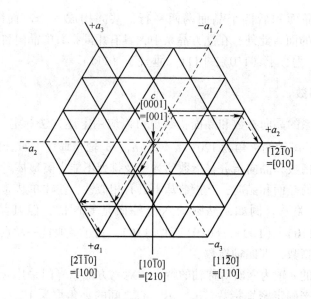

图 1.15 六方晶系晶向指数的表示方法（c 轴与图面垂直）

究竟是使用三轴指数还是四轴指数，需要视研究问题的具体情况而定。六方晶系按两种晶轴系所得的晶面指数和晶向指数可相互转换：对晶面指数而言，从（$hkil$）转换成（hkl）只要去掉 i 即可；反之，则加上 $i = -(h + k)$。对晶向指数而言，则 [UVW] 分别与 [$uvtw$] 之间的互换关系为：

$$U = u - t, \quad V = v - t, \quad W = w \tag{1.2}$$

$$u = 1/3(2U - V), \quad v = 1/3(2V - U), \quad t = -(u + v), \quad w = W \tag{1.3}$$

1.3.4 晶带定律

对晶体结构的描述通常需要考虑晶向和晶面的空间关系，把所有平行于某一个晶向的所有晶面归并为一组，称为晶带，此晶向称为晶带轴，属于此晶带的晶面称为晶带面。晶带轴 [uvw] 与该晶带的晶面（hkl）之间存在以下关系：

$$hu + kv + lw = 0 \tag{1.4}$$

凡是满足上述关系的晶面都属于以 [uvw] 为晶带轴的晶带，上式称为晶带定律。

根据这个基本公式，若已知有两个不平行的晶面（$h_1 k_1 l_1$）和（$h_2 k_2 l_2$），则其晶带轴 [uvw] 可以从下式求得：

$$u : v : w = \begin{vmatrix} k_1 & l_1 \\ k_2 & l_2 \end{vmatrix} : \begin{vmatrix} l_1 & h_1 \\ l_2 & h_2 \end{vmatrix} : \begin{vmatrix} h_1 & k_1 \\ h_2 & k_2 \end{vmatrix} \tag{1.5}$$

或写作如下形式：

$$\begin{bmatrix} u & v & w \\ h_1 & k_1 & l_1 \\ h_2 & k_2 & l_2 \end{bmatrix} \tag{1.6}$$

同样，已知二晶向 $[u_1 v_1 w_1]$ 和 $[u_2 v_2 w_2]$，由此二晶向所决定的晶面指数则为：

$$h:k:l = \begin{vmatrix} v_1 & w_1 \\ v_2 & w_2 \end{vmatrix} : \begin{vmatrix} w_1 & u_1 \\ w_2 & u_2 \end{vmatrix} : \begin{vmatrix} u_1 & v_1 \\ u_2 & v_2 \end{vmatrix} \qquad (1.7)$$

或写作如下形式：

$$\begin{bmatrix} h & k & l \\ u_1 & v_1 & w_1 \\ u_2 & v_2 & w_2 \end{bmatrix} \qquad (1.8)$$

而已知三个晶轴 $[u_1 v_1 w_1]$、$[u_2 v_2 w_2]$ 和 $[u_3 v_3 w_3]$，若：

$$\begin{vmatrix} u_1 & v_1 & w_1 \\ u_2 & v_2 & w_2 \\ u_3 & v_3 & w_3 \end{vmatrix} = 0 \qquad (1.9)$$

则三个晶轴同在一个晶面上。

已知三个晶面 $(h_1 k_1 l_1)$、$(h_2 k_2 l_2)$ 和 $(h_3 k_3 l_3)$，若：

$$\begin{vmatrix} h_1 & k_1 & l_1 \\ h_2 & k_2 & l_2 \\ h_3 & k_3 & l_3 \end{vmatrix} = 0 \qquad (1.10)$$

则此三个晶面同属一个晶带。

1.3.5　晶面间距

指数不同的晶面之间的区别主要在于晶面的位向和晶面间距不同，晶面内阵点（或原子）的密度也不同。确定的晶面指数对应着确定的晶面位向和晶面间距。一般用晶面法线的位向来表示晶面的位向。显而易见，空间任一直线的位向可用它的方向余弦表示，对立方晶系而言，已知某晶面的晶面指数为 h、k、l，则该晶面的位向可以从以下关系求得：

$$h:k:l = \cos\alpha : \cos\beta : \cos\gamma \qquad (1.11)$$
$$\cos^2\alpha + \cos^2\beta + \cos^2\gamma = 1 \qquad (1.12)$$

根据晶面指数可进一步求出面间距 d_{hkl}。通常，低指数（h、k、l 数值小）的面间距较大，而高指数（h、k、l 数值大）的晶面间距则较小。图 1.16 所示为简单立方点阵不同晶面的面间距的平面图，其中（100）面的面间距最大，而（320）面的间距最小。此外，晶面间距越大，则该晶面内原子排列越密集，晶面间距越小则排列越稀疏。

晶面间距 d_{hkl} 与晶面指数（hkl）的关系式可根据图 1.17 的几何关系求出。设 ABC 为距原点 O 最近的晶面，其法线 N 与 a、b、c 的夹角为 α、β、γ，则得：

$$d_{hkl} = \frac{a}{h}\cos\alpha = \frac{b}{k}\cos\beta = \cos\gamma \qquad (1.13)$$

$$d_{hkl}\left[\left(\frac{h}{a}\right)^2 + \left(\frac{k}{b}\right)^2 + \left(\frac{l}{c}\right)^2\right] = \cos^2\alpha + \cos^2\beta + \cos^2\gamma \qquad (1.14)$$

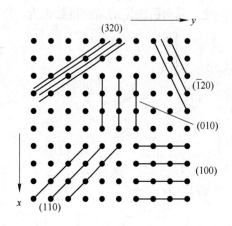

图 1.16   晶面间距

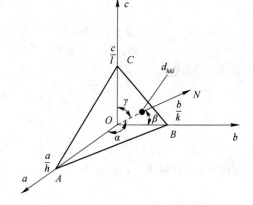

图 1.17   晶面间距公式的推导

因此，只要算出 $\cos^2\alpha+\cos^2\beta+\cos^2\gamma$ 的值就可求得 d_{hkl}。对直角坐标系，$\cos^2\alpha+\cos^2\beta+\cos^2\gamma=1$，所以，正交晶系的晶面间距计算公式为：

$$d_{hkl} = \frac{1}{\sqrt{\left(\dfrac{h}{a}\right)^2 + \left(\dfrac{k}{b}\right)^2 + \left(\dfrac{l}{c}\right)^2}} \qquad (1.15)$$

对立方晶系，由于 $a=b=c$，故上式可简化为：

$$d_{hkl} = \frac{a}{\sqrt{h^2 + k^2 + l^2}} \qquad (1.16)$$

对六方晶系，其晶面间距的计算公式为：

$$d_{hkl} = \frac{1}{\sqrt{\dfrac{4(h^2 + k^2 + l^2)}{3a^2} + \left(\dfrac{l}{c}\right)^2}} \qquad (1.17)$$

1.4   极射投影

1.4.1   极射投影原理

极射赤平投影在天文、地质、晶体学等领域具有非常重要的用途。在研究晶体的对称性等问题时，需要把晶体的晶面和晶向投影到球面或平面上，以测定和观察它们之间的空间关系。将目标晶体放在一个球的球心上，这个球称为参考球。假定晶体尺寸与参考球相比很小，就可以近似地认为晶体中所有晶面的法线和晶向均通过球心。将代表每个特定晶面或晶向的直线从球心出发向外延伸，与参考球球面交于一点，这一点即为该晶面或晶向的球面投影点（极点）。极点的相互位置即可用来确定与之相对应的晶向和晶面之间的夹角。将立方晶体置于投影球心，则其六个面的球面投影（极点）分布如图 1.18 所示。

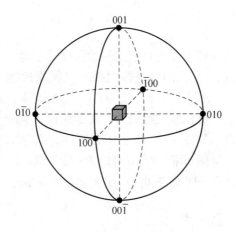

图 1.18 立方晶体六个侧面的球面投影

　　球面投影是一个三维立体图形，很难对其进行测量，那么，如何将球面投影变换到平面上呢？如图 1.19 所示，将投影球看作地球，以北极（N 点）作为上目测点，以南极（S 点）作为下目测点。从 N 点向下半球球面上的极点连线，连线与赤道面（水平投影面，称作基圆，也称极射面）交点即为该极点的极射赤平投影点。同样，从 S 点向上半球的极点连线，连线与基圆的交点即为上半球极点的极射赤平投影点。上半球和下半球极点的赤平投影点可能落在基圆上的同一点，为了区别，分别用实心圆点和空心圆点分别表示上半球和下半球极射赤平投影点。这样，所有球面的极点就都能投影在基圆平面上（赤道面），如图 1.19 中下图所示。

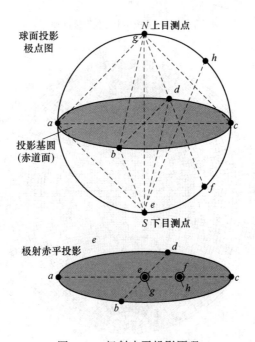

图 1.19 极射赤平投影原理

1.4.2　乌尔夫网

在测量极射赤平投影图内各个几何要素之间的角度关系时，需要用到一种特殊的量角器—吴氏网。如图 1.20 所示，吴氏网也是按照极射投影原理得到的。将目测点设置在右半球赤道线东经 90°位置，去观测左半球上所有的纬线和经线，并投影在左侧的垂直平面上，即可得到吴氏网。可见，吴氏网在绘制时如实地保存了实际空间角度关系。经度沿赤道线读数；纬度沿基圆读数。如图 1.21 所示，吴氏网（乌尔夫网，Wulff net）由经线和纬线组成，经线是由参考球空间每隔 2°等分且以 NS 轴为直径的一组大圆投影而成；而纬线则是垂直于 NS 轴且按 2°等分球面空间的一组大圆投影而成。

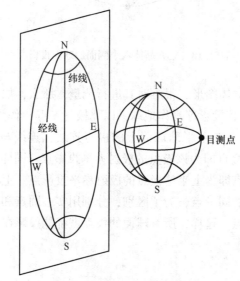

图 1.20　吴氏网极射投影原理

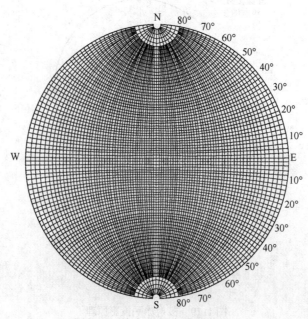

图 1.21　乌尔夫网（分度为 2°）

测量时，先将投影图画在透明纸上，其基圆直径与所用吴氏网的直径大小相等，然后将此透明纸覆盖在吴氏网上测量。利用吴氏网不仅可以方便地读出任一极点的方位，而且可以测定投影面上任意两极点间的夹角。

使用吴氏网时，特别注意的应使两极点位于吴氏网经线或赤道上才能正确度量晶面（或晶向）之间的夹角。图1.22（a）中 B 和 C 两极点位于同一经线上，在吴氏网上可读出其夹角为30°。对照图1.22（b），可见 $\beta=30°$，反映了 B、C 之间空间的真实夹角。但位于同一纬度圆上的 A、B 两极点，它们之间的实际夹角为 α，而由吴氏网上量出它们之间的经度夹角相当于 α'，由于 $\alpha\neq\alpha'$，所以，不能在小圆上测量这两极点间的角度。欲测量 A、B 两点间的夹角，应将附在吴氏网上的透明纸绕圆心转动，使 A、B 两点落在同一个吴氏网大圆上，然后读出这两极点的夹角。

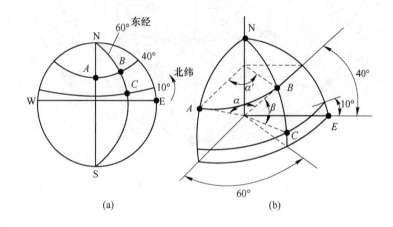

图 1.22　乌尔夫网和参考球的关系

1.4.3　标准投影

以晶体的某个晶面平行于投影面作出所有代表性晶面的极射投影图称为标准投影。通常选择一些重要的低指数的晶面作为投影面，这样得到的图形既能反映晶体的对称性，也能简化图形，增强可读性。立方晶系常用的投影面是（001）、（110）和（111）；六方晶系则为（0001）。图1.23为立方晶系的（001）标准投影。对于立方晶系，相同指数的晶面和晶向是相互垂直的，所以标准投影中的极点既代表了晶面又代表了晶向。

同一晶带的各晶面的极点一定位于同一参考球大圆上（因为各晶带面的法线位于同一平面上），因此，在投影图上同一晶带的晶面极点也位于同一大圆上。图1.23绘出了一些主要晶带的面，由于晶带轴与其晶面的法线是相互垂直的，所以可根据晶带面所在的大圆求出该晶带的晶带轴。例如，图1.23中（100）、（1$\bar{1}$1）、（0$\bar{1}$1）、（$\bar{1}$$\bar{1}$1）、（$\bar{1}$00）在同一经线上，它们属同一晶带。应用吴氏网在赤道线上向右量出90°，求得其晶带轴为[011]。

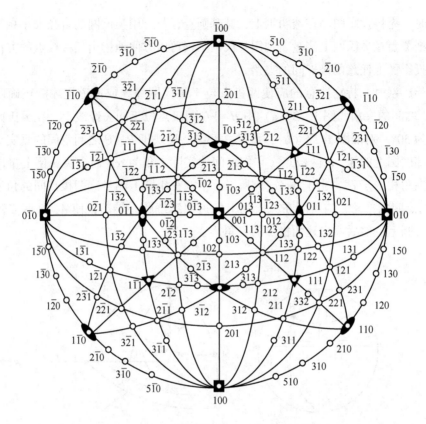

图 1.23　立方晶体详细的（001）标准投影图

1.5　倒易点阵

1.5.1　倒易空间的定义和性质

晶体是原子（或离子、分子或原子团等）在三维空间内呈周期性规律排列的物质。这种三维周期性分布可以概括地用点阵平移对称来描述，因此，称这种点阵为晶体点阵。当同时提及晶体点阵与倒易点阵时，又常称晶体点阵为正点阵。

在研究晶体衍射现象时，某晶面（hkl）能否产生衍射的重要条件是该晶面相对入射束的方位和晶面间距 d_{hkl} 能否满足布拉格方程：$n\lambda = 2d \cdot \sin\theta$。因此，为了从几何上形象地判定衍射条件，须寻求一种新的点阵，使其每一结点对应着实际晶体中的某个晶面，同时，既能反映该晶面的取向，又能反映其晶面间距。倒易点阵就是从实际点阵（正点阵）经过一定转换推导出的抽象点阵。倒易点阵是爱瓦尔德在 1924 年建立的一种晶体学表达方法，它能十分巧妙、正确地反映晶体点阵周期性的物理本质，是解析晶体衍射现象的理论基础，是进行衍射分析不可缺少的工具。

1.5.1.1　倒易点阵的定义

设正点阵的基矢为 **a**、**b**、**c**，定义相应的倒易点阵基本矢量为 a^*、b^*、c^*（图 1.24），则有：

$$a^* = \frac{b \times c}{V}, \quad b^* = \frac{a \times c}{V}, \quad c^* = \frac{a \times b}{V} \tag{1.18}$$

式中，V 为正点阵单胞的体积，$V = a \times (b \times c) = b \times (a \times c) = c \times (a \times b)$。

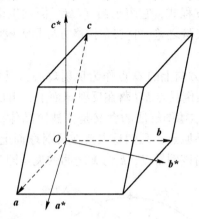

图 1.24 a^*、b^*、c^* 与 a、b、c 的关系示意图

1.5.1.2 倒易点阵的性质

（1）倒易点阵基本矢量。根据运算法则有：

$$a^* \cdot b = a^* \cdot c = b^* \cdot a = b^* \cdot c = c^* \cdot a = c^* \cdot b = 0 \tag{1.19}$$

$$a^* \cdot a = b^* \cdot b = c^* \cdot c = 1 \tag{1.20}$$

（2）倒易点阵矢量。在倒易空间内，由倒易原点 O^* 指向坐标为（hkl）的阵点矢量称为倒易矢量，记为 g_{hkl}，即：

$$g_{hkl} = ha^* + kb^* + lc^* \tag{1.21}$$

倒易矢量 g_{hkl} 与正点阵中的（hkl）晶面之间的几何关系为：

$$g_{hkl} \perp (hkl), \quad g_{hkl} = \frac{1}{d_{hkl}} \tag{1.22}$$

显然，用倒易矢量 g_{hkl} 可以表征正点阵中的（hkl）晶面的特性（方位和晶面间距）。

（3）倒易球（多晶体倒易点阵）。由以上讨论可知，单晶体的倒易点阵是由三维空间规律排列的阵点（倒易矢量的端点）所构成的，它与相应正点阵属于相同晶系。而多晶体是由无数取向不同的晶粒组成，所有晶粒的同族 {hkl} 晶面（包括晶面间距相同的非同族晶面）的倒易矢量在三维空间任意分布，其端点的倒易阵点将落在以 O 为球心、以 $1/d_{hkl}$ 为半径的球面上，故多晶体的倒易点阵由一系列不同半径的同心球面构成。显然，晶面间距越大，倒易矢量的长度越小，相应的倒易球面半径就越小。

1.5.2 爱瓦尔德图解

入射线与衍射线的单位矢量 k' 与 k 之差所得到的矢量垂直于衍射面，且其绝对值为 $|k' - k| = 2\sin\theta$。

由布拉格方程可得：

$$|k' - k| = \frac{\lambda}{d_{hkl}} \tag{1.23}$$

即矢量 $\boldsymbol{g}_{hkl} = \boldsymbol{k}' - \boldsymbol{k}$ 垂直于衍射面 hkl，且其绝对值等于晶面间距的倒数。

$$\frac{\boldsymbol{k}' - \boldsymbol{k}}{\lambda} = \boldsymbol{g}_{hkl} \tag{1.24}$$

此即为倒易空间的衍射方程式，它表示当（hkl）面发生衍射时，其倒易矢量的 λ 倍等于入射线与衍射线的单位矢量之差，它与布拉格方程是等效的。此矢量式可用几何图形表达，即爱瓦尔德图解。

如图 1.25 所示，以入射方向上的 O 点作为反射球心，反射球半径为 $1/\lambda$，球面过倒易原点 O^*，$O^*O = 1/\lambda$，若某倒易点 hkl 落在反射球面上，由反射球心 O 指向该点的矢量 $\boldsymbol{OG}$ 必满足式（1.23）。爱瓦尔德图解法的含义是，被照晶体对应其倒易点阵，入射线对应反射球，反射球面通过倒易原点，凡倒易点落在反射球面上的干涉面均可能发生衍射，衍射线的方向由反射球心指向该倒易点，$\boldsymbol{k}'$ 与 $\boldsymbol{k}$ 之间的夹角即为衍射角 2θ。

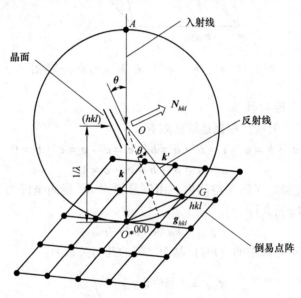

图 1.25 爱瓦尔德图解

习　题

1.1　一共有多少个晶系？（　　）

　　A. 14　　　　　　　　　　B. 6　　　　　　　　　　C. 7

1.2　布拉菲格子的数量是（　　）。

　　A. 7　　　　　　　　　　B. 14　　　　　　　　　C. 32

1.3　单胞中 a 轴和 c 轴之间的夹角被标记为（　　）。

　　A. α　　　　　　　　　B. β　　　　　　　　　C. γ

1.4　一个四方单胞的定义是（　　）。

　　A. $a=b=c$, $\alpha=\beta=\gamma=90°$　　　B. $a=b\neq c$, $\alpha=\beta=\gamma=90°$　　　C. $a=b=c$, $\alpha=\beta=\gamma=90°$

1.5　密勒指数用于标记（　　）。

　　A. 晶形　　　　　　　　　　B. 晶面　　　　　　　　　　C. 晶粒大小

1.6　晶体结构通常采用以下哪一种散射来探究？（　　）

　　A. 光　　　　　　　　　　　B. 微波　　　　　　　　　　C. X 射线

1.7　点阵是（　　）。

　　A. 晶体结构　　　　　　　　B. 点的有序阵列　　　　　　C. 单胞

1.8　面心点阵单胞包含几个格点（阵点)？（　　）

　　A. 3　　　　　　　　　　　　B. 4　　　　　　　　　　　　C. 5

1.9　符号 $[uvw]$ 表示（　　）。

　　A. 晶体中的单一方向

　　B. 晶体中的一系列平行的方向

　　C. 垂直于平面 (uvw) 的方向

1.10　符号 $\{hkl\}$ 表示（　　）。

　　A. 由于晶体的对称性而相同的一组方向

　　B. 由于晶体的对称性而相同的一组平面

　　C. 由于晶体的对称性而相同的一组平面或方向

1.11　试确定如图 1.26 所示各晶面的晶面指数。

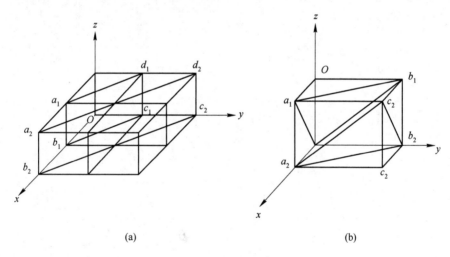

(a)　　　　　　　　　　　　　　　　(b)

图 1.26　题 1.11 附图

1.12　在立方晶系中，画出（421）晶面。

1.13　在立方晶体中，[111] 和 [001]，[111] 和 [$1\bar{1}1$] 方向之夹角为何？

1.14　作图表示立方晶系中的（123）、（$0\bar{1}2$）、（421）晶面和 [$\bar{1}02$]、[$\bar{2}11$]、[346] 晶向。

1.15　分别计算面心立方结构与体心立方结构的 $\{100\}$、$\{110\}$、$\{111\}$ 晶面族的面间距，并指出面间距最大的晶面（设两种结构的点阵常数均为 a）。

1.16　在（$0\bar{1}10$）面上绘出 [$2\bar{1}\bar{1}3$] 晶向。

1.17　在六方晶系中画出以下常见晶向 [0001]、[$2\bar{1}\bar{1}0$]、[$10\bar{1}0$]、[$11\bar{2}0$]、[$\bar{1}2\bar{1}0$]。

1.18　试证明四方晶系中只有简单四方点阵和体心四方点阵两种类型。

1.19　为什么密排六方结构不能称为一种空间点阵？

1.20　标出面心立方晶胞中（111）面上各点的坐标，并判断 [$\bar{1}10$] 是否位于（111）面上，然后计算

[$\bar{1}$10] 方向上的线密度。

1.21　标出具有下列密勒指数的晶面和晶向：（1）立方晶系（421）、（$\bar{1}$23）、（130）、[2$\bar{1}\bar{1}$]、[311]；
　　　（2）六方晶系（2$\bar{1}\bar{1}$1）、（1$\bar{1}$01）、（3$\bar{2}\bar{1}$2）、[2$\bar{1}\bar{1}$1]、[1$\bar{2}$13]。

1.22　在立方晶系中画出 ｛111｝晶面族的所有晶面并写出 ｛123｝晶面族和<221>晶向族中的全部等价
　　　晶面和晶向的密勒指数。

1.23　试证明在立方晶系中，具有相同指数的晶向和晶面必定相互垂直。

1.24　试计算面心立方晶体的（100）、（110）、（111）等晶面的面间距和面致密度，并指出面间距最大
　　　的面。

2 材料结构

丰富多彩的结构赋予了材料异彩纷呈的物理化学性能，在不同的观测尺度或关注方向上，结构所代表的层次和含义是不一样的。在原子分子层面，关注原子结构、分子结构；在晶体层面，关注点缺陷，分子、原子在空间的排列规律及相互关系等；在宏观材料层面，关注晶体颗粒在空间上的排列、晶界、织构，以及晶体线缺陷等。因此，材料结构的含义因我们所观察的材料尺度而有所不同。

2.1 结构的不同层面

2.1.1 结合键

各种原子集聚在一起形成变化万千的典型结构，这是一件很有趣的事。原子聚集起来形成分子或固体时，它们究竟依靠什么样的结合方式或结合力组织在一起的？这就是原子间的键合问题。原子通过结合键可构成分子，原子之间或分子之间也靠结合键聚集成固体状态。材料中的结合键一般可分为化学键和物理键两大类。化学键即主价键，包括金属键、离子键和共价键；物理键即次价键，也称范德华力（van der Waals force）。此外，还有一种称为氢键，其性质介于化学键和范德华力之间。

（1）金属键。典型金属原子结构的特点是最外层电子数很少，且各个原子的价电子极易挣脱原子核的束缚而成为自由电子并在整个晶体内运动，即弥漫于金属正离子组成的晶格之中而形成电子云。这种由金属中的自由电子与金属正离子相互作用所构成的键合称为金属键。绝大多数金属均以金属键方式结合，其基本特点是电子的共有化。

金属中的原子核就像漂浮在自由电子的海洋中，靠静电相互作用结合在一起。因此，金属键既无饱和性又无方向性，每个原子尽可能多地与其他原子相结合，并趋于形成低能量的紧密堆积结构。当金属受力变形而改变原子之间的相互位置时也不至于破坏金属键，使金属具有良好的延展性。由于自由电子的存在，金属最显著的特征是良好的导电和导热性能。

（2）离子键。金属原子容易失去最外层的价电子形成带正电的正离子，而非金属原子倾向于得到价电子后成为带负电的负离子，正负离子之间依靠静电引力结合在一起，这是一种很自然的现象。金属原子之间的这种结合方式称之为离子键。离子键中基本结合单元是离子而不是原子。大多数盐类、碱类和金属氧化物以离子键的方式结合。离子键要求正负离子作相间排列，才能使异号离子之间吸引力达到最大，同号离子间的斥力为最小。这样的排列方式才是最为稳定的。可见，决定离子晶体结构的因素主要是正负离子的电荷及离子尺寸。由于离子键没有方向性和饱和性，使得离子晶体中的离子一般具有较高的配位数。

一般离子晶体中正负离子静电引力较强，结合牢固。因此，其熔点和硬度均较高。另外，在离子晶体中很难产生自由运动的电子，因此，它们都是良好的电绝缘体。但当处于高温熔融状态时，正负离子在外电场作用下可以自由运动，即呈现离子导电性。需要注意的是，当离子晶体结构存在某些点缺陷时，绝缘体就可能变成了半导体，原因在于其结构中出现了自由电子或空穴。

（3）共价键。两个或多个电负性相差不大的原子间通过共用电子对的形式而结合起来，这种结合方式称为共价键。根据共用电子对在两成键原子之间是否偏离或靠近某一个原子，共价键又分为非极性键和极性键两种。

氢分子中两个氢原子的结合是最典型的共价键（非极性键）。

形成共价键时，两个原子的电子云须达到最大限度的重叠，这样才能保证原子结合的稳定性，保持较低的能量状态，因此，共价键具有方向性，键的分布严格服从键的方向性；同时，当一个电子和另一个电子配对以后，就无法和第三个电子配对了，成键的共用电子对数目是一定的，这就是共价键的饱和性。

共价键晶体中各个键之间都有确定的方位，配位数比较小。共价键的结合极为牢固，故共价晶体具有结构稳定、熔点高、硬度高、脆性大等特点。由于束缚在相邻原子间的"共用电子对"不能自由地运动，共价结合形成的材料一般是绝缘体，其导电能力差。

（4）范德华力。很多材料内部的分子之间存在着一种比上述三种化学键弱的相互作用力，分子依靠这种作用力结合而成为大块的固体。这种弱相互作用力称为分子键或范德华力。范德华力属物理键，系一种次价键，没有方向性和饱和性。它比化学键的键能小 1~2 个数量级，远不如化学键结合牢固。如将水加热到沸点可以破坏范德华力而变为水蒸气，但要破坏氢和氧之间的共价键需要极高温度。注意，高分子材料中总的范德华力超过化学键的作用，故在去除所有的范德华力作用前化学键早已断裂了。所以，高分子往往没有气态，只有液态和固态。尽管原先每个原子或分子都是独立的单元，但由于近邻原子的相互作用引起电荷位移而形成偶极子。范德华力是借助这种微弱的、瞬时的电偶极矩的感应作用将原来具有稳定的原子结构的原子或分子结合成一体的键合。它包括静电力、诱导力和色散力。

静电力是由极性原子团或分子的永久偶极之间的静电相互作用所引起的，大小与绝对温度及距离的 7 次方成反比。

诱导力是当极性分（原）子和非极性分（原）子相互作用时，非极性分子中产生诱导偶极与极性分子的永久偶极间的相互作用力，大小与温度无关，但与距离的 7 次方成反比。

色散力是由于某些电子运动导致原子瞬时偶极间的相互作用力，其大小与温度无关，但与距离的 7 次方成反比，在一般非极性高分子材料中，色散力甚至可占分子间范德华力的 80%~100%。

（5）氢键。氢键是由氢原子同时与两个电负性很大而原子半径较小的原子（O、F、N 等）相结合而产生的具有比一般次价键大的键力，又称氢桥。氢键具有饱和性和方向性。氢键可以存在于分子内或分子间。氢键在高分子材料中特别重要，纤维素、尼龙和蛋白质等分子有很强氢键，并显示出非常特殊的结晶结构和性能。

2.1.2 晶体对称性

对称性是晶体的基本性质，也是研究晶体结构和性能的重要参量。不同种类的晶体，结构不同，对称性也不同，从而其物理性质也千差万别。自然界中天然形成的许多晶体，如金刚石、冰洲石、绿柱石、水晶、雪花等晶体通常具有规则的几何外形。晶体外形上宏观的对称性是其内部晶体结构微观对称性的表现。

2.1.2.1 对称元素

晶体结构和自然界的一些图形一样，其结构往往存在着或可分割成若干个相同部分的特点，若将这些相同部分借助某些辅助性的、假想的几何要素（点、线、面）进行空间变换，它们能自身重合复原或者能有规律地重复出现，就像该结构没有发生任何变化一样，这种性质称为对称性。具有对称性质的图形称为对称图形，而这些假想的几何要素称为对称元素，"变换"或"重复"采取的动作称为对称操作。每一种对称操作必有一对称元素与之相对应。

晶体的对称性包含宏观和微观两个层面。宏观对称元素反映出晶体外形和其宏观性质的对称性，而微观对称元素反映晶体微观层面上原子排列的对称性，也就是原子排列的规律。注意，对晶体做对称操作时，是结构中的所有点发生同样的动作，而不是个别点。

（1）宏观对称元素。

1）旋转对称轴。当晶体绕某一假想的几何轴线旋转一定角度后而能完全复原时，此轴即为旋转对称轴。注意该轴线一定要通过晶体单元的几何中心，且位于该几何中心与角顶或棱边的中心或面心的连线上。在旋转一周的过程中，晶体结构能重复 n 次，就称为 n 次对称轴。晶体中实际可能存在的对称轴有 1 次、2 次、3 次、4 次和 6 次，共五种，并用符号 1、2、3、4 和 6 来表示，如图 2.1 所示。通常在轴线的端点画一个小的圆、椭圆、等边三角形、正方形、正六边形分别表示对称轴的周次，即 1、2、3、4 和 6。关于晶体中的旋转轴次可通过晶格单元在空间密排和晶体的对称性定律加以验证。

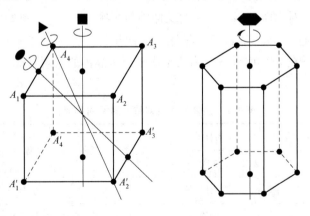

图 2.1 对称轴

2）对称面。晶体通过某一平面作镜像反映而能复原，则该平面称为对称面或镜面（图 2.2 中 $B_1B_2B_3B_4$ 面），用符号 m 表示。对称面通常是晶棱或晶面的垂直平分面或者为多面角的平分面，且必定通过晶体几何中心。

3）对称中心。假想晶体中存在着一个几何点，若晶体中所有的质点对于这个几何点进行对称反伸后晶体结构发生了复原，则该点就称为对称中心（图2.3），用符号 i 表示。对称中心必然位于晶体中的几何中心处。不是所有的晶体具有对称中心。

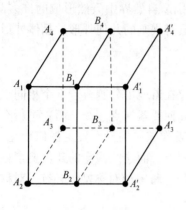

图2.2　对称面

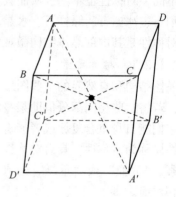

图2.3　对称中心

4）旋转反伸轴。若将晶体绕某一轴线旋转一定角度（$360°/n$），再以轴上的一个中心点 O 作中心对称操作之后能使其结构得到复原，此轴称为旋转反伸轴。图2.4中 P 点绕 BB' 轴旋转 $180°$ 与 P_3 点重合，再经 O 点反伸而与 P' 点重合，同时，P' 绕 BB' 轴旋转 $180°$ 与 P'' 点重合，再经 O 点反伸而与 P 点重合，则称 BB' 为2次旋转反伸轴。从图2.4可以看出，旋转反伸轴也可有1次、2次、3次、4次和6次五种，分别以符号 $\bar{1}$、$\bar{2}$、$\bar{3}$、$\bar{4}$、$\bar{6}$ 来表示。事实上，$\bar{1}$ 次反伸轴与对称中心 i 等效；$\bar{2}$ 次反伸轴与对称面 m 等效；$\bar{3}$ 次反伸轴与3次回转轴加上对称中心 i 等效；$\bar{6}$ 次反伸轴则与3次旋转轴加上一个与它垂直的对称面等效。为便于比较，将晶体的宏观对称元素及对称操作列于表2.1。

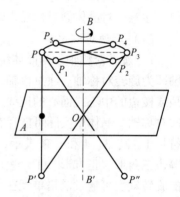

图2.4　旋转反伸轴

表2.1　晶体的宏观对称元素和对称操作

对称元素	对称轴					对称中心	对称面	旋转反伸轴		
	1次	2次	3次	4次	5次			3次	4次	6次
辅助几何要素	直线					点	平面	直线和其上的定点		
对称操作	绕轴旋转					对点反伸	镜像反映	绕轴旋转+对点反伸		
基转角 $\alpha/(°)$	360	180	120	90	60			120	90	60
国际符号	1	2	3	4	6	i	m	$\bar{3}$	$\bar{4}$	$\bar{6}$
等效对称元素						$\bar{1}$	$\bar{2}$	3+i		3+m

（2）微观对称元素。微观对称元素包括：滑动面和螺旋轴。

1）滑动面。如果晶体结构借助某个平面做镜像操作，然后沿着该平面位移一定距离后，该结构完全复原，则该平面称为滑动面，即滑动面是由一个对称面加上沿着此面的平移所组成。图 2.5（a）的结构，点 2 和点 1 互为镜像，则 AA' 面是该结构的对称面；但图 2.5（b）所示的结构就不同，各点的单次反映不能使结构得到复原，但点 1 经 AA' 面镜像反映操作后，接着沿着 AA' 面向上平移 $a/2$ 距离后，点 1 才能与点 2 重合。结构中的所有点作同样的操作后，整个结构是复原的，则称 AA' 面是滑动面。

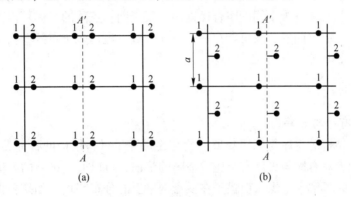

图 2.5 对称面与滑动面的比较

（a）对称面；（b）滑动面

滑动面的表示符号如下：如分别沿着 a、b、c 晶体学方向平移 $a/2$、$b/2$ 或 $c/2$ 时，相应的滑动面写作 a、b 或 c；如沿体对角线平移 $1/2$ 距离则写作 n；如沿着面对角线平移 $1/4$ 距离则写作 d。

2）螺旋轴。螺旋轴是由旋转轴和平行于轴的平移所构成，对称操作过程相当于绕轴螺旋上升。晶体结构可围绕某一几何轴旋转 $360°/n$ 角度，同时沿轴平移一定距离而得到重合，此轴称为 n 次螺旋轴。图 2.6 为 3 次螺旋轴，一些结构绕此轴回转 120° 并沿轴平移 $c/3$ 就得到复原。螺旋轴可按其旋转方向分为右旋和左旋。左右旋只是一个相对方向的问题。握住四指，大拇指指向螺旋上升方向，四指指向螺旋方向，符合左手者为左旋（顺时针），符合右手者为右旋（逆时针）。

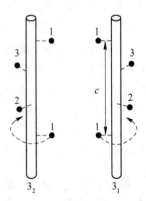

图 2.6 螺旋轴

螺旋轴有 2 次（平移距离为 $c/2$，不分右旋和左旋，记为 2_1）、3 次（平移距离为 $c/3$，分为右旋或左旋，记为 3_1 或 3_2）、4 次（平移距离 $c/4$ 或 $c/2$，前者分为右旋或左旋，记为 4_1 或 4_3，后者不分左右旋，记为 4_2）、6 次（平移距离 $c/6$，分右旋或左旋，记为 6_1 或 6_5；平移距离 $c/3$，分右旋或左旋，记为 6_2 或 6_4；平移距离为 $c/2$，不分左右旋，记为 6_3）几种。

2.1.2.2 32 种点群及空间群

晶体中所有宏观对称元素的集合称之为点群。点群在宏观上表现为晶体外形的对称。

晶体可能存在的对称类型可通过宏观对称元素在一点上组合运用而得出。利用组合定理可导出晶体外形中只能有 32 种对称点群。这是因为：（1）点对称与平移对称两者是共存于晶体结构中，它们相互协调，彼此制约；（2）点对称元素组合时必须通过一个公共点，必须遵循一定的规则，使组合的对称元素之间能够自洽。表 2.1 中所列的特征对称元素系指能表示该晶系的最少对称元素，故可借助它来判断晶体所属晶系，而无须将晶体中的所有对称元素都找出来。

空间群用以描述晶体中原子组合的所有可能方式，是确定晶体结构的依据，它是通过宏观和微观对称元素在三维空间的组合而得出。属于同一点阵的晶体可因其微观对称元素的不同而分属不同的空间群。故可能存在的空间群数目远远多于点阵，已证明晶体中可能存在的空间群有 230 种，分属 32 个点群。

2.1.3 对称破缺

2.1.3.1 有序与无序

众所周知，结构的有序与无序现象自始至终贯穿于材料结构的各种类型和层次之中。为了在物理图像上对有序与无序有个比较清晰的认识，可以通过试验的方法进行以下的观察。这里，首先来了解一下黑、白棋子在棋盘网格上的分布特点。如果要将黑、白两种棋子（各占一半）放在棋盘网格上，可以有两种不同的途径。一种是按事先精心设计好的方案，也就是按照行和列将白子与黑子彼此相间排列起来，如图 2.7（a）所示，形成黑白分明、井然有序的图形；另一种是将白子与黑子掺和起来，随手抓取一个子，放在网格的任意空着的座位上，直到填满为止，结果将如图 2.7（b）所示，形成黑白混淆、杂乱无章的图形。显然，这两种状态判然有别，分别体现了有序态和无序态。对于图 2.7（a）这样的有序态，黑白棋子各有特定的座位，在各自的座位上，占有率分别为 100%；而在图 2.7（b）无序态，所有的棋盘座位对于黑白棋子毫无选择，没有差别。每个座位上黑子与白子的占有率，就统计而言，都等于 50%，实际座位被哪一种棋子所占据，完全是随机行为的结果，并没有事先的策划。正因为彻底无序，统计的规律性就清楚地呈现出来。也可以设想一个黑白参半的棋子来代表黑、白子占有率分别为 50% 座位，这样就出现了如图 2.7（c）所示的情形。

这里，有必要探讨一下有序与无序两种图形的对称性问题。很明显，图 2.7（a）具有严格的周期性，其横行与竖行的周期均等于网格间距的 2 倍。而图 2.7（b）中的图形

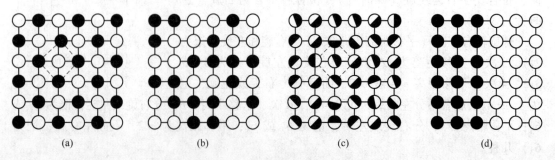

图 2.7 棋盘上黑白棋子排列的有序与无序

（a）有序排列；（b）无序排列；（c）无序排列的统计表征；（d）另一种有序排列：两相分离

则不具有周期性：从一个座位到另一个座位的平移，并不能使图像复原，这表明其不具有严格的周期性。但是，假如将对称性的要求放宽，引用统计式的对称概念，即作对称操作之后，并不要求图像完全等同，而只要求大致相似，那么，将图像从一个座位平移到另一座位上，图像虽然不能全等，但棋子总体上的无规分布大致相同，图 2.7（c）即可以作为反映了统计式的对称性的图形。这种无序图形具有统计式的周期性，棋盘的网格就是它的点阵，单元网格就是它的原胞。

从无序图形转变为有序图形，图形结构有变化，点阵类型也有变化。当然，还可以存在另一种黑白分明的有序排列，即黑白棋子分处棋盘两半，如图 2.7（d）所示。

2.1.3.2　有序-无序转变

结构完整的理想晶体中每一晶格座位上的原子都具有确定的品种，不能随意变更。假如有意保留晶体结构的骨架不变，但对晶格座位上的原子以其他种类的原子来进行无规则替代，必然破坏晶体应有的严格周期性，从而在结构中引入了替代无序。替代无序比较简单，其物理图像比较清楚，对于更复杂的无序结构的思考很有启发。

置换型固溶体合金就是一种典型的代表，其结构也有两类，一类是替代无序的，如通常的固溶体；另一类是替代有序的，如金属间化合物。这两类合金比比皆是，但是观测替代无序到替代有序的转变，就需要选择合适的合金作为观测样本。科学家们发现，CuZn 合金在 742 K 和 $AuCu_3$ 合金在 665 K 都存在有序-无序转变的迹象。CuZn 的无序相是体心立方结构，而有序相则为原点和体心位置分别为 Cu、Zn 原子所占的 CsCl 型结构；$AuCu_3$ 的无序结构为面心立方结构，而有序相则是元胞原点为 Au 原子所占，3 个面心位置由 Cu 原子所占（图 2.8）。

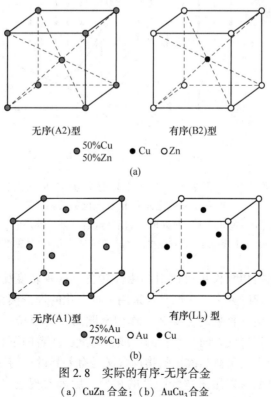

无序(A2)型　　　　　有序(B2)型

● 50%Cu 50%Zn　　● Cu　○ Zn

(a)

无序(A1)型　　　　　有序(Ll$_2$)型

● 25%Au 75%Cu　　○ Au　● Cu

(b)

图 2.8　实际的有序-无序合金

（a）CuZn 合金；（b）$AuCu_3$ 合金

　　X 射线衍射的试验结果证实了用图 2.7（c）的模型来取代图 2.7（b）无序结构的有效性。但是图 2.7（c）的模型只是近似地成立，更精确的衍射试验，细致地测定衍射谱线之间的背景强度的分布，还会指出这一模型与实际无序结构之间存在的差异。合金的有序-无序的转变与原子在格点上的排列有关，而磁性的转变则涉及原子自旋排列的有序-无序转变，虽然涉及了更微观的层面，但两者有不少相似之处。

　　在测定铁、银、钴等物质的磁化率与温度变化关系曲线时，法国物理学家皮埃尔-居里（P. Curie）发现了磁化率变化的临界温度 T_c，T_c 被称为居里点。在高温下，原子自旋的取向是完全无序的，反映在磁性质上表现为顺磁性，如图 2.9（a）所示；在居里点 T_c 以下，磁矩作同向平行排列，于是呈现出铁磁性，如图 2.9（b）所示。20 世纪 40 年代，法国科学家奈耳（L. Néel）发现另一种新型磁有序结构，即磁矩作反平行排列的反铁磁性，对应的临界温度被称为奈耳点。由于自旋作反平行排列，反铁磁性物质虽然具有磁有序结构，但其宏观磁矩的总和为零。它不像铁磁性物质那样显示强的磁性，它的磁化率随温度变化的曲线的特点为在奈耳点为一尖峰，在图 2.9（c）上表现为一尖谷。后来又发现有些物质，虽然自旋作反平行排列，仍然可以具有强的磁性，只是因为作反平行排列的自旋矢量大小不等，这类磁性被称为亚铁磁性，如图 2.9（d）所示。铁氧体这类具有高电阻率的强磁性材料就具有亚铁磁性。人类最早发现的吸铁石（磁铁矿 Fe_3O_4）被误认为是一种铁磁性物质，本质上是亚铁磁性物质，是铁氧体类材料之一。由于中子衍射对磁矩敏感，中子衍射就成为探测磁有序结构的强有力的试验方法，证实了过去间接地猜测出来的铁磁、反铁磁与亚铁磁等磁有序结构。

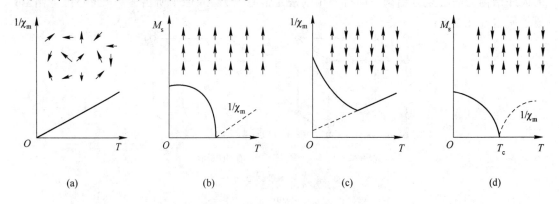

(a)　　　　　　　　(b)　　　　　　　　(c)　　　　　　　　(d)

图 2.9　磁无序与有序结构的示意图与相应的磁化率
χ_m 及自发磁化强度 M_s 和温度的关系
（a）磁无序结构（顺磁相）；（b）磁有序结构（铁磁相）；
（c）磁有序结构（反铁磁相）；（d）磁有序结构（亚铁磁相）

　　材料内部磁矩之间的相互作用可以引起磁性转变，这种转变比二元合金的有序-无序转变要复杂得多。在物理研究中，人们常常采用一种简化的理论模型来处理千变万化的复杂结构或现象。本书介绍一种处理这类相互作用问题的简单模型——伊辛（Ising）模型。伊辛模型核心的思想认为自旋方向是单一的：或者向上，或者向下，而自旋之间的相互作用仅限于最近邻。这个假设虽然与磁矩的物理含义是有差异的，将磁矩的图像简化了，但比较容易求解。这个模型可以用来解释磁性的相变，后来发现它也适用于合金的有序-无序转变，在凝聚态理论中发挥了相当重要的作用。一维伊辛模型能够求出严格解，得到的结果是一维情况下没有相变，即不发生磁性转变。但是三维的伊辛模型是无法严格求解的，在平均场近似下，才解得一个临界温度 T_c，在 T_c 以上，是顺磁相；而在 T_c 以下，则为铁磁相。这表明近程的相互作用可导致长程的结构相。图 2.10 是伊辛模型及相应的物理图像。

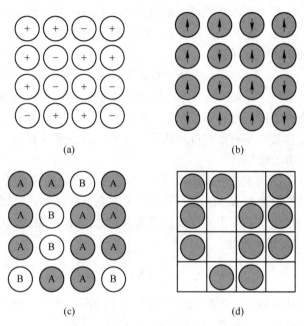

图 2.10　伊辛模型及相应的物理图像

（a）伊辛模型；（b）自旋系统；（c）二元合金；（d）晶格气体

有必要从结构的角度讨论一下铁磁转变中的对称性。在高温的顺磁相中，自旋取向是任意的，它的对称性是球面对称的（这是一种统计对称性），具有三维空间的全部旋转对称元素，当转变为铁磁相后，自旋具有特定的方向，也就随即丧失了无穷多个对称元素。对于伊辛模型，在高温相，正向自旋和反向自旋同样地被激发，具有上下对称性。在 T_c 以下，单向的自旋占优势，就破坏了上下对称性。但上下对称性是离散的对称性，是和合金有序-无序转变中丧失某些特定的平移对称元素有相似之处，都是丧失了离散的对称性。

大多数情况下，高温的无序相是高对称相（就统计性的对称性而言的）；低温的有序相是低对称相，相对于无序相丧失了一些对称元素，可能包含连续对称元素或离散对称元素。注意，这里所说的对称更多的是宏观性质而不是晶体结构。而有序相的出现则是和丧失对称性相联系着的，因此对称破缺导致了有序相的出现。前苏联物理学家朗道（L. D. Landau）提出的对称破缺理论认为，对称性的改变不可能是渐变式的，因为对称性元素，要么存在，要么不存在，其答案是不容模棱两可的。因而，对称破缺所导致的相变总是一种突变。这被另一位科学家安德森（P. W. Anderson）称为凝聚态物理学的第一定理。对称破缺是凝聚态物理学最重要的概念之一，其在物理学的其他领域也影响深远。对称破缺有很多具体的事例，甚至可以用来解释超导的转变这种宏观的量子现象正是由于波函数位相的任意性的丧失而导致的。

2.1.3.3　有序-无序转变的本质

要系统地从物理上理解有序-无序转变这一问题，需要借助热力学和统计物理理论。在热力学中，一个和周围环境处于热平衡状态的系统，它的自由能 G 应为极小值。

自由能构成用下式表示：

$$G = U - ST \tag{2.1}$$

式中，U 为内能，它是系统中各个原子的能量之和；T 为绝对温度，反映了系统中原子热运动的剧烈程度；S 为熵，是用来度量系统中混乱程度的物理量，既无序度。按照玻耳兹曼（L. Boltzmann）统计思想，存在：

$$S = k_B \ln W \tag{2.2}$$

式中，k_B 为玻耳兹曼函数，$k_B = 1.38 \times 10^{-23}$ J/K；W 代表与一个宏观状态相对应的微观状态数。当合金作完全有序排列时，对应于唯一的微观状态，因而 $W = 1$，$S = 0$。合金作无序排列，就会出现不计其数的不同微观排列状态与之对应，因而 S 很高。物质的平衡态就取决于能量和熵相互竞争的结果。

如果仅仅讨论有序-无序转变的问题，那么，所有和原子在格位上排列无关的能量可以完全忽略不计，只需讨论与 A、B 原子排列有关的能量和熵。还可以进一步简化，只考虑最近邻的原子之间存在相互作用。设最近邻为 AA 对、BB 对和 AB 对，原子间相互作用能为 E_{AA}、E_{BB} 和 E_{AB}，那么参量

$$E = E_{AB} - \frac{1}{2}(E_{AA} + E_{BB}) \tag{2.3}$$

W 的物理意义可以这样来理解：如果设法改变合金中的原子分布，使 AA 对中的一个 A 原子和 BB 对中的一个 B 原子交换位置，形成两个 AB 对，即：

$$AA + BB \longrightarrow 2AB \tag{2.4}$$

这一过程的能量变化就等于 $2E$。很显然，E 是决定合金中原子排列的基本能量参数。如果 $E<0$，则异类原子作最近邻在能量上有利；反之，$E>0$，则同类原子作最近邻在能量上占优。在 $T=0$ 时，内能 U 即等于自由能。如果 $E<0$，合金将导致完全的有序相；反之 $E>0$，则将分解成纯 A 相和纯 B 相，这就是相分离的现象。这样，能量的效果是在低温产生有序相，超结构和相分离是不同形式的有序相，对应于磁有序结构中的反铁磁性和铁磁性。

当温度 T 很高时，$-TS$ 就对在自由能发挥重要影响，熵越大则自由能越小，因而平衡相将是无序程度大的无序相。高温倾向于形成无序相，低温倾向于形成有序相，这是能量和熵相互竞争的结果。可以推断，存在一个临界温度 T_c，在 T_c 以下是有序相，在 T_c 以上是无序相。T_c 的具体数值是能量与熵相平衡的结果，如果能量项起的作用大，T_c 就高。这里要特别说明的是，近年来所研究的软物质（如液晶、胶体等）相互作用能甚小，可能导致熵致有序的出现。

对二元合金而言可能存在两种情况：一种是完全有序的情况；另一种是完全混乱的情况，可能在很多情形下处在两极之间。因此，需要更加细致地来考虑座位上的原子分布的统计规律。例如在二元合金中，如果作为最近邻比同类原子要在能量上有利，将导致在异类原子近邻数比统计平均值增大，这样将导致短程序的出现。

可以通过统计的方法来描述这一现象，假设最近邻为 A-B 型的总数为 N_{AB}，而每一个

原子座位有 Z 个最近邻，在一个有 N 个原子的系统中最近邻对的总数应为 $(1/2)ZN$，这样最近邻对为 A-B 型的概率：

$$P_{AB} = \lim \frac{N_{AB}}{(1/2)ZN} \tag{2.5}$$

如果每一座位独立被占的概率分别为 C_A 或 C_B（A、B 分别为合金的原子成分），那么这一概率应等于 $2C_A C_B$，所以表征最近邻的关联性的近程序参量为：

$$\eta_s = \frac{1}{2}P_{AB} - C_A C_B \tag{2.6}$$

在有序的结构中，两组格坐 α、β 就是不等价的。在完全有序时，α 座位为 A 原子占据，β 座位为 B 原子占据。如果偏离了完全有序，一部分 A 原子坐对了，另一部分坐"错"了。在 α 座上坐对的分数为 r_α，余可类推，这样长程序参量 η 定义为：

$$\eta_l = \frac{r_\alpha - C_A}{1 - C_A} = \frac{r_\beta - C_B}{1 - C_B} \tag{2.7}$$

$r_\alpha = 1$ 就表示完全有序，$\eta_l = 1$；如果 $r_\alpha = C_A$，表示原子作无规分布，长程序消失，$\eta_l = 0$。对于铁磁体系也可以作类似的表述，自发磁化强度 M 可以作为长程序参量。图 2.11 表示了关于铁磁相变的理论计算结果。在 $T = T_c$ 处，长程序 η_l 也连续地迅速下降为零，但近程序 η_s 却延伸到 T_c 以上的区域。这样的转变属于相变，而这种相变可以连续地进行，序参量连续地降为零，或从零连续地上升，因此属于连续相变，也称二级相变（序参量有突变的相变是一级相变）。

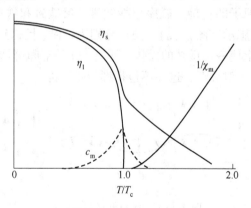

图 2.11　典型铁磁体中若干物理量随温度变化的关系
η_l—长程序参量；η_s—短程序参量；c_m—比热容；χ_m—磁化率

2.1.3.4　有序相中的缺陷

结构中的序参量，不仅会随温度而发生变化，也有可能随空间位置而变化，后一特征往往出现在有序相之中。以铁磁性结构为例：在居里温度以下，作为序参量的自发磁化强度在空间分布上并不是均匀的，即使在热力学平衡状态，媒质内会出现许多畴区，只有在畴区内部序参量是均一的，在分割畴区的畴壁上，序参量表现为突变，这就是序参量出现奇异性的场所，也就是缺陷。缺陷可以按其维数分为零维的点缺陷，如晶体中空位、填隙原子、杂质原子等；一维的位错，对晶体的力学性质有重大影响；二维的如层错、畴壁与晶界等。有些缺陷在热平衡态即能存在，如晶体中空位、铁畴媒质中的畴界；有些缺陷只能存在于非平衡态，与材料所经历的生长过程或相变过程有关，如位错、层错、杂质原子等。

2.1.4 色群及准周期结构

太极图（图 2.12）是一个我们非常熟悉的图像，它是不是对称的呢？它似乎是对称的，但是仔细验证一下，又发现似乎没有了。如果我们将图形沿垂直于图面的轴旋转180°，再引入一个新的对称操作，即黑白颠倒，发现图形就可以复原了。这种超越常规的对称操作是 H. Heesch 于1930 年首先提出来的。20 世纪 50 年代以后，苏联晶体学家许勃尼柯夫对于黑白对称操作的对称群进行了系统的推导，为了纪念他的贡献，黑白空间群也被称为许勃尼柯夫群。

图 2.12 太极图——黑白对称

我们可以将黑白群看作是三维空间群向四维空间的延伸，这里，第四个维度限于两种值：黑与白、正与反、红与黑、正与负等。还可以是波函数的相位、自旋、电荷符号、自旋方向等。这类广义的对称群被称为色群。

磁结构是由磁性材料的晶体结构加上磁性原子的磁矩构成的。磁对称群就是一种色群，第四个变量为磁性原子的自旋。磁序包括铁磁、反铁磁和铁氧体三类，如图 2.13 所示。图 2.14 为磁结构晶胞示意图，（a）～（c）分别为铁磁、反铁磁、螺旋磁结构。在一般的对称操作基础上，加上使磁矩反转的操作，可把 230 种空间群增加到能描述铁磁和反铁磁性晶体对称性的 1651 个对称群，这还不包括螺旋磁结构。

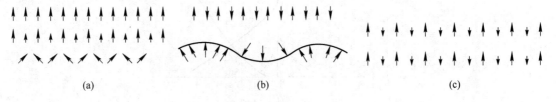

图 2.13 一维自旋排列示意图
（a）铁磁；（b）反铁磁；（c）铁氧体

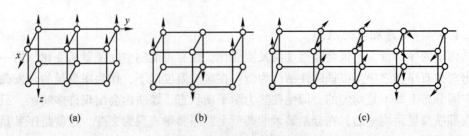

图 2.14 磁结构晶胞示意图
（a）铁磁；（b）反铁磁；（c）螺旋磁结构

在很多材料体系中，存在着一种准周期性结构，也可称为无公度调制结构，其指在基本晶格（周期为 a）上附加一个周期为 λ 的某种调制，λ/a 为无理数，得到的相为无公度相，如图 2.15 所示。调制可以是一维的，如 Na_2CO_3、$NaNO_2$；也可以是二维的，如 $TaSe_2$、石英；甚至可以是三维的，如 $Fe_{1-x}O$。在无公度相中，调制只对基本晶格产生另一周期的微扰，基本晶格的衍射图样仍然保留，但在正常衍射斑点之间偏离有理分数处出现卫星斑点。调制周期 λ 与温度及其他外界条件有关，在一定温度下它能够在公度结构和无公度结构间发生转变。

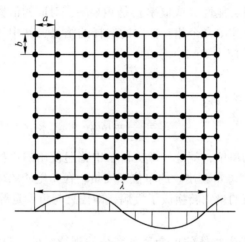

图 2.15　调制波长为 λ 的位移调制型无公度相

2.1.5　结构与信息

2.1.5.1　信息

很长一段历史时期内，人类使用的材料是以无机材料为主，如石头、青铜、陶瓷等，一直到现在的钢铁与硅。20 世纪，高分子材料普遍使用以后，有机材料开始受到重视。可是，生物质材料以及从天然生物质获取材料并没有被材料界重视。随着现代材料日益向功能化、智能化的方向发展，沿着这个视角看，生物材料几乎提供了理想的模拟对象，于是材料仿生学应运而生。生物材料的特点在于它受到结构中蕴含的信息的控制，因而特别灵巧，千变万化，是充分智能化的。为此，很有必要介绍一些生物结构中信息及其复制、转录，乃至与功能的关系，启发人们更大规模利用生物材料或仿生材料，或者利用生物学原理和仿生原理制备特殊结构和性能的材料，甚至人工生物组织或器官。

有趣的是，材料结构的各个层次上都蕴含着不同的信息。在光量子层次上，原子层次上，分子层次上，纳米层次上，乃至更宏观的尺度上，无不如此。材料科学家能够熟练地将 X 射线、电子与中子衍射图中几何信息和强度分布的信息转换为晶体结构中各种原子位置的信息。例如，在有序态只要有一小组数字就可以明确地表明原子位置所有信息，而在无序态则无法一一标定原子的位置，因为哪一种原子处在哪一个格位上需庞大无比的数字（约 10^{24}）。因而只好采取统计的方法来应对。早在 1943 年著名物理学家薛定谔就在《生命是什么?》的报告中指出，生命的奥秘在于非周期晶体中存在遗传密码，需要高度重视这种非周期性的信息，要从简单的统计理论脱颖而出。1948 年 C. Shannon 提出了信息的统计理论：首先，考虑存在有 P 种可能性，其概率是相等的。例如，一个莫斯电码 $P=2$；一个拉丁字母的 $P=27$（26 个字母加上一个空白）；一旦在 P 种可能性之中选定其一，就取得了信息。P 越大，相应地作出选择之后的信息量也越大，于是，信息 I 被定义为：

$$I = K\ln P \tag{2.8}$$

式中，K 为比例常数。

由于相互独立的选择可能性（或概率）是相乘的，对应的信息量按此定义就具有相加性。考虑一个信息量是一连串几个相互独立的选择的结果，其中每一个选择都是在 0 或 1 之间作出，因为总的 P 值应为 $P=2$，于是：

$$I = K\ln P = nK\ln 2 \tag{2.9}$$

如果令 I 与 n 等同，则：

$$K = \frac{1}{\ln 2} = \log_2 e \tag{2.10}$$

这样定出的信息量的单位，就是计算机科学中普遍使用的比特（bit）。如果令 K 等于玻耳兹曼常数 k_B，那么信息量就用熵的单位来度量。在布里渊的理论中，信息相等于物理系统中总熵中的一个负值的量，转换成了负熵，即信息与负熵是等同的。

2.1.5.2　遗传信息

虽然遗传信息只限于生物体的生命及其特征的延续，但信息记录和变化的方式、机制和规律对现代新材料结构与信息研究的启发意义是巨大的。19 世纪，孟德尔总结出了遗传律，对自然科学产生了重大的影响。20 世纪，莫尔根提出生物遗传的基因学说，随后科学家们致力于寻找基因的物质载体。O. Avery 于 1944 年发现了细菌转移现象，第一次直接证实了人们寻觅已久的控制生物遗传的物质基因，不是别的，正是脱氧核糖核酸（DNA）。即细胞核内 DNA 是遗传的物质基础，遗传信息就蕴藏在 DNA 分子结构里。

1953 年，J. D. Watson 和 F. H. C. Crick 确立了 DNA 分子的双螺旋结构，揭示了遗传信息及其复制规律。DNA 分子的基本结构单位是脱氧核苷酸。脱氧核苷酸含有碱基、磷酸和脱氧核糖，其中碱基有 4 种：腺嘌呤（A）、鸟嘌呤（G）、胞嘧啶（C）和胸腺嘧啶（T）。DNA 双螺旋结构主要由两条互补的多聚脱糖核苷酸链由氢键的作用配对在一起。碱基的配对是固定的：A-T 相配，G-C 相配，因此 DNA 中 A 和 T，G 和 C 的数目是一致的，而 DNA 的碱基的序列就构成了遗传信息，它的不同排列则反映了各种生物遗传性的千差万别。

DNA 结构中存在四种碱基序列，即 A、T、G、C。如果在这 4 种中任选两种来排列，共有 $4^2=16$ 种不同的排列；任选 3 种，则有 $4^3=64$ 种排列顺序。如果一条多核苷酸链上有 100 个碱基，那么则应有 4^{100} 种不同排列顺序，这个数目十分庞大，不仅远远超过了历史上所有物种的总数（约 4×10^9），而且也超过了太阳系中原子的总数。现在已知一个基因是 DNA 分子链上的一个区段，其平均尺寸约 1000 对碱基，对应的可能有 4^{1000} 种不同的排列顺序。如此巨大的信息量足以说明 DNA 结构具有充分的多样性，用来解释物种的千差万别。记录一个大肠杆菌的碱基序列需要用一本千页的大书，而人体的所有碱基顺序数

约为 2.9×10^9。为了识别它们，科学界完成了一项庞大的人类基因组国际合作研究计划（1991~2001 年）。其对于 21 世纪生命科学的意义十分重大，可以比拟于 19 世纪化学家制定了元素周期表，促进了 20 世纪物质科学的发展。

生物特征的遗传，在分子水平上就是通过 DNA 复制来实现的：就是 DNA 双链松解下来，每一条链再与一条新链按碱基配对关系连接，结果相当于原子的双链衍生为两条等同的双链。由于碱基的顺序与原来的相同，实现了生物体中信息的复制。这一过程说明信息序列在生物学中的重要意义。而且复制信息的能量消耗是非常低的。据估计，复制一个比特的信息消耗的能量仅为 $100k_B T$（k_B 为玻耳兹曼常数），仅为当代最先进的微电子元件的百万分之一。而复制一个比特信息消耗能量的理论极限为 $k_B T$。

2.1.5.3　蛋白质分子

蛋白质分子是生物体内另一种非常重要的分子，生物的所有功能都是通过蛋白质来实现的，蛋白质分子可以看作是生物体的一个小工厂。蛋白质分子异常复杂，比 DNA 分子复杂得多。最简单的蛋白质分子是肌红蛋白（myoglobin），它由许多氨基酸的链折叠而成，不同的氨基酸序列导致蛋白质分子的不同的折叠形态，从而得到不同蛋白质功能。

蛋白质和 DNA 表达内容用的"语言"不同：蛋白质用 20 个"字"，即 20 种氨基酸，而 DNA 用 4 个"字"，即 4 种核苷酸。DNA 既然要对蛋白质的氨基酸序列编程，必须找到方法用 4 种字的序列来表达 20 种氨基酸——编码。用一个核苷酸作密码，则 4 种核苷酸显然只能编码 4 个氨基酸。两个核苷酸组成密码，则 4 种核苷酸可以构成 16 个密码子（coden），仍然不足以编码蛋白质中的 20 种氨基酸。如果用三联码（tripletle code），则可以有 64 个密码子，超过了 20。DNA 的双螺旋结构发现以后，盖莫夫等物理学家立即提出了这种三联码。在 64 个密码子中，有 3 个终止密码子（termination coden），61 个密码子代表了 20 种氨基酸。因此大多数氨基酸有不止一个密码子，这就是密码子的简并（degeneracy）现象。几乎所有的生物都使用相同的密码子，这就是密码子的通用性。表 2.2 给出了通用密码子表。

表 2.2　通用密码子表

x	y				
	U	C	A	G	Z
U	Phe	Ser	Tyr	Cys	U
	Phe	Ser	Tyr	Cys	C
	Leu	Ser	Term	Term	A
	Leu	Ser	Term	Trp	G
C	Leu	Pro	His	Arg	U
	Leu	Pro	His	Arg	C
	Leu	Pro	Gln	Arg	A
	Leu	Pro	Gln	Arg	G

x	y				
	U	C	A	G	Z
A	Ile	Thr	Asn	Ser	U
	Ile	Thr	Asn	Ser	C
	Ile	Thr	Lys	Arg	A
	Met	Thr	Lys	Arg	G
G	Val	Ala	Asp	Gly	U
	Val	Ala	Asp	Gly	C
	Val	Ala	Glu	Gly	A
	Val	Ala	Glu	Gly	G

　　遗传信息的表达首先是在细胞核内将它们转移到 mRNA 上，在 mRNA 中 T 由 U 来代替，这个过程称为转录（transcription）。转录的产物还有 tRNA 和 rRNA。tRNA 既能识别特定 mRNA 密码子，又能识别氨基酸。蛋白质的合成是在细胞质内由 mRNA 作模板，tRNA 负责运送氨基酸到核糖体，在核糖体上进行的。在核糖体中还发现了 rRNA。

　　具有信息的分子在生命的演绎过程中起了关键性的作用，通过遗传密码的转录，最后得到功能性的蛋白质分子。可见信息可以转换成功能，现代仿生学就是建立于这个基础上。这对材料科学来说既具有启发性，还具有挑战性。

2.2　金属晶体结构

　　金属在固态下一般都是晶体。由于金属键无饱和性和无方向性，从而使金属内部的原子趋于最紧密排列，构成高度对称性的简单晶体结构；而亚金属晶体的主要结合键为共价键，由于共价键具有方向性，从而使其具有较复杂的晶体结构。

2.2.1　典型金属晶体结构

　　经过晶体学家们的不懈努力，元素周期表中所有元素对应的晶体结构几乎都已用试验方法得以确定。最常见的金属晶体结构有面心立方结构 A1 或 fcc、体心立方结构 A2 或 bcc、密排六方结构 A3 或 hcp 三种。若将金属原子看作刚性球体，这三种晶体结构的晶胞和晶体学特点分别如图 2.16~图 2.18 和表 2.3 所示。这里就其原子的排列方式，晶胞内原子数、点阵常数、原子半径、配位数、致密度和原子间隙大小几个基础性问题做系统的分析。

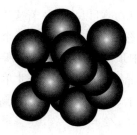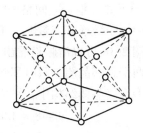

图 2.16　面心立方结构

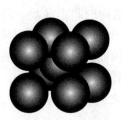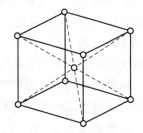

图 2.17　体心立方结构

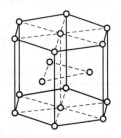

图 2.18　密排六方结构

表 2.3　三种典型金属结构的晶体学特点

结构特征	晶体结构类型		
	面心立方（A1）	体心立方（A2）	密排六方（A3）
点阵常数	a	a	a, $c(c/a=1.633)$
原子半径 R	$\dfrac{\sqrt{2}}{4}a$	$\dfrac{\sqrt{3}}{4}a$	$\dfrac{a}{2}\left(\dfrac{1}{2}\sqrt{\dfrac{a^2}{3}+\dfrac{c^2}{4}}\right)$
晶胞内原子数	4	2	6
配位数	12	8	12
致密度	0.74	0.68	0.74
数量/四面体间隙大小	$8/0.225R$	$12/0.291R$	$12/0.225R$
数量/八面体间隙大小	$4/0.414R$	$6/0.154R<100>$ $0.633R<110>$	$6/0.414R$

（1）晶胞中的原子数。根据空间格子结构模型，可以将晶体看成许多晶胞堆砌而成的结构。在观测晶胞中原子数或阵点数时，千万别忽略了晶胞周围那些个没有显示在图形中的点。从图 2.16~图 2.18 可以清晰地看出晶胞中顶角处为几个晶胞所共有，而位于面上的原子也同时属于两个相邻晶胞，只有那些处于晶胞体积内的原子才单独为一个晶胞所拥有。因此，三种典型金属晶体结构中，平均分属于每个单位晶胞的原子数 n 为：

面心立方结构　　　　　　　　$n = 8 \times 1/8 + 6 \times 1/2 = 4$

体心立方结构　　　　　　　　$n = 8 \times 1/8 + 1 = 2$

密排六方结构　　　　　　　　$n = 12 \times 1/6 + 2 \times 1/2 + 3 = 6$

（2）点阵常数与原子半径。晶胞的大小是由晶胞的棱边长度（a，b，c）即点阵常数（或称晶格常数）确定的，这三个常数是表征晶体结构的基本参数。晶体的点阵常数容易通过 X 射线衍射分析方法计算得到。虽然，不同金属可以有相同的点阵类型，但由于各元素的电子结构及其所决定的原子间结合情况不同，因而具有各不相同的点阵常数，且随温度不同而发生变化。如果把金属原子看作刚性的球体，令其半径为 R，根据晶胞的几何关系不难求出三种典型金属晶体结构的点阵常数与 R 之间的关系：

面心立方结构：点阵常数为 a，且 $\sqrt{2}a = 4R$。

体心立方结构：点阵常数为 a，且 $\sqrt{3}a = 4R$。

密排六方结构：点阵常数由 a 和 c 表示。在理想的情况下，即把原子看作等径的刚球，可算得 $c/a = 1.633$，此时，$a = 2R$；但实际测得的轴比常偏离此值，即 $c/a \neq 1.633$，这时，$(a^2/3 + c^2/4)^{1/2} = 2R$。表 2.4 列出常见金属的点阵常数和原子半径。

表 2.4　常见金属的点阵常数和原子半径

金属	点阵类型	点阵常数/nm（室温）	原子半径（CN = 12）/nm	金属	点阵类型	点阵常数/nm（室温）	原子半径（CN = 12）/nm	金属	点阵类型	点阵常数/nm（室温）	原子半径（CN = 12）/nm
Al	A1	0.40496	0.1434	Cr	A2	0.2846	0.1249	Be	A3	a 0.22856 c/a 1.5677 c 0.35832	0.1113
Cu	A1	0.36147	0.1278	V	A2	0.30282	0.1311（30 ℃）	Mg	A3	0.32094 1.6235 0.52105	0.1598
Ni	A1	0.35263	0.1246	Mo	A2	0.31468	0.1363	Zn	A3	0.26649 1.8563 0.49468	0.1332
γ-Fe	A1	0.36468（916 ℃）	0.1288	α-Fe	A2	0.28664	0.1241	Cd	A3	0.29788 1.8858 0.56167	0.1489

金属	点阵类型	点阵常数/nm（室温）	原子半径（CN=12）/nm	金属	点阵类型	点阵常数/nm（室温）	原子半径（CN=12）/nm	金属	点阵类型	点阵常数/nm（室温）	原子半径（CN=12）/nm
β-Co	A1	0.3544	0.1253	β-Ti	A2	0.32998（900 ℃）	0.1429（900 ℃）	α-Ti	A3	0.29506 1.5857 0.46788	0.1445
Au	A1	0.40788	0.1442	Nb	A2	0.33007	0.1429	α-Co	A3	0.2502 1.623 0.4061	0.1253
Ag	A1	0.40857	0.1444	W	A2	0.31650	0.1371	α-Zr	A3	0.32312 1.5931 0.51477	0.1585
Rh	A1	0.38044	0.1345	β-Zr	A2	0.36090（862 ℃）	0.1562（862 ℃）	Ru	A3	0.27609 1.5835 0.42816	0.1325
Pt	A1	0.39239	0.1388	Cs	A2	0.614（-10 ℃）	0.266（-10 ℃）	Re	A3	0.27609 1.6148 0.44583	0.1370
				Ta	A2	0.33026	0.1430	Os	A3	0.2733 1.5803 0.4319	0.1338

（3）配位数和致密度。金属晶体的结构严格依赖于原子在空间上排列的紧密程度，可以用配位数和致密度这两个参数用来描述。配位数（CN）是指晶体结构中任一原子周围最近邻且等距离的原子数；致密度是指晶胞中原子所占体积的百分数。如以一个晶胞来计算，则致密度就是体结构中原子体积占总体积的百分数，也就是晶胞所包含的原子体积与晶胞体积之比值，即：

$$K = \frac{nv}{V} \qquad (2.11)$$

式中，K 为致密度；n 为晶胞中原子数；V 为晶胞体积。

这里将金属原子视为刚性等径小球，故 $V = 4\pi R^3/3$。三种典型金属晶体结构的配位数和致密度如表 2.5 所示。

表 2.5　典型金属晶体结构的配位数和致密度

晶体结构类型	配位数（CN）	致密度
A1	12	0.74
A2	8 (8+6)	0.68
A3	12 (6+6)	0.74

注：1. 体心立方结构的配位数为 8［最近邻原子相距为 $(\sqrt{3}/2)a$，此外尚有 6 个相距为 a 次近邻原子，有时也将之列入其内，固有时记为 (8+6)］。

2. 密排六方结构中，只有当 $c/a = 1.633$ 时其配位数为 12。如果 $c/a \neq 1.633$，则有 6 个最近邻原子（同一层的6 个原子）和 6 个次近邻原子（上、下层的各 3 个原子），故其配位数应记为 (6+6)。

2.2.2　原子堆垛方式和间隙

完全可以把金属原子看成一块块砖块，把晶体结构看成一座房子，晶体结构就像建房子一样，由一个个金属原子紧密堆积成层，又一层层按照一定次序和规则堆砌起来形成金属晶体结构。通过观察图 2.16～图 2.18，不难发现，三种晶体结构中分别有一组原子密排面和原子密排方向，它们分别是面心立方结构的 {111}<110>，体心立方结构的 {110}<111>和密排六方结构的 {0001}<1120>。这些原子密排面在空间一层层平行地堆垛起来就分别构成上述三种晶体结构。

应用立体几何方法，可以算出面心立方和密排六方结构的致密度均为 0.74，是纯金属中最密集的结构。因为在面心立方和密排六方点阵中，密排面上每个原子和最近邻的原子之间都是相切的；而在体心立方结构中，除位于体心的原子与位于顶角上的 8 个原子相切外，8 个顶角原子之间并不相切，故其致密度没有前者大。

面心立方结构中 {111} 晶面和密排六方结构中 {0001} 晶面上的原子排列情况完全相同，如图 2.19 所示。若把密排面上的原子中心连成六边形的网格，这个六边形的网格又可细分为六个等边三角形，而这六个三角形的中心又与原子之间的六个空隙中心相重合。从图 2.20 可看出这六个空隙可分为 B、C 两组，每组分别构成一个等边三角形。为了获得最紧密的堆垛，第二层密排面的每个原子应坐落在第一层密排面（A 层）每三个原子之间的空隙（低谷）上。可以看出，这些密排面在空间的堆垛方式可以有两种情况，一种是按 ABAB…或 ACAC…的顺序堆垛，这就构成密排六方结构，如图 2.18 所示；另一种是按 ABCABC…或 ACBACB 的顺序堆垛，这就是面心立方结构，如图 2.16 所示。

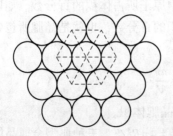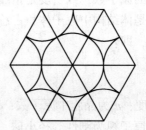

图 2.19　密排六方点阵和面心立方点阵中密排面上的原子排列

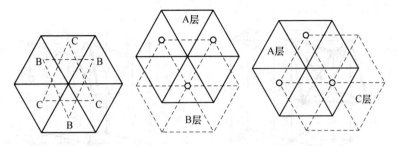

图 2.20 面心立方和密排六方点阵中密排面及堆垛方式

　　从晶体中原子排列的刚性模型和对致密度的分析可以看出，金属晶体存在许多间隙，这种间隙对金属的性能、合金相结构和扩散、相变、固溶体形成等都有着十分重要的影响。

　　图 2.21~图 2.23 为三种典型金属晶体结构的间隙位置示意图。其中位于 6 个原子所组成的八面体中间的间隙称为八面体间隙，而位于 4 个原子所组成的四面体中间的间隙称为四面体间隙。图中实心圆圈代表金属原子，令其半径为 r_A；空心圆圈代表间隙，令其半径为 r_B。r_B 实质上是表示能放入间隙内的小球的最大半径，如图 2.24 所示。利用几何关系可求出三种晶体结构中四面体和八面体间隙的数目和尺寸大小，结果如表 2.6 所示。

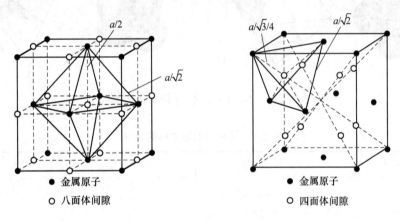

● 金属原子
○ 八面体间隙

● 金属原子
○ 四面体间隙

图 2.21 面心立方点阵中的间隙

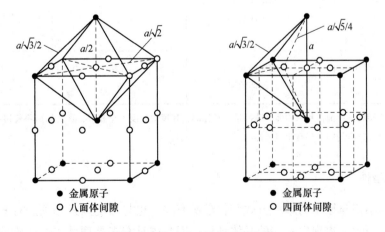

● 金属原子
○ 八面体间隙

● 金属原子
○ 四面体间隙

图 2.22 体心立方点阵中的间隙

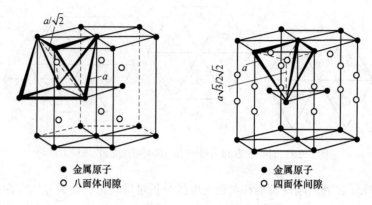

图 2.23   密排六方点阵中的间隙

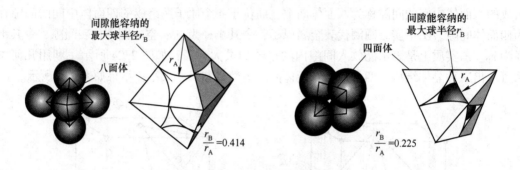

图 2.24   面心立方晶体中间隙的刚球模型

表 2.6   三种典型晶体中的间隙

晶体结构	间隙类型	间隙数目	间隙大小（r_A/r_B）
面心立方 （fcc）	四面体间隙 八面体间隙	8 4	0.225 0.414
体心立方 （bcc）	四面体间隙 八面体间隙	12 6	0.291 0.154<100> 0.633<110>
密排六方（$c/a = 1.633$） （hcp）	四面体间隙 八面体间隙	12 6	0.225 0.414

注：体心立方结构的四面体和八面体间隙都是不对称的，其棱边长度不全相等，这对以后将要讨论到的间隙原子
的固溶及其产生的畸变将有明显的影响。

2.2.3   多晶型性

晶体结构不仅与原子的堆积方式和化学键有关，也与环境因素相关。有些固态金属在不同的温度和压力下表现出不同的晶体结构，即晶体具有多晶型性，这些成分相同，结构

不同的产物称为同素异构体。如图 2.25 所示，在热力学平衡条件下，铁在 912 ℃ 以下为体心立方结构，称为 α-Fe；在 912~1394 ℃ 具有面心立方结构，称为 γ-Fe；温度超过 1394 ℃ 至熔点间又变成体心立方结构，称为 δ-Fe。由于不同晶体结构的致密度不同，当金属由一种晶体结构变为另一种晶体结构时，必定伴随着体积的突变。图 2.25 为试验测得的纯铁加热时的膨胀曲线，在 α-Fe 转变为 γ-Fe 及 γ-Fe 转变为 δ-Fe 时，均会因体积突变而使曲线上出现明显的转折点。具有多晶型性的其他金属还有 Mn、Ti、Co、Sn、Zr、U、Pu 等。

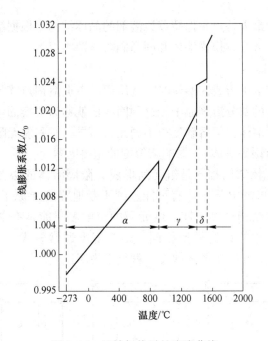

图 2.25 纯铁加热时的膨胀曲线

2.3 合金结构

一般情况下，纯金属强度明显低于其合金，因此，工业生产中大量使用的金属材料多数为合金。合金是指由两种或两种以上的金属或金属与非金属经熔炼、烧结、粉末冶金、机械合金化等方法制成的具有金属特性的材料。组成合金的基本独立物质称为组元。组元可以是金属和非金属元素，也可以是化合物。

合金化是改变和提高金属材料性能最主要的途径。若要搞清楚合金元素加入后是如何起到改变和提高金属性能的作用的，首先必须弄明白合金元素加入后的存在状态，即可能形成的合金相及其组成的各种不同组织形态。所谓相是合金中具有同一聚集状态、同一晶体结构和性质并以界面相互隔开的均匀组成部分。由一种相组成的合金称为单相合金，而由几种不同的相组成的合金称为多相合金。尽管合金中的组成相多种多样，但根据合金组成元素及其原子相互作用的不同，固态下所形成的合金相基本上可分为固溶体和中间相两大类。

固溶体是以某一组元为溶剂，在其晶体点阵中溶入其他组元原子（溶质原子）所形成的均匀混合的固态溶体，它保持着溶剂的晶体结构类型；而如果组成合金相的异类原子有固定的比例，所形成固相的晶体结构与所有组元均不同，且这种相的成分多数处在 A 在 B 中溶解度和 B 在 A 中的溶解度区间，即落在相图的中间部位，故称它为中间相。合金组元之间的相互作用及其所形成的合金相的性质主要是由它们各自的电化学因素、原子尺寸因素和电子浓度三个因素控制的。

2.3.1　固溶体

固溶体晶体结构的最大特点是保持着原溶剂的晶体结构。根据溶质原子在溶剂点阵中所处的位置可将固溶体分为置换固溶体和间隙固溶体两类。

2.3.1.1　置换固溶体

当溶质原子溶入溶剂中形成固溶体时，溶质原子占据溶剂点阵的阵点位置，或者说溶质原子置换了溶剂点阵的部分溶剂原子，这种固溶体就称为置换固溶体。金属元素彼此之间一般都能形成置换固溶体，但溶解度视不同元素而异，有些能无限溶解（无限固溶体），有的只能有限溶解（有限固溶体）。影响溶解度的主要因素为：

（1）晶体结构。晶体结构相同是组元间形成无限固溶体的必要条件。只有当组元 A 和 B 晶体结构类型相同时，B 原子才有可能连续不断地置换 A 原子，如图 2.26 所示。显然，如果两组元的晶体结构类型不同，组元间的溶解度只能是有限的。形成有限固溶体时，溶质元素与溶剂元素的结构类型相同，则溶解度通常较大，否则，则溶解度较小。表 2.7 列出一些合金元素在铁中的溶解度，就足以说明这点。

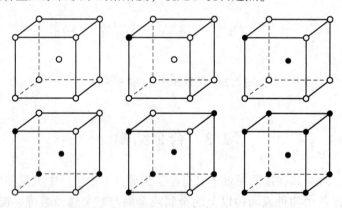

图 2.26　无限置换固溶体中两组元素原子置换示意图

表 2.7　合金元素在铁中的溶解度

元素	结构类型	在 γ-Fe 中最大的溶解度/%	在 α-Fe 中最大的溶解度/%	室温在 α-Fe 中的溶解度/%
C	六方 金刚石型	2.11	0.0218	0.008（600 ℃）
N	简单立方	2.8	0.1	0.001（100 ℃）

元素	结构类型	在 γ-Fe 中最大的溶解度/%	在 α-Fe 中最大的溶解度/%	室温在 α-Fe 中的溶解度/%
B	正交	0.018~0.026	约 0.008	<0.001
H	六方	0.0008	0.003	约 0.0001
P	正交	0.3	2.55	约 1.2
Al	面心立方	0.625	约 36	35
Ti	β-Ti 体心立方（>882 ℃） α-Ti 密排立方（<882 ℃）	0.63	7~9	约 2.5（600 ℃）
Zr	β-Zr 体心立方（>862 ℃） α-Zr 密排立方（<862 ℃）	0.7	约 0.3	0.3（385 ℃）
V	体心立方	1.4	100	100
Nb	体心立方	2.0	α-Fe1.8（989 ℃） δ-Fe4.5（1360 ℃）	0.1~0.2
Mo	体心立方	约 3	37.5	1.4
W	体心立方	约 3.2	35.5	4.5（700 ℃）
Cr	体心立方	12.8	100	100
Mn	δ-Mn 体心立方（>1133 ℃） γ-Mn 面心立方（1095~1133 ℃） α，β-Mn 复杂立方（<1095 ℃）	100	约 3	约 3
Co	β-Co 面心立方（>450 ℃） α-Co 密排六方（<450 ℃）	100	76	75
Ni	面心立方	100	约 10	约 10
Cu	面心立方	约 8	2.13	0.2
Si	金刚石型	2.15	18.5	15

（2）原子尺寸因素。大量试验充分表明，在其他条件相近的情况下，原子半径差 $\Delta r < 15\%$ 时，有利于形成溶解度较大的固溶体；而当 $\Delta r \geqslant 15\%$ 时，Δr 越大则溶解度越小。当然，15% 不是一个绝对的分界线。原子尺寸因素的影响主要与溶质原子的溶入所引起的点阵畸变及其结构状态有关。Δr 越大，溶入后点阵畸变程度越大，畸变能越高，结构的稳定性越低，溶解度则越小。

（3）电负性因素。溶质与溶剂元素之间的化学亲和力越强，即合金组元间电负性差越大，倾向于生成化合物而不利于形成固溶体；生成的化合物越稳定，则固溶体的溶解度就越小。只有电负性相近的元素才可能具有大的溶解度。电负性与原子序数的关系是有一定的周期性的，在同一周期内，电负性自左向右（即随原子序数的增大）而增大；而在同一族中，电负性由上到下逐渐减少。

（4）原子价因素。当原子尺寸因素较为有利时，在某些一价金属（如 Cu、Ag、Au）为基的固溶体中，溶质的原子价越高，其溶解度越小。如 Zn、Ga、Ge 和 As 在 Cu 中的最大溶解度分别为38%、20%、12%和7%（图2.27）；而 Cd、In、Sn 和 Sb 在 Ag 中的最大溶解度则分别为42%、20%、12%和7%（图2.28）。溶质原子价的影响实质上是"电子浓度"所决定的。所谓电子浓度就是合金中价电子数目与原子数目的比值，也就是平均到单个原子上的自由电子数目，即 e/a。合金中的电子浓度可按下式计算：

$$e/a = \frac{A(100 - x) + Bx}{100} \tag{2.12}$$

式中，A、B 分别为溶剂和溶质的原子价；x 为溶质的原子数分数，%。

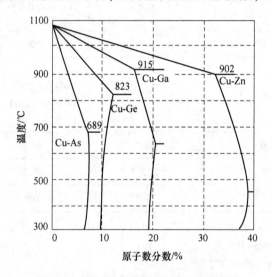

图 2.27　铜合金的固相线和固溶度曲线

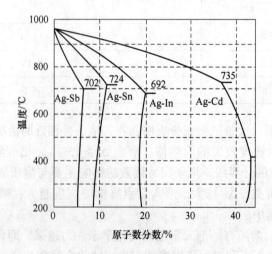

图 2.28　银合金的固相线和固溶度曲线

如果分别算出上述合金在最大溶解度时的电子浓度，可发现它们的数值都接近于 1.4。这就是所谓的极限电子浓度。超过此值时，固溶体就不稳定而要形成另外的相。

固溶度还与温度有关，温度升高，固溶度升高；而对少数含有中间相的复杂合金，情况则相反。

2.3.1.2 间隙固溶体

溶质原子分布于溶剂晶格间隙而形成的固溶体称为间隙固溶体。

当溶质与溶剂的原子半径差大于 30% 时，不易形成置换固溶体；而且当溶质原子半径很小，且 $\Delta r > 41\%$ 时，溶质原子就容易进入溶剂晶格间隙中而形成间隙固溶体。形成间隙固溶体的溶质原子通常是原子半径小于 0.1 nm 的一些非金属元素。如 H、B、C、N、O 等（它们的原子半径分别为 0.046 nm、0.097 nm、0.077 nm、0.071 nm 和 0.060 nm）。

在间隙固溶体中，由于溶质原子一般都比晶格间隙的尺寸大，所以当它们溶入后，都会引起溶剂点阵畸变，点阵常数变大，畸变能升高。因此，间隙固溶体都是有限固溶体，而且溶解度一般都很小。

间隙固溶体的溶解度不仅与溶质原子的大小有关，还与溶剂晶体结构中间隙的形状和大小等因素有关。例如，C 在 γ-Fe 中的最大溶解度为质量分数 $w(\mathrm{C}) = 2.11\%$，而在 α-Fe 中的最大溶解度仅为质量分数 $w(\mathrm{C}) = 0.0218\%$。这是因为固溶于 γ-Fe 和 α-Fe 中的碳原子均处于八面体间隙中，而 γ-Fe 的八面体间隙尺寸比 α-Fe 的大的缘故。另外，α-Fe 为体心立方晶格，而在体心立方晶格中四面体和八面体间隙均是不对称的，尽管在 <100> 方向上八面体间隙比四面体间隙的尺寸小，仅为 0.154R，但它在 <110> 方向上却为 0.633R，比四面体间隙 0.291R 大得多。因此，当 C 原子挤入时只要推开 z 轴方向的上下两个铁原子即可，这比挤入四面体间隙要同时推开四个铁原子较为容易。

2.3.1.3 固溶体的微观不均匀性

图 2.29 为固溶体中溶质原子的分布示意图。在热力学上处于平衡状态的无序固溶体中，溶质原子的分布在宏观上是均匀的，但在微观上并不均匀。在一定条件下，它们甚至会呈现有规律分布，形成有序固溶体。这时溶质原子存在于溶剂点阵中的固定位置上，而且每个晶胞中的溶质和溶剂原子之比也是一定的。固溶体中溶质原子取何种分布方式主要取决于同类原子间的结合能 E_{AA}、E_{BB} 和异类原子间的结合能 E_{AB} 的相对大小。如果 $E_{AA} \approx E_{BB} \approx E_{AB}$，则溶质原子倾向于呈无序分布；如果 $(E_{AA}+E_{BB})/2 < E_{AB}$，则溶质原子呈偏聚状态；如果 $E_{AB} < (E_{AA}E_{BB})/2$，则溶质原子呈部分有序或完全有序排列。

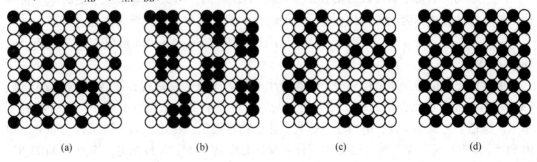

(a)　　　　　　(b)　　　　　　(c)　　　　　　(d)

图 2.29　固溶体中溶质原子分布示意图

(a) 完全有序；(b) 偏聚；(c) 部分有序；(d) 完全有序

2.3.1.4　固溶体的性质

（1）点阵常数改变。形成固溶体后，虽然仍保持着溶剂的晶体结构，但由于溶质与溶剂的原子大小不同，总会引起点阵畸变并导致点阵常数发生略微的变化。对置换固溶体而言，当原子半径 $r_B > r_A$ 时，溶质原子周围点阵膨胀，平均点阵常数增大；当 $r_B < r_A$ 时，溶质原子周围点阵收缩，平均点阵常数减小。对间隙固溶体而言，点阵常数随溶质原子的溶入总是增大的，间隙原子的影响往往比置换原子对固溶体影响大得多。

（2）固溶强化。同纯金属相比，固溶体的一个最明显的变化是由于溶质原子的溶入，使固溶体的抗变形能力提高，伴随强度和硬度升高，称之为固溶强化。

（3）物理和化学性能的变化。随着固溶度的增加，固溶体合金的点阵畸变增大，固溶体的电阻率 ρ 升高，而电阻温度系数 α 降低。如 Si 溶入 α-Fe 中可以提高磁导率，因此质量分数 $w(Si)$ 为 2%~4% 的硅钢片是一种应用广泛的软磁材料。又如 Cr 固溶于 α-Fe 中，当 Cr 的原子数分数达到 12.5% 时，Fe 的电极电位由 −0.60 V 突然上升到 +0.2 V，从而有效地抵抗空气、水汽、稀硝酸等的腐蚀。因此，不锈钢中至少含有 13% 以上的 Cr 原子。

有序化时因原子间结合力增加，点阵畸变和反相畴存在等因素都会引起固溶体性能突变，除了硬度和屈服强度升高，电阻率降低外，甚至有些非铁磁性合金有序化后会具有明显的铁磁性。例如，Ni_3Mn 和 Cu_2MnAl 合金，无序状态时呈顺磁性，但有序化形成超点阵后则成为铁磁性物质。

2.3.2　中间相

当组元 A 和 B 组成合金时，除了形成以 A 为基或以 B 为基的固溶体外，还可能形成晶体结构与 A、B 两组元都不相同的新相。这个新相一般出现在二元相图上的成分轴的中间位置，故把这些相称为中间相。

中间相可以是化合物，也可以是以化合物为基的固溶体。中间相通常可用化合物的化学分子式表示。大多数中间相中原子间的结合方式属于金属键与其他典型键（如离子键、共价键和分子键）相混合的一种结合方式。因此，它们都具有金属性。电负性、电子浓度和原子尺寸对中间相的形成及晶体结构都有影响。中间相分为正常价化合物、电子化合物、原子尺寸因素有关的化合物和超结构（有序固溶体）几大类。

2.3.2.1　正常价化合物

一些金属元素与电负性较强的ⅣA、ⅤA、ⅥA族的一些元素遵循化学上的原子价规律所形成的化合物称为正常价化合物。它们的化学成分可用分子式准确表达，一般为 AB，A_2B（或 AB_2），A_3B_2 型。如二价的 Mg 与四价的 Pb、Sn、Ge、Si 形成 Mg_2Pb、Mg_2Sn、Mg_2Ge、Mg_2Si。

正常价化合物的晶体结构对应于同类分子式的离子化合物结构，如 NaCl 型、ZnS 型、CaF_2 型等。正常价化合物的稳定性与组元间电负性差有关。电负性差越小，化合物越不稳定，越趋于金属键结合；电负性差越大，化合物越稳定，越趋于离子键结合。如上例中由 Pb 到 Si 电负性逐渐增大，故上述四种正常价化合物中 Mg_2Si 最稳定，熔点为 1102 ℃，而且是典型的离子化合物；而 Mg_2Pb 熔点仅 550 ℃，且显示出典型的金属性质，其电阻值随温度升高而增大。

2.3.2.2 电子化合物

这类化合物的特点是电子浓度是决定晶体结构的主要因素。凡具有相同的电子浓度，则相的晶体结构类型相同。电子化合物是休姆-罗塞（Hume-Rothery）在研究 IB 族的贵金属（Ag，Au，Cu）与ⅡB、ⅢA、ⅣA 族元素（如 Zn、Ga、Ge）所形成的合金时首先发现的，后来又在 Fe-Al，NiAl，Co-Zn 等其他合金中发现，故又称休姆-罗塞相。

电子浓度用化合物中每个原子平均所占有的价电子数（e/a）来表示。计算过渡族元素时，其价电子数视为零。电子浓度为 $\frac{21}{12}$ 的电子化合物称为 ε 相，具有密排六方结构；电子浓度为 $\frac{21}{13}$ 的为 γ 相，具有复杂立方结构；电子浓度为 $\frac{21}{14}$ 的为 β 相，一般具有体心立方结构，但有时还可能呈复杂立方的 β-Mn 结构或密排六方结构。这是由于除主要受电子浓度影响外，其晶体结构也同时受尺寸因素及电化学因素的影响。表 2.8 列出一些典型的电子化合物。电子化合物虽然可用化学分子式表示，但不符合化合价规律，而且实际上其成分是在一定范围内变化，可视其为以化合物为基的固溶体，其电子浓度也在一定范围内变化。电子化合物中原子间的结合方式系以金属键为主，故具有明显的金属特性。

表 2.8　常见的电子化合物及其结构类型

电子浓度 $=\frac{3}{2}$，即 $\frac{21}{14}$			电子浓度 $=\frac{21}{13}$	电子浓度 $=\frac{7}{4}$
体心立方结构	复杂立方 β-Mn 结构	密排六方结构	γ 黄铜结构	密排六方结构
CuZn			Cu_5Zn_8	
CuBe			Cu_5Cd_8	
Cu_3Al			Cu_5Hg_8	
Cu_3Ga①			Cu_9Al_4	$CuZn_3$
Cu_3In		Cu_3Ga	Cu_9Ga_4	$CuCd_3$
Cu_5Si①		Cu_5Ge	Cu_9In_4	Cu_3Sn
Cu_5Sn		AgZn	$Cu_{31}Si_8$	Cu_3Si
AgMg①	Cu_5Si	AgCd	$Cu_{31}Sn_8$	$AgZn_3$
AgZn①	Ag_3Al	Ag_3Al	Ag_5Zn_8	$AgCd_3$
AgCd①	Au_3Al	Ag_3Ga	Ag_5Cd_8	Ag_3Sn
Ag_3Al①	$CoZn_3$	Ag_3In	Ag_5Hg_8	Ag_5Al_3
Ag_3In①		Ag_5Sn	Ag_9In_4	$AuZn_3$
AuMg		Ag_7Sb	Au_5In_8	$AuCd_3$
AuZn		Au_3In	Au_5Cd_8	Au_3Sn
AuCd		Au_5Sn	Au_9In_4	Au_5Al_3
FeAl			Fe_5Zn_{21}	
CoAl			Co_5Zn_{21}	
NiAl			Ni_5Be_{21}	
PdIn			$Na_{31}Pb_8$	

①不同温度下具有不同的晶体结构。

2.3.2.3　原子尺寸因素有关的化合物

存在这样一类化合物，它们的结构类型与组成元素的原子尺寸差别密切相关，当两种原子半径差别很大时，倾向于形成间隙相和间隙化合物；半径差异中等程度时它们倾向于形成拓扑密堆相。原子半径较小的非金属元素（如 C、H、N、B 等）可与金属元素（主要是过渡族金属）形成间隙相或间隙化合物。其结构取决于非金属（X）和金属（M）原子半径的比值 r_X/r_M。当 $r_X/r_M < 0.59$ 时，形成具有简单晶体结构的相，称为间隙相；当 $r_X/r_M > 0.59$ 时，形成具有复杂晶体结构的相，称为间隙化合物。

由于 H 和 N 的原子半径仅为 0.046 nm 和 0.071 nm，尺寸小，故它们与所有的过渡族金属都满足 $r_X/r_M < 0.59$ 的条件，因此，过渡族金属的氢化物和氮化物都为间隙相；而 B 的原子半径 0.097 nm，尺寸较大，则过渡族金属的硼化物均为间隙化合物。至于 C 则处于中间状态，某些碳化物如 TiC、VC、NbC、WC 等系结构简单的间隙相，而 Fe_3C、Cr_7C_3、$Cr_{23}C_6$、Fe_3W_3C 等则是结构复杂的间隙化合物。

（1）间隙相。间隙相具有比较简单的晶体结构，如面心立方（fcc）、密排六方（hcp），少数为体心立方（bcc）或简单六方结构，与各组元的结构均不相同。在晶体中，金属原子占据正常的位置，而非金属原子则规则地分布于晶格间隙中，这就构成一种新的晶体结构。非金属原子在间隙相中占据什么间隙位置，也主要取决于原子尺寸因素。当 $r_X/r_M < 0.414$ 时，通常可进入四面体间隙；若 $r_X/r_M > 0.414$ 时则进入八面体间隙。间隙相的分子式一般为 M_4X、M_2X、MX 和 MX_2 四种。常见的间隙相及其晶体结构如表 2.9 所示。

表 2.9　间隙相举例

分子式	间隙相举例	金属原子排列类型
M_4X	Fe_4N，Mn_4N	面心立方
M_2X	Ti_2H，Zr_2H，Fe_2N，Cr_2N，V_2N W_2C，Mo_2C，V_2C	密排六方
MX	TaC，TiC，ZrC，VC，ZrN，VN，TiN，CrN，ZrH，TiH	面心立方
	TaH，NbH	体心立方
	WC，MoN	简单六方
MX_2	TiH_2，ThH_2，ZrH_2	面心六方

在密排结构（fcc 和 hcp）中，八面体和四面体间隙数与晶胞内原子数的比值分别为 1 和 2。当非金属原子填满八面体间隙时，间隙相的成分恰好为 MX，结构为 NaCl 型（MX 化合物也可呈闪锌矿结构，非金属原子占据了四面体间隙的半数）；当非金属原子填满四面体间隙时（仅在氢化物中出现），则形成 MX_2 间隙相，如 TiH_2（在 MX_2 结构中，H 原子也可成对地填入八面体间隙中如 ZrH_2）；在 M_4X 中，金属原子组成面心立方结构，而非金属原子在每个晶胞中占据一个八面体间隙；在 M_2X 中，金属原子通常按密排六方结构排列（个别也有 fcc，如 W_2N、MoN 等），非金属原子占据其中一半的八面体间隙位置，或四分之一的四面体间隙位置。M_4X 和 M_2X 可认为是非金属原子未填满间隙的结构。

尽管间隙相可以用化学分子式表示，但其成分也是在一定范围内变化，也可视为以化合物为基的固溶体。特别是间隙相不仅可以溶解其组成元素，而且间隙相之间还可以相互溶解。如果两种间隙相具有相同的晶体结构，且这两种间隙相中的金属原子半径差小于 15%，它们还可以形成无限固溶体，例如 TiC-ZrC、TiC-VC、ZrC-NbC、VC-NbC 等。

间隙相中原子间结合键为共价键和金属键，即使非金属组元的原子数分数大于 50% 时，仍具有明显的金属特性，而且间隙相几乎全部具有高熔点和高硬度的特点，是合金工具钢和硬质合金的重要组成相。

（2）间隙化合物。通常过渡族金属 Cr、Mn、Fe、Co、Ni 与碳元素所形成的碳化物都是间隙化合物。常见的间隙化合物有 M_3C 型（如 Fe_3C、Mn_3C）、M_7C_3 型（如 Cr_7C_3），$M_{23}C_6$ 型（如 $Cr_{23}C_6$），和 M_6C 型（如 Fe_3W_3C、Fe_4W_2C）等。间隙化合物中的金属元素常常被其他金属元素所置换而形成化合物为基的固溶体。例如 $(Fe, Mn)_3C$、$(Cr, Fe)_7C_3$、$(Fe, Ni)_3(W, Mo)_3C$ 等。

间隙化合物的晶体结构都很复杂。如 $Cr_{23}C_6$ 属复杂立方结构，晶胞中共有 116 个原子，其中 92 个 Cr 原子，24 个为 C 原子，而每个碳原子有 8 个相邻的金属 Cr 原子。这一大晶胞可以看成由 8 个亚胞交替排列组成的（图 2.30）。

Fe_3C 是铁碳合金中的一个基本相，称为渗碳体。C 与 Fe 的原子半径之比为 0.63，其晶体结构如图 2.31 所示，为正交晶系，三个点阵常数不相等，晶胞中共有 16 个原子，其中 12 个 Fe 原子，4 个 C 原子，符合 Fe∶C＝3∶1 的关系。Fe_3C 中的 Fe 原子可以被 Mn、Cr、Mo、W、V 等金属原子所置换形成合金渗碳体；而 Fe_3C 中的 C 可被 B 置换，但不能被 N 置换。

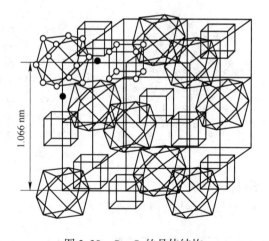

图 2.30 $Cr_{23}C_6$ 的晶体结构

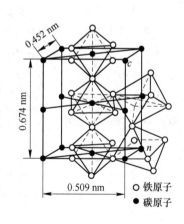

图 2.31 Fe_3C 晶体结构

间隙化合物中原子间结合键为共价键和金属键。其熔点和硬度均较高（但不如间隙相），是钢中的主要强化相。还应指出，在钢中只有周期表中位于 Fe 左方的过渡族金属元素才能形成碳化物（包括间隙相和间隙化合物），它们的 d 层电子越少，与碳的亲和力就越强，则形成的碳化物越稳定。

（3）拓扑密堆相。拓扑密堆相是由两种大小不同的金属原子所构成的一类中间相，其中大小原子通过空间上恰当的分布构成空间利用率和配位数都很高的复杂结构。由于这类结构具有拓扑特征，故称这些相为拓扑密堆相，简称 TCP 相，以区别于通常的具有 fcc 或 hcp 的几何密堆相。这种结构的特点是：

1）由配位数为 12、14、15、16 的配位多面体堆垛而成。所谓配位多面体是以某一原子为中心，将其周围紧密相邻的各原子中心用一些直线连接起来所构成的多面体，每个面都是三角形。图 2.32 为拓扑密堆相的配位多面体形状。

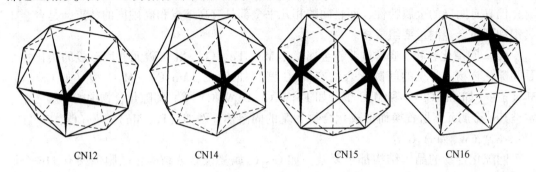

CN12　　　　　CN14　　　　　CN15　　　　　CN16

图 2.32　拓扑密堆相中的配位多面体

2）呈层状结构：通常，半径小的原子构成密排面，半径大的原子镶嵌其中。由这种密排层按一定顺序堆垛而成，从而构成空间利用率很高，只有四面体间隙的密排结构。原子密排层一般是由三角形、正方形或六角形组合起来的网格结构。网格结构可用一定的符号加以表示：取网格中的任一原子，依次写出围绕着它的多边形类型。图 2.33 为几种类型的原子密排层的网格结构。

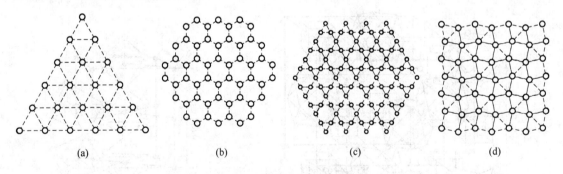

(a)　　　　　(b)　　　　　(c)　　　　　(d)

图 2.33　原子密排层的网络结构

(a) 3^6 型；(b) 6^3 型；(c) $3 \cdot 6 \cdot 3 \cdot 6$ 型；(d) $3^2 \cdot 4 \cdot 3 \cdot 4$ 型

（4）拉弗斯相。拉弗斯相也是一类代表性金属间化合物，其典型分子式为 AB_2，形成条件如下：

1）原子尺寸因素：A 原子半径略大于 B 原子，其理论比值应为 $r_A/r_B = 1.255$，而实际比值约为 $1.05 \sim 1.68$。

2）电子浓度：一定的结构类型对应着一定的电子浓度。

拉弗斯相的晶体结构有三种类型。它们的典型代表为 $MgCu_2$、$MgZn_2$ 和 $MgNi_2$。它们相对应的电子浓度范围如表 2.10 所示。

表 2.10　三种典型拉弗斯相的结构类型和电子浓度范围

典型合金	结构类型	电子浓度范围	属于同类的拉弗斯相举例
$MgCu_2$	复杂六方	1.33~1.75	$AgBe_2$、$NaAu_2$、$ZrFe_2$、$CuMnZr$、$AlCu_3Mn_2$
$MgZn_2$	复杂六方	1.80~2.00	$CaMg_2$、$MoFe_2$、$TiFe_2$、$AlNbNi$、$FeMoSi$
$MgNi_2$	复杂六方	1.80~1.90	$NbZn_2$、$HfCr_2$、$MgNi_2$、$SeFe_2$

以 $MgCu_2$ 为例，其晶胞结构如图 2.34（左）所示，共有 24 个原子，Mg 原子（A）8 个，Cu 原子（B）16 个。（110）面上原子的排列如图 2.34（右）所示，在理想情况下，$r_A/r_B = 1.255$。

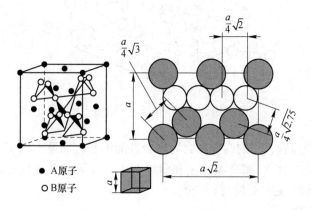

图 2.34　$MgCu_2$ 立方晶胞中 A、B 原子的分布

晶胞中原子半径较小的 Cu 位于小四面体的顶点，一正一反排成长链。沿 [111] 方向看，是 3·6·3·6 型密排层，如图 2.35（a）所示；较大的 Mg 原子位于各小四面体之间的空隙中，本身又组成一种金刚石型结构的四面体网络，如图 2.35（b）所示，两者穿插构成整个晶体结构。A 原子周围有 12 个 B 原子和 4 个 A 原子，故配位多面体为 CN16；而 B 原子周围是 6 个 A 原子和 6 个 B 原子，即 CN12。因此，该拉弗斯相结构可看作由 CN16 与 CN12 两种配位多面体相互配合而成。

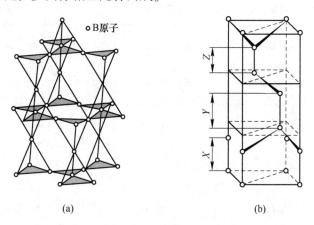

图 2.35　$MgCu_2$ 结构中 A、B 原子分别构成的层网结构

拉弗斯相是镁合金中的重要强化相。在高合金不锈钢和铁基、镍基高温合金中，有时也会以针状的拉弗斯相分布在固溶体基体上，当其数量较多时会降低合金性能，故应适当控制。

（5）σ相。σ相是以化合物为基的一类固溶体，通常在过渡族金属元素之间容易形成，其分子式可写作 AB 或 A_xB_y，如 FeCr、FeV、FeMo、MoCrNi、WCrNi、（Cr，Wo，W）$_x$（Fe，Co，Ni）$_y$ 等。尽管 σ 相可用化学式表示，但其成分是在一定范围内变化。σ 相具有复杂的四方结构，其轴比 $c/a \approx 0.52$，每个晶胞中有 30 个原子，如图 2.36 所示。

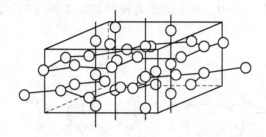

图 2.36 σ 相的晶体结构

σ 相在常温下硬而脆，它的存在通常对合金性能不利。如果不锈钢中存在 σ 相会引起晶间腐蚀和增大脆性；在 Ni 基高温合金和耐热钢中，如果成分或热处理控制不当，会发生片状的硬而脆 σ 相沉淀，而使材料变脆。

2.3.2.4 超结构

对于某些成分接近于一定的原子比（如 AB 或 AB_3）的无序固溶体，当它从高温缓冷到某一临界温度以下时，溶质原子会从统计随机分布状态过渡到占有一定位置的规则排列状态，即发生有序化过程，形成有序固溶体。长程有序的固溶体在其 X 射线衍射图上会出现额外的衍射线，这种有序结构称为超结构，所以有序固溶体通常称为超结构或超点阵。超结构的主要类型如表 2.11 所示，结构类型如图 2.37 所示。

表 2.11 几种典型的超结构

结构类型	典型合金	晶胞图形	合金举例
以面心立方为 基的超结构	Cu_3Au I 型 CuAu I 型 CuAu II 型	图 2.37 (a) 图 2.37 (b) 图 2.37 (c)	Ag_3Mg, Au_3Cu, $FeNi_3$, AuCu, FePt, NiPt CuAu II
以体心立方为 基的超结构	CuZn（β黄铜）型 Fe_3Al 型	图 2.37 (d) 图 2.37 (e)	β′-CuZn, β-AlNi, β-NiZn, AgZn, FeCo, FeV, AgCd Fe_3Al, α-Fe_3Si, β-Cu_3Sb, Cu_2MnAl
以密排六方为 基的超结构	$MgCd_3$ 型	图 2.37 (f)	$CdMg_3$, Ag_3In, Ti_3Al

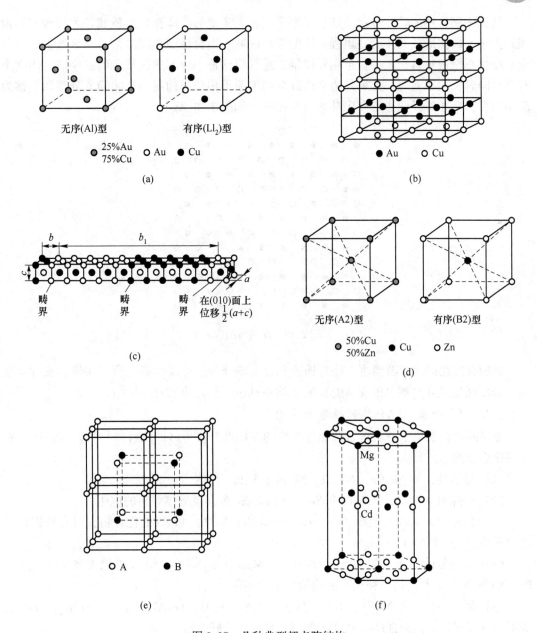

图 2.37 几种典型超点阵结构

(a) Cu_3Au I 型超点阵；(b) $CuAu$ I 型超点阵；(c) $CuAu$ II 型超点阵；

(d) β 黄铜（$CuZn$）型超点阵；(e) Fe_3Al 型超点阵；(f) $MgCd_3$ 型超点阵

通常可用"长程有序度参数" S 来定量地表示有序化程度：

$$S = \frac{P - X_A}{1 - X_A} \tag{2.13}$$

式中，P 为 A 原子的正确位置上（即在完全有序时此位置应为 A 原子所占据）出现 A 原子的概率；X_A 为 A 原子在合金中的原子数分数。完全有序时，$P=1$，此时 $S=1$；完全无序时 $P=X_A$，此时 $S=0$。

从无序到有序的转变过程是依赖于原子迁移来实现的，即存在形核和长大过程。显微观察揭示，最初形核的核心是短程有序的微小区域。当合金缓冷经过某一临界温度时，各个有序核心慢慢独自长大，直至相互接壤。通常将这种小块有序区域称为有序畴。当两个有序畴同时长大相遇时，如果其边界恰好是同类原子相遇而构成一个明确的分界面，称为反相畴界，反相畴界两边的有序畴称为反相畴，如图 2.38 所示。

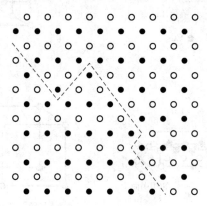

图 2.38　反相畴结构

影响有序化的因素有温度、冷却速度和合金成分等。温度升高，冷速加快，或者合金成分偏离理想成分（如 AB 或 AB_3）时，均不利于得到完全的有序结构。

2.3.2.5　金属间化合物的性质和应用

金属间化合物由于原子键合和晶体结构的多样性，使得这种化合物具有许多特殊的物理、化学性能。

（1）超导性，如 Nb_3Ge、Nb_3Al、Nb_3Sn、V_3Si、NbN 等；

（2）特殊电学性质，如 InTe-PbSe、GaAs-ZnSe 等在半导体材料的应用；

（3）强磁性，如稀土元素（Ce、La、Sm、Pr、Y 等）和 Co 的化合物，具有特别优异的永磁性能；

（4）吸释氢的能力，如 $LaNi_5$、FeTi、R_2Mg_{17} 和 $R_2Ni_2Mg_{15}$ 等（R 代表稀土 La、Ce、Pr、Nd 或混合稀土）是一种很有前途的储能和换能材料；

（5）耐热特性，如 Ni_3Al、NiAl、TiAl、Ti_3Al、FeAl、Fe_3Al、$MoSt_2$、$NbBe_{12}$、$ZrBe_{12}$ 等不仅具有很好的高温强度，并且在高温下具有比较好的塑性；

（6）耐蚀的金属间化合物，如某些金属的碳化物、硼化物、氮化物和氧化物等在侵蚀介质中仍很耐蚀，若通过表面涂覆方法，可大大提高被涂覆件的耐蚀性能；

（7）具有形状记忆效应、超弹性和消震性的金属间化合物，如 TiNi、CuZn、CuSi、MnCu、Cu_3Al 等，已在工业上得到应用。

2.4　离子晶体结构

传统陶瓷、压电陶瓷、纳米光催化材料、气敏材料、无机抗菌材料、稀土发光材料等许多功能材料均属于无机非金属材料，是由金属与非金属元素通过离子键或兼有离子键和共价键的方式结合起来的。无机非金属晶体结构大多为离子晶体。典型的离子晶体是元素周期表中 IA 族的碱金属元素 Li、Na、K、Rb、Cs 和ⅦB 的卤族元素 F、Cl、Br、I 之间形成的化合物晶体，这种晶体是以正负离子为结合单元的。例如 NaCl 晶体是以 Na^+ 和 Cl^- 为单元结合成晶体。它们的结合是依靠离子键的作用，即依靠正、负离子间的库仑作用。

2.4.1 离子晶体结构规则

鲍林（L. Pauling）等人在大量试验基础上，应用离子键理论，总结出离子晶体结构的一般规则：

（1）负离子配位多面体。在离子晶体结构中，正离子通常被一个负离子配位多面体包围，正负离子间的平衡距离取决于离子半径之和，而正离子的配位数则取决于正负离子的半径比。这就是鲍林第一规则。因此，离子晶体结构可以看作由负离子配位多面体按一定方式连接而成框架，正离子则处于负离子多面体的间隙中，故配位多面体可以看成是离子晶体的结构基元。

为了保持晶体的低能量状态，正负离子间倾向于形成尽可能紧密的接触，即一个正离子趋于与尽可能多的负离子相邻，而同类离子间尽可能保持远离。因此，一个最稳定的结构应当有尽可能大的配位数，而这个配位数同时取决于正、负离子半径的比值。这就引入一个临界离子半径比值的概念。只有大于等于此临界比值时，某一给定配位数的结构才是稳定的。离子晶体中，正离子的配位数通常为 4 和 6，但也有少数为 3、8、12。

（2）电价规则。在一个稳定的离子晶体结构中，每个负离子的电价 Z_- 等于或接近等于与之邻接的各正离子静电强度 S 的总和：

$$Z_- = \sum_i S_i = \sum_i \left(\frac{Z_+}{n}\right)_i \tag{2.14}$$

式中，S_i 为第 i 种正离子静电键强度；Z_+ 为正离子的电荷；n 为其配位数。这就是鲍林第二规则，也称电价规则。

由于静电键强度实际是离子键强度，也是晶体结构稳定性的标志。在具有大的正电位的地方，放置带有大负电荷的负离子，将使晶体的结构趋于稳定。这就是第二规则所反映的物理实质。

（3）负离子多面体共用顶、棱和面的规则。鲍林第三规则指出：在配位结构中，共用棱特别是共用面的存在，会降低这类结构的稳定性。对于电价高，配位数低的正离子来说，这个效应尤为显著。

从几何关系得知，两个四面体中心间的距离，在共用一个顶点时设为 1，则共用棱和共用面时，分别等于 0.58 和 0.33；在八面体的情况下，分别为 1、0.71 和 0.58。也就是共用顶点时同类离子间距离最大，异类离子间距离最小；而共用面时则相反。根据库仑定律，同种电荷间的斥力与其距离的平方成反比，这种距离的显著缩短，必然导致正离子间库仑斥力的激增，使结构稳定性大大降低。

（4）不同种类正离子配位多面体间连接规则。在硅酸盐和多元离子化合物中，正离子的种类往往不止一种，可能形成一种以上不同类型的配位多面体。鲍林第四规则认为：在含有一种以上正负离子的离子晶体中，一些电价较高，配位数较低的正离子配位多面体之间，有尽量互不结合的趋势。这一规则总结了不同种类正离子配位多面体的连接规则。

（5）节约规则。鲍林第五规则指出：在同一晶体中，同种正离子与同种负离子的结合方式应最大限度地趋于一致。因为在一个均匀的结构中，不同形状的配位多面体很难有效地堆积在一起。

2.4.2　典型离子晶体结构

2.4.2.1　AB 型化合物结构

（1）CsCl 型结构。CsCl 型结构是离子晶体结构中最简单的一种，属立方晶系简单立方点阵，$Pm3m$ 空间群。Cs^+ 和 Cl^- 半径之比为 0.169 nm/0.181 nm＝0.933，Cl^- 离子构成正六面体，Cs^+ 在其中心，Cs^+ 和 Cl^- 的配位数均为 8，多面体共面连接，一个晶胞内含 Cs^+ 和 Cl^- 各一个，如图 2.39 所示。属于这种结构类型的有 CsBr、CsI。

（2）NaCl 型结构。自然界有几百种化合物都属于 NaCl 型结构，有氧化物 MgO、CaO、SrO、BaO、CdO、MnO、FeO、CoO、NiO；氮化物 TiN、LaN、ScN、CrN、ZrN；碳化物 TiC、VC、ScC 等；所有的碱金属硫化物和卤化物（CsCl、CsBr、CsI 除外）也都具有这种结构。

NaCl 属立方晶系，面心立方点阵，$Fm3m$ 空间群，Na^+ 和 Cl^- 的半径比为 0.525，Na^+ 位于 Cl^- 形成的八面体空隙中，如图 2.40 所示。实际上，NaCl 结构可以看成是两个面心立方结构，一个是 Na^+ 的，一个是 Cl^- 的，二者相互在棱边上穿插而成，其中每个 Na^+ 被 6 个 Cl^- 包围，反过来 Cl^- 也被等数的 Na^+ 包围。每个晶胞的离子数为 8，即 4 个 Na^+ 和 4 个 Cl^-。

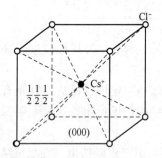

图 2.39　CsCl 结构的立方晶胞

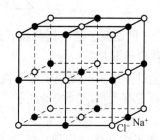

图 2.40　NaCl 晶体结构

（3）立方 ZnS 型结构。立方 ZnS 结构类型又称闪锌矿型（β-ZnS），属于立方晶系，面心立方点阵，$F43m$ 空间群，如图 2.41 所示。可以看出，S^{2-} 位于立方晶胞的顶角和面心位置，构成一套完整的面心立方晶格，而 Zn^{2+} 也构成了一套面心立方格子，在体对角线 1/4 处互相穿插而成。这可从图 2.41（b）的投影图中清楚看到，这里所标注的数字是以 Z 轴晶胞的高度为 100，其他离子根据各自位置标注为 75、50、25、0。

在闪锌矿的晶胞中，一种离子（S^{2-} 或 Zn^{2+}）占据面心立方结构的结点位置，另一种离子（Zn^{2+} 或 S^{2-}）则占据四面体间隙的一半。Zn^{2+} 配位数为 4，S^{2-} 的配位数也为 4。四面体共顶连接，如图 2.41（c）所示。理论上 $r_{Zn^{2+}}/r_{S^{2-}}$ 为 0.414，配位数应为 6，但

Zn^{2+}极化作用很强，S^{2-}又极易变形，因此，配位数降至4，一个S^{2-}被4个［ZnS_4］四面体共用。

Be、Cd 的硫化物、硒化物、硫化物及 CuCl 也属此类型结构。

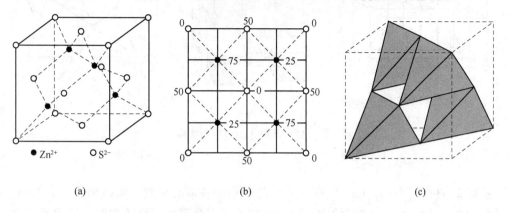

图 2.41 立方 ZnS 型结构

（a）晶胞结构；（b）（001）面上投影；（c）多面体图

（4）六方 ZnS 型结构。六方 ZnS 型又叫纤锌矿型，属六方晶系，$P6_3mc$ 空间群，晶体结构如图 2.42 所示。

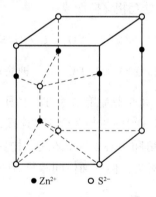

图 2.42 六方 ZnS 结构

每个晶胞内包含 4 个离子，其坐标为：

$$2S^{2-}：000；\frac{2}{3}\frac{1}{3}\frac{1}{2} \qquad 2Zn^{2+}：00\frac{7}{8}；\frac{2}{3}\frac{1}{3}\frac{3}{8}$$

该结构可以看成较大的负离子 S^{2-} 构成 hcp 结构，而 Zn^{2+} 占据其中 1/2 四面体空隙，构成［ZnS_4］四面体。由于离子间极化的影响，使配位数由 6 降至 4，每个 S^{2-} 被 4 个［ZnS_4］四面体共用，且 4 个四面体共顶连接。

属于这种结构类型的有 ZnO、ZnSe、AgI、BeO 等。

2.4.2.2 AB$_2$ 型化合物结构

（1）CaF_2（萤石）型结构。CaF_2 属立方晶系，面心立方点阵，$Fm3m$ 空间群，其结构如图 2.43 所示，正负离子数比为 1：2。

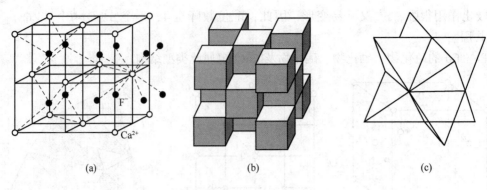

(a)　　　　　　　　　(b)　　　　　　　　　(c)

图 2.43　萤石（CaF$_2$）型结构

(a) 晶胞图；(b)［CaF$_8$］多面体图；(c)［FCa$_4$］多面体图

从图 2.43 中可看出，Ca^{2+}处在立方体的顶角和各面心位置，形成面心立方结构。F$^-$离子位于立方体内 8 个小立体的中心位置，即填充了全部的四面体空隙，构成了［FCa$_4$］四面体，如图 2.43 (c) 所示，配位数为 4。若 F$^-$作简单立方堆积，Ca^{2+}填于半数的立方体空隙中，则构成［CaF$_8$］立方体，故 Ca^{2+}的配位数为 8，立方体之间共棱连接，如图 2.43 (b) 所示。从空间结构看 Ca^{2+}构成一套完整的面心立方结构，F$^-$构成了两套面心立方格子，它们在体对角线$\frac{1}{4}$和$\frac{3}{4}$处互相穿插而成。

属于 CaF$_2$ 型的化合物有 ThO$_2$、CeO$_2$、VO$_2$、C-ZrO$_2$ 等。

(2) TiO$_2$（金红石）型结构。金红石是 TiO$_2$ 的一种稳定型结构，属四方晶系，$P\dfrac{4}{m}nm$ 空间群，其结构如图 2.44 所示。每个晶胞有 2 个 Ti^{4+}离子，4 个 O^{2-}离子；正负离子半径比为 0.45，配位数为 6：3，每个 O^{2-}同时与 3 个 Ti^{4+}连接，即每 3 个［TiO$_6$］八面体共用一个 O^{2-}；而 Ti^{4+}位于晶胞的顶角和中心，即处在 O^{2-}构成的稍有变形的八面体中心，这些八面体之间在 (001) 面上共棱边，但八面体间隙只有一半为钛离子所占据。

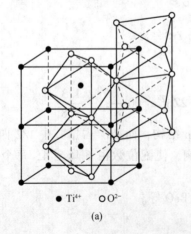
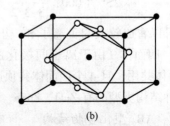

● Ti^{4+}　○ O^{2-}

(a)　　　　　　　　　(b)

图 2.44　金红石（TiO$_2$）型结构

(a) 负离子多面体图；(b) 晶胞图

属于这类结构的还有 GeO_2、PbO_2、SnO_2、MnO_2、VO_2、NbO_2、TeO_2 及 MnF_2、FeF_2、MgF_2 等。

（3）β-方石英型结构。方石英为 SiO_2 高温时同素异构体，属立方晶系，其结构如图 2.45 所示。Si^{4+} 离子占据所有面心立方结点位置和立方体内相当于 8 个小立方体中心的其中 4 个位置。每个 Si^{4+} 同 4 个 O^{2-} 结合形成 $[SiO_4]^{4-}$ 四面体；每个 O^{2-} 都连接 2 个对称的 $[SiO_4]^{4-}$ 四面体，多个四面体之间相互共用顶点并重复堆垛而形成方石英结构，故与球填充模型相比，这种结构中的 O^{2-} 排列是很疏松的。

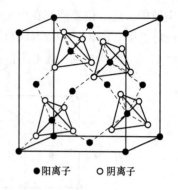

●阳离子　○阴离子

图 2.45　β-方石英结构

2.4.2.3　A_2B_3 型化合物结构

以 α-Al_2O_3 为代表的刚玉型结构，是 A_2B_3 型的典型结构。刚玉为天然 α-Al_2O_3 单晶体，呈红色的称红宝石（含铬），呈蓝色的称蓝宝石（含钛）。其结构属菱方晶系，$R3C$ 空间群。正负离子的配位数为 6∶4，O^{2-} 近似作密排六方堆积，Al^{3+} 位于八面体间隙中，但只填满这种空隙的 2/3。Al^{3+} 的排列要使它们之间的距离最大，因此每三个相邻的八面体空隙，就有一个是有规律地空着，这样六层构成一个完整周期，如图 2.46 所示。按电价规则，每个 O^{2-} 可与 4 个 Al^{3+} 键合，即每一个 O^{2-} 同时被 4 个 $[AlO_6]$ 八面体所共有；Al^{3+} 与 6 个 O^{2-} 的距离有区别，其中 3 个距离较近为 0.189 nm，另 3 个较远为 0.193 nm。每个晶胞中有 4 个 Al^{3+} 和 6 个 O^{2-}。

刚玉性质极硬，莫氏硬度为 9，不易破碎，熔点为 2050 ℃，这与结构中 Al—O 键的结合强度密切相关。属于刚玉型结构的化合物还有 Cr_2O_3、α-Fe_2O_3、α-Ga_2O_3 等。

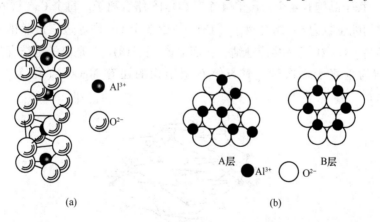

(a)　　　　　　　　　　(b)

图 2.46　α-Al_2O_3 的结构

（a）晶格结构；（b）密堆积模型

2.4.2.4　ABO_3 型化合物结构

（1）$CaTiO_3$（钙钛矿）型结构。钙钛矿又称灰钛石，系以 $CaTiO_3$ 为主要成分的天然矿物，理想情况下为立方晶系，在低温时转变为正交晶系，空间群为 $PCmm$。

图 2.47 为理想钙钛矿型结构的立方晶胞。Ca^{2+} 和 O^{2-} 构成立方结构，Ca^{2+} 在立方体的顶角，O^{2-} 在立方体的六个面心上；而较小的 Ti^{4+} 填于由 6 个 O^{2-} 所构成的八面体 $[TiO_6]$ 空隙中，这个位置刚好在由 Ca^{2+} 构成的立方体的中心。由组成得知，Ti^{4+} 只填满 1/4 的八面体空隙。$[TiO_6]$ 八面体群相互以顶点相接，Ca^{2+} 则填于 $[TiO_6]$ 八面体群的空隙中，并被 12 个 O^{2-} 所包围，故 Ca^{2+} 的配位数为 12，而 Ti^{4+} 的配位数为 6，如图 2.47（b）所示。

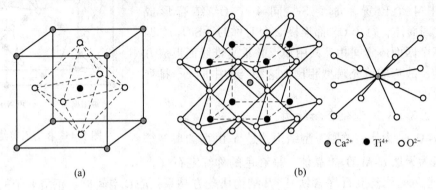

(a)　　　　　　　　　　　(b)

● Ca^{2+}　● Ti^{4+}　○ O^{2-}

图 2.47　钙钛矿型结构

（a）晶胞结构；（b）多面体连接和 Ca^{2+} 配位数

从鲍林规则得知 Ti—O 离子间的静电键强度 S 为 2/3，而 Ca—O 离子间的 S 为 1/6，每个 O^{2-} 被 2 个 $[TiO_6]$ 八面体和 4 个 $[CaO_{12}]$ 立方八面体所共用，O^{2-} 的电价为 $2/3 \times 2 + 1/6 \times 4 = 2$，即饱和，结构稳定。属于钙钛矿型结构的还有 $BaTO_3$、$SrTiO_3$、$PbTiO_3$、$CaZrO_3$、$PbZrO_3$、$SrZrO_3$、$SrSnO_3$ 等。

（2）方解石（$CaCO_3$）型结构。方解石属于菱方晶系，$R3C$ 空间群，其结构如图 2.48 所示。每个晶胞有 4 个 Ca^{2+} 和 4 个 $[CO_3]^{2-}$ 络合离子。每个 Ca^{2+} 被 6 个 $[CO_3]^{2-}$ 所包围，Ca^{2+} 的配位数为 6；络合离子 $[CO_3]^{2-}$ 中 3 个 O^{2-} 作等边三角形排列，Ca^{2+} 在三角形之中心位置，C—O 间是共价键结合；而 Ca^{2+} 同 $[CO_3]^{2-}$ 是离子键结合。$[CO_3]^{2-}$ 在结构中的排布均垂直于三次轴。属方解石型结构的还有 $MgCO_3$（菱镁矿），$CaCO_3 \cdot MgCO_3$（白云石）等。

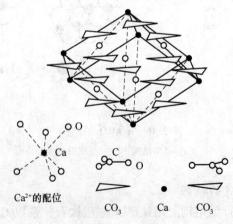

Ca^{2+}的配位　　　　CO_3　　Ca　　CO_3

图 2.48　方解石结构

2.4.2.5 AB₂O₄型化合物结构

AB_2O_4型化合物中最重要的化合物是尖晶石（$MgAl_2O_4$）。

如图 2.49 所示，$MgAl_2O_4$属立方晶系、面心立方点阵、$Fd3m$ 空间群。每个晶胞内有 32 个 O^{2-}，16 个 Al^{3+}和 8 个 Mg^{2+}。O^{2-}呈面心立方密排结构，Mg^{2+}的配位数为 4，处在氧四面体中心；Al^{3+}的配位数为 6，居于氧八面体空隙中。其结构颇为复杂，为了清晰起见，可把这种结构看成是由 8 个立方亚晶胞所组成，如图 2.50 所示，它们在结构上又可分甲、乙两种类型。在甲型立方亚胞中，Mg^{2+}位于单元的中心和 4 个顶角上（即晶胞的角和面心），4 个 O^{2-}分别位于各条体对角线上距临空的顶角 1/4 处。在乙型立方亚胞中，Mg^{2+}处在 4 个顶角上，4 个 O^{2-}位于各条体对角线上距 Mg^{2+}顶角的 1/4 处，而 Al^{3+}位于 4 条体对角线上距临空顶角的 1/4 处。若把 $MgAl_2O_4$晶格看作是 O^{2-}立方最密排结构，八面体间隙有一半被 Al^{3+}所填，而四面体间隙则只有 1/8 被 Mg^{2+}所填。

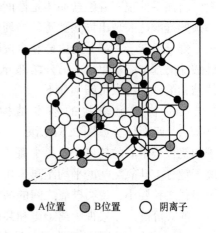

● A位置　● B位置　○ 阴离子

图 2.49　尖晶石的单位晶胞

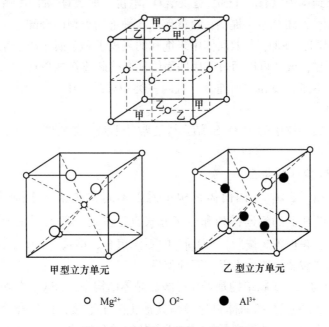

甲型立方单元　　　乙型立方单元

○ Mg^{2+}　○ O^{2-}　● Al^{3+}

图 2.50　$MgAl_2O_4$结构中的小单元

遵循电价规则，$S_{Al^{3+}} = 1/2$，$S_{Mg^{2+}} = 2/4 = 1/2$，这样每个 O^{2-}的电价要由 4 个正离子提供，其中 3 个为 Al^{3+}，1 个为 Mg^{2+}，即 3 个［AlO_6］八面体与 1 个［MgO_4］四面体共顶连接，电价饱和，结构稳定。而且结构中的 Al—O 键，Mg—O 键均为较强的离子键，故结合牢固，硬度高，熔点高（2135 ℃），化学稳定性好。尖晶石型结构的有 $ZnFe_2O_4$、$CdFe_2N_4$、$FeAl_2O_4$、$CoAl_2O_4$、$NiAl_2O_4$、$MnAl_2O_4$和 $ZnAl_2O_4$等。

2.4.3　硅酸盐晶体结构

2.4.3.1　硅酸盐结构的基本构成

硅酸盐晶体是构成地壳的主要矿物，也是制造水泥、陶瓷、玻璃、耐火材料的主要原料。自然界的很多硅酸盐晶体是性能优良的光学晶体、价格昂贵的宝玉石饰品，一些人工掺杂的硅酸盐表现出许多独特的物理化学性能，是典型的功能材料。硅酸盐的结构主体上由三部分组成，一部分是由硅和氧按不同比例组成的各种负离子团，称为硅氧骨干，这是硅酸盐的基本结构单元，另外两部分为硅氧骨干以外的正离子和负离子。因此，硅酸盐晶体结构的基本特点可归纳如下：

（1）构成硅酸盐的基本结构单元是硅和氧组成的 $[SiO_4]^{4-}$ 四面体，如图 2.51 所示。在 $[SiO_4]^{4-}$ 中，4 个氧离子围绕位于中心的硅离子，每个氧离子有一个电子可以和其他离子键合。硅氧之间的平均距离为 0.160 nm，这个值比硅氧离子半径之和要小，说明硅氧之间的结合除离子键外，还有相当成分的共价键，一般视为离子键和共价键各占 50%。

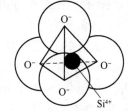

图 2.51　$[SiO_4]^{4-}$ 四面体

（2）按电价规则，每个 O^{2-} 最多只能为两个 $[SiO_4]^{4-}$ 四面体所共有。如果结构中只有一个 Si^{4+} 提供给 O^{2-} 电价，那么 O^{2-} 的另一个未饱和的电价将由其他正离子如 Al^{3+}、Mg^{2+}……提供，这就形成各种不同类型的硅酸盐。

（3）按第三规则，$[SiO_4]^{4-}$ 四面体中未饱和的氧离子和金属正离子结合后，可以相互独立地在结构中存在，或者可以通过共用四面体顶点彼此连接成单链、双链或成层状、网状的复杂结构，但不能共棱和共面连接，且同一类型硅酸盐中，$[SiO_4]$ 四面体间的连接方式一般只有一种。

（4）$[SiO_4]^{4-}$ 四面体中的 S-O-Si 结合键通常并不是一条直线，而是呈键角为 145° 的折线。

2.4.3.2　硅酸盐结构类型

硅酸盐结构是由 $[SiO_4]^{4-}$ 四面体结构单元以不同方式相互连接而成的复杂结构。$[SiO_4]^{4-}$ 四面体在微观上的不同排列和连接方式直接决定了其宏观物理性能，如晶体形态、硬度、多色性、解理等。按照 $[SiO_4]^{4-}$ 的不同组合，即按 $[SiO_4]^{4-}$ 四面体在空间连接或分布的特点将硅酸盐结构分为以下五种类型。

（1）孤岛状结构。孤岛状结构是指在硅酸盐晶体结构中，$[SiO_4]^{4-}$ 四面体是以孤立状态存在，即一个个 $[SiO_4]^{4-}$ 四面体只通过与其他正离子连接，使化合价达到饱和，而没有以共用顶点的方式连接，就形成了孤立的或岛状的硅酸盐结构，又称原硅酸盐。正离子可是 Mg^{2+}、Ca^{2+}、Fe^{2+}、Mn^{2+} 等金属离子。属于孤岛状硅酸盐结构的晶体有镁橄榄石 $Mg_2[SiO_4]$、锆英石 $Zr[SiO_4]$ 等。以镁橄榄石为例，镁橄榄石 $Mg_2[SiO_4]$ 属正交晶系，*P6nm* 空间群。每个晶胞中有 4 个"分子"，28 个离子。其中有 8 个镁离子，4 个硅离子和 16 个氧离子。图 2.52 为镁橄榄石结构在（100）面投影图。为醒目起见，位于四面体中心的 Si^{4+} 未画出。其结构的主要特点如下：

1）各 $[SiO_4]^{4-}$ 四面体是单独存在的，其顶角相间地朝上朝下。

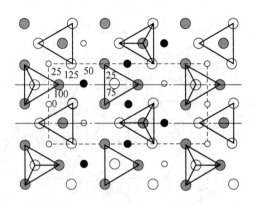

图 2.52 镁橄榄石结构在（100）面投影图

2）各 $[SiO_4]^{4-}$ 四面体只通过 O—Mg—O 键连接在一起。

3）Mg^{2+} 周围有六个 O^{2-} 位于几乎是正八面体的顶角，因此整个结构可以看成是由四面体和八面体堆积而成的。

4）O^{2-} 近似按照六方排列，这是由于氧离子与大多数其他离子相比尺寸较大的缘故。氧离子成密堆积结构是许多硅酸盐结构的一个特征。

二价铁离子（Fe^{2+}）和钙离子（Ca^{2+}）可以取代镁橄榄石中的 Mg^{2+}，而形成 $(Mg, Fe)_2[SiO_4]$ 或 $(Ca, Mg)_2[SiO_4]$ 橄榄石。镁橄榄石结构紧密，静电键也很强，结构稳定，熔点高达 1890 ℃，是碱性耐火材料中的重要矿物相。

（2）组群状结构。组群状结构是指由 $[SiO_4]^{4-}$ 通过共用氧（桥氧）连接成的 2 个、3 个、4 个或 6 个硅氧组群（图 2.53）。这些组群之间再由其他正离子按一定的配位形式构成硅酸盐结构，也就是组成硅酸盐的单位组群没有以共用顶点的方式连接。下面以绿柱石（$Be_3Al_2[Si_6O_{18}]$）为例来说明这类结构的特点。

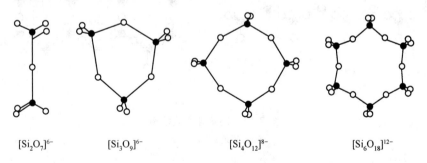

| $[Si_2O_7]^{6-}$ | $[Si_3O_9]^{6-}$ | $[Si_4O_{12}]^{8-}$ | $[Si_6O_{18}]^{12-}$ |

图 2.53 孤立的有限硅氧四面体群的各种形状

绿柱石（$Be_2Al_2[Si_6O_{18}]$）是典型的组群状硅酸盐，属六方晶系、$P6/mcc$ 空间群。图 2.54 是其 1/2 晶胞投影。其基本结构单元是 6 个硅氧四面体形成的六节环，这些六节环之间靠 Al^{3+} 和 Be^{2+} 连接，Al^{3+} 的配位数为 6，与硅氧网络的非桥氧形成 $[AlO_6]$ 八面体；Be^{2+} 配位数为 4，构成 $[BeO_4]$ 四面体。环与环相叠，上下两层错开 30°。从结构上看，在上下叠置的六节环内形成了巨大的通道，可贮有 K^+、Na^+、Cs^+ 及 H_2O 分子，使绿柱石结构成为离子导电的载体。

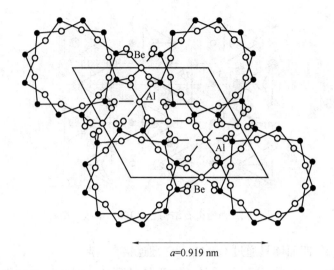

$a=0.919$ nm

图 2.54　绿柱石的结构

具有优良抗热震性能的董青石（$Mg_2Al_3[AlSi_5O_{18}]$）的结构与绿柱石相似，只是在六节环中有一个 $[SiO_4]^{4-}$ 四面体中的 Si^{4+} 被 Al^{3+} 所取代，环外的 Be_3Al_2 被 Mg_2Al_3 所取代而已。

（3）链状结构。$[SiO_4]^{4-}$ 四面体通过桥氧的连接，在一维方向伸长成单链或双链，而链与链之间通过其他正离子按一定的配位关系连接就构成了链状硅酸盐结构，如图 2.55 所示。

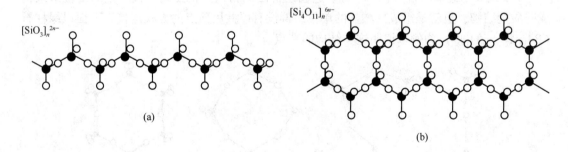

$[SiO_3]_n^{2n-}$　　　　　　　　　　　　$[Si_4O_{11}]_n^{6n-}$

(a)　　　　　　　　　　　　　　　　　　(b)

图 2.55　链状硅酸盐结构

（a）单链；（b）双链

单链结构单元的分子式为 $[SiO_3]_n^{2n-}$。一大批陶瓷材料具有这种单链结构，如顽辉石（$Mg[SiO_3]$）、透辉石（$CaMg[Si_2O_6]$）、锂辉石（$LiAl[Si_2O_6]$）、顽火辉石（$Mg_2[Si_2O_6]$）。在单链状结构中由于 Si—O 键比链间 M—O 键强得多，因此链状硅酸盐矿物很容易沿链间结合较弱处裂成纤维。

双链的结构单元分子式为 $[Si_4O_{11}]_n^{6n-}$。透闪石（$Ca_2Mg_5[Si_4O_{11}]_2(OH)_2$）、斜方角闪石（$(Mg,Fe)_7[Si_4O_{11}]_2(OH)_2$）、硅线石（$Al[AlSiO_5]$）和莫来石（$Al[Al_{1+x}\cdot Si_{1-x}O_{5-x/2}]$（$x=0.25\sim0.40$））及石棉类矿物都属双链结构。

（4）层状结构。处于 $[SiO_4]^{4-}$ 四面体同一侧面上的三个顶点氧离子在平面内以共用顶点的方式连接成六角对称的二维结构即为层状结构。它多为二节单层，即以两个 $[SiO_4]^{4-}$ 四面体的连接为一个重复周期，且它有 1 个氧离子处于自由端，价态未饱和，称为活性氧，将与其他金属离子（如 Mg^{2+}、Al^{3+}、Fe^{2+}、Fe^{3+}、Mn^{3+}、Li^+、Na^+、K^+ 等）结合而形成稳定的结构，如图 2.56 所示。在六元环状单层结构中，Si^{4+} 分布在同一高度，单元大小可在六元环层中取一个矩形，结构单元内氧与硅之比为 10 : 4，其化学式可写成 $[Si_4O_{10}]^{4-}$。

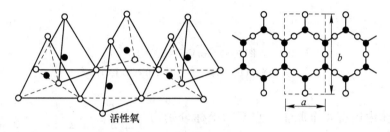

活性氧

图 2.56　层状硅酸盐中的四面体

当活性氧和其他负离子同时与结构间其他金属正离子如 Mg^{2+}、Ca^{2+}、Fe^{2+}、Al^{3+} 等相连接，就构成 $[Me(O, OH)_6]$ 八面体层。它与四面体层相连接就构成双层结构；八面体层的两侧各与四面体层结合的硅酸盐结构称为三层结构。

对于层状硅酸盐结构而言，层内 S—O 键和 Me—O 键要比层与层之间分子键或氢键强得多，因此这种结构容易从层间剥离，形成片状解理。

高岭土（$Al_4[Si_4O_{10}](OH)_8$）是层状结构硅酸盐矿物的典型代表，还有滑石（$Mg_3[Si_4O_{10}](OH)_2$）、叶蜡石（$Al_2[Si_4O_{10}](OH)_2$）、蒙脱石（$(M_x \cdot nH_2O)(Al_{2-x}Mg_x)[Si_4O_{10}](OH)_2$）等。

（5）架状结构。当 $[SiO_4]^{4-}$ 四面体连成无限六元环状，层中未饱和氧离子交替指向上或向下，把这样的层叠置起来，使每两个活性氧为一个公共氧所代替，就可以得到架状结构硅酸盐。这个结构的特点是每个 $[SiO_4]^{4-}$ 四面体中的氧离子全部都被共用。因此，架状结构的硅氧结构单元化学式为 SiO_2。

典型的架状结构硅酸盐是石英及其各种变种（图 2.45），还有长石（$(K, Na, Ca)[AlSi_3O_8]$）、霞石（$Na[AlSiO_4]$）和沸石（$Na[AlSi_2O_6] \cdot H_2O$）等。

2.5　共价晶体结构

许多无机非金属材料、聚合物、元素周期表中ⅣA、ⅤA、ⅥA族元素等都以共价键方式结合。共价晶体的共同特点是配位数服从 8-N 法则，N 为原子的价电子数。结构中每个原子都有 8-N 个最近邻的原子，这一特点就限定了共价键结构的饱和性。

金刚石结构是共价晶体最典型代表之一，如图 2.57 所示。金刚石是碳的一种晶态聚集体。这里，每个碳原子均有 4 个等距离（0.154 nm）的最近邻原子，全部按共价键结合，符合 8-N 规则。其晶体结构属于复杂的面心立方结构，碳原子除按通常的 fcc 排

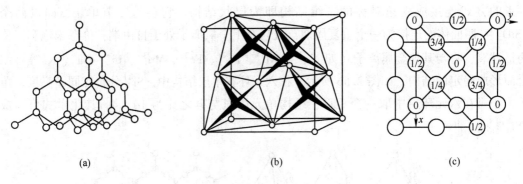

(a)   (b)   (c)

图 2.57 金刚石型结构

(a) 共价键；(b) 晶胞；(c) 原子在底面上的投影

列外，立方体内还有 4 个原子，它们的坐标分别为 $\frac{1}{4}\frac{1}{4}\frac{1}{4}$、$\frac{3}{4}\frac{3}{4}\frac{1}{4}$、$\frac{3}{4}\frac{1}{4}\frac{3}{4}$、$\frac{1}{4}\frac{3}{4}\frac{3}{4}$，相当于晶胞内其中的 4 个四面体间隙被 C 原子占据。因此，单位晶胞内共含 8 个原子。实际上，该晶体结构可视为两个面心立方晶胞沿体对角线相对位移了 $\frac{1}{4}$ 距离穿插而成。

此外，α-Sn、Si、Ge、SiC、闪锌矿（ZnS）等晶体结构与金刚石结构也完全相同，只是在 SiC 晶体中硅原子取代了复杂立方晶体结构中位于四面体间隙中的碳原子，即一半碳原子位置被 Si 原子取代；而在闪锌矿（ZnS）中，S 离子取代了 fcc 结点位置的碳原子，Zn 离子则取代了 4 个四面体间隙中的碳原子而已。

图 2.58 为 As、Sb、Bi 的晶体结构。它属菱方结构（A7），配位数为 3，即每个原子有 3 个最近邻的原子，以共价键方式相结合并形成层状结构，层间具有金属键性质。

图 2.59 为 Se、Te 的三角晶体结构（A8）。它的配位数为 2，每个原子有 2 个近邻原子，以共价键方式相结合。原子组成呈螺旋分布的链状结构。

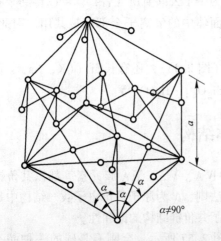

图 2.58 第 V A 族元素 As、Sb、Bi 的晶体结构

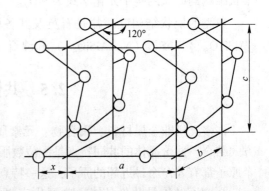

图 2.59 Se 和 Te 的晶体结构

习 题

2. 1 Ni 的晶体结构为面心立方结构，其原子半径为 $r = 0.1243$ nm，试求 Ni 的晶格常数和密度。

2. 2 Mo 的晶体结构为体心立方结构，其晶格常数 $a = 0.31468$ nm，试求 Mo 的原子半径 r。

2. 3 Cr 的晶格常数 $a = 0.28844$ nm，密度为 $\rho = 7.19$ g/cm³，试确定此时 Cr 的晶体结构。

2. 4 In 具有四方结构其原子量 $M = 114.82$，原子半径 $r = 0.1625$ nm，晶格常数 $a = 0.32517$ nm，$c = 0.49459$ nm，密度 $\rho = 7.286$ g/cm³，试问 In 的单位晶胞内有多少个原子，In 致密度为多少？

2. 5 Mn 的同素异构体有一为立方结构，其晶格常数为 0.632 nm，ρ 为 7.26 g/cm³，r 为 0.112 nm，问 Mn 晶胞中有几个原子，其致密度是多少？

2. 6 (1) 按钢球模型，若原子直径不变，当 Fe 从 fcc 转变为 bcc 时，计算其体积膨胀多少？(2) 经 X 射线衍射测定在 912 ℃时，α-Fe 的 $a = 0.2892$ nm，γ-Fe 的 $a = 0.3633$ nm，计算从 γ-Fe 转变为 α-Fe 时，其体积膨胀为多少？与 (1) 相比，说明其差别原因。

2. 7 MgO 具有 NaCl 型结构。Mg^{2+} 的离子半径为 0.078 nm，O^{2-} 的离子半径为 0.132 nm。试求 MgO 的密度 (ρ)、致密度 (k)。

2. 8 铯与氯的离子半径分别为 0.167 nm，0.181 nm，试问 (1) 在氯化铯内离子在 <100> 或 <111> 方向是否相接触？(2) 每个单位晶胞内有几个离子？(3) 各离子的配位数是多少？(4) 计算密度 ρ 和致密度 k。

2. 9 K^{2+} 和 Cl^- 的离子半径分别为 0.133 nm、0.181 nm，KCl 具有 CsCl 型结构，计算密度 ρ 和致密度 k。

2. 10 铜具有面心立方结构，其原子半径为 0.1278 nm，试计算其密度（铜的相对原子质量为 63.5）。

2. 11 已知 Sr 的相对原子质量为 87.62，原子半径为 0.215 nm，离子半径为 0.127 nm，密度为 2.6 mg/m³，属于立方晶系。则在固态锶里，1 mm³ 中有多少原子，其原子的堆积密度为多少，其晶体结构是什么？

2. 12 FeO 具有 NaCl 型结构。假设 Fe 与 O 原子数目相等，试计算其密度。$r_{Fe^{2+}} = 0.074$ nm，$r_{O^{2-}} = 0.140$ nm。

2. 13 在立方晶体中，[111] 和 [001]、[111] 和 [1$\bar{1}$1] 方向的夹角为多少？

3　晶体缺陷

在讨论有关晶体结构问题时，通常将晶体看成无限大的结构，并且认为构成晶体的每个粒子（原子、分子或离子）都在自己应有的点阵结点位置上。这样的理想结构中，每个结点上都有相应的粒子，没有空着的结点，也没有多余的粒子，所有的粒子都非常规则地呈周期性排列。实际晶体是这样的吗？观测表明，与理想晶体相比，实际晶体结构或多或少地存在着偏离完整周期性结构的情况。由于原子（或离子、分子）热运动、晶体的形成条件、冷热加工过程和其他辐射、杂质等因素的影响，实际晶体中原子排列不可能完全规则，常存在各种偏离理想结构的情况，即晶体缺陷。

晶体缺陷对晶体的性能，特别是对那些结构敏感的性能，如屈服强度、塑性、电阻率、磁导率、光学性能、催化性能等有很大的影响。另外，晶体缺陷还与扩散、相变、塑性变形、再结晶、氧化、烧结等有着密切的关系。正是由于缺陷的存在才使得晶体表现出各种各样特别的性质，使材料加工、使用过程中的各种性能得到有效控制和改变，使材料性能的改善和复合材料的制备得以实现。譬如钢铁材料，铁中渗入了碳称之为钢，说明材料的性能已经发生了变化，渗入的碳其实就是一种缺陷。因此，了解缺陷的形成及其运动规律，对材料工艺过程的控制、材料性能的改善以及新型材料的设计、研究与开发等皆具有重要意义。

按照缺陷在晶体中的空间几何特征，可将晶体缺陷可分为三类：（1）点缺陷：在三维空间的各个维度尺寸都很小，尺寸范围约为一个或几个原子尺度，也称零维缺陷，包括空位、间隙原子、杂质或溶质原子等；（2）线缺陷：在两个维度上尺寸很小，另外一个维度上延伸较长，也称一维缺陷，如各类位错；（3）面缺陷：在一个维度上尺寸很小，另外两个维度上扩展很大，也称二维缺陷，晶界、相界、孪晶界和堆垛层错等都属于面缺陷。这三类缺陷经常共存，互相联系，互相制约，在一定条件下还能互相转化，从而对晶体性能产生复杂的影响。

3.1　点缺陷

点缺陷看上去微不足道，但有时候对晶体的物理化学性能起着非常关键的作用，特别是功能材料的研究方面，必须高度重视。点缺陷是最简单的一种晶体缺陷，也是无机材料中最基本和最重要的缺陷，它是在结点上或邻近的微观区域内（一个或几个原子尺寸范围）偏离晶体结构正常排列的一种缺陷。晶体的光电磁等功能性与点缺陷密切相关。晶体点缺陷包括空位、间隙原子、杂质或溶质原子，以及由它们组成的复杂点缺陷，如空位对、空位团和空位——溶质原子对等。

3.1.1 点缺陷的产生

弄清楚点缺陷形成的原因和途径在控制晶体缺陷和调制其性能方面十分重要。对于任何的晶体而言，内部的原子并非固定在结点位置静止不动，而是在其平衡位置附近不断地作热振动。当某一原子具有足够大的振动能而使振幅增大到一定限度时，就可能克服周围原子对它的束缚作用，跳离其原来的位置，在点阵中形成空结点，称为空位。离开原来座位的原子有下列几个去向：（1）迁移到晶体表面或内界面上的正常结点位置，在晶体内部留下空位，称为肖脱基（Schottky）空位，如图 3.1（a）所示。（2）进入点阵结构的间隙位置，在晶体内部形成数目相等的空位和间隙原子，这种空位-间隙离子对称为弗兰克尔（Frenkel）缺陷，如图 3.1（b）所示。（3）迁移到其他空位中，从而使空位消失或使空位发生位移。当然，在一定条件下，晶体表面上的原子也可能迁移到晶体内部的间隙位置形成间隙原子。

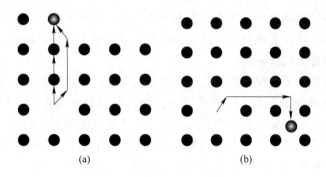

图 3.1 Schottky 空位（a）和 Frenkel 缺陷（b）

一旦晶格正常结点位置产生空位后，其周围的原子由于失去了一个近邻原子的配位而使其失去力学平衡，导致这些近邻原子自然地向空位方向作一定程度的弛豫（结构调整以降低自由能），使空位四周出现一个波及一定范围的弹性畸变区。处于间隙位置的间隙原子，同样会使其周围点阵产生弹性畸变，而且畸变程度要比空位引起的畸变大得多，因此，它的形成能大，一般在晶体中的浓度低得多。

人们把仅仅由于热起伏促使原子脱离点阵位置而形成的点缺陷称为热平衡缺陷。晶体中的点缺陷也可能通过高温淬火、冷变形加工和高能粒子（如中子、质子、α 粒子等）辐照效应等产生。上述情况往往导致晶体中的点缺陷数量超过其热平衡浓度，称之为过饱和的点缺陷。

一般情况下，晶体中需要维持电中性，所以，离子晶体中的点缺陷表现形式相对复杂。当离子晶体中产生 1 个正离子空位时，则邻近必然产生 1 个负离子空位，于是形成了 1 个正负离子空位对，即 Schottky 缺陷；如果 1 个正离子跳到离子晶体的间隙位置，则在正常的正离子位置出现一个正离子空位，这种空位-间隙离子对即为 Frenkel 缺陷，如图 3.2 所示。当离子晶体中出现这种点缺陷时，电导率会增加。

在离子晶体内，电子通常都是稳定在原子核周围的特定位置上，不会轻易脱离原子核对它的束缚而自由运动。但有些情况下，由于个别电子受能量注入而激活逸出，脱离原子核束缚变成载流子进入到负离子空位上，在原来位置留下空穴（h·），这种并发的缺陷称

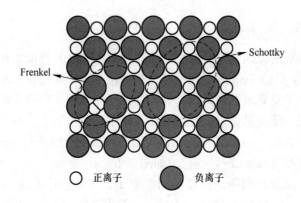

○ 正离子　　　● 负离子

图 3.2　离子晶体中 Schottky 空位和 Frenkel 缺陷示意图

为 F_{ch} 色心；进入到正离子空位上的并发缺陷称为 V_{ch} 色心。这种缺陷常在卤化碱晶体中出现，对其导电性有明显的影响。因为失去电子的位置就留下了电子空穴，得到电子的位置就使之负电量增加，从而造成晶体内电场的改变，引起周围势场的畸变，造成晶体的不完整性，故这种缺陷称为电荷缺陷。

由于空位和填隙原子仅仅只有一个原子大小的尺度，很难通过试验直接观察。借助场离子显微镜能够分辨金属表面上的原子排列，而且可以直接观察到金属表层中的空位位置。然而，目前还无法观察到更多的事实。通过电子显微镜薄膜透射法，可以看到空位片或填隙原子片。大多数情况下，人们利用缺陷对晶体性质的影响来研究缺陷。例如通过测量膨胀率和电阻率的变化规律来研究点缺陷的存在、运动和交互作用。

3.1.2　点缺陷的符号

为了描述晶体中的点缺陷，并研究它们之间的作用，人们采用特定的符号对其标记。点缺陷的表示方法很多，但广泛被大家所认可的是 F. A. Kröger 和 H. J. Vink 提出的符号。该符号的基本形式为 D_s^z，D 表示缺陷的种类，s 为缺陷所在位置，z 为缺陷所带电荷。缺陷带一个单位正电荷用一个 "·" 表示，一个单位负电荷用一个 "′" 表示，依次类推。不带电用 "×" 表示，也可空着。下面以离子晶体 MX 为例说明点缺陷符号的意义，设 M 为 +2 价，X 为 −2 价。

（1）电子和空穴。如果电子、空穴不局限于一个特定位置，其表示方法：电子用 "e" 表示；缺少一个电子即空穴用 "h" 表示。而如果电子、空穴只局限在一个特定位置，如空位，则用带电的空位来表示。这里，请务必注意空穴与空位的区别。

（2）空位（vacancy）。M、X 原子不带电，从晶格中去掉一个原子，留下的空位也不带电，故原子空位的符号为 $V_M^\times$、$V_X^\times$ 或 V_M。V 为 vacancy 的首字母。

如果从正常晶格中去掉一个离子，则会在空位上留下一定的电荷。比如，从正常晶格中去掉一个 M^{2+}，则会在原来位置上留下 2 个电子，即空位带有两个单位负电荷 V_M''。V_M'' 实际由空位与束缚在该空位上的电子复合而成，写作 $V_M'' = V_M + 2e'$。同理，去掉一个 X^{2-}，则同时带走 2 个电子，空位带有两个单位正电荷 $V_X^{\cdot\cdot}$。负离子空位少了电子，产生电子空穴，电子空穴也束缚在该空位上，故可写作 $V_X^{\cdot\cdot} = V_X + 2h^{\cdot}$。

（3）间隙缺陷。不在正常格点上的原子或离子为间隙原子（interstitial atom）或间隙离子（interstitialanion）。M^{2+} 和 X^{2-} 进入间隙位，把相应的电荷也带入该处，符号为 $M_i^{\cdot\cdot}$、X_i''。右下标的 i 表示缺陷在间隙位，是 interstitial 的首字母。比如，理想的 MgO 晶体中，四面体空隙全空，Mg^{2+}、O^{2-} 进入四面体空隙就成了间隙离子 $Mg_i^{\cdot\cdot}$、O_i''。同样，外来离子进入间隙位，也同样如此表示：Al^{3+} 进入 MgO 晶体中的间隙位 $Al_i^{\cdot\cdot\cdot}$。

当然，间隙位的原子是不带电的，则表示为 $M_i^{\times}$、$X_i^{\times}$ 或 M_i、X_i。在离子晶体的点缺陷研究中，与空位的情况相似，人们常常把它们当作离子来处理。而在金属固溶体中，则常以原子及其空位来对待点缺陷，这一点需要注意。

（4）错位缺陷。M^{2+} 占据 X^{2-} 的位置而形成的缺陷称作错位缺陷。X^{2-} 的空位为 $V_X^{\cdot\cdot}$，电价+2 价，M^{2+} 进入该空位后形成的错位缺陷，其电荷为+4 价，表示为 $M^{\cdot\cdot\cdot\cdot}$，或 X^{2-} 占据 M^{2+} 的位置 V_M''，而成为 X_M''''。这种情况会使系统的能量增加较多，不是很稳定，故通常对这种情况不做讨论。

（5）杂质置换缺陷。外来杂质离子如 L^{3+} 占据正常点阵位置，分别取代 M^{2+} 或 X^{2-}，即占据它们的空位 V_M''、$V_X^{\cdot\cdot}$。L^{3+} 是+3 价，M^{2+} 空位 V_M'' 为-2 价，复合后表示为 $L_M^{\cdot}$。比如，Mg^{2+} 取代 Al_2O_3 中的 Al^{3+}，表示为 Mg_{Al}'。

不同电性的离子取代会使系统不稳定，为使系统稳定，故一般是阳离子取代阳离子，阴离子取代阴离子。

（6）缔合中心。一个带电的点缺陷与另一个带相反电荷的点缺陷缔合成一组或一群，形成缔合中心，如（V_M''、$V_X^{\cdot\cdot}$）、（$Mg_i^{\cdot\cdot}$、O_i''）。NaCl 晶体中，最近邻的钠空位与氯空位可能缔合成空位对（$V_{Na}' V_{Cl}^{\cdot}$）。

以上这些晶格中的点缺陷，破坏了原有原子（离子）间的作用力平衡，引起周期性势场的改变。这会使点缺陷周围的原子（离子）做微量位移，产生晶格畸变。

3.1.3 点缺陷反应

理论上，点缺陷及其浓度可用相关的生成能和其他热力学性质来描述，可以定量或定性地表达，因此，可以将点缺陷视为实物。若将点缺陷视为一种化学物质，则材料中的点缺陷及其浓度就可以与化学反应一样，用热力学函数来描述，也可以将质量作用定律和平衡常数之类的概念应用于缺陷反应。这对掌握在材料制备过程中缺陷的产生和相互作用等是十分重要的。

在点缺陷反应方程式中，反应物由生成点缺陷主成分的物质组成；箭头表示反应方向；箭头上方表示基质的化学式；生成物由点缺陷组成；为了满足配平的要求，有时辅以基质成分或气体等。点缺陷反应方程式需遵循以下基本规则。

（1）质量守恒：与化学反应一样，缺陷方程式的两边须保持质量平衡。

（2）电荷守恒：在缺陷反应前后晶体须保持电中性，即缺陷反应式两边具有相同数目的总有效电荷。例如，TiO_2 在还原气氛中失去部分氧，生成 TiO_{2-x} 的反应可写为：

$$2TiO_2 \longrightarrow 2Ti_{Ti}' + V_O^{\cdot\cdot} + 3O_O + \frac{1}{2}O_2 \uparrow \qquad (3.1)$$

上式中表示晶体中的氧以电中性的氧分子的形式从 TiO_2 中逸出，同时在晶体中产生带

2个正电荷的氧空位和与其符号相反的带2个负电荷的Ti'_{Ti}来保持电中性，方程两边的总有效电荷都为零。值得注意的是，电荷守恒要求缺陷反应式两边具有等量的总有效电荷，并不一定要分别等于零。Ti'_{Ti}可认为是Ti^{4+}被还原成Ti^{3+}，Ti^{3+}占据Ti^{4+}的位置，晶体中产生两个Ti^{3+}，就对应着形成一个氧空位。

（3）晶格位置的平衡：在离子化合物中，产生点缺陷前后的正负离子晶格位置数保持不变或有所增加，但正负离子晶格数的比例在缺陷方程式中保持不变。例如，在AgBr中出现弗仑克尔缺陷，Ag^+为间隙离子，同时出现Ag^+空位，该过程可表示为：

$$AgBr \longrightarrow Ag_i^{\cdot} + V'_{Ag} + Br_{Br} \tag{3.2}$$

或写为：

$$Ag_{Ag} \longrightarrow Ag_i^{\cdot} + V'_{Ag} \tag{3.3}$$

式（3.2）左右两边的银离子和溴离子的晶格位置数不变。式（3.3）未写出不参加缺陷反应的溴离子，方程式两边的银离子晶格位置数仍保持不变。

又如，NaCl晶体中出现肖特基缺陷，Na^+和Cl^-分别迁移到晶体表面，其缺陷方程式可写为：

$$Na_{Na} + Cl_{Cl} \longrightarrow V'_{Na} + V_{Cl}^{\cdot} + Na_{Na}（表面）+ Cl_{Cl}（表面）\tag{3.4}$$

或简写为：

$$0 \longrightarrow V'_{Na} + V_{Cl}^{\cdot} \tag{3.5}$$

式（3.4）左边的Na_{Na}和Cl_{Cl}是指Na^+和Cl^-在晶体内部正常格点位置，右边的Na_{Na}和Cl_{Cl}指肖特基缺陷形成的Na^+和Cl^-移至晶体表面新增的正常格点位置，在晶体内部则留下两个离子的空位。式（3.5）中左右两边正常格点位置上的离子被忽略，左边0表示无缺陷状态。缺陷方程式左右两边的正负离子的晶格位置不同，但正负离子的晶格位置的比例保持不变。

3.1.4　点缺陷的平衡浓度

一旦晶体中形成点缺陷，必然导致两种后果：一方面，造成点阵畸变，使晶体的内能升高，降低了晶体的热力学稳定性；另一方面，由于增大了原子排列的混乱程度，并改变了其周围原子的振动频率，引起组态熵和振动熵的改变，使晶体熵值增大，增加了晶体的热力学稳定性。这两个相互矛盾的因素使得晶体中的点缺陷在一定的温度下存在一定的平衡浓度。而空位的平衡浓度就是晶体体系中自由能最低时，空位存在的浓度，可根据热力学理论求得。以空位为例，计算如下：

在恒温下，系统的自由能G为：

$$G = U - TS \tag{3.6}$$

式中，U为内能；S为总熵值（包括组态熵S_c和振动熵S_f）；T为绝对温度。

设由N个原子组成的晶体中含有n个空位，若形成一个空位所需能量为E_v，则晶体中含有n个空位时，其内能将增加$\Delta U = nE_v$，而几个空位造成晶体组态熵的改变为ΔS_c，振动熵的改变为$n\Delta S_f$，故自由能的改变为：

$$\Delta G = nE_v - T(\Delta S_c + n\Delta S_f) \tag{3.7}$$

根据统计热力学，组态熵可表示为：$S_c = k \cdot \ln W$，k 为玻耳兹曼常数（1.38×10^{-23} J/K）；W 为微观状态的数目。

晶体中 $N+n$ 阵点位置上存在 n 个空位和 N 个原子时可能出现的不同排列方式数目为：

$$W = (N + n)! / (N! \cdot n!) \tag{3.8}$$

于是，晶体组态熵的增值为：

$$\Delta S_c = k\left[\ln((N + n)! / (N! \cdot n!)) - \ln 1\right] = k\left[\ln((N + n)! / (N! \cdot n!))\right] \tag{3.9}$$

当 N 和 n 值都非常大时，可用 Stirling 近似公式（$\ln x! = x\ln x - x$），将上式改写为：

$$\Delta S_c = k\left[(N - n)\ln(N - n) - N\ln N - n\ln n\right] \tag{3.10}$$

于是

$$\Delta F = n(E_v - \Delta S_f) - kT\left[(N - n)\ln(N - n) - N\ln N - n\ln n\right] \tag{3.11}$$

在平衡时，自由能为最小，即 $\left(\dfrac{\partial \Delta F}{\partial n}\right)_T = 0$，空位在 T 温度时的平衡浓度为：

$$C = n/N = A\exp\left(-\frac{E_v}{kT}\right) \tag{3.12}$$

式中，A 为由振动熵决定的系数，$A = \exp(\Delta S_f / k)$，一般估计在 $1\sim10$ 之间。

如果将上式中指数的分子分母同乘以阿伏加德罗常数 N_A（6.023×10^{23}），于是有：

$$C = A\exp\left(\frac{N_A E_v}{N_A kT}\right) = A\exp\left(-\frac{Q_f}{RT}\right) \tag{3.13}$$

式中，Q_f 为形成 1 mol 空位所需的功，$Q_f = N_A E_v$，J/mol；R 为气体常数，$R = kN_A$（$R = 8.31$ J/(mol · K)）。

同理，推导出间隙原子的平衡浓度：

$$C' = n'/N' = A'\exp\left(-\frac{E_v'}{kT}\right) \tag{3.14}$$

注意：一般晶体中间隙原子的形成能 $\Delta E_v'$ 较大（为空位形成能 E_v 的 $3\sim4$ 倍）。在同一温度下，晶体中间隙原子的平衡浓度 C' 要比空位的平衡浓度 C 低得多。例如，铜的空位形成能为 1.7×10^{-19} J，而间隙原子形成能为 4.8×10^{-19} J。在 1273 K 时，其空位的平衡浓度约为 10^{-4}，而间隙原子的平衡浓度仅约为 10^{-14}，两者浓度比接近 10^{10}。因此，在通常情况下，相对于空位，间隙原子可以忽略不计；但是在高能粒子辐照后，产生大量的 Frenkel 缺陷，间隙原子数就不能忽略了。

对离子晶体而言，计算时应考虑到无论是 Schottky 缺陷还是 Frenkel 缺陷均是成对出现的事实；而且相对纯金属而言，离子晶体的点缺陷形成能一般都相当大，故一般离子晶体中，在平衡状态下存在的点缺陷浓度是极其微小的，试验测定相当困难。

3.1.5 非化学计量化合物

某些金属与非金属的化合物成分随合成气氛的不同而变化，并不一定严格遵守化学式中的计量配比，称这种化合物为非化学计量化合物。严格来说，所有晶体都或多或少偏离理想的化学计量。但有较大偏差的非化学计量化合物却不是很多。例如，具有稳定价态的阳离子形成的化合物中要产生明显的非化学计量是困难的。在具有比较容易变价的阳离子形成的化合物中则比较容易出现明显的非化学计量，比如含有过渡金属和稀土金属化合物。这种缺陷可以分为四种类型。

3.1.5.1　缺阴离子型

由于负离子缺位，使金属离子过剩，TiO_2、ZrO_2 就会产生这种缺陷，分子式可以写为 TiO_{2-x}、ZrO_{2-x}。从化学计量的观点看，在 TiO_2 晶体中，正离子与负离子的比例是 Ti∶O＝ 1∶2，但由于环境中氧离子不足，晶体中的氧可以逸出到大气中，这时晶体中出现氧空位，使得金属离子与化学式比较起来显得过剩。从化学的观点来看，缺氧的 TiO_2 可以看作是四价钛和三价钛氧化物的固溶体，即 Ti_2O_3 在 TiO_2 中的固溶体。也可以把它看作是为了保持电中性，部分 Ti^{4+} 降价为 Ti^{3+}。其缺陷反应如下：

$$Ti_{Ti} + 4O_O \longrightarrow 2Ti'_{Ti} + V_O^{\cdot\cdot} + 3O_O + \frac{1}{2}O_2 \uparrow \tag{3.15}$$

式中，Ti_{Ti} 是三价钛位于四价钛位置，这种离子变价的现象总是和电子相联系的，也就是说 Ti^{4+} 是由于获得电子变成 Ti^{3+} 的。但这个电子并不是固定在一个特定的钛离子上，而是容易从一个位置迁移到另一个位置。更确切地说，可把它看作是在负离子空位的周围，束缚了过剩电子，以保持电中性。

因氧空位是带正电的，在氧空位上束缚了两个自由电子，这种电子如果与附近的 Ti^{4+} 相联系，Ti^{4+} 就变成 Ti^{3+}。但这些电子并不属于某一个具体固定的 Ti^{4+}，在电场的作用下，它可以从一个 Ti^{4+} 迁移到邻近的另一个 Ti^{4+} 上，从而形成电子导电，所以具有这种缺陷的材料，是一种 N 型半导体。

凡是自由电子陷落在阴离子缺位中而形成的缺陷都称为 F′色心。它是由一个负离子空位和一个在此位置上的电子组成的，也即捕获了电子的负离子空位。由于陷落电子能吸收一定波长的光，因而使晶体着色而得名。例如，TiO_2 在还原气氛下由黄色变成灰黑色，NaCl 在 Na 蒸气中加热呈黄棕色等。

上述过程实质为：

$$O_O \longrightarrow \frac{1}{2}O_2 \uparrow + 2e' + V_O^{\cdot\cdot} \tag{3.16}$$

式中，$e' = Ti'_{Ti}$。根据质量作用定律，反应达平衡时：

$$K = \frac{[V_O^{\cdot\cdot}][p_{O_2}]^{\frac{1}{2}}[e']^2}{[O_O]} \tag{3.17}$$

如果晶体中氧离子的浓度基本不变，而过剩电子的浓度比氧空位大两倍，即 $[e'] = 2[V_O^{\cdot\cdot}]$，则可简化为：

$$[V_O^{\cdot\cdot}] \propto [p_{O_2}]^{-\frac{1}{6}} \tag{3.18}$$

这说明氧空位的浓度与氧分压的 1/6 次方成反比。所以 TiO_2 的非化学计量材料对氧压力是十分敏感的，在烧结含有 TiO_2 的陶瓷时，要特别注意氧的压力。

3.1.5.2　阳离子间隙型

如果出现间隙正离子，将使结构中的金属离子过剩。ZnO 和 CdO 属于这种类型。过剩的金属离子进入间隙位置，它是带正电的，为了保持电中性，等价的电子被束缚在间隙正离子周围，这也是一种色心。例如，ZnO 在锌蒸气中加热，锌蒸气中一部分锌原子会进入到 ZnO 晶格的间隙位置，成为 $Zn_{1+x}O$。缺陷反应式可以表示如下：

$$ZnO \longrightarrow Zn_i^{\cdot\cdot} + 2e' + \frac{1}{2}O_2 \uparrow \tag{3.19}$$

或
$$Zn(g) \longrightarrow Zn_i^{\cdot\cdot} + 2e' \tag{3.20}$$

根据质量作用定量：

$$K = \frac{Zn_i^{\cdot\cdot}[e']^2}{[p_{Zn}]} \tag{3.21}$$

间隙锌离子的浓度与锌蒸气压的关系为：

$$Zn_i^{\cdot\cdot} \propto [p_{Zn}]^{\frac{1}{3}} \tag{3.22}$$

如果锌离子化程度不足，可以有：

$$Zn(g) \longrightarrow Zn_i^{\cdot} + e' \tag{3.23}$$

得
$$[Zn_i^{\cdot}] \propto [p_{Zn}]^{\frac{1}{2}} \tag{3.24}$$

从上述理论关系分析可见，控制不同的锌蒸气压可以获得不同的缺陷形式，究竟属于什么样的缺陷类型，要经过实验才能确定。

3.1.5.3 阴离子间隙型

如果出现间隙负离子，就会使负离子过剩。目前只发现 UO_{2+x} 具有这样的缺陷。它可以看作是 U_3O_8 在 UO_2 中的固溶体。当在晶格中存在间隙负离子时，为了保持结构的电中性，结构中必然要引入电子空穴，相应的正离子升价。电子空穴也不局限于特定的正离子，它在电场作用下会运动。因此，这种材料为 P 型半导体。UO_{2+x} 中缺陷反应可以表示为：

$$\frac{1}{2}O_2 \longrightarrow O_i'' + 2h^{\cdot} \tag{3.25}$$

由上式可得：

$$[O_i''] \propto [p_{O_2}]^{\frac{1}{6}} \tag{3.26}$$

随着氧压力的增大，间隙氧浓度增大。

3.1.5.4 缺阳离子型

如果产生正离子空位，则引起负离子过剩。由于存在正离子空位，为了保持电中性，在正离子空位的周围捕获电子空穴，因此，它也是 P 型半导体。如 $Cu_{2-x}O$ 和 $Fe_{1-x}O$ 属于这种类型的缺陷。以 FeO 为例，可以写成 $Fe_{1-x}O$，在 FeO 中，由于 V_{Fe}'' 的存在，O^{2-} 过剩，每缺少一个 Fe^{2+}，就出现一个 V_{Fe}''，为了保持电中性，要有两个 Fe^{2+} 转变成 Fe^{3+}。从化学观点看，$Fe_{1-x}O$ 可以看作是 Fe_2O_3 在 FeO 中的固溶体，为了保持电中性，三个 Fe^{2+} 被两个 Fe^{3+} 和一个空位所代替。从缺陷的生成反应可以看出缺陷浓度也和气氛有关：

$$Fe_{Fe} + \frac{1}{2}O_2(g) \longrightarrow 2Fe_{Fe}^{\cdot} + V_{Fe}'' + O_O \tag{3.27}$$

$$\frac{1}{2}O_2(g) \longrightarrow O_O + V_{Fe}'' + 2h^{\cdot} \tag{3.28}$$

从式（3.28）可见，铁离子空位带负电，为保持电中性，两个电子空穴被吸引到铁离子空位周围，形成一种 V 色心。

根据质量作用定律可得：

$$K = \frac{[O_O][V''_{Fe}][h^\cdot]^2}{[p_{O_2}]^{\frac{1}{2}}} \tag{3.29}$$

由此可得：

$$[h^\cdot] \propto [p_{O_2}]^{\frac{1}{6}} \tag{3.30}$$

随着氧分压增大，电子空穴的浓度增大，电导率也相应增大。

由上述可见，非化学计量化合物的产生及其缺陷的浓度与气氛的性质及气压的大小有密切的关系，这是它与其他缺陷的最大不同之处。非化学计量化合物是由于不等价置换使化学计量的化合物变成了非化学计量，而这种不等价置换是发生在同一种离子中的高价态与低价态之间的相互置换。因此非化学计量化合物往往是发生在具有变价元素的化合物中，而且缺陷的浓度随气氛的改变而变化。

3.1.6　半导体中的杂质和缺陷

正是因为杂质或者缺陷的存在，材料才表现出半导体特性，就是说绝大多数半导体晶格中总是存在着偏离理想情况的各种复杂结构。首先，原子并不是静止在严格周期性的格点位置上，总是在其平衡位置附近振动着；其次，半导体材料并不是纯净的，而是含有各种杂质的，这些杂质可能是材料制备中引入的或者是人为添加的，即在半导体晶格中存在着与组成半导体材料的元素不同的其他化学原子；再次，实际的半导体晶格结构并不是完整无缺的，而是存在着各种类型的缺陷。

大量材料研究证明，极微量的杂质和缺陷，能够对半导体材料的物理和化学性质产生决定性的影响，也可能严重地影响着半导体器件的质量。例如，在硅晶体中，若以 10^5 个硅原子中掺入一个杂质原子的比例掺入硼原子，则纯硅晶体的电导率在室温下将增加 10^3 倍。又如，用于生产一般硅平面器件的硅单晶，要求控制位错密度在 $10^3 \ cm^{-2}$ 以下，若位错密度过高，则不可能制备出性能良好的器件。

杂质和缺陷为什么会对半导体材料起着如此重要的作用呢？理论分析表明，杂质和缺陷会导致按周期性排列的原子所产生的周期性势场受到明显破坏，也可能在禁带中引入允许电子具有的能量状态（即能级）。正是由于杂质和缺陷能够在禁带中引入能级，才使它们对半导体的性质产生决定性的影响。

3.1.6.1　替位式杂质、间隙式杂质

半导体中的杂质，主要来源于制备半导体的原材料纯度不够，半导体单晶制备过程中及器件制造过程中的污染，或是为了控制半导体的性质而人为地掺入某种化学元素的原子（掺杂）。杂质进入半导体以后，只可能以两种方式存在。一种方式是杂质原子位于晶格原子间的间隙位置，常称为间隙式杂质；另一种方式是杂质原子取代晶格原子而位于晶格格点处，常称为替位式杂质。

图 3.3 为硅晶体平面晶格中间隙式杂质和替位式杂质的示意图。图中 A 为间隙式杂

质，B 为替位式杂质。间隙式杂质原子一般比较小，如离子锂（Li$^+$）的半径为 0.068 nm，是很小的，所以离子锂在硅、锗、砷化镓中是间隙式杂质。

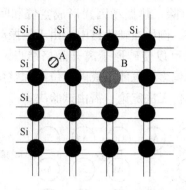

图 3.3 硅中的间隙式杂质和替位式杂质

一般形成替位式杂质时，要求替位式杂质原子的大小与被取代的晶格原子的大小比较接近，同时要求它们的价电子壳层结构应相似。如硅、锗是ⅣA 族元素，与ⅢA、VA 族元素的情况比较相近，所以ⅢA、VA 族元素在硅、锗晶体中都是替位式杂质。

在本征半导体中进行不等价掺杂，形成的点缺陷处在禁带中接近导带底或价带顶的局域能级上，使价电子受激到导带中或使空穴受激到价带中变得容易，大大增加了受激的电子或空穴的数量。

3.1.6.2 半导体中的点缺陷

在一定温度下，晶格原子不仅在平衡位置附近作振动运动，而且有一部分原子会获得足够的能量，克服周围原子对它的束缚，挤入晶格原子间的间隙，形成间隙原子，原来的位置便成为空位。这时间隙原子和空位是成对出现的，就是前述的弗兰克尔缺陷。若只在晶体内形成空位而无间隙原子时，称为肖特基缺陷。间隙原子和空位一方面不断地产生着，同时两者又不断地复合，最后建立一个平衡浓度。上述两种由温度决定的点缺陷又称为热缺陷，它们总是同时存在的。由于原子须具有较大的能量才能挤入间隙位置，以及它迁移时激活能很小，所以晶体中空位比间隙原子多得多，因而空位是常见的点缺陷。

半导体硅、锗中存在的空位如图 3.4 所示。可以看出，空位最邻近有四个原子，每个原子各有一个不成对的电子，成为不饱和的共价键，这些键倾向于接受电子，因此空位表

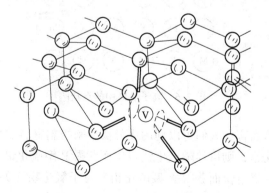

图 3.4 硅、锗晶体中的空位

现出受主作用。而每个间隙原子有四个可以失去的未形成共价键的电子，表现出施主作用（注意对于间隙式杂质也会起受主作用）。

在ⅢA～ⅤA族化合物中，除了热振动因素形成空位和间隙原子外，由于成分偏离正常的化学比，也会形成点缺陷。例如在砷化镓中，由于热振动可以使镓原子离开晶格结点形成镓空位和镓间隙原子；也可以使砷原子离开晶格结点形成砷空位和砷间隙原子。另外，由于砷化镓中镓偏多或砷偏多，也能形成砷空位或镓空位，如图 3.5 所示。这些缺陷是起施主还是受主作用，目前仍无法定论，需由试验决定。

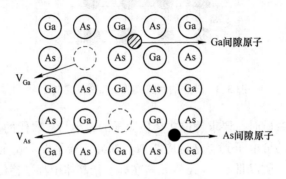

图 3.5　砷化镓中点缺陷

对于硫化物、硒化物、碲化物、氧化物等化合物半导体，离子键很强，为离子晶体，用符号 M、X 表示，M 代表电负性小的原子，X 代表电负性大的原子。如图 3.6 所示，一般情况下，正离子空位 V_M 是受主（能够在晶体中接受电子而产生导电空穴，并形成负电中心），负离子空位 V_X 是施主（向本征半导体提供电子作为载流子的杂质元素称为施主）；对间隙缺陷而言，M 为间隙原子时为施主，X 为间隙原子时为受主。这些离子晶体，在成分偏离正常的化学比时也产生点缺陷，例如，M 偏多则产生负离子空位 V_X，X 偏多则产生正离子空位 V_M。

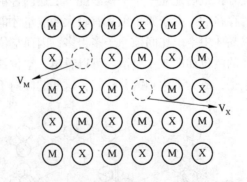

图 3.6　离子晶体中的点缺陷

对于化合物半导体而言，人们可以利用成分掺杂来控制材料的导电类型。例如在硫分压大的气氛中处理硫化铅，则可伴随产生铅空位而获得 P 型硫化铅；若在铅分压大的气氛中处理，则可伴随产生硫空位而获得 N 型硫化铅。对于氧化物（如氧化锌），在真空中进行脱氧处理，可产生氧空位而获得 N 型材料。

化合物半导体中还存在着替位原子。例如二元化合物 AB 中，替位原子可以有两种，A 取代 B 的称为 A_B，B 取代 A 的称为 B_A，如图 3.7 所示。一般认为 A_B 是受主，B_A 是施主。因为 B 的价电子比 A 的多，B 取代 A 后，有把多余的价电子释放给导带的趋势；相反，A 取代 B 则有接受电子的倾向。例如在砷化镓中，砷取代镓原子为 As_{Ga}，起施主作用，而镓取代砷原子为 Ga_{As} 起受主作用。应当指出的是，这类缺陷（替代原子）在离子性强的化合物

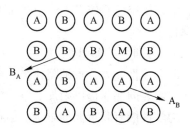

图 3.7 二元化合物中的替位原子

中存在的概率很小，因为库仑力的排斥作用，使引入 A_B 或 B_A 所需能量很大，所以在离子晶体中常可忽略它们的作用。这种点缺陷也称为反结构缺陷。

3.1.7 点缺陷对晶体性能的影响

3.1.7.1 晶体密度
间隙原子和肖特基缺陷均可引起晶体密度的变化，而弗仑克尔缺陷则不会引起密度的变化。以肖特基缺陷为例，当从晶体点阵中取出一个原子放在表面，晶体内部形成一个空位，若空位周围的原子不发生运动，则晶体净增加一个原子体积，导致晶体体积增加。事实上，空位周围的原子会发生一定量的位移，导致晶体体积和点阵参数同时发生改变。理论计算表明，一个空位引起的体积膨胀为 0.5 个原子体积，而一个间隙原子引起的体积膨胀为 1~2 个原子体积。

3.1.7.2 晶体电性能
点缺陷可导致晶体电性能的变化，例如在高纯的单晶硅中有控制地掺入微量的三价杂质硼，会使其电学性能产生很大的改变，在 10^5 个硅原子中有一个硼原子时，可使硅的电导增加 10^3 倍。此外点缺陷对传导电子产生附加散射，可引起晶体电阻率增加。试验表明，电阻增量的对数值反比于淬火加热温度倒数，其关系如下：

$$\Delta\rho = \rho_0 \exp\left(-\frac{E}{KT}\right) \tag{3.31}$$

式中，$\Delta\rho$ 为淬火产生的电阻率增值；ρ_0 为常数；E 为空位形成能。

目前，电阻试验已成为测定金属空位形成能的主要方法之一。

3.1.7.3 晶体光学性能
离子晶体的价带和导带有很宽的能隙，禁带宽度能量大于可见光的光子能量，故晶体不能吸收可见光，表现为无色透明晶体。若晶体中产生带电的点缺陷，其产生的电荷中心可以束缚电子或空穴而形成一种束缚态，通过光吸收可以使束缚电子或空穴在束缚态之间发生跃迁，使得原本透明的晶体呈现出不同的颜色，这类能吸收可见光的点缺陷称为色心。

色心有很多种类，最常见的是 F 色心 [F 是德语"Farbe"（颜色）的首字母]，这是带正电的负离子空位与其束缚的电子所组成的系统。例如，将 NaCl 晶体放在钠蒸气中加热后快速冷却，使晶体中钠原子多于氯原子而产生氯离子空位，但为了保持晶体的电中

性，氯离子空位将俘获一个电子而形成 F 色心，该色心使得原来透明的 NaCl 晶体呈现出黄绿色。

3.1.7.4 其他性能

除上述性能外，点缺陷还影响到晶体其他物理性质，如比热容、扩散系数等。形成点缺陷时需要向晶体提供附加的空位生产焓，因此会引起附加比热容。点缺陷对金属材料的高温力学性能有着重要的影响。但在一般情况下，点缺陷对金属的力学性能影响较小，它只是与位错交互作用，阻碍位错运动而提高材料强度，但会引起脆化。

3.2 位　错

通常晶体结构中的线缺陷以各种类型的位错形式存在的。实际晶体结构中沿着一条狭长的管道状区域原子排列偏离了理想晶体结构，其直径在几个原子宽度范围内，这样的缺陷称为位错。

在研究金属晶体塑性变形过程中发现实际屈服强度远远小于理论屈服强度，原因在于金属的塑性变形是通过一种称之为位错的线缺陷在晶体中滑移而实现的。当金属晶体受力发生塑性变形时，即晶体相邻两部分在切应力作用下沿着一定的晶面和晶向相对滑移。在滑移过程中，滑移面两侧的晶体保持原有晶体结构，滑移导致晶体表面上形成许多小台阶，如图 3.8 所示。光学显微观察表明，滑移带是由一些细小的平行线所组成，称为滑移线。研究表明，滑移总是沿着原子排列较紧密的晶向和晶面发生，而且只有沿某个滑移面及该面上某个滑移方向上的切应力分量达到一个临界值时，滑移才能启动，这个应力称为临界分切应力 τ_m。利用刚性相对滑动模型可以对晶体的理论剪切强度进行理论计算，可估算出使完整晶体产生塑性变形所需的临界切应力约等于 $G/30$，其中 G 为切变模量。但是由试验测得的实际晶体的屈服强度要比这个理论值低 3~4 个数量级。

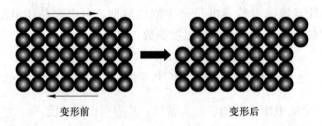

变形前　　　　　　　　　变形后

图 3.8　金属塑性变形过程

理论切变强度与实际切变强度之间的巨大差异最终要求从根本上否定理想完整晶体的刚性相对滑移的假设，使人们认识到实际晶体的结构并不是理想完整的，晶体的滑移也并非刚性、同步的。因此设想在晶体规则排列的基础上，晶体局部存在着偏离正常排列的原子结构，即某种缺陷，它处于过渡的状态，能在较小的应力作用下发生运动。就是说，晶体的滑移首先从这些缺陷处开始，滑移的继续也是依靠这些缺陷的运动而逐步传递的，最后导致晶面间的相对滑移。这样就使得晶面间滑移所需的临界分切应力显著降低，这种特殊的原子排列状态就称为位错。

1934 年，Taylor、Orowan 和 Polanyi 几乎同时提出了晶体中位错的概念。他们认为晶体实际滑移过程并不是滑移面两边的所有原子都同时作整体刚性滑动，而是通过在晶体中存在的称之为位错的线缺陷来进行的。位错在较低应力的作用下就能开始移动，使滑移区逐渐扩大，直至整个滑移面上的原子都先后发生相对位移，如图3.9所示。按照这一模型进行理论计算，其理论屈服强度比较接近于实验值。20世纪50年代后，随着电子显微分析技术的发展，位错模型才为实验所证实。目前，位错理论不仅成为研究晶体力学性能的基础理论，而且还广泛地被用来研究固态相变、晶体的光、电、声、磁和热学性能，以及催化和表面性质等。

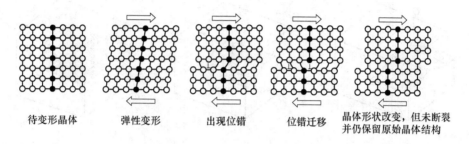

待变形晶体　　弹性变形　　出现位错　　位错迁移　　晶体形状改变，但未断裂并仍保留原始晶体结构

图3.9　晶体滑移过程

3.2.1　位错基本类型和特征

位错是晶体结构中的一种线状一维缺陷，也可以说是原子排列的一种特殊组态。根据位错的几何结构特征，可以将位错分为两种基本类型，即刃型位错（edge dislocation）和螺型位错（screw dislocation）。

3.2.1.1　刃型位错

图3.10所示为刃型位错的基本结构。以简单立方晶体为例，在其晶面 *ABCD* 上半部存在有多余的半排原子面 *EFGH*，这个半原子面中断于 *ABCD* 面上的 *EF* 处，它好像一把刀刃插入晶体中，使 *ABCD* 面上下两部分晶体之间产生了原子错排，故称"刃型位错"，多余半原子面与滑移面的交线 *EF* 就称作刃型位错线。

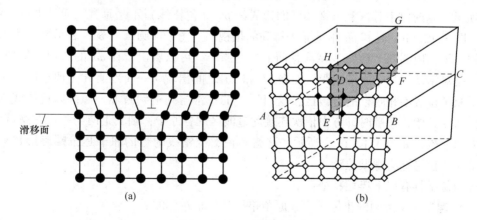

(a)　　　　　　　　　　　　　(b)

图3.10　刃型位错模型

（a）平面模型图；（b）立体模型图

刃型位错结构具有以下典型特征：

（1）刃型位错有一个额外的半原子面。一般把多出的半原子面在滑移面上方的称为正刃型位错，记为"⊥"；而把多余的半原子面在滑移面下方的称为负刃型位错，记为"⊤"。这种正、负之分只具相对意义，无本质区别。

（2）刃型位错线可理解为晶体中已滑移区与未滑移区的边界线。它不一定是直线，也可以是折线或曲线，但它必与滑移方向相垂直，也垂直于滑移矢量，如图 3.11 所示。

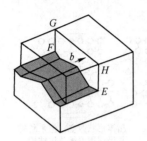 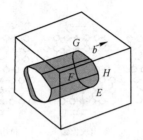 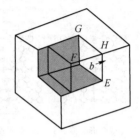

图 3.11　几种形状的刃型位错线

（3）滑移面必定是同时包含有位错线和滑移矢量的平面，在其他面上不能滑移。由于在刃型位错中，位错线与滑移矢量互相垂直，因此，由它们所构成的平面只有一个，就是说，刃型位错的滑移面是唯一的。

（4）晶体中存在刃型位错之后，位错周围的点阵发生弹性畸变（图 3.10），既有切应变，又有正应变。就正刃型位错而言，滑移面上方点阵受到压应力，下方点阵受到拉应力；负刃型位错与此相反。

（5）在位错线周围的过渡区（畸变区）每个原子具有较大的平均能量。该区只有几个原子间距宽，畸变区是狭长的管道，所以刃型位错是线缺陷。

3.2.1.2　螺型位错

螺型位错的结构特点可用图 3.12 来加以说明。同样以立方晶体为例，当其右半侧上下部分受到切应力 τ 时，其右侧上下两部分晶体沿 ABCD 滑移面发生了错动，如图 3.12（a）所示。这时已滑移区和未滑移区的边界线 bb'（位错线）不是垂直，而是平行于滑移方向。图 3.12（b）是其 bb' 附近原子排列的顶视图。图中以圆点"●"表示滑移面 ABCD 下方的原子，用圆圈"○"表示滑移面上方的原子。可以看出，在 aa' 的右边晶体的上下层原子相对错动了一个原子间距，而在 bb' 和 aa' 之间出现了一个约有几个原子间距宽的、上下层原子位置不相吻合的过渡区，这里原子的正常排列遭到破坏。如果以位错线 bb' 为轴线，从 a 开始，按顺时针方向依次连接此过渡区的各原子，则其走向与一个右螺旋线的前进方向一样，如图 3.12（c）所示。这就是说，位错线附近的原子是按螺旋形排列的，所以把这种位错称为螺型位错。

螺型位错具有以下典型特征：

（1）螺型位错无额外半原子面，原子错排是呈轴对称的。

（2）根据位错线附近呈螺旋形排列的原子的旋转方向不同，螺型位错可分为右旋和左旋螺型位错。

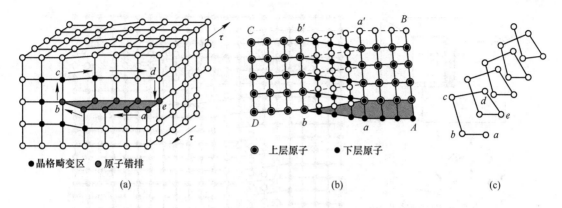

图 3.12　螺型位错模型

(a) 立体模型图；(b) 平面模型图；(c) 原子走向

（3）螺型位错线与滑移矢量平行，因此一定是直线，而且位错线的移动方向与晶体滑移方向互相垂直。

（4）纯螺型位错的滑移面不是唯一的。凡是包含螺型位错线的原子面都可以作为它的滑移面。但实际上，滑移通常是在那些原子密排面上进行的。

（5）螺型位错线周围的点阵也发生了弹性畸变，但是，只有平行于位错线的切应变而无正应变，即不会引起体积膨胀和收缩，且在垂直于位错线的平面投影上，看不到原子的位移，看不出有缺陷。

（6）螺型位错周围的点阵畸变随离位错线距离的增加而急剧减少，故它也是包含几个原子宽度的线缺陷。

3.2.1.3　混合位错

除了以上两种最基本的位错类型外，还有一种形式更为普遍的位错，其滑移矢量既不平行也不垂直于位错线，而与位错线相交成任意角度，这种位错称为混合位错。图 3.13 为形成混合位错时晶体局部滑移的情况。这里，混合位错线是一条曲线。在位错线上 A 点处，位错线与滑移矢量平行，因此是螺型位错；而在 C 点处，位错线与滑移矢量垂直，因此是刃型位错。A 与 C 之间，位错线既不垂直也不平行于滑移矢量，每一小段位错线都可分解为刃型和螺型两个分量，如图 3.13（b）所示。混合位错附近的原子组态如图 3.13（c）所示。

需要注意的是，由于位错线是已滑移区与未滑移区的边界线，因此，位错具有一个非常重要的性质，也就是一根位错线不能终止于晶体内部，而只能露头于晶体表面（包括晶界）。若它终止于晶体内部，则必与其他位错线相连接，或在晶体内部形成封闭线。形成封闭线的位错称为位错环，如图 3.14 所示。图中的阴影区是滑移面上一个封闭的已滑移区。显然，位错环各处的位错结构类型也可按各处的位错线方向与滑移矢量的关系加以分析，如 A、B 两处是刃型位错，C、D 两处是螺型位错，其他各处均为混合位错。

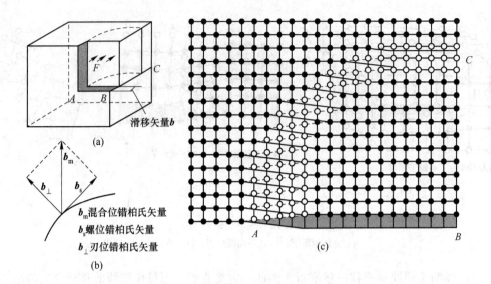

图 3.13　混合位错模型

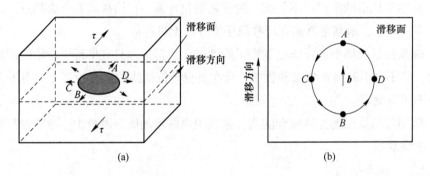

(a)　　　　　　　　　(b)

图 3.14　晶体中的位错环

（a）晶体的局部滑移形成位错环；（b）位错环各部分的结构

3.2.2　柏氏矢量

从位错研究中发现，位错有两个特征：一个是位错线的方向，它表明给定点上位错线的方向。用单位矢量 ξ 表示，其正向通常规定为离开纸面的方向；另一个是为表明位错存在时，晶体一侧的质点相对于另一侧质点的位移，用一个柏格斯（Burgers）矢量（简称柏氏矢量）b 表示，它是指该位错所引起的晶体的滑移大小和方向。

3.2.2.1　柏氏矢量的确定

柏氏矢量一般通过柏氏回路来确定。柏氏回路是 1939 年由柏格斯（J. M. Burgers）提出来的，它是借助一个规定的矢量即柏氏矢量来揭示位错的本质。图 3.15（a）和图 3.15（b）分别为含有一个刃型位错的实际晶体和用作参考的不含位错的完整晶体结构。确定该位错柏氏矢量的具体步骤如下：

（1）选定位错线的正向（ξ），常规定出纸面的方向为位错线的正方向。

（2）在实际晶体中，从任一原子出发，围绕位错线（避开位错线附近的严重畸变区）

以一定的步数作一右旋闭合回路 *MNOPQ*（称为柏氏回路），如图 3.15（a）所示。

（3）在完整晶体中按同样的方向和步数作相同的回路，该回路并不封闭，由终点 *Q* 向起点 *M* 引一矢量 *b*，使该回路闭合，如图 3.15（b）所示。这个矢量 *b* 就是实际晶体中位错的柏氏矢量。

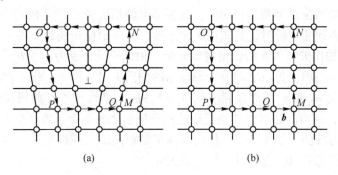

（a）　　　　　　　　　　（b）

图 3.15　刃型位错柏氏回路

（a）实际结构；（b）理想结构

由图 3.15 可见，刃型位错的柏氏矢量与位错线垂直，这是刃型位错的一个重要特征。刃型位错的正、负，可借右手法则来确定，即用右手的拇指、食指和中指构成直角坐标，以食指指向位错线的方向，中指指向柏氏矢量的方向，则拇指的指向代表多余半原子面的位向，且规定拇指向上者为正刃型位错；反之为负刃型位错。

螺型位错的柏氏矢量也可按同样的方法加以确定，如图 3.16 所示。

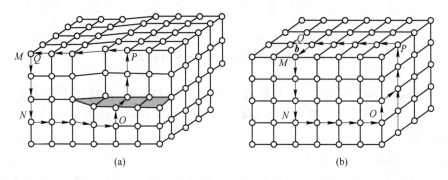

（a）　　　　　　　　　　　　（b）

图 3.16　螺型位错柏氏回路

（a）实际结构；（b）理想结构

柏氏矢量存在以下几个明显特征：

（1）位错周围的所有原子，都不同程度地偏离其平衡位置。通过柏氏回路确定柏氏矢量的方法表明，柏氏矢量是一个反映位错周围点阵畸变总累积的物理量。该矢量的方向表示位错的性质与位错的取向，即位错运动导致晶体滑移的方向；而该矢量的模 $|b|$ 表示了畸变的程度，称为位错的强度。由此，也可把位错定义为柏氏矢量不为零的晶体缺陷。

（2）在确定柏氏矢量时，只规定了柏氏回路必须在好区内选取，而对其形状、大小和位置并没有作任何限制。这就意味着柏氏矢量与回路起点及其具体途径无关。如果事先规定了位错线的正向，并按右螺旋法则确定回路方向，那么一根位错线的柏氏矢量就是恒定不变的。换句话说，只要不和其他位错线相遇，不论回路怎样扩大、缩小或任意移动，由此回路确定的柏氏矢量是唯一的，这就是柏氏矢量的守恒性。

（3）一根不分叉的位错线，不论其形状如何变化（直线、曲折线或闭合的环状），也不管位错线上各处的位错类型是否相同，其各部位的柏氏矢量都是相同的；而且，当位错在晶体中运动或者改变方向时，其柏氏矢量不变，即一根位错线具有唯一的柏氏矢量。

（4）若一个柏氏矢量为 b 的位错可以分解为柏氏矢量分别为 b_1，b_2，$\cdots$，b_n 的 n 个位错，则分解后各位错柏氏矢量之和等于原位错的柏氏矢量，即 $b = \sum b_i$，如图 3.17（a）所示。b_1 位错分解为 b_2 和 b_3 两个位错，则 $b_1 = b_2 + b_3$。显然，若有数根位错线相交于一点（称为位错结点），则指向结点的各位错线的柏氏矢量之和应等于离开结点的各位错线的柏氏矢量之和。作为特例，如果各位错线的方向都是朝向结点或都是离开结点的，则柏氏矢量之和恒为零，即 $\sum b_i = 0$，如图 3.17（b）所示。

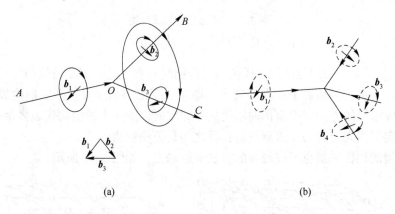

(a)　　　　　　　　　　　　　　　(b)

图 3.17　位错线相交与柏氏矢量的关系

（5）位错在晶体中存在的形态可形成一个闭合的位错环，或连接于其他位错（交于位错结点），或终止在晶界，或露头于晶体表面，但不能中断于晶体内部。这种性质称为位错的连续性。

3.2.2.2　柏氏矢量的表示法

柏氏矢量的大小和方向可以用它在晶轴上的分量，即用点阵矢量 a、b 和 c 来表示。对于立方晶体，由于 $a = b = c$，故可用与柏氏矢量 b 同向的晶向指数来表示。例如，柏氏矢量等于从体心立方晶体的原点到体心的矢量，则 $b = a/2 + b/2 + c/2$，可写成为 $b = a/2$ [111]。一般立方晶系中柏氏矢量可表示为 $b = a/n <uvw>$，其中 n 为正整数。

如果一个柏氏矢量 b 是另外两个柏氏矢量 $b_1 = a/n$ [$u_1 v_1 w_1$] 和 $b_2 = a/n$ [$u_2 v_2 w_2$] 之和，则按矢量加和法则有：

$$b = b_1 + b_2 = a/n [u_1 v_1 w_1] + a/n [u_2 v_2 w_2] = a/n [u_1 + u_2, \; v_1 + v_2, \; w_1 + w_2]$$

通常还用 $|b| = \dfrac{a}{n}\sqrt{u^2 + v^2 + w^2}$ 表示位错的强度，称为柏氏矢量的大小或模，即位错的强度。

同一晶体中，柏氏矢量越大，表明该位错导致点阵畸变越严重，它所处的能量也越

高。能量较高的位错通常倾向于分解为两个或多个能量较低的位错：$b_1 \rightarrow b_2 + b_3$，并满足 $|b_1|^2 > |b_2|^2 + |b_3|^2$，以使系统的自由能下降。

3.2.3　位错运动

位错的最重要性质之一是它可以在晶体中运动，而晶体宏观的塑性变形是通过位错运动来实现的。位错的运动方式有两种最基本形式，即滑移和攀移。

3.2.3.1　位错的滑移

位错线在其滑移面内的运动称之为滑移。位错的滑移是在外加切应力的作用下，通过位错中心附近的原子沿柏氏矢量方向在滑移面上不断地作少量的位移（小于一个原子间距）而逐步实现的。

图 3.18 是刃型位错的滑移过程。在外切应力 τ 的作用下，位错中心附近的原子由"●"位置移动小于一个原子间距的距离到达"○"位置，使位错在滑移面上向左移动了一个原子间距。如果切应力继续作用，位错将继续向左逐步移动。当位错线沿滑移面滑移通过整个晶体时，就会在晶体表面沿柏氏矢量方向产生宽度为一个柏氏矢量大小的台阶，即造成了晶体的塑性变形，如图 3.18（b）所示。从图中可知，随着位错的移动，位错线所扫过的区域 ABCD（已滑移区）逐渐扩大，未滑移区则逐渐缩小，两个区域始终由位错线为分界线。另外，值得注意的是在滑移时，刃型位错的运动方向始终垂直位错线而平行柏氏矢量。刃型位错的滑移面就是由位错线与柏氏矢量所构成的平面，因此刃型位错的滑移限于单一的滑移面上。

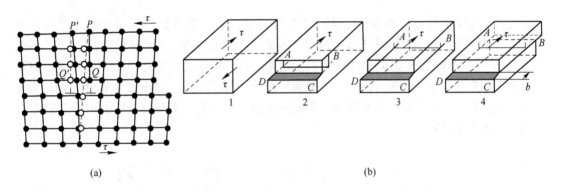

(a)　　　　　　　　　　　　　　　　　(b)

图 3.18　刃型位错的滑移过程

（a）原子模型的滑移示意图；（b）立体模型示意图

（1 是原始状态的晶体，2 和 3 是滑移的中间阶段，4 是位错移出晶体表面，形成一个台阶）

图 3.19 表示螺型位错运动时，位错线周围原子的移动情况（图面为滑移面，图中"○"表示滑移面以下的原子，"●"表示滑移面以上的原子）。由图可见，如同刃型位错一样，滑移时位错线附近原子的移动量很小，所以使螺型位错运动所需的力也是很小的。当位错线沿滑移面滑过整个晶体时，同样会在晶体表面沿柏氏矢量方向产生宽度为一个柏氏矢量 b 大小的台阶，如图 3.19（c）所示。应当注意，在滑移时，螺型位错线的移动方向与位错线垂直，也与柏氏矢量垂直。对于螺型位错，由于位错线与柏氏矢量平行，故它的滑移不限于单一的滑移面上。

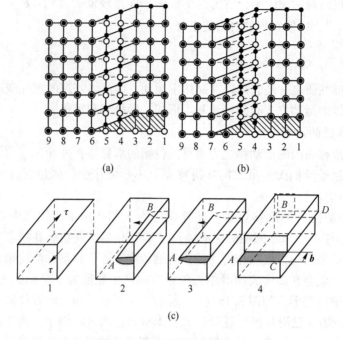

图 3.19　螺型位错的滑移过程

（a）、（b）原子模型的滑移示意图〔（a）为原始位置，（b）为位错向左移动了一个原子间距）〕；
（c）立体模型示意图（1 是原始状态的晶体，2 和 3 是滑移的中间阶段，4 是位错移出晶体表面，形成一个台阶）

混合位错沿滑移面的滑移的过程如图 3.20 所示。任一混合位错均可分解为刃型分量和螺型分量两部分，所以，基于以上两种基本类型位错的分析，不难确定其混合情况下的滑移运动。根据确定位错线运动方向的右手法则，即以拇指代表沿着柏氏矢量 b 移动的那部分晶体，食指代表位错线方向测中指就表示位错线移动方向，该混合位错在外切应力 τ 作用下将沿其各点的法线方向在滑移面上向外扩展，最终使上下两块晶体沿柏氏矢量方向移动一个 b 大小的距离。

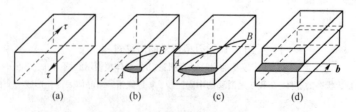

图 3.20　混合位错的滑移过程

（a）是滑移前；（b）、（c）是滑移中期；（d）是滑过整个滑移面而形成台阶

必须指出，对于螺型位错，由于所有包含位错线的晶面都可成为其滑移面，因此，当某一螺型位错在原滑移面上运动受阻时，有可能从原滑移面转移到与之相交的另一滑移面上去继续滑移，这一过程称为交滑移。如果交滑移后的位错再转回和原滑移面平行的滑移面上继续运动，则称为双交滑移，如图 3.21 所示。

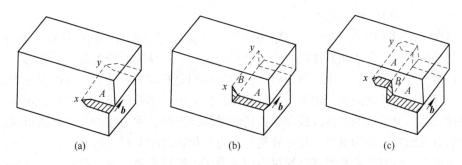

图 3.21　螺位错 xy 的交滑移过程

（a）滑移面 A；（b）交滑移到 B 面；（c）再次交滑移到 A 面

3.2.3.2　位错的攀移

位错线离开原滑移面或近于在垂直于滑移面方向上的运动称之为攀移。攀移的实质往往是多余半原子面的扩大或缩小，是通过原子的扩散实现的。通常把多余半原子面向上运动称为正攀移，向下运动称为负攀移，如图 3.22 所示。刃型位错的攀移实质上就是构成刃型位错的多余半原子面的扩大或缩小，因此，它可通过物质迁移即原子或空位的扩散来实现。如果有空位迁移到半原子面下端或者半原子面下端的原子扩散到别处时，半原子面将缩小，即位错向上运动，则发生正攀移，如图 3.22（b）所示；反之，若有原子扩散到半原子面下端，半原子面将扩大，位错向下运动，发生负攀移，如图 3.22（c）所示。螺型位错不仅没有多余的半原子面，而且有多个滑移面，因此，螺型位错不存在攀移运动。

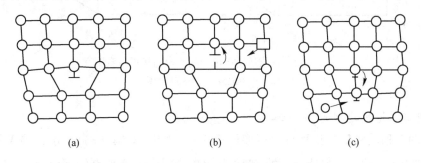

图 3.22　刃型位错的攀移运动

（a）攀移前；（b）空位引起的正攀移；（c）间隙原子引起的负攀移

由于攀移伴随着位错线附近原子增加或减少，即有物质迁移，需要通过扩散才能进行。故把攀移运动称为"非守恒运动"；而相对应的位错滑移为"守恒运动"。位错攀移需要热激活，较之滑移所需的能量更大。对大多数材料，在室温下很难进行位错的攀移，而在较高温度下，攀移较易实现。经高温淬火、冷变形加工和高能粒子辐照后晶体中将产生大量的空位和间隙原子，晶体中过饱和点缺陷的存在有利于攀移运动的进行。

在实际单晶生产中，利用位错的攀移运动来消灭位错，使位错吸附扩散来的空位或填隙原子，一面交换位置，一面移到表面上而消失。例如拉制单晶硅时，先提高拉制速率，然后骤然冷却，使空位在晶体内形成过饱和，并使生长的晶体逐渐变细形成一个细颈，这些措施都是为了促使位错吸收空位攀移到表面上来。

3.2.3.3　运动位错的交割

位错在运动过程中，会与穿过滑移面的位错（穿过此滑移面的其他位错称为林位错）交割。位错交割时会发生相互作用，这对材料的强化、点缺陷的产生有重要意义。

在位错的滑移运动过程中，其位错线往往很难同时实现全长的运动。因而一个运动的位错线，特别是在受到阻碍的情况下，有可能通过其中一部分线段（n 个原子间距）首先进行滑移。若由此形成的曲折线段就在位错的滑移面上时，称为扭折；若该曲折线段垂直于位错的滑移面时，称为割阶。扭折和割阶也可由位错之间交割而形成。

如前所述，刃型位错的攀移是通过空位或原子的扩散来实现的，而原子（或空位）并不是在一瞬间就能一起扩散到整条位错线上，而是逐步迁移到位错线上的。这样，在位错的已攀移段与未攀移段之间就会产生一个台阶，也就是在位错线上形成了割阶。有时位错的攀移可理解为割阶沿位错线逐步推移，而使位错线上升或下降，因而攀移过程与割阶的形成能和移动速度有关。

图 3.23 为刃型和螺型位错中的割阶与扭折示意图。应当指出，刃型位错的割阶部分仍为刃型位错，而扭折部分则为螺型位错；螺型位错中的扭折和割阶线段，由于均与柏氏矢量相垂直，故均属于刃型位错。

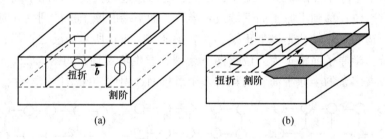

图 3.23　位错运动中出现的割阶与扭折示意图
（a）刃型位错；（b）螺型位错

3.2.3.4　几种典型的位错交割

（1）两个柏氏矢量互相垂直的刃型位错交割。如图 3.24（a）所示，柏氏矢量为 b_1 的刃型位错 XY 和柏氏矢量为 b_2 的刃型位错 AB 分别位于两垂直的平面 P_{XY}，P_{AB} 上。若 XY 向下运动与 AB 交割，由于 XY 扫过的区域，其滑移面 P_{XY} 两侧的晶体将发生 b_1 距离的相对位移，因此，交割后，在位错线 AB 上产生 PP' 小台阶。显然，PP' 大小和方向取决于 b_1。由于位错柏氏矢量的守恒性，PP' 的柏氏矢量仍为 b_2，b_2 垂直于 PP'，因而 PP' 是刃型位错，且它不在原位错线的滑移面上，故是割阶。至于位错 XY，由于它平行 b_2，因此，交割后不会在 XY 上形成割阶。

（2）两个柏氏矢量互相平行的刃型位错交割。如图 3.24（b）所示，交割后，在 AB 和 XY 位错线上分别出现平行于 b_1、b_2 的 PP'、QQ' 台阶，但它们的滑移面和原位错的滑移面一致，故为扭折，属螺型位错。在运动过程中，这种扭折在线张力的作用下可能被拉直而消失。

（3）两个柏氏矢量垂直的刃位错和螺位错的交割。如图 3.25 所示，交割后在刃位错 AA' 上形成大小等于 $|b_2|$，方向平行 b_2 的割阶 MM'，其柏氏矢量为 b_1。由于该割阶的滑移

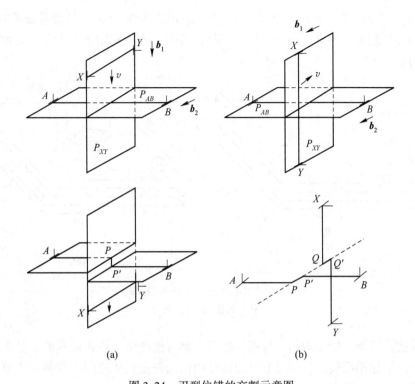

图 3.24　刃型位错的交割示意图

（a）两个柏氏矢量互相垂直的刃型位错交割；（b）两个柏氏矢量互相平行的刃型位错交割

面（图 3.25（b）中的阴影区）与原刃位错 AA' 的滑移面不同，因而当带有这种割阶的位错继续运动时，将受到一定的阻力。同样，交割后在螺位错 BB' 上也形成长度等于 $|b_1|$ 的一段折线 NN'，由于它垂直于 b_2，故属刃型位错；又由于它位于螺位错 BB' 的滑移面上，因此 NN' 是扭折。

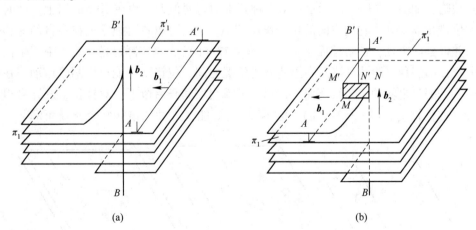

图 3.25　两个柏氏矢量垂直的刃位错和螺位错的交割

（a）交割前；（b）交割后

（4）两个柏氏矢量相互垂直的两螺型位错交割。如图 3.26 所示，交割后在 AA' 上形成

大小等于 $|\boldsymbol{b}_2|$，方向平行于 $\boldsymbol{b}_2$ 的割阶 MM'。它的柏氏矢量为 $\boldsymbol{b}_1$，其滑移面不在 AA' 的滑移面上，是刃型割阶。同样，在位错线 BB' 上也形成一刃型割阶 NN'。这种刃型割阶都阻碍螺位错的移动。

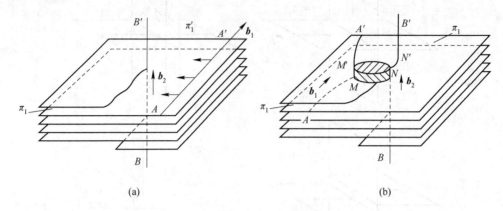

图 3.26　两个柏氏矢量垂直的螺位错的交割

（a）交割前；（b）交割后

　　综上所述，运动位错交割后，每根位错线上都可能产生一扭折或割阶，其大小和方向取决于另一位错的柏氏矢量，但具有原位错线的柏氏矢量。所有的割阶都是刃型位错，而扭折可以是刃型也可是螺型的。另外，扭折与原位错线在同一滑移面上，可随主位错线一道运动，几乎不产生阻力，而且扭折在线张力作用下易于消失。但割阶则与原位错线不在同一滑移面上，故除非割阶产生攀移，否则割阶就不能跟随主位错线一道运动，成为位错运动的障碍，通常称此为割阶硬化。

　　带割阶位错的运动，按割阶高度的不同，又可分为三种情况：第一种割阶的高度只有 $1\sim2$ 个原子间距，在外力足够大的条件下，螺型位错可以把割阶拖着走，在割阶后面留下一排点缺陷，如图 3.27（a）所示；第二种割阶的高度很大，约在 $20\ \mu\mathrm{m}$ 以上，此时割阶两端的位错相隔太远，它们之间的相互作用较小，它们可以各自独立地在各自的滑移面上滑移，并以割阶为轴，在滑移面上旋转（图 3.27（b）），这实际也是在晶体中产生位错的一种方式；第三种割阶的高度是在上述两种情况之间，位错不可能拖着割阶运动。在外应力作用下，割阶之间的位错线弯曲，位错前进就会在其身后留下一对拉长了的异号刃位错线段（常称位错偶）（图 3.27（c））。为降低应变能，这种位错偶常会断开而留下一个长

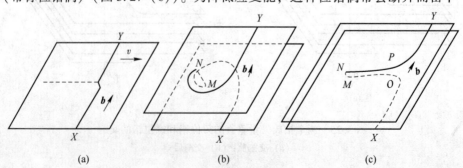

图 3.27　带割阶位错的运动

的位错环，而位错线仍回复原来带割阶的状态，而长的位错环又常会再进一步分裂成小的位错环，这是形成位错环的机理之一。

而对于刃型位错而言，其割阶与柏氏矢量所组成的面，一般都与原位错线的滑移方向一致，能与原位错一起滑移。但此时割阶的滑移面并不一定是晶体的最密排面，故运动时割阶段所受到的晶格阻力较大，然而，相比于螺位错的割阶的阻力则小得多。

3.2.4　位错的生成和增殖

3.2.4.1　位错的密度

位错密度是指单位体积晶体中所含的位错线的总长度（单位为 cm^{-3}）。其数学表达式为：

$$\rho = \frac{L}{V} \tag{3.32}$$

式中，L 为位错线的总长度；V 为晶体的体积。

然而，测定位错线总长度是不可能的。为了简化问题，常把位错线当作直线，假定晶体的位错平行地从晶体的一端延伸到另一端，这样，位错密度就等于穿过单位面积的位错线数目，即：

$$\rho = \frac{nl}{lA} = \frac{n}{A} \tag{3.33}$$

式中，l 为每根位错线长度；n 为面积 A 中所见到的位错数。

这样所得的位错密度比理论值要低一些。

经充分退火的多晶体金属中，位错密度为 $10^6 \sim 10^8 \ cm^{-2}$；但经精心制备和处理的超纯金属单晶体，位错密度可低于 $10^3 \ cm^{-2}$；而经过剧烈冷变形的金属，位错密度可高达 $10^{10} \sim 10^{12} \ cm^{-2}$。

3.2.4.2　位错的生成

在实际晶体中产生位错的方式是多种多样的。

螺型位错会在晶体表面露头处造成一个永不消失的台阶，可以充当晶体的生长前沿，因此，结晶核心中如有位错，它的长大速度比完整晶体明显快很多。根据理论计算，由于位错的能量很大，位错是不能靠热激活产生的，除非晶体受到的应力接近理论切应变强度。因此，位错不会在晶体中均匀成核，它只能在一些具备了条件的特殊部位产生。

过饱和的空位可以凝聚成空位片，空位片崩塌时便转化成位错环，这是产生位错的一个重要途径。在高温时空位每 $1 \ cm^3$ 可达 10^{18} 个以上，而室温的平衡浓度很小。如果空位全部聚成半径为 $10^{-5} \ cm$ 圆片，它们崩塌后每 $1 \ cm^3$ 将形成 10^{12} 个位错环，相当于位错密度 $6 \times 10^7 \ cm/cm^3$。实际上空位不可能全部转变为位错环，因为表面、晶界和已有的位错对空位的产生和消亡也发挥着作用。

结晶时若杂质分凝或成分偏析显著，最后凝固的晶体成分不同于先前凝固的晶体，从而点阵常数也有所不同。作为点阵常数逐渐变化的结果，在过渡区可能形成一系列刃型位错。同样，从表面向晶体中扩散另一种元素时，也会因为与原子大小不同产生相关的内应力而促使位错的形成。晶体中的沉淀物或夹杂物若在周围基体中产生较大的应力，也会导致产生位错。

结晶过程中正在生长的两部分晶体相遇时，如果它们的位向有轻微差别，在结合处将形成位错。如两块相对有倾转角的晶体，在长大到相互接触时，在它们中间形成一列刃型位错。以这种方式产生位错的典型例子是熔体中的树枝状结晶，如果因机械运动、温度梯度或成分偏析引起的应力，使枝晶发生转动或弯曲，便会通过上述机制在晶体中形成位错和位错网。类似的情况也发生于以外延法生长过程，如在衬底上沉积多晶薄膜时，倘若最初的外延结晶核心在衬底上位置不正，它们长大相遇就会形成位错。当晶体受到力的作用，某些局部会产生应力集中，如在裂纹尖端、夹杂物界面、表面损伤附近等，倘若应力集中程度达到理论切变强度水平，便有可能在这里直接产生位错。

位错的形貌和大小，可用透射电子显微镜直接观测到。金属位错特征的变形主要是通过滑移实现的，而陶瓷和高分子虽然比较脆，也有少量的位错存在。位错对于理解金属的一些力学变形行为特别有用。它可以解释材料的各种性能和行为，特别是变形（deformation）、损伤（damage）和断裂（fracture）机制，相应的学科分别为弹塑性力学、损伤力学和断裂力学。此外，位错对晶体的扩散、相变等过程也有较大的影响。

3.2.4.3 位错的增殖

塑性变形最常见的方式是滑移，当一个位错扫过滑移面，只能在表面留下高度为 b 的滑移台阶。试验证明，充分退火的金属位错密度 $\rho \approx 10^6 \ cm^{-2}$，剧烈冷变形的金属 $\rho \approx 10^{11} \sim 10^{12} \ cm^{-2}$，这表明位错增殖了。也就意味着冷变形导致位错显著的增加。位错的增殖机制有很多种，最常见的是弗兰克-瑞德源（Frank-Read Source），如图 3.28 所示。

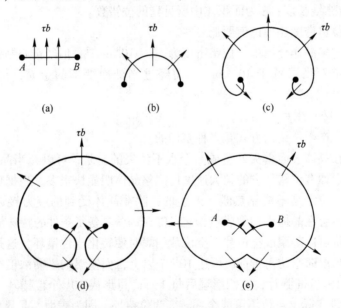

图 3.28　F-R 源动作过程

退火状态位错以三维网络状存在于晶体中，假设存在一个两端钉扎的刃型位错线段 AB，在外加切应力 τ 作用下，位错线 AB 受力 τb，方向垂直于位错线，使之克服位错线张力，产生弯曲，如图 3.28（a）、（b）所示。根据关系式 $\tau = \dfrac{Gb}{2r}$，外加切应力大小与位错线曲率成反比，r 越小阻力越大，当位错线弯曲成半圆时，曲率最小，切应力最大，如

图 3.28（b）所示。故位错增殖的临界切应力 $\tau = \dfrac{Gb}{L}$，L 为位错线段 AB 的长度。由于位错线上各点线速度相同，在位错线两个端点附近要保证相同的线速度，必须增加角速度，使位错线形成卷曲状，如图 3.28（c）所示。当位错线弯曲成图 3.28（d）时，在位错相遇处表现为两平行的异号螺型位错，它们互相吸引而消失，从而形成一闭合的位错环和一段 AB 位错线，如图 3.28（e）所示，在外应力和张应力的联合作用力下，位错线变直。这样的过程可以反复进行，源源不断地产生新的位错环。

位错的增殖机制还有双交滑移增殖、攀移增殖等。螺型位错经双交滑移形成离开原滑移面的刃型割阶，不能随原位错线一起运动，对原位错产生"钉扎"作用，使原位错在滑移面上滑移时成为一个 F-R 源。螺型位错发生交滑移后形成两个刃型割阶，因而位错在新滑移面（111）上滑移时成为一个 F-R 源。有时，这是比弗兰克-瑞德源更有效的增殖机制。

3.3　表面及界面

从某种程度上讲，几乎所有的材料性能均与表界面相关，表界面问题是材料科学的核心问题。严格来说，界面包括外表面（自由表面）和内界面。表面通常指固体材料与气体或液体的分界面，它与摩擦、磨损、氧化、腐蚀、偏析、催化、吸附现象，以及光学、微电子学等均密切相关；而内界面可分为晶界、亚晶界、相界及孪晶界等。材料学中所述的界面和无厚度的纯几何学界面不同，材料界面（包括表面）通常为几个原子层厚的区域，该区域内的原子排列甚至化学成分往往不同于晶体内部，又因它系二维结构分布，故属于晶体中的面缺陷。界面的存在对晶体的物理、化学和力学等性能将产生重要的影响。

3.3.1　表面

由于表面上化学键的中断和表面吸附等，导致晶体表面上的原子排列情况与晶体内部是有显著差异的。原子部分地被其他原子包围，相邻原子数比晶体内部少；成分偏聚和表面吸附导致晶体表面成分与体内明显不同。这些均将导致表面层原子间结合键与内部不同，表面原子偏离其正常的平衡位置，并影响到邻近的几层原子，造成表层的点阵畸变，使它们的能量比内部原子高，这几层高能量的原子层称为表面。

通常，把晶体表面单位面积自由能的增加定义为表面能 $\gamma(\mathrm{J/m^2})$。表面能也可理解为产生单位面积新表面所作的功：

$$\gamma = \frac{\mathrm{d}W}{\mathrm{d}S} \tag{3.34}$$

式中，$\mathrm{d}W$ 表示产生面积为 $\mathrm{d}S$ 的表面所作的功。

由于表面是一个原子排列的终止面，另一侧无固体中原子间的键合，如同结合键被割断，故表面能也可用形成单位面积新表面所切断的结合键数目来近似表达。

表面能与晶体表面原子排列致密度有关，原子密排面具有最小的表面能。如果以原子密排面作表面时，晶体体系的总能量最低，最稳定，所以，自由晶体天然形成的表面通常是低表面能的原子密排晶面。图 3.29 为 fcc 的 Au 晶体表面能的极图，径向矢量为垂直于该矢量的晶体表面上表面张力的大小。由图可知，原子密排面 {111} 具有最小的表面能。

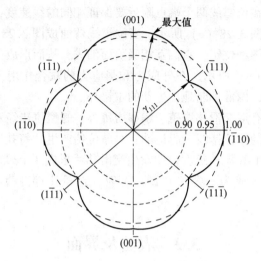

图 3.29　Au 晶体表面能极图

　　因晶体生长条件限制或晶体的加工处理影响，当晶体的外表面与原子密排面总体上表现为一定夹角时，为了保持低能量的表面状态，晶体的外表面大都呈台阶状，如图 3.30 所示。该图表示了具有扭折 $A'B'$ 的台阶 AB，单、双吸附原子 C 和 D，单、双空位 E 和 F。外表面上的这些台阶平面均为低表面能晶面，而台阶密度取决于表面和低能面的夹角大小。处于较高能量状态及具有残余结合键的晶体表面倾向于自发地吸附外来原子，以降低其表面能。而台阶状的晶体表面为原子的表面扩散、表面吸附、晶体生长等提供了有利条件。值得注意的是，晶体表面能还与晶体表面曲率有关。曲率越大，表面能也越大。当曲率大小不等的颗粒聚集在一起时，小晶粒倾向于溶解，大晶粒倾向于长大，充分反映了曲率半径对晶粒稳定性的影响。表面能的这些性质，对晶体的生长、固态相变中新相形成都起着重要作用。

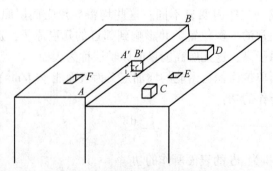

图 3.30　晶体外表面上的低指数晶面台阶

3.3.2　晶界和亚晶界

　　绝大部分材料属于多晶体材料，其由许多晶粒所组成，包含了大量的晶界和相界，其对材料的性能起着决定性作用。在材料内部，同一固相但位向不同的晶粒之间的界面，称为晶界，这是一种内界面；而每个晶粒有时又由若干个位向稍有差异的亚晶粒所组成，相邻亚晶粒间的界面称为亚晶界。晶粒的平均直径通常在 0.015~0.25 mm 范围内，而亚晶粒的平均直径则通常为 0.001 mm 数量级。

为了描述和理解晶界和亚晶界的几何性质，首先来观察二维点阵中晶界的几何关系，如图 3.31 所示。晶界位置可用两个晶粒的位向差 θ（同一点阵方向之间的夹角）和晶界相对于一个点阵某一平面的夹角 φ 来确定。而对于三维点阵的晶界几何关系则需要 5 个角度来表征。如图 3.32（a）所示，将晶体沿着 x-z 平面切开，然后让右侧晶体绕 x 轴旋转，这样就会使两个晶体之间产生位向差。同样，右侧晶体还可以绕 y 或 z 轴旋转。因此，为了确定两个晶体之间的位向，必须给定 3 个角度变量。现在再来考虑位向差一定的两个晶体之间的界面。如图 3.32（b）所示，若在 x-z 平面有一个界面，将这个界面绕 x 轴或 z 轴旋转，可以改变界面的位置，但绕 y 轴旋转时，界面的位置不变。显然，为了确定界面本身的位向，还需要确定两个角度变量。就是说，确定三维点阵中的晶界位向至少需要 5 个变量，即三个晶体位向角度和两个晶界位向角度。

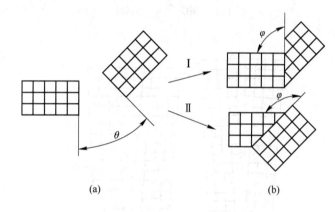

图 3.31　二维点阵中的晶界

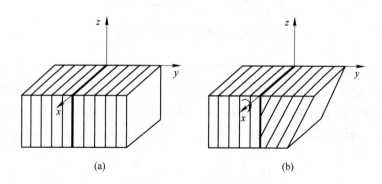

图 3.32　三维点阵中的晶界

根据相邻晶粒之间位向差 θ 角的大小，将晶界分为两类：（1）小角度晶界——相邻晶粒的位向差小于 10° 的晶界；亚晶界均属小角度晶界，一般小于 2°；（2）大角度晶界——相邻晶粒的位向差大于 10° 的晶界，多晶体中的晶界大都属于此类。

3.3.2.1 小角度晶界

按照相邻亚晶粒之间位向差的型式不同，将小角度晶界分为倾斜晶界、扭转晶界和重合晶界等。

（1）对称倾斜晶界。对称倾斜晶界可看作把晶界两侧晶体互相倾斜的结果，如图 3.33 所示。由于相邻两晶粒的位向差 θ 角很小，其晶界可看成是由一列平行的刃型位错所构成，如图 3.34 所示。

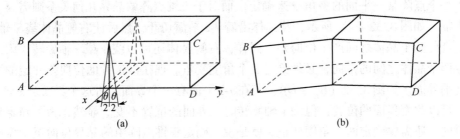

图 3.33 对称倾斜晶界

（a）倾斜前；（b）倾斜后

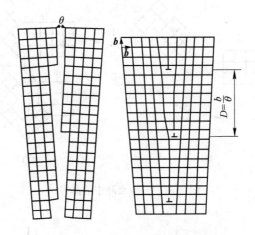

图 3.34 对称倾斜晶界位错模型

（2）不对称倾斜晶界。如果倾斜晶界的界面绕 x 轴转了一角度 φ，两晶粒之间的位向差仍为 θ 角，但晶界面对于两个晶粒是不对称的，称为不对称倾斜晶界，如图 3.35 所示。它有两个自由度 θ 和 φ。该晶界结构可看成由两组柏氏矢量相互垂直的刃位错 $b_\perp b_\vdash$ 交错排列而构成的。两组刃型位错各自的间距 $D_\perp$、$D_\vdash$，根据几何关系分别求得，即：

$$D_\perp = \frac{b_\perp}{\theta\sin\varphi}, \quad D_\vdash = \frac{b_\vdash}{\theta\cos\varphi}$$

（3）扭转晶界。扭转晶界是小角度晶界的又一种类型。它可看成是两部分晶体绕某一轴在一个共同的晶面上相对扭转一个 θ 角所构成的，扭转轴垂直于这一共同的晶面，如图 3.36 所示，它的自由度为 1。该晶界的结构可看成是由互相交叉的螺型位错所组成，如图 3.37 所示。

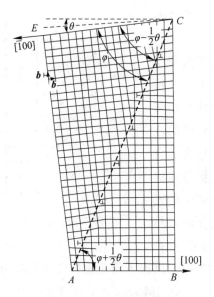

图 3.35　不对称倾斜晶界

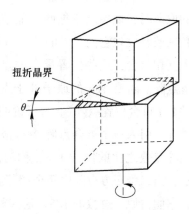

图 3.36　扭转晶界的形成过程

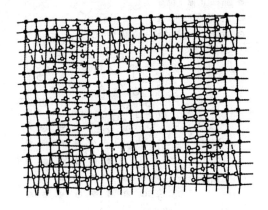

图 3.37　扭转晶界的位错模型

　　纯扭转晶界和倾侧晶界均是小角度晶界的简单情况，两者不同之处在于倾侧晶界形成时，转轴在晶界的界面上，而扭转晶界的转轴则垂直于晶界。在一般情况下，小角度晶界都可看成是两部分晶体绕某一轴旋转一定角度而形成的，只不过其转轴既不平行于晶界也不垂直于晶界。对这样的任意小角度晶界，可看作是由一系列刃型位错、螺型位错或混合位错的网络所构成，这已被试验所证实。

3.3.2.2　大角度晶界的结构

　　大角度晶界的结构较为复杂，晶界上原子排列较为混乱，无法简单用位错或点缺陷模型来描述。对于大多数的多晶材料，晶粒之间常常表现为大角度晶界。大角度晶界的结构用图 3.38 所示的模型来表达，晶粒界面不是平直的，是由不规则台阶组成的，界面上既包含有同时属于两晶粒的原子 D，也包含有不属于任一晶粒的原子 A；既包含有压缩区 B，也包含有扩张区 C。晶界上原子排列比较混乱，同时存在一些比较整齐的区域。晶界可看成坏区与好区交替组合而成。随着位向差 θ 的增大，坏区的面积将相应增加。

科学家在利用场离子显微镜研究晶界时，提出了大角度晶界的"重合位置点阵"模型。当相邻两个晶粒处于某些特殊的取向时，如果想象把两个晶粒的点阵结构都延伸到相邻晶粒区域，发现它们二者的阵点（或原子）在一些特定的位点上互相重合，这些位置重合的点所组成的点阵就称为重合位置点阵。若有 $1/n$ 的原子处于重合位置，构成的新点阵称为"$1/n$ 重合位置点阵"。为了说明两个晶体外延点阵中的重合情况，引入一个重合点阵倒易密度的概念，即重合阵点与

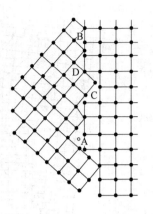

图 3.38　大角度晶界模型

普通阵点数之比的倒数 $1/n$，称为重合位置密度。如图 3.39 所示，当二维正方点阵中两个相邻晶粒的取向差为 37° 时，出现了构成重合位置点阵的阵点，它们占原子总数的 1/5。这些重合位置构成了一个比原点阵大的"重合位置点阵"。

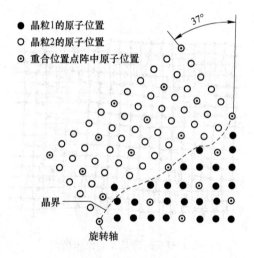

图 3.39　重合位置点阵

以立方晶系为例，表 3.1 给出了一些重要的重合位置点阵。从表中的数据可以看出，两晶粒满足出现高密度重合位置点阵的取向关系是不连续的，出现重合位置点阵的位向是一种特殊的位向关系。通常，当两晶粒取向关系与表中所列数据偏离不多时，可以认为在晶界上加入了一系列重合位置点阵的位错，它们和小角度晶界上的位错相似，即把晶界同时看作是重合位置点阵的小角度晶界，这样就可以把重合位置点阵的概念应用到较宽的取向差范围。

在晶界处，两个晶粒的重合阵点越多，则晶界上有更多的原子属于两个晶粒。此时，原子排列的畸变程度小、晶界能低。然而，不同晶体结构具有重合点阵的特殊位向是有限的。因此，重位点阵模型不能解释两晶粒处于任意位向差的晶界结构。

表 3.1　立方晶系金属中重要的重合位置点阵

晶体结构	旋转轴	转动角度/(°)	重合位置密度
体心立方	[100]	36.9	1/5
	[110]	70.5	1/3
	[110]	38.9	1/9
	[110]	50.5	1/11
	[111]	60.0	1/3
	[111]	38.2	1/7
面心立方	[100]	36.9	1/5
	[110]	38.9	1/9
	[111]	60.0	1/7
	[111]	38.2	1/7

3.3.2.3　晶界能

晶界上的原子排列是不规则的，存在着点阵畸变，从而使系统的自由能增高。晶界能即定义为形成单位面积界面时系统的自由能变化，它等于界面区单位面积的能量减去无界面时该区单位面积的能量。

小角度晶界的能量主要源于位错能量，而由前述可知位错密度取决于晶粒间的取向差，所以，小角度晶界能 γ 也和取向差 θ 有关，其计算公式可表述为：

$$\gamma = \gamma_0 \theta (A - \ln\theta) \tag{3.35}$$

式中，γ_0 为常数，$\gamma_0 = \dfrac{Gb}{4\pi(1 - \nu)}$，取决于材料的切变模量 C、泊松比 ν 和柏氏矢量 b；A 为与位错中心的原子错排能有关的积分常数，由式（3.35）可知，小角度晶界的晶界能随取向差增加而增大，如图 3.40 所示。

但该公式只适用于小角度晶界，对大角度晶界不适用，试验测出各种金属大角度晶界能在 $0.25 \sim 1.0\ \mathrm{J/m^2}$ 范围内，与晶粒之间的位向差无关，大体上为定值，如图 3.40 所示。

3.3.2.4　晶界特性

（1）晶界处点阵畸变大，存在晶界能。晶粒长大和晶界的平整化都能降低晶界面积，从而降低总晶界能，这是一个自发过程。然而这些过程需要原子的扩散下才能实现，因此随着温度升高和保温时间的增加，有利于这些过程的进行。

（2）晶界处原子排列不规则，常温下晶界的存在对位错的运动起到阻碍作用，致使塑性变形能力降低，宏观表现为晶界较晶内有更高的强度和硬度。晶粒越细，材料强度越高，这就是所谓的细晶强化；而高温下则相反，高温下晶界存在一定的黏滞性，易使相邻晶粒产生相对滑移。

（3）晶界处于原子偏离平衡位置，具有较高内能，并且晶界处存在较多的缺陷，如空

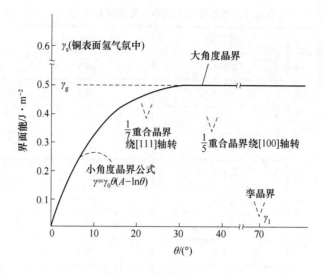

图 3.40　铜的不同类型界面的界面能

穴、杂质原子和位错等，故晶界处原子的扩散速度比在晶内快得多。

（4）在固态相变过程中，由于晶界能量较高且原子活动能力较大，所以新相容易在晶界处优先形核。原始晶粒越细，晶界越多，则新相形核率也相应越高。

（5）由于成分偏析和内吸附现象，特别是晶界富集杂质原子情况下，往往晶界熔点较低，故在加热过程中，因温度过高将引起晶界熔化和氧化，导致过烧现象的发生。

（6）晶界能量较高，原子处于不稳定状态，以及晶界富集杂质原子的缘故，晶界的腐蚀速度一般较晶内快。这就是为什么可以使用腐蚀剂显示金相样品组织的原因，也是某些金属材料在使用中发生晶间腐蚀破坏的缘故。

3.3.3　孪晶界

孪晶是指相邻两晶粒或一个晶粒内部相邻两部分沿着一个公共晶面构成镜像对称的位向关系，这两个晶体就称为"孪晶"，公共晶面就称孪晶面。孪晶界分为共格孪晶界和非共格孪晶界。

共格孪晶界是指孪晶界上的原子为相邻的两部分晶体所共有，两侧的点阵完全匹配，无任何点阵畸变，因此其能量很低，仅为一般晶界能的百分之几，稳定性高，在显微镜下呈现为直线，这种孪晶界较为常见，如图 3.41（a）所示。如果孪晶界相对于孪晶面旋转一个角度，或者说共格孪晶界在晶内终止时，即可得到另一种孪晶界，即非共格孪晶界，如图 3.41（b）所示。非共格孪晶界只有部分原子为两部分晶体所共有，原子错配较为严重，它可以看成一列孪生位错所构成的界壁。由于晶界上增加了位错产生的应力场，故非共格孪晶界的能量较高，约为普通晶界的一半。

孪晶的形成与堆垛层错有密切关系。例如，面心立方晶体是以 {111} 面按 ABCABC… 的顺序堆垛而成的，可用△△△△△…表示。如果从某一层始，其堆垛顺序发生颠倒，按 ABCACBACBA…，即堆垛符号为△△△▽▽▽…表示，可见上下两部分晶体形成了镜面对称的孪晶关系，如图 3.41（a）所示。

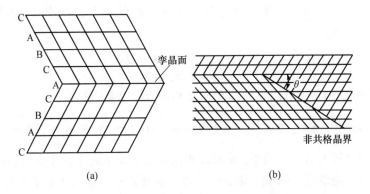

图 3.41　面心立方晶体的共格孪晶界(a)和非共格孪晶界(b)

根据形成原因的不同，孪晶可分为"形变孪晶""生长孪晶"和"退火孪晶"等。由于孪晶与层错密切相关，一般层错能高的晶体不易产生孪晶。

3.3.4　相界

不同结构的相的分界面称为相界，相界分为共格相界、半共格相界和非共格相界三种，这三种类型的相界如图 3.42 所示。

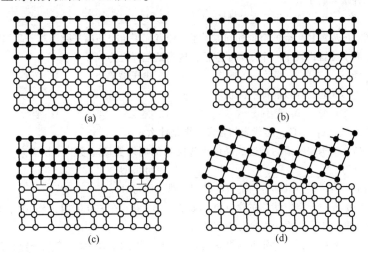

图 3.42　不同类型相界

(a) 具有完善共格关系的相界；(b) 具有弹性畸变的共格相界；(c) 半共格相界；(d) 非共格相界

共格相界两侧的晶向保持着一定的位向关系，同时两相具有相同或相似的原子排列，晶面间距相差不大，并且界面上的原子同时处于两相晶格的结点上，为相邻两晶体所共有。图 3.42（a）所示是一种无畸变的具有完全共格的相界，其界面能很低。但是理想的完全共格界面，只有在孪晶界且孪晶界即为孪晶面时才可能存在。通常，为了使界面达到一对一的匹配，界面附近将产生弹性应变和应力，使界面原子达到匹配，如图 3.42（b）所示。

若两相晶面间距相差较大，无法借助弹性形变的协调维持共格时，则可借形成界面位错来形成半共格相界，如图 3.42（c）所示，这样可以降低界面的弹性应变能。此时，界面上两相原子部分保持匹配。半共格相界上位错间距取决于相界处两相匹配晶面的错配度。错配度 δ 定义为：

$$\delta = \frac{\alpha_\alpha - \alpha_\beta}{\alpha_\alpha} \tag{3.36}$$

式中，α_α 和 α_β 分别为相界面两侧的 α 相和 β 相的点阵常数，且 $\alpha_\alpha > \alpha_\beta$。

据此可求得位错间距为 $D = \dfrac{\alpha_\beta}{\delta}$。当 δ 很小时，D 很大，α 和 β 相在相界面上趋于共格，即共格相界；当 δ 很大时，D 很小，α 和 β 相在界面上完全失配，即非共格相界。

非共格相界两侧的晶体错配度很大时，相界面处的原子排列相差很大时，此时形成非共格界面，如图 3.42（d）所示。这种相界与大角度晶界相似，可看成是由原子不规则排列很薄的过渡层构成的。

习　题

3.1 离子晶体中产生 1 个正离子空缺，且在邻近区域同时生成 1 个负离子空位，就形成了 1 个正负离子空位对，这种缺陷属于（　　　）。

    A. 肖特基缺陷　　　　　B. 弗兰克尔缺陷　　　　　C. 电子缺陷　　　　　D. 色心

3.2 在晶体中同时形成数目相等的空位和间隙原子；或者如果 1 个正离子跳到离子晶体的间隙位置，则在正常的正离子位置出现了一个正离子空位，这类缺陷称之为（　　　）。

    A. 肖特基缺陷　　　　　B. 弗兰克尔缺陷　　　　　C. 电子缺陷　　　　　D. 色心

3.3 肖特基缺陷的形成通常导致晶体的体积（　　　）。

    A. 不变　　　　　B. 变小　　　　　C. 突变　　　　　D. 变大

3.4 符号 $V_O^{\cdot\cdot}$、$Ca_i^{\cdot\cdot}$、Ca_K' 和 Ca_{Ca} 所代表的含义分别是什么？

3.5 严格地说，晶体结构缺陷指的是造成晶体点阵结构的周期势场畸变的一切因素。按缺陷的几何形状，通常可分为_____、_____和_____三种类型。

3.6 晶体线缺陷中，位错线与滑移方向垂直的是刃位错，用符号_____表示。

3.7 已知某晶体中形成一个空位所需的激活能为 0.32×10^{-18} J。在 800 ℃时，1×10^4 个原子中有一个空位。在何种温度时 10^3 个原子中含有一个空位？

3.8 一块金黄色的人造黄玉，化学分析结果认为是 Al_2O_3 中添加了 0.5%（摩尔分数）的 NiO 和 0.02%（摩尔分数）的 Cr_2O_3 形成置换型固溶体，请写出缺陷形成反应方程。

3.9 非化学计量化合物 Fe_xO 中，$Fe^{3+}/Fe^{2+} = 0.1$，求 Fe_xO 中空位浓度及 x 值。

3.10 写出以下缺陷反应式：

    （1）NaCl 溶入 $CaCl_2$ 中形成空位型固溶体；（2）$CaCl_2$ 溶入 NaCl 中形成空位型固溶体；（3）NaCl 形成肖特基缺陷；（4）AgI 形成弗兰克尔缺陷（Ag^+ 进入间隙）。

3.11 试述位错的基本类型及其特点。

3.12 柏氏矢量确定的步骤有哪些？

3.13 对于刃型位错和螺型位错，区别其柏氏矢量和位错运动方向，并确定两者之间的关系。

3.14 若将一位错线的正向定义为原来的反向，此位错的柏氏矢量是否改变，位错的类型性质是否变化，一个位错环上各点位错类型是否相同？

3.15 试验测得的实际晶体的屈服强度要比理论值低 3~4 个数量级，原因在于（　　　）。

A. 晶体形变是通过位错滑移一步一步实现的

B. 相邻两排原子面相对整体滑动

C. 通过点缺陷扩散实现的

D. 塑性变形主要通过晶界扭转实现的

3.16 位错可以看成是（　　　）。

A. 柏氏矢量为零的晶体缺陷

B. 柏氏矢量与位错线平行的线缺陷

C. 柏氏矢量不为零的缺陷

D. 柏氏矢量垂直于位错线的缺陷

3.17 一条位错线在运动过程中受到阻力后，调整运动方向沿着另外一个滑移面运动，把这种运动称之为（　　　）。

A. 交滑移　　　　B. 双交滑移　　　　C. 滑移　　　　D. 攀移

3.18 一条位错线在运动过程中受到阻力后，调整运动方向沿着另外一个滑移面运动，这种位错应该属于（　　　）。

A. 刃型位错　　　　B. 螺型位错　　　　C. 混合型位错

3.19 位错线的割阶属于（　　　）。

A. 刃型位错　　　　B. 螺型位错　　　　C. 混合型位错　　　　D. 林位错

3.20 对于正刃型位错，在位错线附近滑移面上方，晶格受到（　　　）。

A. 切应力　　　　B. 压应力　　　　C. 拉应力　　　　D. 张应力

3.21 关于位错的描述，不正确的是（　　　）。

A. 位错是一种线缺陷

B. 位错是一条直线

C. 位错周围邻近区域内发生了点阵畸变

D. 点缺陷与位错能互相转化

3.22 位错 b 分解为位错 b_1 和 b_2 应满足什么条件？

3.23 解释重合位置点阵。

3.24 描述位错增殖的最基本机制。

3.25 依据晶粒的位向差及其结构特点，晶界有哪些类型？

3.26 一个位错环能否各部分都是螺型位错，能否各部分都是刃型位错，为什么？

3.27 晶界有小角度晶界与大角度晶界之分，大角度晶界能用位错的阵列来描述吗？

3.28 在两个相互垂直的滑移面上各有一条刃型位错线 AB 和 CD，如图 3.43 所示。设其中一条位错线 AB 在切应力作用下发生如图所示的运动，试问交割后两条位错线的形状有何变化，各段位错线的位错类型是什么？

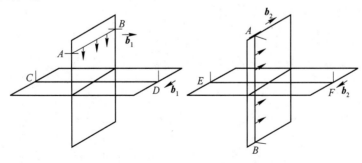

图 3.43　题 3.28 附图

3.29　晶体中的位错环 ABCDA 如下图所示。(1) 指出各段位错线是什么性质的位错？(2) 它们在外应力 τ_{xy} 作用下将如何运动？

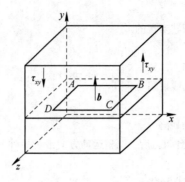

图 3.44　题 3.29 附图

4 固体中的扩散

扩散是固体材料内部一种十分重要的现象，是原子、分子或离子因热运动等原因不断地从一个位置迁移到另一个位置的过程，扩散是固体材料中物质迁移的最重要途径。扩散与材料的许多现象和性能相关，诸如金属铸件的凝固及均匀化退火、材料的固态相变、固态烧结以及各种表面处理等都伴随着扩散。如果没有扩散过程，诸如渗碳、烧结、固相反应、相变、结晶、金属提纯等就不可能进行。本章概略性地从三个方面对固体材料中的扩散展开讨论：（1）扩散定律及其应用——利用扩散方程对不同类型的扩散问题进行描述，并给出相应问题的解；（2）扩散的微观机制——讨论扩散过程中原子是如何迁移的；（3）扩散的热力学原理——讨论扩散过程的驱动力和影响扩散的因素。

4.1 扩散定律

这里以一个简单的单向扩散实验为例来说明扩散过程，若将两根含碳质量分数分别为ρ_1 和 ρ_2（$\rho_1 < \rho_2$）的碳钢长棒对焊起来，形成一个扩散偶。然后将其加热至 930 ℃保温并随时检查碳原子浓度分布情况，结果如图 4.1 所示。可以发现随时间推移扩散偶界面两侧的碳原子浓度差及浓度梯度不断减小，碳原子浓度分布逐渐趋于均匀。这说明在扩散偶中存在碳原子由浓度高的一侧向浓度低的一侧迁移的扩散流。1855 年，菲克（A. Fick）针对这一实验现象提出了在各向同性介质中扩散过程的定量关系——扩散定律（也称菲克定律）。

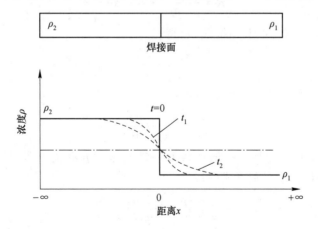

图 4.1 扩散偶中浓度随距离变化示意图（$t_1 < t_2$）

4.1.1 菲克第一定律

通常，当固体中存在着成分（或浓度）差异时，原子将从高浓度处向低浓度处扩散。

对此，菲克第一定律给出相应的描述：在单位时间内通过垂直扩散方向的单位截面积的扩散物质的量与该截面处的浓度梯度成正比。如果只考虑单向扩散问题，假定扩散沿 x 轴方向进行，则菲克第一定律可以写成：

$$J = -D \frac{\partial \rho}{\partial x} \tag{4.1}$$

式中，J 为扩散通量，表示单位时间内通过垂直于扩散方向 x 的单位面积的扩散物质质量，$kg/(m^2 \cdot s)$；D 为扩散系数，m^2/s；ρ 为扩散物质的质量浓度，kg/m^3。负号表示物质的扩散方向与质量浓度梯度方向相反，表示物质从高浓度区向低浓度区方向迁移。

菲克第一定律可以直接用于描述稳态扩散问题，即质量浓度不随时间而变化的扩散问题，求解过程中可以用全微分 $d\rho/dx$ 代替式中的偏微分 $\partial \rho/\partial x$。

4.1.2 菲克第二定律

很多情况下，扩散过程中扩散体系中某一点的浓度是随着时间而变化的，这就是非稳态扩散。对于这类扩散问题可以由菲克第一定律结合质量守恒条件，并推导出菲克第二定律来处理。图 4.2 表示在垂直于扩散方向（x 轴）上，取一个横截面积为 A，长度为 dx 的微体积元，设流入及流出此体积元的通量为 J_1 和 J_2，则流入和流出该微体积元的物质的流量分别为 J_1A 和 J_2A；根据质量平衡原理，可得微体积元中扩散物质的积存质量 R 等于流入质量减去流出质量，即：

$$R = J_1A - J_2A = J_1A - \left[J_1A + \frac{\partial (JA)}{\partial x} dx \right] = -\frac{\partial (JA)}{\partial x} dx \tag{4.2}$$

如果体系中既没有产生扩散物质的源，也没有消耗扩散物质的阱，那么 R 与微体积元中扩散物质浓度 ρ 的关系为：

$$R = \frac{\partial (\rho A dx)}{\partial t} = \frac{\partial \rho}{\partial t} A dx \tag{4.3}$$

联立式（4.2）和式（4.3）两式，可得：

$$\frac{\partial \rho}{\partial t} = -\frac{\partial J}{\partial x} \tag{4.4}$$

将菲克第一定律代入式（4.4），可得：

$$\frac{\partial \rho}{\partial t} = \frac{\partial}{\partial x} \left(D \frac{\partial \rho}{\partial x} \right) \tag{4.5}$$

该方程称为菲克第二定律。扩散系数 D 一般与浓度 ρ 有关，但如果浓度变化范围不大，则可以将 D 看作常数，则上式可写成：

$$\frac{\partial \rho}{\partial t} = D \frac{\partial^2 \rho}{\partial x^2} \tag{4.6}$$

考虑三维扩散的情况，并进一步假定扩散系数是各向同性的（立方晶系），则菲克第二定律普遍式为：

$$\frac{\partial \rho}{\partial t} = D \left(\frac{\partial^2 \rho}{\partial x^2} + \frac{\partial^2 \rho}{\partial y^2} + \frac{\partial^2 \rho}{\partial z^2} \right) \tag{4.7}$$

在上述的扩散定律中均有这样的含义，即扩散是由于浓度梯度所引起的，这样的扩散称为化学扩散；对于不依赖于浓度梯度而仅由热振动而产生的扩散，称其为自扩散，用 D_s 表示，自扩散系数的定义为：

$$D_s = \lim_{\frac{\partial \rho}{\partial x} \to 0} \left(\frac{-J}{\frac{\partial \rho}{\partial x}} \right) \tag{4.8}$$

上式表示合金中某一组元的自扩散系数是它的浓度梯度趋于零时的扩散系数。

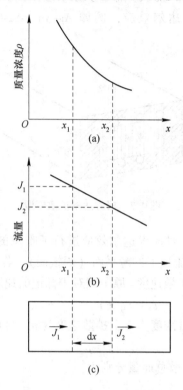

图 4.2　体积元中扩散物质浓度的变化速率
（a）浓度和距离的瞬时变化；（b）通量和距离的瞬时变化；
（c）扩散通量 J_1 的物质经过体积元后的变化

4.1.3　置换型扩散

置换固溶体和间隙固溶体中各自的扩散机制不同，例如，碳在铁中的扩散是间隙型溶质原子的扩散。由于铁原子的直径较大，其扩散速率与原子直径较小、较易迁移的碳原子的扩散速率相比是可以忽略的，在这种情况下可以不考虑溶剂铁原子的扩散。而对于置换型固溶体溶质原子的扩散，由于溶剂与溶质原子的半径相近，原子扩散时与相邻原子间作置换，两者的可移动性大致属于同一数量级，因此，必须考虑溶质和溶剂原子的不同扩散速率。

1947 年，柯肯达尔（Kirkendall）等人设计了这样一个扩散试验，他们在质量分数 $w(\mathrm{Zn}) = 30\%$ 的黄铜块上电镀了一层纯铜，并预先在铜和黄铜界面上安置了两排钼丝（钼不溶于铜或黄铜），如图 4.3 所示。将该样品在 785 ℃扩散退火 56 天之后，发现上下两排钼丝的距离减小了 0.25 mm，并且在黄铜一侧出现一些小的空隙。若铜和锌的扩散系数相等，那么以钼丝平面为分界，两侧进行的是等量的铜与锌原子互换，考虑到锌原子尺寸大于铜原子，锌的外移会导致钼丝（标记面）向黄铜一侧移动，但经计算移动量仅为观察值的 1/10 左右。由此表明，两种原子尺寸的差异不是钼丝移动的主要原因，这只能是在退火时，因铜和锌两种原子的扩散速率不同，导致了锌由黄铜中扩散出去的通量大于铜原子扩散进入的通量。这种不等量扩散导致钼丝移动的现象称为柯肯达尔效应。后续发现了多种置换型扩散偶中都有柯肯达尔效应，例如 Ag-Au、Ag-Cu、Au-Ni、Cu-Al、Cu-Sn 及 Ti-Mo 等。

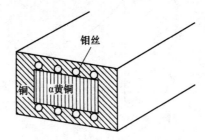

图 4.3　柯肯达尔扩散模型

1948 年，达肯（Darken）对柯肯达尔效应进行了唯象的解析。他把标记漂移看作类似流体运动的结果，即整体地流过了参考平面（焊接面）。若令 v_B＝点阵整体的移动速度＝标记的速度＝v_m，则 v_D＝原子扩散速度＝原子相对于标记的速度：

$$v_t = v_B + v_D = v_m + v_D \tag{4.9}$$

若组元 $i(i=1, 2)$ 的质量浓度为 ρ_i，扩散速度为 v，则其扩散通量为：

$$J = \rho_i v \tag{4.10}$$

对于两个组元，它们的扩散总通量分别为：

$$(J_1)_t = \rho_1(v_m + v_{1D}) = \rho_1 v_m - D_1 \frac{\mathrm{d}\rho_1}{\mathrm{d}x}$$

$$(J_2)_t = \rho_2(v_m + v_{2D}) = \rho_2 v_m - D_2 \frac{\mathrm{d}\rho_1}{\mathrm{d}x} \tag{4.11}$$

扩散过程中，假设密度保持不变，需要满足：$(J_1)_t = -(J_2)_t$。

即：

$$v_m(\rho_1 + \rho_2) = D_1 \frac{\mathrm{d}\rho_1}{\mathrm{d}x} + D_2 \frac{\mathrm{d}\rho_2}{\mathrm{d}x}$$

$$v_m = D_1 \frac{\mathrm{d}x_1}{\mathrm{d}x} + D_2 \frac{\mathrm{d}x_2}{\mathrm{d}x} = D_1 \frac{\mathrm{d}x_1}{\mathrm{d}x} + D_2 \frac{\mathrm{d}(1 - x_1)}{\mathrm{d}x} = (D_1 - D_2) \frac{\mathrm{d}x_1}{\mathrm{d}x} \tag{4.12}$$

式中，$x_1\left(x_1 = \dfrac{\rho_1}{\rho}\right)$ 和 $x_2\left(x_2 = \dfrac{\rho_2}{\rho}\right)$ 分别表示组元 1 和组元 2 的摩尔分数，并且有 $x_1 + x_2 = 1$。

同理可得：

$$v_m = D_1 \frac{\mathrm{d}x_1}{\mathrm{d}x} + D_2 \frac{\mathrm{d}x_2}{\mathrm{d}x} = D_1 \frac{\mathrm{d}(1 - x_2)}{\mathrm{d}x} + D_2 \frac{\mathrm{d}x_2}{\mathrm{d}x} = (D_2 - D_1) \frac{\mathrm{d}x_2}{\mathrm{d}x} \tag{4.13}$$

由上式可知，当组元 1 和组元 2 的扩散系数 D_1 和 D_2 相同时，标记漂移速度为零。将式（4.12）代入式（4.11）可得：

$$(J_1)_t = \rho_1(D_1 - D_2)\frac{\mathrm{d}x_1}{\mathrm{d}x} - D_1\frac{\mathrm{d}\rho_1}{\mathrm{d}x} = x_1(D_1 - D_2)\frac{\mathrm{d}\rho_1}{\mathrm{d}x} - D_1\frac{\mathrm{d}\rho_1}{\mathrm{d}x}$$

$$= -(D_1 x_2 + D_2 x_1)\frac{\mathrm{d}\rho_1}{\mathrm{d}x} = -\widetilde{D}\frac{\mathrm{d}\rho_1}{\mathrm{d}x} \tag{4.14}$$

同理可得 $(J_2)_t = -\widetilde{D}\frac{\mathrm{d}\rho_2}{\mathrm{d}x}$，式中 $\widetilde{D} = D_1 x_2 + D_2 x_1$，称为 $\widetilde{D}$。

由此得到置换固溶体中的组元扩散通量仍具有菲克第一定律的形式，只是用互扩散系数 $\widetilde{D}$ 来代替两种原子的扩散系数 D_1 和 D_2，并且两种组元的扩散方向是相反的。测定某温度下的互扩散系数 $\widetilde{D}$、标记漂移速度 v 和质量浓度梯度，由达肯公式（4.9）和式（4.10）就可计算出该温度下标记所在处成分的两种原子的扩散系数 D_1 和 D_2（又称本征扩散系数）。达肯计算了 $w(\text{Zn}) = 30\%$ 的 Cu-Zn 和纯铜的扩散偶在标记处质量浓度为 $w(\text{Zn}) = 22.5\%$ 时两组元的扩散系数：$D_{\text{Cu}} = 2.2\times10^{-13}$ m^2/s，$D_{\text{Zn}} = 5.1\times10^{-13}$ m^2/s，$D_{\text{Zn}}/D_{\text{Cu}} \approx 2.3$。由式（4.14）可知，当 $x_2\to0$，即 $x_1\to1$ 时，则 $\widetilde{D}\approx D_2$；同理，当 $x_1\to0$ 时，即 $x_2\to1$，则 $\widetilde{D}\approx D_1$。这表明，只有在很稀薄的置换型固溶体中，互扩散系数 $\widetilde{D}$ 接近于原子的本征扩散系数 D_1 或 D_2。随着固溶体溶质原子的浓度增加，互扩散系数 $\widetilde{D}$ 与本征扩散系数 D 差别就会增大。早期的研究已表明，当 $w(\text{Zn})\to0$ 时，$\widetilde{D}_{\text{Zn}}\approx D_{\text{Zn}} = 0.3\times10^{-13}$ m^2/s，表明 Zn 质量浓度从零增加到 22.5% 时，$\widetilde{D}_{\text{Zn}}$ 增加了约 17 倍。

4.1.4 扩散方程的应用

应用菲克第一定律解决稳态扩散相当于求解一阶微分方程，在确定边界条件后求解比较容易。对于非稳态扩散，需要对菲克第二定律按所研究问题的初始和边界条件求解，一般比较复杂，不同的初始条件和边界条件将导致方程的不同解。下面介绍几种比较典型的问题以及它们的扩散方程求解，分别是物质自扩散系数测定、焊接面物质浓度分布分析和渗碳时间估算。

4.1.4.1 自扩散系数测定

放射性同位素示踪法测定物质的自扩散系数和某些半导体扩散掺杂工艺等都属于此类问题。以放射性同位素示踪法测定金的自扩散系数为例，扩散处理前先将一薄层金的放射性同位素 Au^{198} 涂覆于普通金 Au^{197} 样品上。经过一段时间的扩散处理，Au^{198} 进入 Au^{197} 样品内。在扩散过程中，样品表面不再补充 Au^{198}。分析中以 Au^{197} 样品有 Au^{198} 涂层的表面为原点。已知扩散处理前 Au^{197} 表面（$x=0$）处有一无限薄层的 Au^{198}；在扩散过程中没有外界物质流入。若令 ρ 为 Au^{198} 的浓度，则这个一维扩散问题的边界条件：当 $t>0$ 时，$x=0$，$J=0$，$\frac{\partial\rho}{\partial x}=0$；$x=\infty$，$\rho=0$。初始条件：当 $t=0$ 时，$x=0$，$\rho=\infty$；$x=\infty$，$\rho=0$。对下式应用微分方法可以直接证明，在满足上述条件下，式（4.15）就是扩散方程 $\frac{\partial\rho}{\partial t} = D\frac{\partial^2\rho}{\partial x^2}$ 的特解，即：

$$\rho = \frac{M}{\sqrt{\pi Dt}}\exp\left(-\frac{x^2}{4Dt}\right) \qquad (4.15)$$

式中，M 为样品表面单位面积上的 Au^{198} 涂覆量（即具有单位面积涂覆表面的样品中 Au^{198} 的总量）：

$$M = \int_0^\infty \rho \mathrm{d}x \qquad (4.16)$$

如扩散处理时间为 τ，处理后对试件扩散层逐层进行放射性强度 I 的测定，因为 $I(x) \propto \rho$，所以有：

$$I(x) = K\frac{M}{\sqrt{\pi D\tau}}\exp\left(-\frac{x^2}{4D\tau}\right) \qquad (4.17)$$

式中，K 为常数，$\ln I(x)$ 与 x^2 的关系为一条斜率为 $1/4D\tau$ 的直线，由此求得示踪原子的扩散系数 D 值。因为同一元素的同位素的化学性质相同，扩散系数相等，放射性同位素示踪原子的扩散系数就等于被测元素的自扩散系数。自扩散系数是考察材料耐热性的重要参考指标。

4.1.4.2 两端成分不受扩散影响的扩散偶

将质量浓度分别为 ρ_2 的 A 棒和质量浓度为 ρ_1 的 B 棒焊接在一起，焊接面垂直于 x 轴，然后在一定温度下退火处理不同时间，结果焊接面（$x=0$）附近的质量浓度将发生不同程度的变化，如图4.4所示。

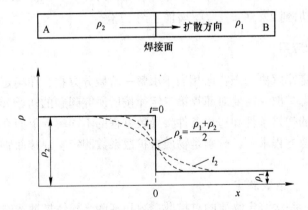

图 4.4　扩散偶的成分-距离曲线

假定试棒足够长以至保证扩散偶两端始终维持原浓度。根据上述情况，可分别确定方程的初始条件：

$$t = 0\begin{cases} x > 0，则 \rho = \rho_1 \\ x < 0，则 \rho = \rho_2 \end{cases}$$

和边界条件：

$$t \geq 0\begin{cases} x = \infty，\rho = \rho_1 \\ x = -\infty，\rho = \rho_2 \end{cases}$$

此处，使用中间变量代换法使偏微分方程变为常微分方程。设中间变量 $\beta = \dfrac{x}{2\sqrt{Dt}}$，则有：

$$\frac{\partial \rho}{\partial t} = \frac{\mathrm{d}\rho}{\mathrm{d}\beta}\frac{\partial \beta}{\partial t} = -\frac{\beta}{2t}\frac{\mathrm{d}\rho}{\mathrm{d}\beta}$$

而

$$\frac{\partial^2 \rho}{\partial x^2} = \frac{\partial^2 \rho}{\partial \beta^2}\left(\frac{\partial \beta}{\partial x}\right)^2 （分子、分母同乘以 \ \partial\beta^2）$$

$$= \frac{\partial^2 \rho}{\partial \beta^2}\frac{1}{4Dt} = \frac{\mathrm{d}^2 \rho}{\mathrm{d}\beta^2}\frac{1}{4Dt}$$

将上面两式代入菲克第二定律式（4.6）得：

$$-\frac{\beta}{2t}\frac{\mathrm{d}\rho}{\mathrm{d}\beta} = D\frac{1}{4Dt}\frac{\mathrm{d}^2 \rho}{\mathrm{d}\beta^2}$$

整理为

$$\frac{\mathrm{d}^2 \rho}{\mathrm{d}\beta^2} + 2\beta\frac{\mathrm{d}\rho}{\mathrm{d}\beta} = 0$$

可解得

$$\frac{\mathrm{d}\rho}{\mathrm{d}\beta} = A_1 \exp(-\beta^2)$$

再积分，最终的通解为：

$$\rho = A_1 \int_0^\beta \exp(-\beta^2)\,\mathrm{d}\beta + A_2 \tag{4.18}$$

式中，A_1 和 A_2 为待定常数。

根据误差函数定义：

$$\mathrm{erf}(\beta) = \frac{2}{\sqrt{\pi}}\int_0^\beta \exp(-\beta^2)\,\mathrm{d}\beta$$

可以证明，$\mathrm{erf}(\infty) = 1$，$\mathrm{erf}(-\beta) = -\mathrm{erf}(\beta)$，不同 β 值所对应的误差函数值如表 4.1 所示。

表 4.1　β 与 erf (β) 的对应值（β 为 0~2.7）

β	0	1	2	3	4	5	6	7	8	9
0.0	0.0000	0.0113	0.0226	0.0338	0.0451	0.0564	0.0676	0.0789	0.0901	0.1013
0.1	0.1125	0.1236	0.1348	0.1459	0.1569	0.1680	0.1790	0.1900	0.2009	0.2118
0.2	0.2227	0.2335	0.2443	0.2550	0.2657	0.2763	0.2869	0.2974	0.3079	0.3183
0.3	0.3286	0.3389	0.3491	0.3593	0.3694	0.3794	0.3893	0.3992	0.4090	0.4187
0.4	0.4284	0.4380	0.4475	0.4569	0.4662	0.4755	0.4847	0.4937	0.5027	0.5117
0.5	0.5205	0.5292	0.5379	0.5465	0.5549	0.5633	0.5716	0.5798	0.5879	0.5959

β	0	1	2	3	4	5	6	7	8	9
0.6	0.6039	0.6117	0.6194	0.6270	0.6346	0.6420	0.6494	0.6566	0.6638	0.6708
0.7	0.6778	0.6847	0.6914	0.6981	0.7047	0.7112	0.7175	0.7238	0.7300	0.7361
0.8	0.7421	0.7480	0.7538	0.7595	0.7651	0.7707	0.7761	0.7814	0.7867	0.7918
0.9	0.7969	0.8019	0.8068	0.8116	0.8163	0.8209	0.8254	0.8299	0.8342	0.8385
1.0	0.8427	0.8468	0.8508	0.8548	0.8586	0.8624	0.8661	0.8698	0.8733	0.8768
1.1	0.8802	0.8835	0.8868	0.8900	0.8931	0.8961	0.8991	0.9020	0.9048	0.9076
1.2	0.9103	0.9130	0.9155	0.9181	0.9205	0.9229	0.9252	0.9275	0.9297	0.9319
1.3	0.9340	0.9361	0.9381	0.9400	0.9419	0.9438	0.9456	0.9473	0.9490	0.9507
1.4	0.9523	0.9539	0.9554	0.9569	0.9583	0.9597	0.9611	0.9624	0.9637	0.9649
1.5	0.9661	0.9673	0.9687	0.9695	0.9706	0.9716	0.9726	0.9736	0.9745	0.9735
β	1.55	1.6	1.65	1.7	1.75	1.8	1.9	2.0	2.2	2.7
erf (β)	0.9716	0.9763	0.9804	0.9838	0.9867	0.9891	0.9928	0.9953	0.9981	0.999

注：第一列是表示到十分位的 β 值，第一行是 β 的千分位值。

根据误差函数的定义和性质可得：

$$\int_0^\infty \exp(-\beta^2)\,\mathrm{d}\beta = \frac{\sqrt{\pi}}{2}, \quad \int_0^{-\infty} \exp(-\beta^2)\,\mathrm{d}\beta = -\frac{\sqrt{\pi}}{2}$$

将它们代入式 (4.18)，并结合边界条件可解出待定常数：

$$A_1 = \frac{\rho_1 - \rho_2}{2} \frac{2}{\sqrt{\pi}}, \quad A_2 = \frac{\rho_1 + \rho_2}{2}$$

因此，质量浓度 ρ 随距离 x 和时间 t 变化的解析式为：

$$\rho(x,\ t) = \frac{\rho_1 + \rho_2}{2} + \frac{\rho_1 - \rho_2}{2} \frac{2}{\sqrt{\pi}} \int_0^\beta \exp(-\beta^2)\,\mathrm{d}\beta$$

$$= \frac{\rho_1 + \rho_2}{2} + \frac{\rho_1 - \rho_2}{2} \mathrm{erf}\left(\frac{x}{2\sqrt{Dt}}\right) \tag{4.19}$$

在界面处 ($x=0$)，则 $\mathrm{erf}(0) = 0$，所以：

$$\rho_s = \frac{\rho_1 + \rho_2}{2}$$

即界面上质量浓度 ρ_s 始终保持不变。这是假定扩散系数与浓度无关所致，因而界面左侧的浓度衰减与右侧的浓度增加是对称的。

若焊接面右侧棒的原始质量浓度 ρ_1 为零时，则式（4.19）简化为：

$$\rho(x,\ t) = \frac{\rho_2}{2}\left[1 - \mathrm{erf}\left(\frac{x}{2\sqrt{Dt}}\right)\right] \tag{4.20}$$

而界面上的浓度等于 $\frac{\rho_2}{2}$。

4.1.4.3 渗碳时间

高温奥氏体渗碳是提高钢铁材料表面性能和降低生产成本的重要生产工艺，将原始碳质量浓度为 ρ_0 的渗碳零件看作半无限长的扩散体，即远离渗碳源的一端的碳质量浓度在整个渗碳过程中不受扩散的影响，始终保持碳质量浓度为 ρ_0。根据上述情况，可列出：

初始条件：$t = 0$，$x \geq 0$，$\rho = \rho_0$

边界条件：$t > 0$，$x = 0$，$\rho = \rho_s$

$$x = \infty,\ \rho = \rho_0$$

即假定渗碳开始，渗碳源一端表面就达到渗碳气氛的碳质量浓度 ρ_s，由式（4.18）可解得：

$$\rho(x,\ t) = \rho_s - (\rho_s - \rho_0)\mathrm{erf}\left(\frac{x}{2\sqrt{Dt}}\right) \tag{4.21}$$

如果渗碳零件为纯铁（$\rho_0 = 0$），则上式简化为：

$$\rho(x,\ t) = \rho_s\left[1 - \mathrm{erf}\left(\frac{x}{2\sqrt{Dt}}\right)\right] \tag{4.22}$$

在渗碳中，常需要估算满足一定渗碳层深度所需要的时间，则可根据式（4.21）求出。以下给出具体例子和解法。

例如，碳质量分数为 0.1% 的低碳钢，置于碳质量分数为 1.2% 的渗碳气氛中，在 920 ℃下进行渗碳，如要求离表面 0.002 m 处碳质量分数达到 0.45%，问需要多少渗碳时间？

解：已知碳在 γ-Fe 中 920 ℃ 时的扩散系数 $D = 2\times10^{-11}\ \mathrm{m^2/s}$，由式（4.21）可得：

$$\frac{\rho_s - \rho(x,\ t)}{\rho_s - \rho_0} = \mathrm{erf}\left(\frac{x}{2\sqrt{Dt}}\right)$$

设低碳钢密度为 ρ，上式左边分子和分母同除以 ρ，将质量浓度转换成质量分数，得：

$$\frac{w_s - w(x,\ t)}{w_s - w_0} = \mathrm{erf}\left(\frac{x}{2\sqrt{Dt}}\right)$$

代入数值，可得：

$$\mathrm{erf}\left(\frac{224}{\sqrt{t}}\right) \approx 0.68$$

由误差函数表可查得：

$$\frac{224}{\sqrt{t}} \approx 0.71,\ t \approx 27.6h$$

由上述计算可知，当指定某质量浓度 $\rho(x,\ t)$ 为渗层深度 x 的对应值时，误差函数 $\mathrm{erf}\left(\frac{x}{2\sqrt{Dt}}\right)$ 为定值，因此渗层深度 x 和扩散时间 t 有以下关系：

$$x = A \sqrt{Dt} \quad \text{或} \quad x^2 = BDt \qquad (4.23)$$

式中，A 和 B 为常数。

由上式可知，若要渗层深度 x 增加 1 倍，所需的扩散时间则增加 4 倍。

4.2 扩散的微观机制

4.2.1 扩散机制

在晶体中，原子在其平衡位置作热振动，并会从一个平衡位置跳到另一个平衡位置，即发生扩散。如图 4.5 所示，这里描述了几种常见的扩散机制。

（1）交换机制。如图 4.5 中 1 所示，一些情形下两个相邻原子直接互换了位置，原子持续通过这种方式发生扩散迁移。这种机制在密堆结构中可能性很小，因为它会导致明显的畸变，且需要较高的激活能。甄纳（Zener）在 1951 年提出了环形交换机制，如图 4.5 中 2 所示，4 个原子同时交换，其所涉及的能量远小于直接交换，但这种机制的可能性仍然比较小，因为它受到集体运动带来的能量激增所约束。无论直接交换还是环形交换，扩散原子通过垂直于扩散方向平面的净通量为零，即扩散原子是等量互换。这种互换机制不可能出现柯肯达尔效应，也无法实现有效扩散。目前，上述扩散机制没有被实验所证实。当然，在金属液体中或非晶体中，这种原子的协作运动可能容易实现。

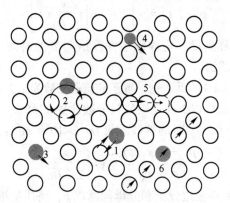

图 4.5 晶体中的扩散机制

1—直接交换；2—环形交换；3—空位；4—间隙；5—推填；6—挤列

（2）间隙机制。在间隙扩散机制中（如图 4.5 中 4 所示），原子从一个晶格间隙位置迁移到另一个间隙位置。像氢、碳、氮等这类小的间隙型溶质原子容易通过这种方式在晶体中扩散。如果一个比较大的原子（置换型溶质原子）进入晶格的间隙位置（即弗兰克尔（Frenkel）缺陷），那么这个原子将难以通过间隙机制从一个间隙位置迁移到邻近的间隙位置，因为这种迁移将导致很大畸变。因此，有人提出了"推填"（interstitialcy）机制，即一个间隙原子把它近邻的、在晶格结点上的原子推到附近的间隙中，而自己则择位于被推出去原子的原来位置，如图 4.5 中 5 所示。此外，也有人提出另一种有点类似"推填"的"挤列"机制。若一个间隙原子挤入体心立方晶体对角线（即原子密排方向）上，使若干个原子偏离其平衡位置，形成一个集体，此集体称为"挤列"，如图 4.5 中 6 所示。

原子可沿此对角线方向移动而扩散。

（3）空位机制。空位是晶体中最常见的点缺陷，在一定温度下存在着平衡空位浓度，温度越高，则平衡空位浓度越大。这些空位的存在使原子迁移变得更为容易，大多数情况下，固体中原子的扩散主要借助于空位而迁移，如图4.5中3所示。柯肯达尔效应就支持了空位扩散机制，由于锌原子的扩散速率大于铜原子，这要求在纯铜一边不断地产生空位，当锌原子越过标记面后，这些空位朝相反方向越过标记面进入黄铜一侧，并在黄铜一侧聚集或湮灭。空位扩散机制可以使铜原子和锌原子实现不等量扩散，同时这样的空位机制可以导致标记向黄铜一侧漂移，如图4.6所示。

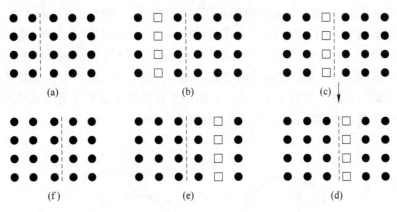

图4.6 扩散空位机制示意图（黑点：原子；方块：空位；虚线：标记）
（a）初始态；（b）空位的产生；（c）~（e）空位平面向右位移；（f）空位的湮灭

（4）晶界及表面扩散。对于多晶材料，原子扩散通常沿着三种不同路径进行，即晶体内扩散（或称体扩散）、晶界扩散和自由表面扩散，并分别用 D_L、D_B 和 D_S 表示三者的扩散系数。图4.7显示出实验测定物质在双晶体中的扩散情况。在垂直于双晶的平面晶界的表面 $y=0$ 上，蒸发沉积放射性同位素 M，经扩散退火后，由图中箭头表示的扩散方向和由箭头端点表示的等浓度处可知，扩散物质 M 穿透到晶体内去的深度远比晶界和沿表面

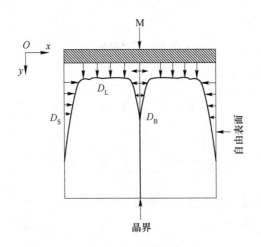

图4.7 物质在双晶体中的扩散

的要小，而扩散物质沿晶界的扩散深度比沿表面要小，由此得出，$D_L < D_B < D_S$。由于晶界、表面及位错等都可视为晶体中的缺陷，缺陷产生的畸变使原子迁移比完整晶体内容易，导致这些缺陷中的扩散速率大于完整晶体内的扩散速率，因此，常把这些缺陷中的扩散称为"短路"扩散。

4.2.2　原子跳跃频率和扩散系数

4.2.2.1　原子跳跃频率

以间隙固溶体为例，溶质原子的扩散一般是从一个间隙位置跳跃到其近邻的另一个间隙位置。图 4.8 (a) 为面心立方结构的八面体间隙中心位置，图 4.8 (b) 为面心立方结构 (100) 晶面上的原子排列。图中 1 代表间隙原子的初始位置，2 代表跳跃后的位置。在发生这样的跳跃时，必须把原子 3 与原子 4 或这个晶面上下两侧的相邻原子推开，从而使晶格发生局部的瞬时畸变，这部分畸变就构成间隙原子跳跃的阻力，这就是间隙原子跳跃时所必须克服的能垒。如图 4.9 所示，间隙原子从位置 1 跳到位置 2 的能垒 $\Delta G = G_2 - G_1$，因此只有那些自由能超过 G_2 的原子才能发生跳跃。

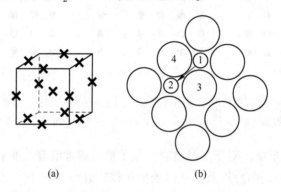

(a)　　　　　　　　　　　(b)

图 4.8　面心立方结构的八面体间隙(a)及(100)晶面(b)

根据 Maxwell-Boltzmann 统计分布定律，在 N 个溶质原子中，自由能大于 G_2 的原子数为：

$$n(G > G_2) = N\exp\left(\frac{-G_2}{kT}\right)$$

同样，自由能大于 G_1 的原子数为：

$$n(G > G_1) = N\exp\left(\frac{-G_1}{kT}\right)$$

则

$$\frac{n(G > G_2)}{n(G > G_1)} = \exp\left(\frac{-G_2}{kT} - \frac{-G_1}{kT}\right)$$

由于 G_1 处于平衡位置，即最低自由能的稳定状态，故 $n(G > G_1) \approx N$，上式变为：

$$\frac{n(G > G_2)}{N} = \exp\left(-\frac{G_2 - G_1}{kT}\right) = \exp\left(\frac{-\Delta G}{kT}\right) \qquad (4.24)$$

这个数值表示了在 T 温度下具有跳跃条件的原子分数，或称概率。

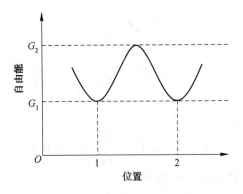

图 4.9 原子的自由能与其位置的关系

设一块含有 n 个原子的晶体，在 dt 时间内共跳跃 m 次，则平均每个原子在单位时间内跳跃次数，即跳跃频率为：

$$\Gamma = \frac{m}{n\mathrm{d}t} \tag{4.25}$$

图 4.10 中示意图出含有间隙原子的两个相邻的平行晶面。假定晶面 1 和晶面 2 的面积为单位面积，分别有 n_1 和 n_2 个间隙原子。在某一温度下间隙原子的跳跃频率为 Γ，由晶面 1 跳到晶面 2，或反之从晶面 2 跳到晶面 1，它们的概率均为 P，则在 Δt 时间内，单位面积上由晶面 1→2 或 2→1 的跳跃原子数分别为：

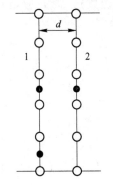

$$N_{1-2} = n_1 P\Gamma\Delta t$$
$$N_{2-1} = n_2 P\Gamma\Delta t$$

如果 $n_1 > n_2$，在晶面 2 上得到间隙溶质原子的净值：

$$N_{1-2} - N_{2-1} = (n_1 - n_2)P\Gamma\Delta t$$

即

图 4.10 相邻晶面间的
间隙原子跳动

$$\frac{(N_{1-2} - N_{2-1})A_r}{N_A} = \frac{(n_1 - n_2)P\Gamma\Delta t A_r}{N_A} = J\Delta t$$

式中，$J = (n_1 - n_2)P\Gamma\dfrac{A_t}{N_A}$ 由扩散通量的定义得到；N_A 为阿伏加德常数；A_r 为相对原子质量。

设晶面 1 和晶面 2 之间的距离为 d，可得质量浓度为：

$$\rho_1 = \frac{n_1 A_r}{N_A d}, \ \rho_2 = \frac{n_2 A_r}{N_A d} \tag{4.26}$$

而晶面 2 上的质量浓度又可由微分公式写出：

$$\rho_2 = \rho_1 + \frac{\mathrm{d}\rho}{\mathrm{d}x}d \tag{4.27}$$

由式（4.25）和式（4.26）两式分别可得：

$$\rho_2 - \rho_1 = \frac{1}{d}(n_2 - n_1)\frac{A_r}{N_A}$$

和
$$\rho_2 - \rho_1 = \frac{\mathrm{d}\rho}{\mathrm{d}x}d$$

对比上两式，可得：
$$n_1 - n_2 = \frac{\mathrm{d}\rho}{\mathrm{d}x}d^2 \frac{N_A}{A_r}$$

所以
$$J = (n_1 - n_2)P\Gamma \frac{A_r}{N_A} = -d^2 P\Gamma \frac{\mathrm{d}\rho}{\mathrm{d}x}$$

将上式与菲克第一定律比较，可得：
$$D = Pd^2\Gamma \tag{4.28}$$

式中前两项取决于固溶体的结构，而 Γ 除了与物质本身性质相关，还与温度有关。式 (4.28) 也适用于置换型扩散。

4.2.2.2　扩散系数

对于间隙型扩散，设原子的振动频率为 ν，溶质原子最邻近的间隙位置数为 z（即间隙配位数），则 Γ 应是 ν, z 以及具有跳跃条件的原子分数 $e^{-\frac{\Delta G}{kT}}$ 的乘积，即

$$\Gamma = \nu z \exp\left(\frac{-\Delta G}{kT}\right)$$

因为
$$\Delta G = \Delta H - T\Delta S \approx \Delta U - T\Delta S$$

所以
$$\Gamma = \nu z \exp\left(\frac{\Delta S}{k}\right) \exp\left(\frac{-\Delta U}{kT}\right)$$

代入式（4.27）可得：
$$D = d^2 P\nu z \exp\left(\frac{\Delta S}{k}\right) \exp\left(\frac{-\Delta U}{kT}\right)$$

令
$$D_0 = d^2 P\nu z \exp\left(\frac{\Delta S}{k}\right)$$

则
$$D = D_0 \exp\left(\frac{-\Delta U}{kT}\right) = D_0 \exp\left(\frac{-Q}{kT}\right) \tag{4.29}$$

式中，D_0 为扩散常数；ΔU 为间隙扩散时溶质原子跳跃所需额外的热力学内能，该迁移能等于间隙原子的扩散激活能 Q。

在固溶体中的置换扩散或纯金属中的自扩散中，原子的迁移主要是通过空位扩散机制。与间隙型扩散相比，置换扩散或自扩散除了需要原子从一个空位跳跃到另一个空位时的迁移能，还需要扩散原子近旁空位的形成能。

温度 T 时晶体中平衡的空位摩尔分数为：
$$X_V = \exp\left(\frac{-\Delta U_V}{kT} + \frac{\Delta S_V}{k}\right)$$

式中，ΔU_V 为空位形成能；ΔS_V 为熵增值。

在置换固溶体或纯金属中，若配位数为 Z_0，则空位周围原子所占分数应为：

$$Z_0 X_V = Z_0 \exp\left(\frac{-\Delta U_V}{kT} + \frac{\Delta S_V}{k}\right)$$

设扩散原子跳入空位所需的自由能 $\Delta G \approx \Delta U - T\Delta S$，那么，原子跳跃频率 Γ 应是原子的振动频率 ν 和空位周围原子所占分数 $Z_0 X_V$ 和具有跳跃条件的原子所占分数 $\exp\left(\dfrac{-\Delta G}{kT}\right)$ 的乘积，即：

$$\Gamma = \nu Z_0 \exp\left(\frac{-\Delta U_V}{kT} + \frac{\Delta S_V}{k}\right) \exp\left(\frac{-\Delta U}{kT} + \frac{\Delta S}{k}\right)$$

代入式（4.28），得：

$$D = d^2 P \nu Z_0 \exp\left(\frac{\Delta S_V + \Delta S}{k}\right) \exp\left(\frac{-\Delta U_V - \Delta U}{kT}\right)$$

令扩散常数 $D_0 = d^2 P \nu Z_0 \exp\left(\dfrac{\Delta S_V + \Delta S}{k}\right)$，所以：

$$D = D_0 \exp\left(\frac{-\Delta U_V - \Delta U}{kT}\right) = D_0 \mathrm{e}^{-\frac{Q}{kT}} \tag{4.30}$$

式中，扩散激活能 $Q = \Delta U_V + \Delta U$，由此表明，置换扩散或自扩散除了需要原子迁移能 ΔU 外还比间隙型扩散增加了一项空位形成能 ΔU_V。

上述式（4.29）和式（4.30）的扩散系数都遵循 Arrhenius 方程：

$$D = D_0 \exp\left(-\frac{Q}{RT}\right) \tag{4.31}$$

式中，R 为气体常数，其值为 8.314 J/(mol·K)；Q 为每摩尔原子的激活能；T 为绝对温度。

4.3　扩散的热力学

菲克第一定律描述了物质从高浓度向低浓度扩散的现象，扩散的结果导致浓度梯度的减小，使成分趋于均匀。但实际上并非所有的扩散过程都是如此，物质也可能从低浓度区向高浓度区扩散，扩散的结果提高了浓度梯度，这种扩散称为"上坡扩散"或"逆向扩散"。从热力学分析可知，扩散的驱动力并不是浓度梯度 $\dfrac{\partial \rho}{\partial x}$，而应是化学势梯度 $\dfrac{\partial \mu}{\partial x}$，由此不仅能解释通常的扩散现象，也能解释"上坡扩散"等反常现象。

在热力学中，化学势 μ_i 表示每个 i 原子的吉布斯自由能，即 $\mu_i = \left(\dfrac{\partial G}{\partial n_i}\right)$，$n_i$ 是组元 i 的原子数。原子所受的驱动力 F 可从化学势对距离求导得到：

$$F = -\frac{\partial \mu_i}{\partial x} \tag{4.32}$$

式中负号表示驱动力与化学势下降的方向一致，也就是扩散总是向化学势减小的方向进行，即在等温等压条件下，只要两个区域中 i 组元存在化学势差 $\Delta\mu_i$，就能产生扩散，直至 $\Delta\mu_i = 0$。

在化学势的驱动下，扩散原子在固体中沿给定方向运动时，会受到固体中溶剂原子对它产生的阻力，阻力与扩散速度成正比，故当溶质原子扩散加速到其受到的阻力等于驱动力时，溶质原子的扩散速度就达到了它的极限速度，也就是达到了原子的平均扩散速度。扩散原子的平均速度 v 正比于驱动力 F：

$$v = BF$$

比例系数 B 为单位驱动力作用下的速度，称为迁移率。扩散通量等于扩散原子的质量浓度和其平均速度的乘积：

$$J = \rho_i v_i$$

由此可得：

$$J = \rho_i B_i F_i = -\rho_i B_i \frac{\partial\mu_i}{\partial x}$$

由菲克第一定律：

$$J = -D\frac{\partial\rho_i}{\partial x}$$

比较上两式可得：

$$D = \rho_i B_i \frac{\partial\mu_i}{\partial\rho_i} = B_i\frac{\partial\mu_i}{\partial\ln\rho_i} = B_i\frac{\partial\mu_i}{\partial\ln x_i}$$

式中，$x_i = \dfrac{\rho_i}{\rho}$。在热力学中，$\partial\mu_i = kT\partial\ln a_i$，为组元 i 在固溶体中的活度，并有 $a_i = r_i x_i$，r_i 为活度系数，故上式为：

$$D = kTB_i\frac{\partial\ln a_i}{\partial\ln x_i} = kTB_i\left(1 + \frac{\partial\ln r_i}{\partial\ln x_i}\right) \tag{4.33}$$

对于理想固溶体（$r_i = 1$）或稀固溶体（$r_i = $ 常数），上式括号内的因子（又称热力学因子）等于1，因而：

$$D = kTB_i \tag{4.34}$$

由此可见，在理想或稀固溶体中，不同组元的扩散速率仅取决于迁移率 B 的大小。式（4.34）称为 Nernst-Einstein 方程。对于一般实际固溶体来说，上述结论也是正确的，可证明如下：

在二元系中，由 Gibbs-Duhem 关系：

$$x_1 \mathrm{d}\mu_1 + x_2\mathrm{d}\mu_2 = 0$$

x_1 和 x_2 分别为组元1和组元2的摩尔分数。

由于 μ_i 是 x_i 的函数，从 $\mathrm{d}\mu_i = RT(\mathrm{d}\ln a_i)$，可得：

$$x_i\mathrm{d}\mu_i = RT(\mathrm{d}x_i + x_i\mathrm{d}\ln r_i)$$

把此式代入上式，并注意 $\mathrm{d}x_1 = -\mathrm{d}x_2$，整理可得：

$$x_1\mathrm{d}\ln r_1 = -x_2\mathrm{d}\ln r_2$$

等式两边同除 dx_1，并有 $dx_1 = - dx_2$。及 $\dfrac{dx_i}{x_i} = d\ln x_i$，则有：

$$\frac{d\ln r_1}{d\ln x_1} = \frac{d\ln r_2}{d\ln x_2} \tag{4.35}$$

由式（4.34）和式（4.35）可知，组元 1 和组元 2 的热力学因子相等，它们的扩散速率 D_1 和 D_2 不同是由迁移率 B_1 和 B_2 的差异所致。

据式（4.33），当 $\left(1 + \dfrac{\partial \ln r_i}{\partial \ln x_i}\right) > 0$ 时，$D > 0$，表明组元是从高浓度区向低浓度区迁移的"下坡扩散"；当 $\left(1 + \dfrac{\partial \ln r_i}{\partial \ln x_i}\right) < 0$ 时，$D < 0$，表明组元是从低浓度区向高浓度区迁移的"上坡扩散"。综上所述可知，决定组元扩散的基本因素是化学势梯度，不管是上坡扩散还是下坡扩散，其结果总是导致扩散组元化学势梯度的减小，直至化学势梯度为零。

引起上坡扩散还可能存在以下一些情况：

（1）弹性应力的作用。晶体中存在弹性应力梯度时，它促使较大半径的原子跑向点阵伸长部分，较小半径原子跑向受压部分，造成固溶体中溶质原子的不均匀分布。

（2）晶界的内吸附。晶界能量比晶内高，原子规则排列较晶内差，如果溶质原子位于晶界上可降低体系总能量，它们会优先向晶界扩散，富集于晶界上，此时溶质在晶界上的浓度就高于在晶内的浓度。

（3）大的电场或温度场也促使晶体中原子按一定方向扩散，造成扩散原子的不均匀性。

4.4 影响扩散的因素

（1）温度。温度是影响扩散速率的最主要因素。温度越高，原子热激活能量越大，越易发生迁移，扩散系数越大。例如，碳在 γ-Fe 中扩散时，$D_0 = 2.0 \times 10^{-5} \, m^2/s$，$Q = 140 \times 10^3 \, J/mol$，由式（4.30）可以算出在 1200 K 和 1300 K 时碳的扩散系数分别为：

$$D_{1200} = 2.0 \times 10^{-5} \exp\left(\frac{-140 \times 10^3}{8.314 \times 1200}\right) = 1.61 \times 10^{-11} \, m^2/s$$

$$D_{1300} = 2.0 \times 10^{-5} \exp\left(\frac{-140 \times 10^3}{8.314 \times 1300}\right) = 4.74 \times 10^{-11} \, m^2/s$$

由此可见，温度从 1200 K 提高到 1300 K，就使扩散系增大约 3 倍，即渗碳速度加快了约 3 倍，故生产上各种受扩散控制的过程，都要考虑温度的重要影响。

（2）固溶体类型。不同类型的固溶体，原子的扩散机制是不同的。间隙固溶体的扩散激活能一般均较小，例如，碳、氮等溶质原子在铁中的间隙扩散激活能比铬、铝等溶质原子在铁中的置换扩散激活能要小得多，因此，钢件表面热处理在获得同样渗层浓度时，渗碳、氮比渗铬、铝等金属的周期短。

（3）晶体结构。有些金属存在同素异构转变，当它们的晶体结构改变后，扩散系数也随之发生较大的变化。例如铁在 912 ℃时发生 γ-Fe 向 α-Fe 转变，α-Fe 的自扩散系数大约是 γ-Fe 的 240 倍。合金元素在不同结构的固溶体中的扩散也有差别，例如 900 ℃时，在置换固溶体中，镍在 α-Fe 比在 γ-Fe 中的扩散系数高约 1400 倍。在间隙固溶体中，氮于 527 ℃时在 α-Fe 中比在 γ-Fe 中的扩散系数约大 1500 倍。所有元素在 α-Fe 中的扩散系数都比在 γ-Fe 中大，其原因是体心立方结构的致密度比面心立方结构的致密度小，原子较易迁移。

结构不同的固溶体对扩散元素的溶解限度是不同的，由此所造成的浓度梯度不同，也会影响扩散速率。例如，钢渗碳通常选取高温下奥氏体状态时进行，除了由于温度作用外，还因碳在 γ-Fe 中的溶解度远远大于在 α-Fe 中的溶解度，使碳在奥氏体中形成较大的浓度梯度而有利于加速碳原子的扩散以增加渗碳层的深度。

晶体的各向异性也对扩散有影响，一般来说，晶体的对称性越低则扩散各向异性越显著。在高对称性的立方晶体中，未发现各向异性，而具有低对称性的菱方结构中，沿不同晶向的 D 值差别很大，最高可达近 1000 倍。

（4）晶体缺陷。在实际使用中的绝大多数材料是多晶材料，对于多晶材料，扩散物质通常可以沿三种途径扩散，即晶内扩散、晶界扩散和表面扩散。若以 Q_L、Q_S 和 Q_B 分别表示晶内、表面和晶界扩散激活能；D_L、D_S 和 D_B 分别表示晶内、表面和晶界的扩散系数，则一般规律是：$Q_L > Q_B > Q_S$，所以 $D_S > D_B > D_L$。显然，单晶体的扩散系数表征了晶内扩散系数，而多晶体的扩散系数是晶内扩散系数。晶界扩散也具有各向异性，例如银的晶界自扩散测定发现，晶粒的夹角很小时，晶界扩散的各向异性现象很明显，并且一直到夹角至 45°时，这性质仍存在。一般认为，位错对扩散速率的影响与晶界的作用相当，有利于原子的扩散，但由于位错与间隙原子发生交互作用，也可能减慢扩散。总之，晶界、表面和位错等对扩散起着快速通道的作用，这是由于晶体缺陷处点阵畸变较大，原子处于较高的能量状态，易于跳跃，故各种缺陷处的扩散激活能均比晶内扩散激活能小，加快了原子的扩散。

（5）化学成分。从扩散的微观机制可以看到，原子跃过能垒时要挤开原子而引起局部的点阵畸变，也就是要求部分地破坏邻近原子的结合键才能通过。由此可想象，不同金属的自扩散激活能与其点阵的原子间结合力有关，因而与表征原子间结合力的宏观参量，如熔点、熔化潜热、体积膨胀或压缩系数相关，熔点高的金属的自扩散激活能必然大。

扩散系数大小除了与上述的组元特性有关外，还与溶质的浓度有关，无论是置换固溶体还是间隙固溶体均是如此。在求解扩散方程时，通常把 D 假定为与浓度无关的量，这与实际情况不完全符合。但是为了计算方便，当固溶体浓度较低或扩散层中浓度变化不大时，这样的假定所导致的误差不会很大。第三组元（或杂质）对二元合金扩散原子的影响较为复杂，可能提高其扩散速率，也可能降低，或者几乎无作用。值得指出的是，某些第三组元的加入不仅影响扩散速率而且影响扩散方向。例如钢中加入少量强碳化物形成元素（钨或钼等）可使碳在 γ-Fe 中的扩散系数大大下降。

4.5   烧结过程中的扩散

很多材料的制备都是通过烧结而实现的，而扩散时是烧结得以进行的根本途径。生产中可常见到各种陶瓷材料，都是将原材料制成粉末后经热压烧结而成，如图 4.11 所示。从热力学角度，烧结而导致材料致密化的基本驱动力是表面、界面的减少从而系统表面能、界面能下降；从动力学角度，要通过各种复杂的扩散传质过程。烧结初期，相互接触的颗粒开始逐渐形成颈部连接，颗粒间距缩短并在颈部形成化学结合，烧结的驱动力主要来自于陶瓷颗粒的表面能，因此，该阶段扩散的主要机制是表面扩散，原子主要沿着表面扩散到颈部区域并在那里与过剩的空位交换位置。当颈部区域长大到颗粒截面积的 20% 时，每个颗粒周围的空隙减小并形成由许多颗粒接触点相连的网络通道；烧结中期，陶瓷坯体密度显著增加，晶间被封闭的空隙通过晶界上的空位扩散而大量迁移至陶瓷表面而消失；烧结末期，细孔通道封闭转变成晶界，并在晶界或角隅处留下一些孤立的小孔，随着扩散的继续进行，部分小孔消失了。此时，扩散的主要机制是晶界扩散和体内空位与晶界上原子或晶粒表面原子间的扩散，这个阶段主要以体扩散为主，伴有晶粒的长大，并进一步致密化。烧结变化过程如图 4.11 所示。

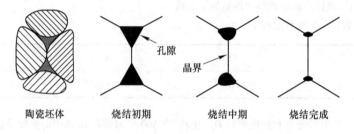

陶瓷坯体　　　　烧结初期　　　　烧结中期　　　　烧结完成

图 4.11　烧结过程示意图

烧结速率主要取决于两个因素：（1）粉末原材料的颗粒粗细；（2）原子的扩散速率，这又最终取决于温度。原材料的颗粒越细，表面积越大，扩散距离越小，烧结速率越快。在其他条件都相同的情况下，达到一定紧密度的烧结时间与颗粒尺寸的三次方成正比，如颗粒尺寸增加一倍，烧结时间就延长了 8 倍。如以烧结紧密化速率来度量烧结速率，它与温度的关系可由以下公式表达：

$$\frac{\mathrm{d}\rho}{\mathrm{d}t} = \frac{C}{a^n}\exp[-Q/(RT)] \tag{4.36}$$

式中，ρ 为密度；a 为颗粒尺寸；C 和 n 均为常数。

当颗粒视为规则的圆形时，$n=3$，Q 为烧结的激活能。因为烧结过程复杂，各个阶段有不同的扩散机制交叉发生，作为粗略估计，通常以晶界扩散激活能代入。

用一般的烧结方法很难得到完全致密的产品，它的空隙有 15%~20%，其显微裂纹也大小不等。空隙与显微裂纹的大小都直接正比于原材料粉末尺寸。原始颗粒越小，空隙与显微裂纹也越少，强度就越高。高温下长时间烧结虽然对提高产品紧密度有好处，但也带来晶粒长大的不利一面，一般在烧结后的晶粒尺寸总是比原始颗粒要大得多。为了得到非常紧密的陶瓷产品，现已发展出多种烧结方法，如热压或热等静压、反应烧结、液相烧结等。这里，简略介绍一下液相烧结的概念。在烧结 Al_2O_3 或 Si_3N_4 时，可加入少量的添加剂如 MgO。添加剂和粉末在高温烧结时形成低熔点的玻璃相，玻璃相沿着各颗粒的接触界面分布，原子通过液相传输，扩散速率加快并能填补空隙，只要形成 1% 的玻璃相就已足够。粉末冶金中，硬质合金刀具的烧结也是液相烧结，在 WC 粉末中加入添加剂 Co，加热到 Co 熔化时呈液相在晶间分布，并能对 WC 完全浸润（浸润角 $\theta=0°$），这样就能把 WC 粉末完全黏结在一起了。

习　题

4.1 说明下列名词或概念的物理意义：

(1) 扩散通量；(2) 扩散系数；(3) 稳态扩散和非稳态扩散；(4) 柯肯达尔效应；(5) 互扩散系数；(6) 间隙式扩散；(7) 空位机制；(8) 扩散激活能；(9) 扩散驱动力；(10) 反应扩散；(11) 热力学因子；(12) 离子迁移率。

4.2 设有一条直径为 3 cm 的厚壁管道，被厚度为 0.001 cm 的铁膜隔开，通过输入氮气以保持在膜片一边氮气浓度为 1000 mol/m^3；膜片另一边氮气浓度为 100 mol/m^3。若氮在铁中 700 ℃ 的扩散系数为 4×10^{-7} cm^2/s，试计算通过铁膜片的氮原子总数。

4.3 碳在 α-Ti 中的几个扩散数据如下：

温度/℃	736	782	835
D/m$^2 \cdot$ s^{-1}	2×10^{-13}	4.75×10^{-13}	1.3×10^{-12}

试求：(1) 扩散激活能 Q 和扩散常数 D_0；(2) 在 500 ℃时碳在 α-Ti 中的扩散系数。

4.4 用限定源方法向单晶硅中扩散硼，若 $t=0$ 时硅片表面硼总量为 5×10^{10} mol/m^3，在 1473 K 时硼的扩散系数为 4×10^{-9} m^2/s，在硅片表层深度为 8 μm 处，若要求硼浓度为 3×10^{10} mol/m^3，问需进行多少小时的扩散？

4.5 如果低碳钢渗碳在 α+γ 两相区温度下进行，问将会出现什么现象？

5 金属的形变

材料在加工制备过程中或在其应用场景中因受到外力的作用而产生变形。变形时所消耗的机械功大部分以热量的形式耗散，少部分能量以各种缺陷的形式存储在变形的材料中，使其自由焓增加，处于热力学亚稳状态。在加热时，材料会发生回复和再结晶，即回复变形，并伴随一系列组织和性能的变化。因此，研究材料在回复、再结晶和晶粒长大过程中结构、组织和性能的变化规律及其微观作用机制，分析各种内外因素对回复变形的影响，具有十分重要的理论和实际意义。本章主要介绍材料的变形、断裂、回复等行为及材料变形的定性和定量描述。

5.1 应力-应变曲线

5.1.1 工程应力-应变曲线

具有一定塑性的材料受到外力作用后，首先发生弹性变形，随后发生弹性-塑性变形，最后当外力超过临界值后发生断裂。在工程中，通常使用应力-应变曲线来描述这种变形特性，如图 5.1 所示。

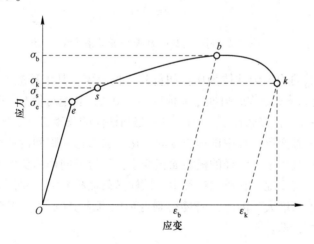

图 5.1 材料的工程应力-应变关系曲线

当应力小于 σ_e 时，应力（σ）与应变（ε）呈线性函数关系，比例系数（E）称为弹性模量，用来表示材料的刚性。如果去除外力，材料的变形可以恢复到原来的状态，此变形阶段为弹性变形，σ_e 为材料的弹性极限。

当应力大于 σ_e 时，材料开始发生塑性变形，如果去除外力，变形只能部分恢复，发生永久变形。塑性变形开始时的最小应力 σ_s 称为屈服极限。对于没有显著屈服的材料，通常以产生 0.2%残余变形的应力作为屈服极限，以 $\sigma_{0.2}$ 表示。

当应力大于 σ_s（或 $\sigma_{0.2}$）后，材料发生明显且均匀的塑性变形。当应力达到 σ_b 时，材料的均匀塑性变形结束，开始发生不均匀塑性变形，出现颈缩。σ_b 是材料的抗拉强度（或拉伸强度），表示材料抵抗最大均匀塑性变形的能力。

颈缩的发生导致试样局部横截面积急剧减小，致使载荷和应力下降。当应力达到 σ_k 时，试样断裂。σ_k 是导致材料失效所需的最小应力。

5.1.2　真应力-真应变曲线

在实际应用中，当讨论材料的变形规律以了解真实的变形特性时，通常采用真应力与真应变的关系来进行分析，如图 5.2 所示。

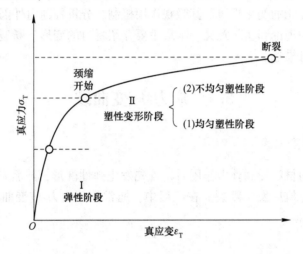

图 5.2　材料的真应力-真应变关系曲线

以拉伸长度为 l_0 的均匀圆柱体为例：如将其拉长一倍，其工程应变 $\varepsilon = (l - l_0)/l_0 = 1.0$；当将其压缩至原来长度的一半时，$\varepsilon$ 值则为 -0.5，其绝对值与拉长一倍时的 ε 值不相等，若要使 ε 为 -1.0，那么 l 应该为 0，也就是圆柱体的长度必须被压缩至 0，这显然与实际情况不符。考虑到变形过程中试样长度的变化，那么每一瞬间的应变数值由此时的实际长度确定。在伸长过程中，试样的横截面积变小，每拉长同样的长度增量 Δl，相应的应变增量就不断减小；相反地，在压缩过程中，试样横截面积变大，每压缩同样的长度增量 Δl，其应变增量则不断增大。因此，若要得到变形的真应变（ε_T），需要根据瞬时长度下的真实应变进行计算，即：

$$\varepsilon_T = \sum \left(\frac{l_1 - l_0}{l_0} + \frac{l_2 - l_1}{l_1} + \frac{l_3 - l_2}{l_2} + \cdots \right) = \int_{l_0}^{l} \frac{\mathrm{d}l}{l} = \ln \frac{l}{l_0} \tag{5.1}$$

从上式可以看出，将试样的长度拉伸至其原始长度的一倍时，真应变为 ln2，而将长度压缩至一半时，真应变为-ln2。利用这种计算方法，可以得到拉伸和压缩时真应变相符的结果。

与应变类似，材料在变形过程中会经历瞬时应力。真应力（σ_T）可以使用以下公式进行计算：

$$\sigma_{\mathrm{T}} = \frac{P}{A} \tag{5.2}$$

式中，P 为施加在试样上的载荷；A 为试样的实际横截面积。

由于材料在塑性变形过程中的体积是恒定的，且在颈缩前试样标距内的变形基本均匀，因此可以得出以下结论：

$$A_0 l_0 = Al = 常数 \tag{5.3}$$

由此可以得出真应力和工程应力（σ）之间的关系：

$$\sigma_{\mathrm{T}} = \frac{P}{A} = \frac{P}{A_0} \times \frac{A_0}{A} = \frac{P}{A_0} \times \frac{l}{l_0} = \sigma(\varepsilon + 1) \tag{5.4}$$

由此可见，当应变 ε 较大时，真应力和工程应力间存在比较大的差异。

5.2 弹性变形

材料在外力作用下，总是先发生弹性变形，也就是说弹性变形是塑性变形的先行阶段，塑性变形中伴随着一定的弹性变形。

5.2.1 理想弹性变形

不考虑变形的时间因素时，理想弹性变形的主要特征有：

（1）理想的弹性变形是可逆的，加载时变形，卸载时变形恢复原状。

（2）在弹性变形范围内，金属、陶瓷和部分高分子材料的应力与应变之间存在单值线性函数关系，满足胡克（Hooke）定律：

$$\sigma = E\varepsilon（正应力） \quad 或 \quad \tau = G\gamma（切应力） \tag{5.5}$$

其中，σ、τ 分别为正应力和切应力；ε、γ 分别为正应变和切应变；E、G 分别为弹性模量（杨氏模量）和切变模量。

弹性模量与切变弹性模量之间的关系为：

$$G = \frac{E}{2(1 + \nu)} \tag{5.6}$$

式中，ν 为泊松比，代表材料的横向收缩能力。金属材料的 ν 值通常在 $0.25 \sim 0.35$ 之间，而高分子材料的 ν 值则相对较大。

（3）由于晶体的特性之一是各向异性，因此其杨氏模量在各个方向上是不同的。各向异性弹性体在三轴载荷作用下的应力应变关系，即广义虎克定律，可以用以下矩阵表示：

$$\begin{Bmatrix} \sigma_x \\ \sigma_y \\ \sigma_z \\ \tau_{xy} \\ \tau_{xz} \\ \tau_{yz} \end{Bmatrix} = \begin{bmatrix} C_{11} & C_{12} & C_{13} & C_{14} & C_{15} & C_{16} \\ C_{21} & C_{22} & C_{23} & C_{24} & C_{25} & C_{26} \\ C_{31} & C_{32} & C_{33} & C_{34} & C_{35} & C_{36} \\ C_{41} & C_{42} & C_{43} & C_{44} & C_{45} & C_{46} \\ C_{51} & C_{52} & C_{53} & C_{54} & C_{55} & C_{56} \\ C_{61} & C_{62} & C_{63} & C_{64} & C_{65} & C_{66} \end{bmatrix} \begin{Bmatrix} \varepsilon_x \\ \varepsilon_y \\ \varepsilon_z \\ \gamma_{xy} \\ \gamma_{xz} \\ \gamma_{yz} \end{Bmatrix} \tag{5.7}$$

式中，36 个 C_{ij} 为弹性系数或刚度系数。

上式还可改写为：

$$
\left\{
\begin{array}{c}
\varepsilon_x \\
\varepsilon_y \\
\varepsilon_z \\
\gamma_{xy} \\
\gamma_{xz} \\
\gamma_{yz}
\end{array}
\right\}
=
\left\{
\begin{array}{cccccc}
S_{11} & S_{12} & S_{13} & S_{14} & S_{15} & S_{16} \\
S_{21} & S_{22} & S_{23} & S_{24} & S_{25} & S_{26} \\
S_{31} & S_{32} & S_{33} & S_{34} & S_{35} & S_{36} \\
S_{41} & S_{42} & S_{43} & S_{44} & S_{45} & S_{46} \\
S_{51} & S_{52} & S_{53} & S_{54} & S_{55} & S_{56} \\
S_{61} & S_{62} & S_{63} & S_{64} & S_{65} & S_{66}
\end{array}
\right\}
\left\{
\begin{array}{c}
\sigma_x \\
\sigma_y \\
\sigma_z \\
\tau_{xy} \\
\tau_{xz} \\
\tau_{yz}
\end{array}
\right\}
\tag{5.8}
$$

式中，36 个 S_{ij} 为弹性顺序或柔度系数。

在大多数情况下，刚度矩阵与柔度矩阵互为逆矩阵，即：

$$
\boldsymbol{C} = \boldsymbol{S}^{-1}, \quad \boldsymbol{S} = \boldsymbol{C}^{-1}
\tag{5.9}
$$

根据对称性要求，$C_{ij} = C_{ji}$，$S_{ij} = S_{ji}$，独立的刚度系数和柔度系数均减少至 21 个。由于晶体的对称性，独立的弹性系数进一步减小，对称性越高，独立系数越小。例如：三斜晶系有 18 个独立弹性系数，单斜晶系有 12 个，正交晶系有 9 个，六方晶系有 5 个，立方晶系只有 3 个。

在各向同性的介质中，晶体受力的基本类型是拉伸、压缩和剪切，因此，除了 E 和 G 之外，还有压缩模量或体弹性模量 K，它被定义为应力与体积变化率的比值，与 E 和 ν 的关系如下：

$$
K = \frac{E}{3(1 - 2\nu)}
\tag{5.10}
$$

可以看出，各向同性介质中的弹性模量只有两个独立分量。

弹性模量代表着使原子偏离平衡位置的难度，是表征晶体中原子间结合力强弱的物理量。共价键晶体（例如金刚石）由于其强大的原子间键合力而具有较高的弹性模量；金属和离子晶体的弹性模量则相对较低；而由于塑料、橡胶等材料通过作用力较弱的分子键结合，因此其弹性模量更低，通常比金属材料的低几个数量级。由于弹性模量反映原子间的结合力，是组织结构的不敏感参数，因此添加少量合金元素或者进行各种加工都不会对特定材料的弹性模量产生显著影响。例如，高合金钢比低碳钢的强度要高一个数量级，但所有钢都具有基本相同的弹性模量。然而，晶体材料的弹性模量是各向异性的。在单晶体中，不同晶向的弹性模量差异很大，原子最密排晶向的弹性模量最高，而原子排列最疏晶向的弹性模量最低。多晶材料因各晶粒的随机取向，总体呈各向同性。表 5.1 和表 5.2 列出一些常用材料的弹性模量。

工程上，弹性模量是材料刚度的度量。在相同的外力作用下，材料的 E 越大，刚度越大，弹性变形量就越小。例如，钢的 E 是铝的 3 倍，因此钢的弹性变形量仅为铝的 1/3。

表 5.1   一些材料的弹性模量

材料	E/GPa	G/GPa	泊松比 ν
铸铁	110	51	0.17
α-Fe，钢	207 ~ 215	82	0.26 ~ 0.33

续表 5.1

材料	E/GPa	G/GPa	泊松比 ν
Cu	110 ~ 125	44 ~ 46	0.35 ~ 0.36
Al	70 ~ 72	25 ~ 26	0.33 ~ 0.34
Ni	200 ~215	80	0.30 ~ 0.31
黄铜 70/30	100	37	—
W	360	130	0.35
Pb	16 ~ 18	5.5 ~ 6.2	0.40 ~ 0.44
金刚石	1140	—	0.07
陶瓷	58	24	0.23
石英玻璃	76	23	0.17
有机玻璃	4	1.5	0.35
硬橡胶	5	2.4	0.2
橡胶	0.1	0.03	0.42

表 5.2 某些金属单晶体和多晶体的弹性模量（室温）

金属种类	E/GPa			G/GPa		
	单晶		多晶	单晶		多晶
	最大值	最小值		最大值	最小值	
铝	76.1	63.7	70.3	28.4	24.5	26.1
铜	191.1	66.7	129.8	75.4	30.6	48.3
金	116.7	42.9	78.0	42.0	18.8	27.0
银	115.1	43.0	82.7	43.7	19.3	30.3
铅	38.6	13.4	18.0	14.4	4.9	6.18
铁	272.7	125.0	211.4	115.8	59.9	81.6
钨	384.6	384.6	411.0	151.4	151.4	160.6
镁	50.6	42.9	44.7	18.2	16.7	17.3
锌	123.5	34.9	100.7	48.7	27.3	39.4
钛	—	—	115.7	—	—	43.8
镍	—	—	199.5	—	—	76.0

（4）不同材料的弹性变形量不同。金属材料一般只有在应力小于比例极限 σ_p 且弹性变形量通常不超过 0.5% 的应力范围内才符合虎克定律；而橡胶类高分子材料的弹性变形量则可高达 1000%，但其弹性变形量与应力的关系是非线性的。

5.2.2　弹性的不完整性

在一般应用场景下，讨论弹性变形时通常把材料视为理想弹性体来处理，没有考虑时间对应力-应变关系的影响，认为弹性材料在弹性变形过程中其结构和性能没有发生变化。事实上，大多数材料都是多晶甚至非晶或者它们的混合物，其内部必然会存在各种类型的缺陷。即便是纯度很高的单晶体，发生弹性变形时，可能会出现偏离理想弹性变形特性的现象，出现加载线与卸载线不重合、产生异常应变、应变的发展跟不上应力的变化等现象，称为弹性的不完整性。

弹性不完整性的现象包括包申格效应、弹性后效、弹性滞后、循环韧性等。

5.2.2.1　包申格效应

受到应力后，材料发生少量塑性变形（小于 4%），随后同向加载 σ_e 升高，反向加载则 σ_e' 下降，即 $|\sigma_e|>|\sigma_e'|$，如图 5.3 所示。这种现象就是包申格效应，是多晶体金属材料变形中普遍发生的现象。一般认为，该效应与材料塑性变形产生的残余应力、位错塞积等因素有关。包申格效应对于需要承受应变疲劳的工件非常重要，因为在应变疲劳中，每个循环都会发生塑性变形，在反向加载时，σ_e' 下降，从而在应力-应变曲线上呈现拉压不对称特性，表明为循环软化现象，也就是材料经过周期性正反向受力而导致硬度降低。

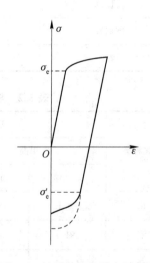

图 5.3　材料包申格效应示意图

5.2.2.2　弹性后效

事实上，当多晶体金属材料突然受到一定的应力时，材料瞬间产生的弹性应变只是该应力所应该引起的总应变中的一部分，在保持该应力不变的情况下，其余部分的应变才会逐渐产生，此现象称为正弹性后效，或称弹性蠕变或冷蠕变。当外力突然撤去后，材料的弹性应变只先消失一部分，其余部分逐渐消失，这种现象称为反弹性后效。简而言之，在加载或卸载过程中，应变滞后于应力并与时间相关的现象，称为弹性后效或滞弹性。一般来说，工程上探讨的弹性后效通常指的是反弹性后效。如图 5.4 所示，OA 是外加应力瞬时引起的弹性应变；$A'B$ 是在应力作用下逐渐产生的弹性应变，称为滞弹性应变；$BC=OA$，是在应力去除时瞬间消失的弹性应变；$C'D=A'B$，是在去除应力后随着时间的延长逐渐消失的滞弹性应变。

决定弹性后效的主要因素是材料的成分及其组织结构，当然，实际的试验条件也会对其产生一定影响。通常，组织结构越不均匀、温度越高、切应力越大，弹性后效也就越明显。

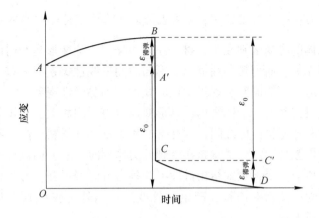

图 5.4　恒应力下的弹性后效

5.2.2.3　弹性滞后

源于应变落后于应力的变形本质，对弹性材料进行加载并卸载试验时，所绘制的 σ-ε 弹性特性曲线（加载线和卸载线）往往并不重合，这种现象称为弹性滞后，如图 5.5 所示。弹性滞后现象说明加载时消耗于材料的变形功大于卸载时材料恢复所释放的变形功，损耗的能量被材料内部所消耗，称之为内耗，其大小可用弹性滞后环面积来度量。

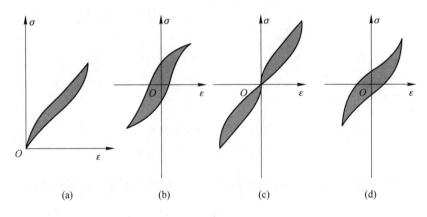

图 5.5　弹性滞后（环）
（a）单向加载弹性滞后（环）；（b）交变加载塑性滞后（环）；
（c）交变加载（加载速度慢）弹性滞后；（d）交变加载（加载速度快）弹性滞后

5.2.3　黏弹性

材料的变形形式除了弹性变形和塑性变形外，还存在一种黏性流动。这种变形是指非晶态固体和液体在很小的作用力下发生的无确定形状的流变，并且外力去除后变形无法恢复。单纯的黏性流动行为服从牛顿黏性流动定律：

$$\sigma = \eta \frac{\mathrm{d}\varepsilon}{\mathrm{d}t} \tag{5.11}$$

式中，σ 为外加应力；$\dfrac{d\varepsilon}{dt}$ 为应变速率；η 为表征流体流动难易程度的黏度系数，Pa·s。

黏性体与弹性体的主要区别在于，材料在外力作用下的变形是与时间相关的。理想弹性体的变形与时间无关，而理想黏性体的变形与时间呈线性关系。一些无定形晶体，甚至某些多晶体，在低应力下能同时表现出柔性和黏性，即黏弹性现象。

由于高分子材料特殊的分子链结构，其形变通常与时间相关，但不是线性的。它的性能介于理想弹性体和理想黏性体之间，因此常被称为黏弹性材料。高分子材料的黏弹性源自于其分子运动的松弛特性。此类材料在受到外力作用时，一方面高分子链的键长、键角变化引起原子间距离的突变，顺式结构链段沿着外力方向舒展开，分子构象发生变化；另一方面，分子链之间产生相对滑移，产生黏性变形。当外力较小时，前者是可逆弹性变形，而后者是不可逆形变。

如果用弹簧代表弹性变形部分，用黏壶代表黏性变形部分，并将二者按照不同的方式组合，构成不同的模型，便可以此来探讨黏弹性变形的一些表象规律。图 5.6 展示了其中两种最典型的模型：麦克斯威尔（Maxwell）模型和瓦依特（Voigt）型。前者是串联型的，而后者是并联型的。在这两种模型中，弹簧部分的变形与时间无关，应力和应变符合胡克定律，并且当应力卸载后应变可回复为零。黏壶由装有黏性流体的气缸和活塞组成。由于活塞的运动是黏性流动的结果，因此它遵循牛顿黏性流动定律。

(a)   (b)

图 5.6　黏弹性体变形模型

（a）Maxwell 模型；（b）Voigt 模型

Maxwell 模型可以很好地解释应力松弛现象，应力随时间的变化关系如下：

$$\sigma(t) = \sigma_0 \exp\left(-\frac{Et}{\eta}\right) = \sigma_0 \exp\left(-\frac{t}{t'}\right) \tag{5.12}$$

式中，σ_0 为起始应力；t' 为松弛时间，$t' = \dfrac{\eta}{E}$。

Voigt 模型可用来描述蠕变回复、弹性记忆、弹性后效等过程。经计算，可得到：

$$\sigma(t) = E\varepsilon + \eta\frac{d\varepsilon}{dt} \tag{5.13}$$

黏弹性变形的特点是应变滞后于应力。当加载周期应力时，材料的应力-应变曲线形成一条回线，其内部区域面积即为应力循环一周通过内摩擦所耗散的能量，即内耗，类似于图 5.5 所示滞弹性引起的应力-应变回线。

5.3 塑性变形

当施加的应力超过材料的弹性极限时，就会发生一种不可逆的永久变形，即塑性变形。虽然多数工程材料都是多晶体，但由于多晶体的变形与单个晶粒的变形行为有关，因此变形过程比较复杂。为了便于理解，本书将首先介绍塑性应变下单晶的行为，然后再讨论多晶的塑性变形行为。

5.3.1 单晶体塑性变形

在常温和低温下，单晶的塑性变形主要以滑移的方式进行，但也可能存在孪生、扭折等变形方式。在高温条件下，扩散蠕变等成为单晶变形的主要方式。

5.3.1.1 滑移

（1）滑移线与滑移带。当应力超过晶体的弹性极限时，晶体内部各层之间会发生相对滑移，大量的层片间滑动的累积就会引起晶体的宏观塑性变形。例如，经过精细抛光的单晶金属棒试样被适当拉伸并产生一定的塑性变形时，其表面就会出现一些高低不等的线纹或台阶，称为滑移带，如图 5.7（a）所示。用电子显微镜观察，这些线条由一系列大致平行的更细的线条组成，称这些细线为滑移线，如图 5.7（b）所示。

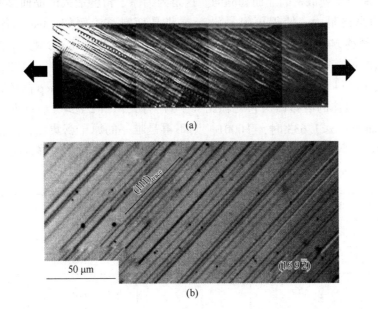

（a）

（b）

图 5.7 滑移带与滑移线

（a）抛光硅单晶体拉伸变形后的表面形貌；（b）Cr-Mn-Fe-Co-Ni 单晶表面滑移线显微照片

通常，滑移线之间的距离仅为约 100 个原子，而沿每条滑移线的滑移距离可高达 1000 个原子左右，如图 5.8 所示。同时，由于晶体的各向异性，导致晶体的塑性变形也不均匀，滑移通常仅发生在某些特定的结晶面和结晶方向上，而滑移带或滑移线之间的晶体层片则未发生变形，只是彼此之间发生了相对位移。

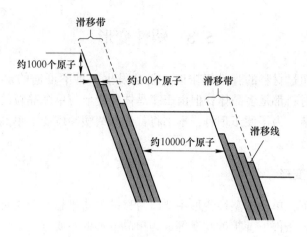

图 5.8　滑移带形成示意图

（2）滑移系。如上所述，在塑性变形过程中，位错仅沿着特定的晶面和晶向移动，这些晶面和晶向分别称为"滑移面"和"滑移方向"。一个滑移面和此面内的一个滑移方向构成一个滑移系，可用 $\{hkl\}$ $<uvw>$ 表示。每一个滑移系表示晶体在进行滑移时可能选取的一个空间取向，不同的晶体结构具有不同的滑移面和滑移方向。滑移面和滑移方向通常是金属晶体中原子排列最密的晶面和晶向。这是因为原子密度最大的晶面具有最大的晶面间距和最小的晶格阻力，使得更容易沿着这些晶面滑移。例如：fcc 晶体的滑移面是 $\{111\}$ 晶面，滑移方向为 $<110>$ 晶向；bcc 晶体的原子密排程度比 fcc 和 hcp 晶体的低，因此不具有突出的最密集晶面，因此其滑移面可以有 $\{110\}$、$\{112\}$ 和 $\{123\}$ 三组，具体的滑移面取决于材料、温度等因素，但滑移方向总是 $<111>$；至于 hcp 晶体，其滑移方向通常为 $<11\bar{2}0>$，具体的滑移面与它的轴比（c/a）有关，当 $c/a \geqslant 1.633$ 时，滑移面一般为 $\{0001\}$，而当 $c/a < 1.633$ 时，$\{0001\}$ 则不再是唯一的原子密集面，滑移可能发生于 $\{10\bar{1}1\}$、$\{10\bar{1}0\}$ 等晶面。表 5.3 列出了几种常见金属的滑移面和滑移方向。

表 5.3　一些金属晶体的滑移面及滑移方向

材　料	晶体结构	滑移面	滑移方向
Cu, Al, Ni, Ag, Au	面心立方	$\{111\}$	$<100>$
Al（高温条件下）		$\{100\}$	$<110>$
α-Fe	体心立方	$\{110\}$	$<111>$
		$\{112\}$	
		$\{123\}$	
Mo, W, Na（$0.08 \sim 0.24 T_\mathrm{m}$）		$\{112\}$	
Mo, Na（$0.26 \sim 0.50 T_\mathrm{m}$）		$\{110\}$	
Na, K（$0.08 T_\mathrm{m}$）		$\{123\}$	
Nb		$\{110\}$	

续表 5.3

材　料	晶体结构	滑移面	滑移方向
Be，Cd，Te		$\{0001\}$	$<11\bar{2}0>$
Zn		$\{0001\}$	$<11\bar{2}0>$
		$\{11\bar{2}2\}$	$<11\bar{2}\bar{3}>$
Be，Zr，Re	密排六方	$\{10\bar{1}0\}$	$<11\bar{2}0>$
		$\{0001\}$	$<11\bar{2}0>$
Mg		$\{11\bar{2}2\}$	$<10\bar{1}0>$
		$\{10\bar{1}1\}$	$<11\bar{2}0>$
		$\{10\bar{1}0\}$	$<11\bar{2}0>$
Ti，Zr，Hf		$\{10\bar{1}1\}$	$<11\bar{2}0>$
		$\{0001\}$	$<11\bar{2}0>$

注：T_m—熔点，用绝对温度表示。

在其他条件相同的情况下，晶体中的滑移系越多，滑移可采取的空间取向越多，滑移越容易，塑性便越好。例如，面心立方晶体的滑移系共有 $\{111\}_4<111>_3=12$ 个；由于体心立方晶体可同时沿 $\{110\}$、$\{112\}$ 和 $\{123\}$ 晶面滑移，因此其滑移系共有 $\{110\}_6<111>_2+\{112\}_{12}<111>_1+\{123\}_{24}<111>_1=48$ 个；对于密排六方晶体，当 $c/a \geqslant 1.633$ 时，滑移系仅有 $\{0001\}_1<11\bar{2}0>_3=3$ 个，而当 $c/a<1.633$ 时，滑移系有 $\{10\bar{1}1\}_1<11\bar{2}0>_3+\{10\bar{1}1\}_1<11\bar{2}0>_3=6$ 个。由于滑移系数目太少，hcp 晶体的塑性低于 fcc 或 bcc 晶体。

（3）滑移的临界分切应力。当晶体发生塑性变形时，并不是所有滑移系同时参与滑移，而是只有当外力在某一滑移系方向的分切应力达到某一临界值时，该滑移系才可以开始发生滑移，那么该分切应力即为滑移的临界分切应力。

假设横截面积为 A 的圆柱形单晶受到轴向拉力 F 的作用，φ 为滑移面法线与外力 F 中心轴之间的夹角，λ 为滑移方向与外力 F 之间的夹角（图 5.9），那么 F 在滑移方向的分力为 $F\cos\lambda$，而滑移面的面积为 $A/\cos\varphi$。因此，外力在该滑移面沿滑移方向的分切应力 τ 为：

$$\tau = \frac{F}{A}\cos\varphi\cos\lambda \tag{5.14}$$

式中，F/A 为试样拉伸时横截面上的正应力，当滑移系中的分切应力达到其临界值而开始滑移时，则 F/A 应为宏观上的起始屈服强度 σ_s；$\cos\varphi\cos\lambda$ 为取向因子或施密特（Schmid）因子，它是分切应力 τ 与轴向应力 F/A 的比值，取向因子越高，则分切应力越大。

显然，对任意角度 φ，如果滑移方向位于 F 与滑移面法线所构成的平面上，即 $\lambda+\varphi=90°$，则沿此方向的 τ 值要比其他 λ 时的 τ 值大，这时取向因子可表示为：

$$\cos\varphi\cos\lambda = \cos\varphi\cos(90°-\varphi) = 1/2\sin2\varphi \tag{5.15}$$

因此，当 φ 为 45°时，取向因子具有最大值 1/2，此时 σ_s 最小，该取向最易发生滑移，称为软取向。当外力与滑移面平行（$\varphi = 90°$）或垂直（$\varphi = 0°$）时，σ_s 无穷大，晶体不可能发生滑移，该取向称作硬取向。

滑移的临界分切应力是一个真实反映单晶体在应力作用下开始屈服的物理量。不同取向的单晶体在不同的拉伸应力下开始滑移，但这些应力在滑移面和滑移方向上的分量是完全相等的。临界分切应力的数值除了与晶体的类型、纯度、温度等因素有关外，还与该晶体的加工条件、变形速度、滑移系类型等因素有关。

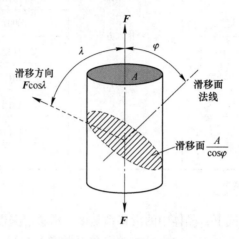

图 5.9　在单晶体某滑移系上的分切应力

（4）滑移时晶面的转动。单晶体滑移时，滑移面两侧的原子面发生相对位移的同时，还会伴随着晶面的转动，这种现象在仅具有一组滑移面的 hcp 晶体中尤为明显。

图 5.10 是单晶拉伸试验时晶面滑移与转动变化的示意图。假设试样夹头不限制滑移变形，则经外力 F 轴向拉伸后，将发生如图 5.10（b）所示的滑移变形和轴线偏移，也就是试样上下两端会沿 x 轴向错开位置。但由于工件夹头不能横向移动以保持拉伸轴线方向

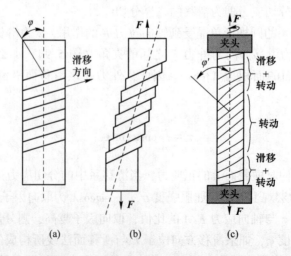

图 5.10　单晶体拉伸变形过程示意图
（a）原结构；（b）自由滑移变形；（c）受夹头限制时的变形

恒定，因此晶面取向将进行相应的转动，滑移面逐渐趋于平行轴向，如图 5.10 （c） 所示。其中试样靠近两端处因受夹头的限制，周围的晶面可能会发生一定程度的弯曲以适应中间部分的位向变化。

图 5.11 为单轴拉伸时晶体发生转动的力偶作用机制。在滑移前，外力作用在中间晶面的 O_1 和 O_2 两点，如图 5.11 （a） 所示。当滑移开始后，由于晶面间发生了相对位移，两个作用位点分别移至 O_1' 和 O_2'，此时的作用力可按垂直于滑移面和平行于滑移面分别分解为 σ_1、σ_2 及 τ_1、τ_2。在 σ_1、σ_2 力偶作用下，滑移面将发生转动并逐渐趋于与轴向平行。图 5.11 （c） 为作用于两滑移面上的最大分切应力 τ_1、τ_2，各自分解为平行于滑移方向的分应力 τ_1'、τ_2' 以及垂直于滑移方向的分应力 τ_1''、τ_2''。其中，前者即为引起滑移的有效分切应力；后者则导致晶面绕着其法线发生面内旋转。

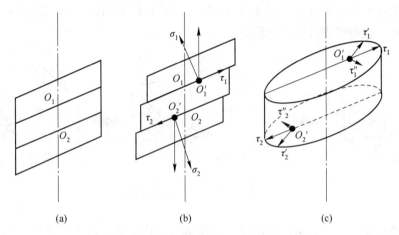

图 5.11　单轴拉伸时晶面转动的力偶作用
（a） 滑移前；（b） 滑移后；（c） 晶面层片的受力分解

在外部压力的作用下，随着晶体的变形，晶面同样也会发生旋转。然而，这种转动的结果是使滑移面逐渐趋于与压力轴线相垂直，如图 5.12 所示。

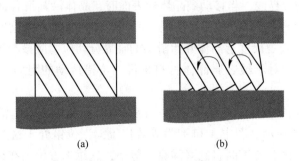

图 5.12　晶体受到压力时的晶面转动示意图
（a） 压缩前；（b） 压缩后

由上可见，在晶体滑移过程中，不仅滑移面发生转动，滑移方向也逐渐改变，最终导致滑移面上的分切应力发生变化。由于 $\varphi = 45°$ 时，作用在滑移系上的分切应力最大。因此，经滑移与转动后，若 φ 角趋近 45° 则切应力不断增大，对滑移产生积极影响；相反，

如果 φ 偏离 45°，则分切应力逐渐减小，导致滑移系的进一步滑移趋于困难。

（5）多系滑移。在具有多组滑移系的晶体中，分切应力最大的滑移系首先发生滑移。然而，由于晶体变形过程中晶面不断转动，结果可能使得另一组滑移面上的分切应力也会逐渐增大，并最终达到其发生滑移的临界值。因此，晶体的滑移可能在两组或多组滑移面上同时或交替发生，产生多系滑移，也称复滑移或多滑移。

对于具有较多滑移系的晶体，除多系滑移外，还经常出现交滑移现象，即两个或多个滑移面沿着某个共同的滑移方向同时或交替滑移。交滑移实质上是螺位错在不改变滑移方向的前提下，滑移面发生改变。这种滑移一般发生在沿某个晶面滑移阻力增大，而相邻晶面滑移阻力较小的情况下。当滑移沿着新的滑移面再次受阻时，滑移面可以再次改变，并沿着与交滑移前的滑移面相平行的晶面滑移。如图 5.13 所示，由于多次交滑移的发生，在晶体内部会出现锯齿状或波纹状的滑移带，这种滑移变形也被称作双交滑移。事实证明，交滑移可以使滑移变得更加灵活。

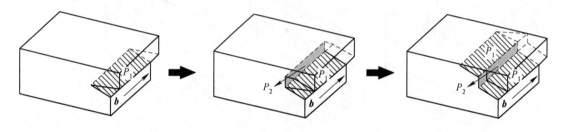

图 5.13　双交滑移过程示意图

值得指出的是，在多系滑移的情况下，位错的运动受到来自不同滑移系的交叉阻碍，因此这也是一种材料强化的重要机制。

（6）滑移的位错机制。研究表明，晶体滑移的临界分切应力的实测值比理论计算值低 3~4 个数量级，证明晶体滑移并不是晶体的一部分相对于另一部分沿着滑移面作刚性整体位移，而是借助位错在滑移面上运动来逐步地进行的。通常，位错线可被视为晶体中滑移区与未滑移区之间的分界线，当移动到晶体外表面时，晶体沿其滑移面产生了位移量为一个 $\boldsymbol{b}$ 的滑移，而大量的（n 个）位错沿着同一滑移面移到晶体表面就形成了微观上的滑移带（$\Delta = n\boldsymbol{b}$）。因此，宏观尺度上晶体开始滑移的临界分切应力应该与微观尺度上位错运动需要克服的阻力相当。对于纯金属晶体材料来说，位错运动的阻力主要来源于以下几个方面：

1）点阵阻力。由于点阵结构的周期性，位错中心的能量随着位错沿滑移面运动而周期性变化，如图 5.14 所示。图中 A 和 A' 为等效位置，当位错处于这个平衡位置时，其能量最小。当位错从 A 移动到 A' 时，它必须克服势垒，这意味着位错在移动时会遇到点阵阻力。它相当于在理想的简单立方晶体中使一刃型位错产生运动所需的临界分切应力，如图 5.15 所示。

图 5.14　位错滑移时核心能量的变化

由于该阻力首先由派尔斯（Peierls）和纳巴罗（Nabarro）估算，因此也称为派-纳（P-N）力。派-纳力的强度与晶体结构、原子间力等因素有关，派-纳力可以用连续介质模型近似如下：

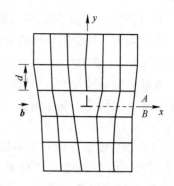

图 5.15　简单立方点阵中的刃位错

$$\tau_{P\text{-}N} = \frac{2G}{1-\nu}\exp\left[-\frac{2\pi d}{(1-\nu)b}\right] = \frac{2G}{1-\nu}\exp\left[-\frac{2\pi W}{b}\right]$$

$$(5.16)$$

式中，d 为滑移面的晶面间距；b 为滑移方向上的原子间距；ν 为泊松比；W 为位错宽度，$W=d/(1-\nu)$。

对于简单立方结构，$d=b$，当取 $\nu=0.3$ 时，$\tau_{P\text{-}N}$ 则为 $3.6\times10^{-4}G$；如取 $\nu=0.35$，$\tau_{P\text{-}N}$ 为 $2\times10^{-4}G$。该值远低于理论切变强度（$\tau\approx G/30$），并且与临界分切应力的实测值十分接近，表明很容易发生位错滑移。

根据派-纳力公式，位错越宽，派-纳力越小，这是因为位错宽度代表了位错引起晶格变形的严重程度。宽度越大则位错周围的原子就越接近平衡位置，点阵的弹性畸变能越低，这样位错移动时其他原子移动的距离也相应更小，产生的阻力也越小。这一结论与试验结果相吻合。例如，由于面心立方结构金属的位错宽度较大，因此其派-纳力较小，屈服应力也较低；因体心立方金属的位错宽度较窄，所以派-纳力较大，屈服应力较高；由于共价晶体和离子晶体的原子间作用力具有较强的方向性，利于形成较窄的位错，因此这类材料通常表现出硬而脆的特性。

由于 $\tau_{P\text{-}N}$ 与 $(-d/b)$ 呈指数关系，因此，d 值越大，b 值越小，也就是滑移面的面间距越大，位错强度越小，派-纳力也越小，滑移越容易发生。由于晶体中原子最密排面具有最大的面间距，而在密排面上最密排方向上的原子间距最短，这就解释了为什么晶体的滑移面和滑移方向一般是晶体的原子密排面与密排方向。

在给定温度的实际晶体中，当位错线从一个能谷移动到相邻能谷时，并不是全部同时越过能峰的。通常认为其是在热激活帮助下，一小段位错线首先越过能峰，如图 5.16 所示，同时形成位错扭折。位错扭折能够很容易地沿位错线向旁侧移动，导致整个位错线向前移。通过该运动机制可以进一步降低位错滑移所需的应力。

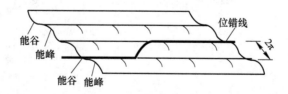

图 5.16　位错的扭曲运动

2）位错与位错的相互作用而产生的阻力。

3）运动位错交截后形成的扭折和割阶，特别是螺型位错的割阶，可以起到钉扎位错的作用，导致位错运动的阻力增加。

4）位错与其他晶体缺陷（例如点缺陷，其他位错、晶界、第二相质点等）相互作用而产生的阻力，均会阻碍位错运动，使晶体得以进一步强化。

5.3.1.2 孪生

在晶体变形过程中，如果由于存在某种阻力使滑移难以进行时，则晶体可能会通过孪生的方式发生形变。孪生是塑性变形的另一种重要形式，通常在难以发生滑移的情况下进行。

（1）孪生变形过程。这里以面心立方金属为例来介绍孪生变形的具体过程，如图 5.17 所示。面心立方晶体可被视作是由一系列（111）晶面沿着 [111] 晶向，按照 ABCABC… 的顺序堆垛而成。在切应力作用下，晶体发生孪生变形，其局部区域的若干（111）晶面沿着 [11$\bar{2}$] 方向（即 AC' 方向），产生彼此相对位移为 $\frac{a}{6}$ [11$\bar{2}$] 的均匀切变，即可得到如图 5.17（b）所示的情况。图中纸面相当于（1$\bar{1}$0）晶面，（111）晶面垂直于纸面；AB 为（111）面与纸面的交线，相当于 [11$\bar{2}$] 晶向。由图可知，均匀切变集中发生在中部，从 AB 面至 GH 面中的每个（111）晶面均沿 [11$\bar{2}$] 晶向相对于其邻面移动了 $\frac{a}{6}$ [11$\bar{2}$] 的距离。此类变形并未导致晶体的点阵类型变化，而是改变了均匀切变区的晶体位向，并与未切变区晶体呈镜像关系。这种变形过程称为孪生。变形与未变形两部分晶体合称为孪晶；均匀切变区与未切变区的分界面称为孪晶界；发生均匀切变的那组晶面称为孪晶面 [即（111）面]；孪生面的移动方向 [即 [11$\bar{2}$] 方向] 称为孪生方向。

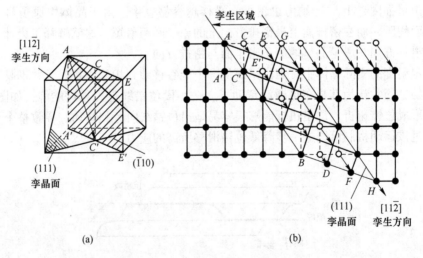

图 5.17 面心立方晶体孪生变形示意图
（a）孪晶面和孪生方向；（b）孪生变形时晶面的移动

（2）孪生变形的特点。晶体的孪晶面和孪生方向与晶体结构类型相关，例如：体心立方晶体为 {112}<111>、面心立方晶体为 {111}<11$\bar{2}$>、密排六方晶体为 {10$\bar{1}$2}<$\bar{1}$011>。根据以上对孪生过程的描述，与滑移相比，孪生变形具有以下特点：

1）孪生是一种均匀切变，即切变区内与孪晶面平行的所有晶面均相对于其相邻晶面沿孪生方向移动了一定的距离；而滑移是一种不均匀形变，只发生于某些滑移面上。

2）孪生后晶体的位向发生变化，变形部分与未变形部分呈镜面对称关系；而滑移并不会导致晶体位向的改变。

3）孪生变形通常发生在因滑移受阻而引起的应力集中区，因此，孪生所需的临界切应力要远大于滑移。

4）虽然孪生对材料塑性变形的贡献比滑移要小得多，但是孪生能够改变晶体的位向，为滑移系向易于滑动的方向旋转提供可能，因此，孪生可以激发进一步的滑移和晶体变形，从而可使晶体获得较大的变形量。

5）当发生孪生变形时，抛光的试样表面会出现部分浮凸。虽然重新抛光后可以去除表面变形，但由于晶体内部的变形区和未变形区域的位向不同，因此在偏光显微镜下仍能观察到孪晶；而滑移变形中出现的试样表面滑移带，通过抛光可以完全去除。

（3）孪晶的形成。在晶体中形成孪晶的主要方式有三种：

1）变形孪晶。它是通过机械变形而产生的孪晶，因此也称"机械孪晶"，通常呈透镜状或片状。

2）生长孪晶。它包括晶体在气态（如气相沉积）、液态（液相凝固）或固体中长大时所形成的孪晶。

3）退火孪晶。它是变形金属在再结晶退火时因堆垛层错地生长而形成的孪晶，相互平行的孪晶面通常沿着整个晶粒延伸，它实际上也属于生长孪晶。

变形孪晶的形成通常发生在晶界等晶体内应力高度集中的区域，这也就是意味着孪生所需的临界切应力要远大于滑移。例如，Mg 晶体滑移所需的临界分切应力仅为 0.49 MPa，而孪生时的分切应力则为 4.9~34.3 MPa，由此可见，只有在滑移受阻时，应力才可能累积并达到孪生所需的临界切应力数值，产生孪生变形。一旦孪晶开始形核，随后长大所需的应力则相对较小。例如，在 Zn 单晶中，孪晶形核时的局部应力须超过 $10^{-1}G$（G 为切变模量），但成核后，只需稍高于 $10^{-4}G$ 的应力即可长大。因此，孪晶的长大速度极快，与冲击波的传播速度相当。在孪晶形成时，由于晶体在极短的时间内释放大量的能量，因而有时可伴随明显的"咔嚓"声。

（4）孪生的位错机制。在孪生变形过程中，整个孪晶区发生均匀切变，各层晶面的相对位移是由一个不全位错（肖克莱不全位错）的运动而引起的。以面心立方晶体为例（图 5.18），当肖克莱不全位错在每层相邻且相互平行的一组 {111} 面上滑过，导致晶面逐层发生层错，这时各滑移面间的相对位移就不再是一个原子间距，而是 $\dfrac{\sqrt{6}}{6}a$。这便使得晶面的堆叠顺序由原来的"ABCABC"改变为 ABCACBACB，最终在晶体的上半部形成孪晶。

柯垂耳（A. H. Cottrell）和比耳贝（B. A. Bilby）针对上述孪生过程，提出了孪晶形变的位错增殖极轴机制。如图 5.19 所示，图中 OA、OB 和 OC 三条位错线相交于结点 O。其中位错 OA 与 OB 不在滑移面内，是不动位错，也称为极轴位错。位错 OC 及其柏氏矢量 $\boldsymbol{b}_3$ 都位于滑移面内，并可绕结点 O 旋转。因此，位错 OC 也被称为扫动位错，其滑移面称为扫动面。如果扫动位错 OC 是一个不全位错，且位错 OA 和位错 OB 的柏氏矢量（$\boldsymbol{b}_1$ 和

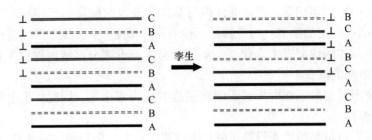

图 5.18　面心立方晶体中孪晶的形成

b_2）各有一个垂直于扫动面的分量，则其数值与扫动面（滑移面）的面间距相同，那么，扫动面将是一个连续蜷面（螺旋面）。扫动位错 OC 每旋转一周，就形成一个单原子层的孪晶，同时，OC 本身也攀移一个原子间距而上升到相邻的晶面上。按照上述方式，扫动位错不断的旋转攀升，最终就会在晶体中形成一个相当宽的均匀切变区域，即在晶体中产生变形孪晶。

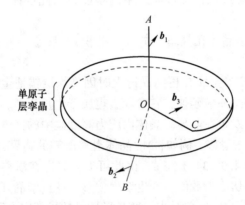

图 5.19　孪晶的位错极轴机制

5.3.1.3　扭折

由于各种因素的存在，晶体中不同部位的应力和应变往往存在较大差异。对于既无法滑移也不能孪生的晶体区域，通过其他方式实现塑性变形。以密排六方单晶体的纵向压缩变形为例，若外力平行于 hcp 的底面（0001）（即滑移面），那么此时 $\varphi = 90°$，$\cos\varphi = 0$，滑移面上的分切应力为零，滑移则无法进行；如果此时孪生也因阻力太大而不能发生，而如果压力继续增大并超过某一临界值时，晶体就会出现局部弯曲，使晶体的形状能够适应外力，如图 5.20 所示，这种变形方式称为扭折，变形区域则称为扭折带。由图可知，在 $ABCD$ 区域内的点阵发生了扭曲，且晶体的取向发生了非对称变化，扭曲的上下界面（AB、CD）是由两列符号相反的刃型位错组成。每个弯曲区域都是由相同符号的位错堆积而成，取向是逐渐弯曲过渡的，但左右两侧位错的符号相反。显然，这种变形方式与孪生和滑移均不同。事实上，扭折区最初是一个位错集中的区域，由此产生的弯曲应力使晶格折曲和弯曲，形成扭折带。因此，扭折是一种协调变形，会引起应力松弛，从而降低晶体断裂的可能。当晶体扭折时，扭折区内的晶体取向会发生变化，这可能会导致该区域内的滑移系向有利取向转变，从而产生滑移。

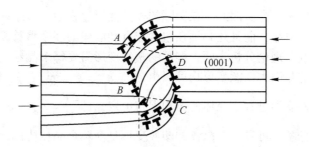

图 5.20 晶体扭折示意图

扭折带不仅限于上述情况，也可能在孪晶形成的过程中同时出现。当晶体某些部位集中发生孪生时，由于发生切变位移，与之相邻的周围晶格被迫承受很大的应力，尤其是当晶体两端存在约束（例如拉伸夹头的限制作用）时，与孪晶相邻区域的应变则会更大。为了消除这种影响来适应其约束条件，在相邻区通常会形成扭折带以实现过渡，如图 5.21 所示。

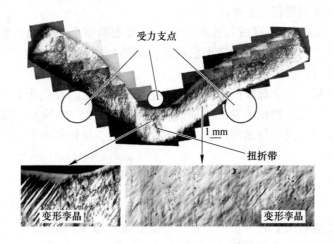

图 5.21 镁单晶孪生变形产生的扭折带

5.3.2 多晶体塑性变形

在室温下，多晶体中单个晶粒的变形模式与单晶基本相同。但是由于相邻晶粒的取向各异及晶界的存在，多晶的变形既要克服晶界的阻碍，又要求各晶粒的变形相互协调与配合，因此多晶体的塑性变形比较复杂，下面分别加以讨论。

5.3.2.1 晶粒取向的影响

晶粒取向对多晶体塑性变形的影响，主要表现在各晶粒变形过程中的互相制约和协调上。

当多晶受到外力作用时，不同取向的晶粒所承受的应力不同，导致各晶粒的滑移系上的分切应力差异较大，处于有利位向的晶粒首先发生滑移，因此各晶粒并非同时变形。此外，不同位向晶粒滑移系的滑移方向不同，这意味着滑移无法由一个晶粒直接延续到另一晶粒中。多晶体中每个晶粒都被其他晶粒所包围，为了实现变形，单一晶粒的变形必须与其周围的晶粒相互协调配合。因此，在实际的多晶变形过程中，每个晶粒不仅需要在取向最有利的单滑移系上滑移，而且还必须在包含非有利取向的多个滑移系上滑移，其形状才能相应地作各种改变。理论分析表明，多晶的塑性变形需要每个晶粒至少可以在 5 个独立的滑移系上滑移。这是因为任意变形均可以由 ε_{xx}、ε_{yy}、ε_{zz}、γ_{xy}、γ_{yz} 和 γ_{xz} 这 6 个应变分量来表示，但在塑性变形过程中晶体的体积保持恒定，即 $\dfrac{\Delta V}{V} = \varepsilon_{xx} + \varepsilon_{yy} + \varepsilon_{zz} = 0$，因此只有 5 个独立的应变分量。可见，多晶体的塑性变形是由单个晶粒协调配合的多系滑移而引起的。换句话说，多晶能否发生塑性变形取决于其所包含的每个晶粒是否具备 5 个独立的滑移系。这与晶体的结构类型有关：滑移系较多的面心立方和体心立方晶体都可以满足此条件，因此它们的多晶具有良好的塑性；晶体的滑移系少，密排六方晶粒间的应变协调性较差，因此其多晶体表现出较低的塑性变形能力。

5.3.2.2　晶界的影响

根据晶体缺陷理论，晶界上的原子排列是不规则的，晶格畸变严重，晶界两侧晶粒取向不同，滑移方向和滑移面不一致，导致滑移无法从一个晶粒直接延续到下一个晶粒，因此晶界可以显著的抑制滑移的发生。

对仅有 2~3 个晶粒的试样进行拉伸测试，结果表明整个晶粒的变形是不均匀的，晶界处的变形量较小，而晶粒内部的变形量较大，变形在晶界处呈竹节状（图 5.22），这说明晶界附近的滑移显著受阻。

多晶体被拉伸后，每个晶粒的滑移带均终止于晶界附近。在电子显微镜下，可以观察到因位错难以通过晶界而被堵塞在晶界附近的现象，如图 5.23 所示。这种在晶界附近形成的位错塞积群会对晶内的位错源产生一定的反作用力，反作用力的大小与位错塞积的数量 n 成正比：

$$n = \frac{k\pi\tau_0 L}{Gb} \tag{5.17}$$

式中，τ_0 为作用在滑移面上的分切应力；L 为位错源到晶界的距离；k 为与位错类型有关的系数，螺型位错 $k=1$，刃型位错 $k=1-\nu$。

当 n 增加到一数值，便可以阻止位错源的进一步移动，使晶体显著强化。

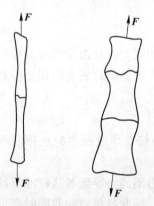

图 5.22　经拉伸后晶界处呈竹节状

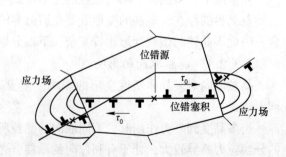

图 5.23　相邻晶粒中位错的交互作用

综上所述，由于晶粒取向不同且晶界上晶格畸变严重，因此在一个晶粒中滑移的位错不能直接进入第二晶粒。为了使第二晶粒发生滑移，就必须增大施加的应力以驱动第二晶粒中位错源的移动。因此，对多晶体而言，外加应力必须大到足以引发大量晶粒中的位错源运动并产生滑移，才能检测到其宏观塑性变形。

由于晶界数量直接取决于晶粒尺寸，因此，晶界对多起始塑性变形抗力的影响可以直接反映在晶粒尺寸上。实践表明，细化晶粒后，多晶体的强度普遍提高，如图 5.24 所示。多晶体的屈服强度 σ_s 与晶粒平均粒径 d 的关系可用著名的霍尔-佩奇（Hall-Petch）公式表示：

$$\sigma_s = \sigma_0 + Kd^{-\frac{1}{2}} \tag{5.18}$$

式中，σ_0 反映晶粒的变形抗力，相当于一个无限大单晶的屈服强度；K 反映晶界对变形的影响系数，与晶界结构有关。

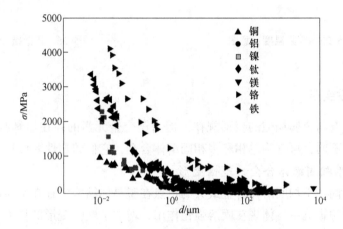

图 5.24 多晶金属的屈服强度与晶粒直径的关系

尽管霍尔-佩奇公式最初是一个经验关系式，随后发现，它也可根据位错理论，利用位错群在晶界附近引起的塞积模型导出。进一步试验证明，该公式具有非常广泛的适用性。不论是亚晶粒大小或者是塑性材料的流变应力与晶粒大小之间，还是脆性材料的脆断应力与晶粒大小之间，以及金属材料的疲劳强度、硬度与其晶粒大小之间的关系都可用霍尔-佩奇公式来表达。因此，对于在室温使用的结构材料，一般希望晶粒细小且均匀，因为细晶粒不仅赋予材料更高的强度和硬度，还使它具有良好的塑性和韧性，即具有良好的综合力学性能。

但当变形温度高于 $0.5T_m$（熔点）时，由于原子的迁移能力提高，原子沿晶界的扩散速率加快，导致晶界开始具有一定的黏滞性，对变形的阻力显著减弱。也就是说，当温度超过一定数值时，即使施加很小的应力，只要作用的时间足够长，也会发生晶粒沿晶界的相对滑移。因此，在多晶体材料中往往存在一"等强温度 T_E"，低于 T_E 时晶界强度高于晶粒内部的；高于 T_E 时则得到相反的结果，如图 5.25 所示。此外，在高温时，多晶体，尤其是细晶粒的多晶体，还可能存在另一种称为扩散性蠕变的变形机制。扩散性蠕变与晶体中空位的扩散有关，可由图 5.26 来说明。假设 $ABCD$ 是多晶体中的一个四方形晶粒，当被拉伸而发生变形时，由于在受拉的晶界 AB 和 CD 附近易于形成空位，因此此处的空位浓度较高；相反，因在受压的晶界 AD 和 BC 附近形成空位的难度较大，所以空位浓度较低。最终，在晶粒内部形成了空位浓度梯度，导致空位从 *AB*、*CD* 向 *AD*、*BC* 定向移动，而原子则向相反方向迁移，其结果必然是晶粒沿拉伸方向变长。

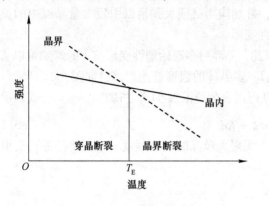

图 5.25　等强温度示意图

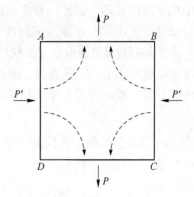

图 5.26　扩散蠕变机制示意图

5.3.3　合金塑性变形

合金通常具有与金属相似的变形规律，但由于合金元素的存在而具有一些新的性能。根据合金组成相不同，可分为单相和多相固溶体合金，它们的塑性变形具有不同的特点。

5.3.3.1　单相固溶体合金的塑性变形

和纯金属不同，单相固溶体合金最大的特点在于晶体结构中存在溶质原子。溶质原子对合金塑性变形的影响主要体现在固溶强化作用，增加了塑性变形的抗力。此外，有些固溶体还会出现显著的屈服点和应变时效现象。

（1）固溶强化。溶质原子的存在及其固溶度的增加，会提高基体金属的变形抗力。例如，Cu-Ni 固溶体的强度和硬度随溶质 Ni 含量的增加而增加，而塑性下降，即产生固溶强化效果，如图 5.27 所示。通过比较纯金属与不同浓度的固溶体的应力-应变曲线（图 5.28），可以发现溶质原子的添加不仅提高了应力-应变曲线的整体水平，还提高了合金的加工硬化速率。

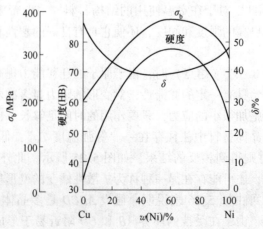

图 5.27　铜镍固溶体的力学性能与成分的关系

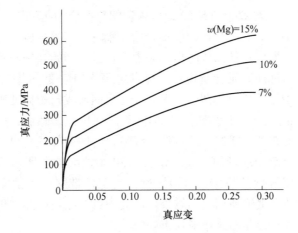

图 5.28　铝镁固溶体的应力-应变曲线

研究表明，不同溶质原子引起的固溶强化效果存在较大差异，图 5.29 显示了不同合金元素添加到铜单晶中引起的临界切应力变化，可以直观地证实这种现象。影响固溶强化的因素很多，主要为以下几个方面：

1）溶质原子与基体金属的原子尺寸相差越大，强化作用越好。

2）溶质原子的原子数分数越高，强化作用越显著。

3）间隙型溶质原子比置换原子具有更好的固溶强化效果，并且由于间隙原子在体心立方晶体中的点阵畸变是不对称的，因此其强化作用大于面心立方晶体；但间隙原子的固溶度十分有限，因而实际强化效果并不显著。

4）溶质原子与基体金属的价电子数差异越大，固溶强化作用越显著。

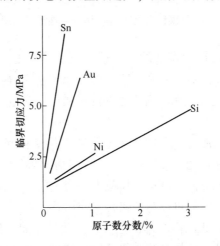

图 5.29　溶入不同合金元素对铜单晶临界切应力的影响

一般认为，固溶强化是由多种作用引起的，主要包括溶质原子与位错的弹性相互作用、化学相互作用和静电相互作用，以及当固溶体产生塑性变形时，位错运动扰乱了溶质原子在固溶体结构中以短程有序或偏聚形式存在的分布状态，从而导致体系能量的升高以及滑移变形阻力的增大。

（2）屈服现象与应变时效。图 5.30 是低碳钢的典型应力-应变曲线，不同于一般的拉伸曲线，它具有明显的屈服点。当拉伸试样开始屈服时，应力急剧下降，并在应力基本不变的情况下继续伸长，所以拉伸曲线中出现应力平台区。开始屈服与跌落点对应的应力值分别为上、下屈服点。在屈服延伸阶段，试样发生不均匀应变。当应力达到上屈服点时，试样首先在其应力集中区开始发生塑性变形，并在表面形成与拉伸轴约成 45°角的变形带，命名为吕德斯（Lüders）带。与此同时，应力降至下屈服点。随后，这种变形带沿试样长度方向持续形成并不断扩展，最终导致拉伸曲线平台的屈服伸长。事实上，应力的每一次微小波动都会引发一个新变形带的形成，如图 5.30 中放大部分所示。当屈服扩展到整个试样标距范围时，屈服延伸阶段结束。很显然，吕德斯带穿过了试样横截面上的每个晶粒，它是由许多晶粒协调变形所引发的结果，而其中每个晶粒内部则仍按各自的滑移系进行滑移变形，因此吕德斯带是有别于滑移带的。

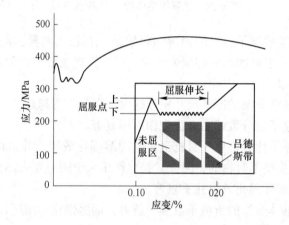

图 5.30 低碳钢退火态的应力-应变曲线及屈服现象

屈服现象最初是在低碳钢中发现的。在适当条件下，上、下屈服点之差可达 10% ~ 20%，屈服伸长可超过 10%。后来在许多其他的金属和合金（如 Mo-Ti-Al 合金、Cd、Zn、α 和 β 黄铜等）中，只要这些金属材料中添加的溶质原子含量足以钉扎位错，均可以观察到屈服现象。

在固溶体合金中，溶质原子或杂质原子通常会与位错相互作用，形成溶质原子气团，也被称作 Cottrell 气团。根据刃型位错的应力场分布情况可知，在滑移面上方的位错中心区域承受压应力，滑移面下方的区域承受拉应力。当晶格中存在间隙原子或比溶剂原子尺寸更大的置换溶质原子时，它们可以与位错相互作用并偏聚在刃型位错的下方，以抵消部分或全部的张应力，从而降低位错的弹性应变能。此时，如果位错处于能量较低的状态，那么它则趋向稳定不易运动，这便是溶质原子对位错的"钉扎作用"。如果位错要重启运动，就需要加载更大的应力才能使其挣脱 Cottrell 气团的钉扎阻碍，从而形成了上屈服点；而一旦挣脱之后位错的运动就相对容易，应力减小，并出现下屈服点和水平台。以上这就是屈服现象的物理本质。

然而，在 20 世纪 60 年代后，Gilman 和 Johnston 在一些晶体中（例如：无位错的铜晶须、低位错密度的共价键晶体 Si 和 Ge，以及离子晶体 LiF 等）中发现了用 Cottrell 理论无法解释的不连续屈服现象。为了更贴切地解释这一现象的内在机制，需要从位错运动规律本身入手进行探讨，因此便构建了更加通用的位错增殖理论。

根据位错理论，材料塑性变形的应变速率 $\dot{\varepsilon}_p$ 与晶体中可运动位错的密度 ρ_m、位错运动的平均速度 v 以及位错的柏氏矢量 $\boldsymbol{b}$ 成正比：

$$\dot{\varepsilon}_p \propto \rho_m \cdot v \cdot \boldsymbol{b} \tag{5.19}$$

而位错的平均运动速度 v 又与应力密切相关：

$$v = \left(\frac{\tau}{\tau_0}\right)^{m'} \tag{5.20}$$

式中，τ_0 为位错做单位速度运动所需的应力；τ 为位错受到的有效切应力；m' 为与材料属性有关的应力敏感指数。

在拉伸试验中，$\dot{\varepsilon}_p$ 的数值取决于试验机夹头的移动速度，并且接近恒定值。在塑性变形开始之前，晶体中的位错密度通常很低，或者尽管存在大量位错但却被钉扎住，可移动的位错密度 ρ_m 较低。在这种情况下，如果要保持 $\dot{\varepsilon}_p$ 值恒定，就要增大 v 值，也就是需要提高 τ，从而导致较高的上屈服点应力。然而，一旦塑性变形启动后，位错迅速增殖，ρ_m 迅速增大。此时，若要维持 $\dot{\varepsilon}_p$ 的值不变，v 的值必然要下降，因此所需的应力 τ 也突然下降，产生屈服降落，这也就是解释了为什么下屈服点应力较低的问题。

虽然上述两种理论是先后被提出的，但二者并不相悖而是互相补充的，两者结合可更好地解释低碳钢的屈服现象。在利用位错增殖理论时，前提是要求原晶体材料具有很低的可动位错密度，例如低碳钢。低碳钢中的原始位错密度 ρ 高达 10^8 cm^{-2}，但由于碳原子强烈钉扎位错，ρ_m 仅为有 10^3 cm^{-2}。

应变时效是与低碳钢屈服现象相关的另一种行为，如图 5.31 所示。当退火状态下的低碳钢试样被拉伸到超过其屈服点并发生轻微塑性变形（曲线 1）时，立即卸载并重新加载拉伸，那么其新的拉伸曲线将不再出现屈服点（曲线 2），试样也不再发生屈服现象。如果将预变形试样在常温下放置几天或在 200 ℃ 左右经短时加热后再进行拉伸，则屈服现象会再次出现，且屈服应力进一步增大（曲线 3）。这一现象通常称为应变时效。类似地，Cottrell 气团理论也能够对低碳钢的应变时效现象进行很好的解释。

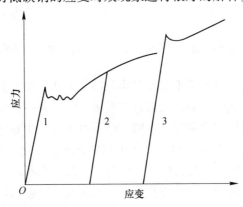

图 5.31 低碳钢的拉伸试验

1—预塑性变形；2—去载后立即再行加载；3—去载后放置一段时间或在 200 ℃ 加热后再加载

5.3.3.2 多相合金的塑性变形

工程上使用的金属材料基本上都是两相或多相合金。多相合金与单相固溶体合金的区别在于存在除基体以外的其他相。由于第二相的含量、形状、尺寸、分布与基体结合的状况以及第二相的形变特征的差异，使得多相合金的塑性变形更加复杂。

根据两相颗粒的大小，多相合金可分为两类：如果第二相粒子与基体晶粒尺寸在同一数量级，则称为聚合型两相合金；如果第二相粒子细小且随机分布在基体晶粒中，则称为弥散分布型两相合金。这两类合金具有不同的塑性变形情况和强化规律。

（1）聚合型合金的塑性变形。如果合金的两相晶粒尺寸在同一数量级，并且都是塑性相时，则合金的变形能力由两相的体积分数所决定。作为一级近似，可以假设合金变形时两相的应变和应力相同。因此，合金在给定应变下的平均流变应力 $\dot{\sigma}$ 和给定应力下的平均应变 $\dot{\varepsilon}$ 可以通过混合律表达：

$$\dot{\sigma} = \varphi_1\sigma_1 + \varphi_2\sigma_2 \tag{5.21}$$

$$\dot{\varepsilon} = \varphi_1\varepsilon_1 + \varphi_2\varepsilon_2 \tag{5.22}$$

式中，φ_1 和 φ_2 分别为两相的体积分数（$\varphi_1+\varphi_2=1$）；σ_1 和 σ_2 分别为一定应变时的两相流变应力；ε_1 和 ε_2 分别为一定应力时的两相应变。

图 5.32 为等应变和等应力情况下的应力-应变曲线。

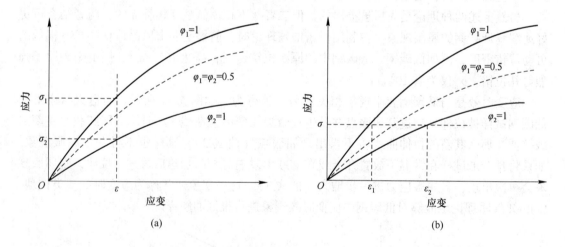

图 5.32 聚合型两相合金等应变(a)与等应力(b)情况下的应力-应变曲线

事实上，两相的应力或应变都不可能是均匀的。上述假设及其混合律只能作为第二相体积比效应的定性估计。试验证明，此类合金发生塑性变形时，滑移通常首先发生在较软的相中。如果合金中较强相的含量较少，则塑性变形主要发生在较弱的相中；只有当第二相为较强相，且体积分数 φ 大于30%时，才可起到显著的强化效果。

如果聚合型合金两相中一个是脆性相，而另一个是塑性相时，则合金的塑性变形情况不仅取决于第二相的相对含量，而且与其大小、形状和分布也密切相关。

以碳钢中的渗碳体（Fe_3C，硬而脆）在铁素体（以 α-Fe 为基的固溶体）基体中存在的情况为例，表 5.4 给出了渗碳体的形态与大小对碳钢力学性能的影响。

表 5.4 碳钢中不同渗碳体对其力学性能的影响

材料及组织	工业纯铁	共析钢 [$w(C)=0.8\%$]					$w(C)=1.2\%$
		片状珠光体（片间距 ≈ 630 nm）	索氏体（片间距 ≈ 250 nm）	屈氏体（片间距 ≈ 100 nm）	球状珠光体	淬火+350 ℃回火	网状渗碳体
σ_b/MPa	275	780	1060	1310	580	1760	700
δ/%	47	15	16	14	29	3.8	4

（2）弥散分布型合金的塑性变形。当第二相以细颗粒形式均匀分散在基体相中时，将会产生显著的强化作用。这种强化作用是通过第二相粒子对基体中位错运动的阻碍作用来实现的。根据第二相粒子的可变形性，可将其分为"不可变形的"和"可变形的"两类。这两类粒子与位错作用的方式不同，其强化的途径也不同。通常，弥散强化型合金中的第二相粒子（借助粉末冶金方法加入的）是不可变形的，而沉淀相粒子（通过时效处理从过饱和固溶体中析出）多为可变形的，但当沉淀粒子在时效过程中长大到一定程度后，也可成为不可变形粒子。

1）不可变形粒子的强化作用。不可变形粒子对位错的阻碍作用如图 5.33 所示。当运动位错与其相遇时，将受阻挡，使位错线在其周围弯曲。随着外加应力的增大，受阻部分位错线的弯曲程度随之增大，形成包围着粒子的位错环，正负位错彼此抵消，而位错线的其余部分则越过粒子继续移动。显然，位错以这种方式移动的阻力很大，而且每个位错环产生作用于位错源的反向应力，因此须增大应力以克服阻碍继续变形的此反向应力，导致流变应力迅速提高。这一强化机制由奥罗万（E. Orowan）首先提出，因此也可称为奥罗万机制。目前，该机制已被试验所证实。

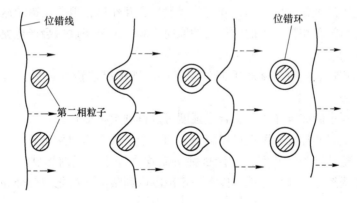

图 5.33 位错绕过第二相粒子示意图

根据位错理论，迫使位错线弯曲到曲率半径为 R 时所需切应力为：

$$\tau = \frac{Gb}{2R} \tag{5.23}$$

此时由于 $R = \lambda/2$，其中 λ 为粒子间距，因此位错线弯曲到该状态所需要的切应力为：

$$\tau = \frac{Gb}{\lambda} \tag{5.24}$$

这是使位错线绕过第二相粒子需要外加应力的临界值。由式（5.24）可知，不可变形粒子的强化效果与 λ 成反比，即颗粒越多，粒子间距离越小，强化作用越明显。因此，减小颗粒尺寸（相同体积分数下，颗粒越小，颗粒间距也越小）或增加第二相颗粒的体积分数都会引起合金强度的增加。

2）可变形微粒的强化作用。如果第二相粒子为可变形微粒，它将会被位错切过并随基体一起变形，如图 5.34 所示。在这种情况下，强化作用主要由粒子本身的性质及其与基体的相互作用所决定，且因合金而异，强化机制相当复杂，其主要作用如下：

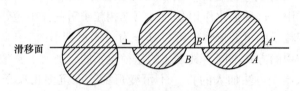

图 5.34 位错切割粒子的作用机制

①当位错切过粒子时，粒子会产生宽度为 b 的表面台阶，并因表面积的增加导致粒子总的界面能升高。

②当粒子是有序结构时，位错切过粒子时会破坏滑移面上下的有序性，形成反相畴界，造成能量的增加。

③由于第二相粒子与基体的晶体点阵不同或至少是点阵常数不同，因此当位错切过粒子时会在其滑移面上引起原子的错排，从而增加了位错运动的难度。

④由于比体积的差别，第二相粒子与基体相之间通常采用共格或半共格的方式结合，因此会在粒子周围产生弹性应力场，并与位错发生相互作用，阻碍位错的运动。

⑤由于基体与第二相粒子中的滑移面的取向不同，位错切过后会产生割阶，从而阻碍整个位错线的移动。

⑥由于第二相粒子具有与基体不同的层错能，当扩展位错通过后，其宽度会发生变化，导致能量增加。

在上述强化因素的综合作用下，合金强度可以得到大幅提升。

简而言之，上述两种机制不仅可以解释多相合金中第二相的强化效应，还能够很好地解释多相合金的塑性行为。然而，不论哪种机制均受控于粒子的形状、尺寸、分布等因素，因此合理地调控这些参数，就可以在一定范围内调整沉淀强化型合金和弥散强化型合金的强度和塑性。

5.3.4 变形对组织与性能的影响

塑性变形不仅可以改变材料的外观和尺寸，还能使材料的内部结构和宏观性能发生变化，因此可以在变形的过程中实现性能的调整。

5.3.4.1 显微组织的变化

金属材料在塑性变形后，显微组织通常会发生明显的改变。除了每个晶粒内部会出现大量的滑移带或孪晶带外，随着变形的持续加剧，原来的等轴晶粒（图 5.35（a））还将沿其变形方向逐渐伸长，晶粒扁平化，形成胞状组织（图 5.35（b））。当变形量足够大时，晶粒变得模糊不清，最终变为一片如纤维状的条纹，称为纤维组织（图 5.35（c））。纤维的分布取向即为材料流变伸展的方向。然而，值得注意的是，冷变形金属的组织与所观察的试样截面的位置有关，如果沿垂直变形方向截取试样，则断面显微组织不能真实反映晶粒的变形情况。

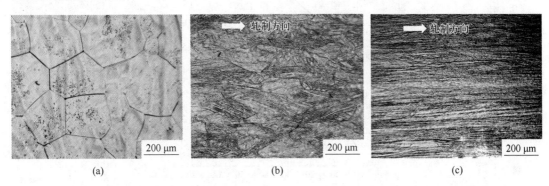

图 5.35　Ti-32.5Nb-6.8Zr-2.7Sn 合金在不同冷变形度下的组织显微形貌
（a）未变形；（b）变形度 50%；（c）变形度 90%

5.3.4.2　亚结构的变化

由于晶体的塑性变形是通过位错的运动和不断增殖来进行的，那么随着变形度的增大，晶体中的位错密度必将迅速升高。例如，金属经严重冷变形后，位错密度可从原先退火态的 $10^6 \sim 10^7$ cm^{-2} 增至 $10^{11} \sim 10^{12}$ cm^{-2}。

研究表明，经历一定程度的塑性变形后，晶体中的位错线因运动与交互作用，开始变得纷乱不均，并形成位错缠结。若进一步增加变形度，大量位错聚集，并由缠结的位错形成胞状亚结构。通常，高密度的缠结位错主要集中在胞的外围，构成了胞壁，而胞内的位错密度则相对较低。随着变形度的持续增大，胞状亚结构的数量增多、尺寸减小，并且各胞之间存在微小的位向差。如果晶体是通过强烈冷轧、冷拉等方式实现变形的，其亚结构将由大量细长状变形胞组成，并伴有纤维组织的出现。

胞状亚结构的形成不仅受变形程度的影响，还与材料类型有关。对于层错能较高的金属和合金（如铝、铁等），其扩展位错区较窄，可通过束集进行交滑移，因此在变形过程中易于出现明显的胞状结构；而层错能较低的金属材料（如不锈钢、α 黄铜），其扩展位错区较宽，位错的移动性差，难以发生交滑移，因此在这类材料中易观察到位错塞积群，而出现胞状亚结构的倾向性较小。

5.3.4.3　性能的变化

在塑性变形过程中，材料的力学、物理和化学性能都将随着内部组织与结构的变化而产生显著的改变。

（1）加工硬化。图 5.36 是铜经不同程度的冷轧后强度和塑性的变化情况，表 5.5 是冷拉对低碳钢 $[w(\mathrm{C}) = 0.16\%]$ 力学性能的影响。很显然，经冷加工变形后，金属材料的强度（硬度）显著提高，但塑性则有所下降，也就是产生了加工硬化现象。加工硬化是金属材料的一项重要特性，可用于强化金属，尤其适用于一些无法采用热处理的方法进行强化的材料，如纯金属及某些合金。

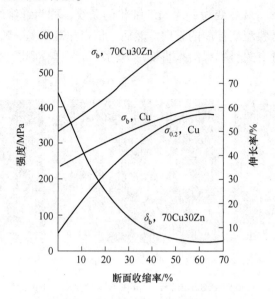

图 5.36   冷轧对铜材拉伸性能的影响

表 5.5   冷拉对低碳钢（C 的质量分数为 0.16%）**力学性能的影响**

冷拉截面减缩率/%	屈服强度/MPa	抗拉强度/MPa	伸长率/%	断面收缩率/%
0	276	456	34	70
10	497	518	20	65
20	566	580	17	63
40	593	656	16	60
60	607	704	14	54
80	662	792	7	26

图 5.37 是金属单晶的典型切应力-切应变曲线（也称为加工硬化曲线），其塑性变形需要经历三个阶段：

1）Ⅰ阶段——易滑移阶段：当 τ 达到晶体的 τ_c 后，在应力增加有限的情况下也能产生相当大的变形。此阶段近乎直线，斜率为 $\theta_{\mathrm{I}}\left(\theta = \dfrac{\mathrm{d}\tau}{\mathrm{d}\gamma}\ \text{或}\ \theta = \dfrac{\mathrm{d}\sigma}{\mathrm{d}\varepsilon}\right)$，加工硬化率较低，一般 θ_{I} 接近 $10^{-4}G$ 数量级（G 为材料的切变模量）。

2）Ⅱ阶段——线性硬化阶段：随着应变量增大，应力线性增强，此段也呈直线，但斜率较大，加工硬化十分显著，$\theta_{\mathrm{II}} \approx G/300$，且近乎恒定。

3）Ⅲ阶段——抛物线型硬化阶段：随应变的持续增加，应力上升缓慢，呈抛物线型，θ_{III} 逐渐下降。

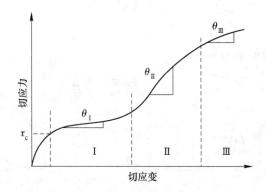

图 5.37　单晶的切应力-切应变曲线显示塑性变形的三个阶段

不同晶体的实际应力-应变曲线会因其结构类型、晶体位向、杂质含量、试验条件等因素的不同而有所差异，例如各阶段的长短因位错的运动、增殖和相互作用而不同，甚至可能会缺失某一阶段，但总的来说，它们的基本特征是一致的。图 5.38 是具有不同晶体结构的三种金属单晶的硬化曲线，其中体心立方和面心立方晶体符合典型的三阶段加工硬化情况。由于图中体心立方晶体含有微量杂质原子，存在杂质原子与位错的相互作用，因此出现了前面所述的屈服现象并导致曲线发生变化。至于密排六方金属单晶体的第 Ⅰ 阶段通常很长，远超其他结构的晶体，导致第 Ⅱ 阶段还未充分发展试样便发生断裂，因此往往无法观察到第 Ⅲ 阶段。

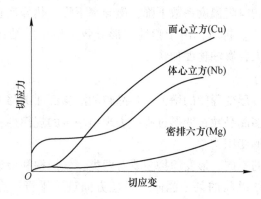

图 5.38　典型面心立方、体心立方和密排六方金属单晶的切应力-切应变曲线

多晶体在塑性变形过程中，由于晶界的阻碍和晶粒之间的协调配合要求，各颗粒不可能用单一的滑动系统来移动，而是必须有几套滑动系同时动作，因此其应力-应变曲线中不会出现第 Ⅰ 阶段。除此之外，多晶体的硬化曲线通常更陡，尤其是在细晶粒多晶体的初期变形阶段，这一现象更为明显，如图 5.39 所示。

关于硬化机制，人们提出了不同的理论，但最终的表达形式基本一致，即屈服应力是位错密度平方根的线性函数：

$$\tau = \tau_0 + \alpha Gb\sqrt{\rho} \tag{5.25}$$

式中，τ_0 和 τ 分别为加工硬化前后所需的切应力；α 为与材料有关的常数，通常取 $0.3 \sim 0.5$；G 为切变模量；b 是位错的柏氏矢量；ρ 为位错密度。

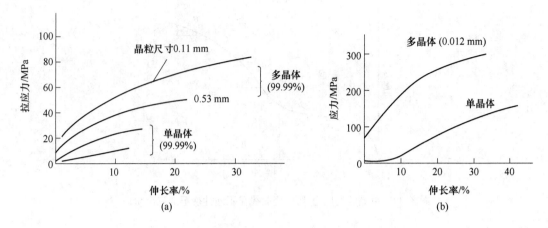

图 5.39   单晶与多晶的应力-应变曲线（室温）

(a) Al；（b) Cu

上述表达式已被许多实验证实。因此，塑性变形过程中位错密度的增加及其所产生的钉扎效应是导致加工硬化的决定性因素。

（2）其他性能的变化。塑性变形还可使金属的电阻率增高，增加的程度与形变量成正比，但增加的速率因材料而异。例如，冷拔形变率为 82% 的纯铜电阻率升高 2%，同样形变率的 H70 黄铜丝电阻率则升高 20%，而冷拔形变率为 99% 的钨丝电阻率升高 50%。另外，塑性变形后，金属的电阻温度系数下降，磁导率下降，热导率也有所降低，铁磁材料的磁滞损耗及矫顽力增大。再者，由于塑性变形导致金属中的结构缺陷增多，自由焓升高，金属的化学活性增大，腐蚀速度加快。

5.3.4.4   形变织构

当塑性变形时，随着形变程度的增大，各晶粒的滑移面和滑移方向将向主形变方向转变，逐渐使不同取向的多晶晶粒在变形过程中表现出一定的规律性，这一现象称为择优取向，这种组织状态称为形变织构。

根据加工变形方式的不同，形变织构主要有两类：丝织构和板织构。前者是在拔丝时形成的，其主要特征为各晶粒的某一晶向与拔丝方向近乎平行；后者则是在轧板时形成的，其主要特点是各晶粒的某一晶面和晶向分别趋于与轧面与轧向相平行。值得注意的是，织构不仅会出现在冷加工变形的材料中，经退火处理后的材料中也仍然存在。表 5.6 列出了几种常见金属的丝织构与板织构。

表 5.6   常见金属的丝织构与板织构

晶体结构	金属或合金	丝织构	板织构
体心立方	α-Fe、Mo、W、铁素体钢	<110>	{100}<011>+{112}<110>+{111}<112>
面心立方	Al、Cu、Au、Ni、Cu-Ni	<110> <111>+<100>	{110}<112>+{112}<111>{110}<112>

晶体结构	金属或合金	丝织构	板织构
密排六方	Mg、Mg 合金、Zn	<2130> <0001>与丝轴成 70°	{0001} <10$\bar{1}$0> {0001} 与轧制面成 70°

然而，无论多晶体材料经历多么激烈的塑性变形也无法使所有晶粒转到织构取向，其转变程度决定于加工变形的方法、变形温度、变形量、材料属性等因素。

由于织构的各向异性，材料的成形性和使用性能都会受到很大的影响。在工业生产中，通常不希望金属板材中存在织构，尤其是用于深冲压成形的板材，织构会引起其沿各方向的不均匀变形，导致工件的边缘粗化，产生了所谓"制耳"。不过，在某些情况下，织构可用于改善板材性能，例如变压器用硅钢片。由于 α-Fe<100>方向最易磁化，因此在生产中可以通过适当控制轧制工艺便可以获得具有 (110)[001] 织构和磁化性能优异的硅钢片。

5.3.4.5 残余应力

在塑性变形过程中，外力所做的功大部分转化为热量，小部分以畸变能的形式储存于形变材料中。被储存的这部分能量叫作储存能，其大小与形变方式、形变量、形变温度、材料本身性质等因素有关，约占总形变功的百分之几。储存能的具体表现有：宏观残余应力、微观残余应力及点阵畸变。

残余应力是一种内应力，其产生是由于工件内部各区域变形不均匀性以及相互间的牵制作用所致，在工件中处于自相平衡状态。按照残余应力平衡范围的不同，可将其分为三类：

(1) 第一类内应力，又称宏观残余应力，它是由工件不同部分的宏观不均匀变形引起的，因此其应力平衡范围覆盖整个工件。例如，当金属棒受到弯曲载荷（图 5.40）时，顶侧处于拉伸状态，底侧处于压缩状态；当变形超过弹性极限而发生塑性变形时，如外力去除，被伸长的一侧就存在压应力，被压缩的一侧则为张应力；又如，金属线材经拔丝后（图 5.41），由于拔丝模壁的阻力，线材外表面比芯部的变形程度要小，因此表面承受拉应力，而芯部承受压应力。这类残余应力所对应的畸变能并不大，仅占总储存能的 0.1% 左右。

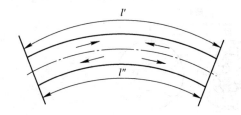

图 5.40 金属棒弯曲变形后的残余应力

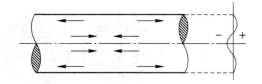

图 5.41 金属拔丝后的残余应力

(2) 第二类内应力，又称微观残余应力，是由晶粒或亚晶粒之间的不均匀变形所引起的。其作用范围与晶粒尺寸相当，即在晶粒或亚晶粒之间保持平衡。这种内应力有时可达到非常高的数值，甚至会引起显微裂纹，从而导致工件破坏。

（3）第三类内应力，又称点阵畸变。其作用范围从几十到几百纳米，是由工件在塑性变形时产生的大量点阵缺陷引起的。变形金属中储存能的绝大部分（80%~90%）用于引发点阵畸变。它的存在提高了变形晶体的能量，使其在热力学上不稳定，因此它可以驱动变形金属重新恢复到自由焓最低的稳定结构状态，并导致塑性变形金属在加热时的回复及再结晶过程。

金属材料塑性变形后的残余应力是不可避免的，它将对工件的变形、开裂和应力腐蚀产生影响和危害，因此需要及时采取一定措施（如去应力退火）来消除这种影响。然而，在某些特定条件下，残余应力的存在也是有用的。例如，对需要承受交变载荷的零件进行表面滚压和喷丸处理时，使其表面形成拉、压应力层，以达到表面强化的目的。

5.4 回复和再结晶

金属和合金发生塑性变形后，除了内部组织和各项性能发生变化外，由于晶体结构缺陷的增加以及畸变能的升高，它们还将转变为热力学不稳定的高自由能状态。因此，塑性变形的材料往往会自发地恢复到变形前的低自由能状态。当冷变形材料被加热时，会发生回复、再结晶、晶粒长大等过程。了解这些过程的起源和演变，对于改善和调控金属材料的组织和性能具有重要的意义。

5.4.1 退火

退火是指将金属材料在一定温度和环境条件下进行的热处理，是金属材料加工处理的一种最常见的工艺。当冷变形金属退火时，其组织结构和性能均会发生变化。根据不同加热温度下其变化特点，退火过程可分为回复、再结晶和晶粒长大三个阶段。回复是指在新的无畸变晶粒形成之前所发生的亚结构和性能变化的阶段；再结晶是指变形晶粒逐步被无畸变的等轴新晶粒所取代的过程；晶粒长大是指再结晶结束后晶粒继续长大的阶段。

图 5.42 示意了冷变形金属在退火时显微组织的变化过程。从图中可以看出，在回复阶段，由于大角度晶界没有发生迁移和塌陷，所以晶粒的大小和形状与变形态的基本一致，仍然是纤维状或扁平状。在再结晶阶段，畸变度大的区域首先出现新的无畸变晶粒的晶核，然后通过消耗周围的变形基体而长大，直至形变组织完全转变为新的、无畸变的细

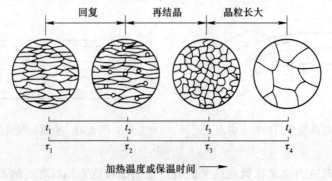

图 5.42   冷变形金属退火时晶粒形状和大小变化

等轴晶粒。最后，在晶界表面能的驱动下，新形成的晶粒互相吞食以获得进一步长大，最终到达一个在该条件下相对恒定的尺寸，该阶段为晶粒长大。

在不同的退火阶段，材料的组织结构发生不同的变化，那么其性能的变化情形也必然存在差异。图5.43展示了冷变形金属在退火过程中的基本性能、能量随退火温度的变化趋势。

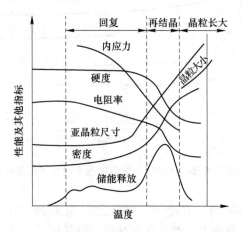

图5.43 冷变形金属退火时某些性能和能量的变化

（1）强度与硬度：硬度在回复阶段的变化较小，约占总变化量的1/5，而再结晶阶段则下降较多。强度与硬度具有相似的变化规律。这一现象主要与金属中的位错机制有关，即回复阶段时，变形金属中依然存在很高的位错密度，而在再结晶过程中，由于位错密度明显降低，因此强度和硬度显著下降。

（2）电阻率：点缺陷所引起的点阵畸变会使传导电子产生散射，其散射作用比位错所引起的更为强烈，因此可以有效地提高电阻率。在回复阶段，由于点缺陷浓度会明显减小，因此电阻率显著下降。

（3）内应力：大部分或全部的宏观内应力可以在回复阶段消除，而微观内应力则可以在再结晶阶段全部消除。

（4）亚晶粒尺寸：在回复的前期，亚晶粒尺寸变化不大，但到了后期，特别是在接近再结晶时，亚晶粒尺寸明显增大。

（5）密度：变形金属的密度在再结晶阶段急剧增大。显然，这种现象不仅与前期点缺陷密度减小有关外，还与再结晶阶段中位错密度的降低有关。

（6）储能释放：当将冷变形金属加热到应力松弛的临界温度时，被储存的能量就得以释放。回复阶段的储能释放量较小，释放高峰位于再结晶阶段。

5.4.2 回复

5.4.2.1 回复动力学

回复是冷变形金属在退火时发生组织结构和性能变化的初期阶段，回复程度与温度和时间密切相关。图5.44显示了同一变形程度的多晶体铁在不同退火温度时，屈服强度的回复动力学曲线。图中横坐标为时间，纵坐标为剩余应变硬化分数（1−R），R为屈服强度回复率，$R = (\sigma_m - \sigma_r)/(\sigma_m - \sigma_o)$，其中 σ_m、σ_r 和 σ_o 分别为变形后、回复后和完全退火后的屈服强度。显然，R 越大，回复程度也就大。

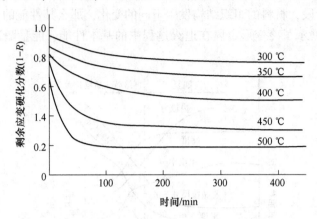

图 5.44　同一变形程度的多晶体铁在不同温度退火时，屈服强度的回复动力学曲线

通过回复的动力学曲线可知，它是一个弛豫过程。主要特点为：（1）无孕育期；（2）当温度一定时，初期的回复速率很大，然后逐渐减慢，直接接近于零；（3）每个温度的回复程度都有一个极限值，退火温度越高，这个极限值越高，达到此极限值的时间越短；（4）预变形量越大，晶粒尺寸越小，初始回复速率越快。

上述回复过程可利用一级反应方程来表达：

$$\frac{\mathrm{d}x}{\mathrm{d}t} = -cx \tag{5.26}$$

式中，t 为恒温下的加热时长；x 为冷变形引起的性能增量经加热后的残留分数；c 为与材料和温度相关的比例常数。

c 与温度的关系表现出典型的热激活过程的特点，可以用著名的阿累尼乌斯（Arrhenius）方程描述：

$$c = c_0 \mathrm{e}^{-Q/(RT)} \tag{5.27}$$

式中，Q 为激活能；R 为气体常数；T 为绝对温度；c_0 为比例常数。

将上式代入式（5.27）中并积分，用 x_0 表示开始时性能增量的残留分数，则得：

$$\int_{x_0}^{x} \frac{\mathrm{d}x}{x} = -c_0 \mathrm{e}^{-Q/(RT)} \int_0^t \mathrm{d}t \tag{5.28}$$

$$\ln \frac{x_0}{x} = c_0 t \mathrm{e}^{-Q/(RT)} \tag{5.29}$$

在不同温度下，如果以回复到同等程度作比较，那么上式左边数值不变，两边同时取对数，可得：

$$\ln t = A + \frac{Q}{RT} \tag{5.30}$$

式中，A 为常数。

作 $\mathrm{In}t$ 与 $\dfrac{1}{T}$ 的关系图，如果是线性关系，那么就可以利用直线的斜率来计算回复过程的激活能。

研究表明，回复程度不同会引起冷变形铁回复激活能数值的差异。如果回复的时间较短，回复激活能接近于空位迁移能；若回复的时间较长，激活能则与自扩散激活能相近。这说明冷变形铁的回复不能简单地用一种机制来描述。

5.4.2.2　回复机制

在回复阶段，加热温度不同，冷变形金属的回复机制也不同。

（1）低温回复。当温度较低时，回复主要与点缺陷的迁移有关。冷变形时会产生大量点缺陷（如空位、间隙原子等），其运动热激活能通常较低，因而可以在较低的温度下进行。这些点缺陷能够迁移至晶界（或材料表面），并通过空位与位错的相互作用、空位与间隙原子的结合、空位聚合的方式崩塌并形成位错环而消失，从而显著降低点缺陷密度。因此，在此期间对点缺陷最敏感的金属的电阻率会显著下降。

（2）中温回复。如果加热温度稍高，就会发生位错的运动和再分布。回复机制主要与位错滑移有关：同一滑移面内异号位错可以相互吸引并抵消；位错偶极子的两条位错线相消等。

（3）高温回复。在高温（约 $0.3T_{\mathrm{m}}$）下，刃型位错可以获得足够的能量来进行攀移。攀移会产生两个结果：1）为降低位错的弹性畸变能，不规则位错在滑移面上重新分布，刃型位错垂直排列成墙，因此，在该温度范围内的应变能释放现象较为显著；2）出现沿垂直于滑移面方向排列且存在一定取向差的位错墙（小角度亚晶界），以及由此所形成的亚晶，即多边化结构。

显然，应变能的降低是高温回复多边化过程的主要驱动力。多边化过程发生的条件：1）塑性变形引起晶体点阵弯曲。2）在滑移面上塞积有同号刃型位错。3）加热温度足以使刃型位错发生攀移。图 5.45 示意了多边化后刃型位错的排列情况，可见在这个过程中形成了亚晶界。人们普遍认为，在单晶体中由单滑移引起的多边化过程最为典型；而在多晶体中，由于多系滑移的普遍存在，不同滑移系上位错的缠结会导致胞状组织的形成，因此其回复机制比单晶体更为复杂。从本质上看，多晶体的多变化过程也是通过位错的滑移和攀移来实现的。攀移会使同一滑移面上的异号位错相消，导致位错密度减低，位错重排成更稳定的亚晶界，形成回复后的亚晶结构。

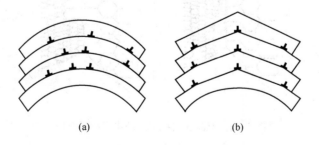

(a)　　　　　　　　　　(b)

图 5.45　位错在多边化过程中重新分布

（a）多边化前；（b）多边化后

综上所述，回复过程中电阻率的下降主要是由空位的减少和位错应变能的降低所引起的；内应力的降低主要是由于晶体内弹性应变的基本消除；硬度和强度下降不多则是由所形成的亚晶过小、位错密度下降有限所导致的。因此，回复退火的主要目的是降低冷加工金属的内应力，从本质上保持硬化状态，防止变形，提高工件的抗腐蚀性能。

5.4.3　再结晶

当将冷变形后的金属加热到一定温度之时，在原来的变形结构中再生出无畸变的新晶粒，其性能发生明显变化并恢复到变形前的状况，此过程即为再结晶。因此，再结晶与回复不同，它是一个微观结构重组的过程。

再结晶的驱动力是变形金属经回复后未被释放的储存能（相当于变形总储能的90%）。通过再结晶退火可以消除冷加工的影响，故在实际生产中起着重要作用。

5.4.3.1　再结晶过程

再结晶是通过在变形基体上再生新的无畸变再结晶晶核，并取代全部变形组织逐渐长大形成等轴晶粒的，因此它是一种形核和长大过程。然而，与其他固态相变不同，再结晶晶粒的晶体结构并未改变，因此没有新相生成。

（1）形核。研究表明，再结晶晶核主要出现在晶体的局部高能量区，并以多边化形成的亚晶为基础形核。由此提出了几种不同的再结晶形核机制：

1）晶界弓出形核。变形程度较小（一般小于20%）的金属主要采用晶界弓出的方式形成再结晶核心，称为应变诱导晶界移动或凸出形核机制。

在变形度较小的情况下，由于变形不均匀，各晶粒的位错密度是不同的。如图5.46所示，在 A、B 两个相邻的晶粒中，如果 B 晶粒的变形度较大，那么它的位错密度相对较高，经多边化后，形成较为细小的亚晶。为降低体系的自由能，在一定温度下，晶界附近 A 晶粒的一些亚晶将开始通过晶界弓出迁移的方式凸入 B 晶粒中，并消耗 B 晶粒中细小的亚晶来形成无畸变的再结晶晶核。

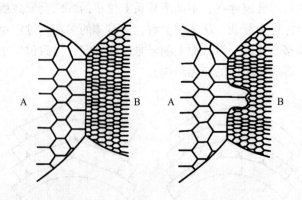

图 5.46　亚晶粒组织中的凸出形核示意图

在再结晶过程中，晶界弓出形核的条件可由图5.47所示的模型推导。设弓出的晶界由位置Ⅰ迁移到位置Ⅱ所扫过的面积为 dA，体积为 dV，因此造成的单位体积的总自由能

变化为 ΔG，令 γ 为晶界的表面能，E_s 为冷变形晶粒中单位体积的储存能。假设晶界扫过区域储存的能量全部释放，则弓出的晶界从位置 I 迁移到位置 II 时的自由能变化为：

$$\Delta G = - E_s + \gamma \frac{\mathrm{d}A}{\mathrm{d}V} \tag{5.31}$$

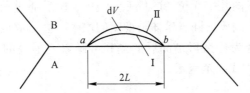

图 5.47 晶界弓出形核模型

定义 r_1 和 r_2 为一个任意曲面的两个主曲率半径，当这个曲面移动时，有：

$$\frac{\mathrm{d}A}{\mathrm{d}V} = \frac{1}{r_1} + \frac{1}{r_2} \tag{5.32}$$

若该曲面是一个球面，则 $r_1 = r_2 = r$，而：

$$\frac{\mathrm{d}A}{\mathrm{d}V} = \frac{2}{r} \tag{5.33}$$

因此，当弓出的晶界为一球面时，其自由能变化为：

$$\Delta G = - E_s + \frac{2\gamma}{r} \tag{5.34}$$

如果固定晶界弓出段的两端 a、b，并保持 γ 值恒定，在开始阶段，随 ab 界面的弓出和弯曲，r 逐渐减小，ΔG 值增大，当 r 达到最小值 $\left(r_{\min} = \dfrac{ab}{2} = L\right)$ 时，ΔG 可达到最大值。随后，如果 ab 面继续弓出，由于 r 的增大而使 ΔG 减小，因此晶界会自发地向前推移。例如，长度为 $2L$ 的晶界的弓出形核能条件为 $\Delta G < 0$，即：

$$E_s \geqslant \frac{2\gamma}{L} \tag{5.35}$$

因此，再结晶晶核的形成发生在当前晶界两点距离为 $2L$ 且距离大于 L 的凸起处，其中弓出距离 L 所需的时间即为再结晶的孕育期。

2) 亚晶形核。亚晶形核机制通常发生在高度变形的情况下。如上所述，当变形度程度较大时，位错在晶体中不断增殖，由缠结位错组成的胞状结构在加热过程中易于发生胞壁平直化，并生成亚晶，以所生成的亚晶作为核心进行再结晶。具体的形核机制可分为两种：

①亚晶合并机制。相邻亚晶边界上的大量位错通过解离和拆散，以及位错的滑移和攀移，逐步转移到周围的其他亚晶界上，导致相邻亚晶边界的消失以及亚晶的合并。由于亚晶尺寸增大，以及位错密度的进一步增大，使相邻亚晶的位向差增大，并逐步转变成大角度晶界。这种晶界的迁移率更大，可以迅速移动，同时吞并其移动路程中存在的位错，并在其后方产生无畸变的晶体，即再结晶核心。这一机制主要发生在变形程度较大且层错能较高的金属中。

②亚晶迁移机制。由于亚晶界的位错密度较高，两侧亚晶的位向存在较大差异，因此在加热时易于发生迁移并逐渐转变为大角度晶界，从而成为再结晶核心。这是在变形度较大的低层错能金属中常见的一种形核机制。

上述两种机制的再结晶核心都是基于亚晶粒的粗化发展而来的。亚晶粒是在高度变形的基体中通过多边化形成的几乎无位错的低能量地区，随后通过消耗周围的高能量区长大成为再结晶的有效核心。因此，随着基体形变度的增大，会形成更多的亚晶，从而利于再结晶形核。这也可以解释为什么再结晶后的晶粒会随着变形度的增大而变细的现象。图5.48 为三种再结晶形核方式的示意图。

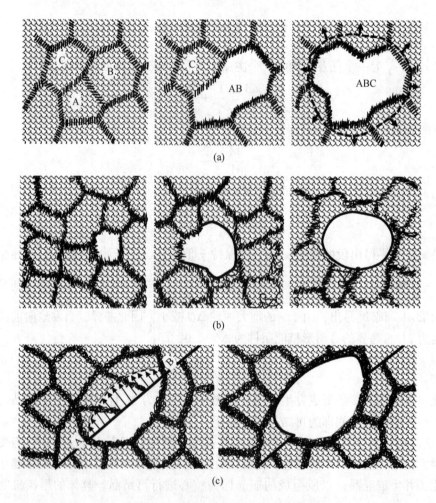

图 5.48 三种再结晶形核方式示意图

(a) 亚晶粒合并形核；(b) 亚晶粒长大形核；(c) 凸出形核

（2）长大。再结晶晶核一旦形成，就会通过界面的移动而沿着周围畸变区域长大。无畸变的新晶粒与周围畸变的基体（即旧晶粒）之间的应变能差即为界面迁移的驱动力，晶界总是背离其曲率中心，向着畸变区域推进，直至畸变区全部转变为无畸变的等轴晶粒，再结晶阶段结束。

5.4.3.2 再结晶动力学

形核率 $\dot{N}$ 和长大速率 G 决定了再结晶动力学。若纵坐标代表已发生再结晶的体积分数，横坐标表示时间，则通过试验获得的恒温动力学曲线具有典型的"S"特征，如图5.49所示。由图可知，再结晶过程存在一个孕育期，且再结晶初期的速度缓慢，然后逐渐加快，当再结晶的体积分数约为50%时速度达到最大值，最后再次减缓，这与回复动力学明显不同。

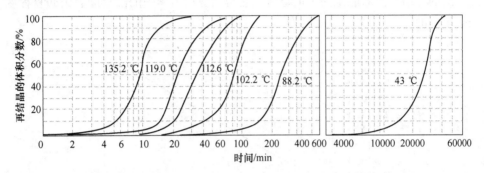

图5.49 经98%冷轧的纯铜（质量分数为99.999%）在不同温度下的等温再结晶曲线

Johnson 和 Mehl 假定再结晶为均匀形核且晶核为球形以及 $\dot{N}$ 和 G 的数值不随时间变化，推导出了在恒温下经过 t 时间后，再结晶的体积分数 φ_R 的表达式：

$$\varphi_R = 1 - \exp\left(\frac{-\pi\dot{N}G^3t^4}{3}\right) \tag{5.36}$$

即约翰逊-梅厄方程，它适用于符合上述假设条件的所有相变（因某些固态相变往往在晶界形核生长，不满足均匀形核条件，无法直接应用此方程）。

事实上，恒温再结晶时的形核率 $\dot{N}$ 是随着时间的推移而指数衰减的，因此 φ_R 要采用阿弗拉密（Avrami）方程进行描述，即：

$$\varphi_R = 1 - \exp(-Bt^K) \tag{5.37}$$

或

$$\lg\ln\frac{1}{1-\varphi_R} = \lg B + K\lg t \tag{5.38}$$

式中，B 和 K 均为常数，可通过绘制 $\lg\ln\dfrac{1}{1-\varphi_R}-\lg t$ 关系图来确定，直线的斜率即为 K 值，截距为 $\lg B$。

等温温度对再结晶速率 v 的影响可用阿累尼乌斯公式表示，即 $v = Ae^{-Q/(RT)}$，再结晶速率和产生某一体积分数 φ_R 所需的时间 t 成反比，即 $v \propto \dfrac{1}{t}$，因此，有：

$$\frac{1}{t} = A'e^{-Q/(RT)} \tag{5.39}$$

式中，A' 为常数；Q 为再结晶的激活能；R 为气体常数；T 为绝对温度。

对上式两边取对数，则得：

$$\ln \frac{1}{t} = \ln A' - \frac{Q}{R} \cdot \frac{1}{T} \qquad (5.40)$$

应用常用对数（$2.3\lg x = \ln x$）可得 $\dfrac{1}{T} = \dfrac{2.3R}{Q}\lg A' + \dfrac{2.3R}{Q}\lg t$。作 $\dfrac{1}{T} - \lg t$ 图，直线的斜率为 $2.3R/Q$。作图时通常以 φ_R 为 50% 时作为参照标准，如图 5.50 所示。由此可见，按照此方法求出的再结晶激活能是一个恒定值，它与回复动力学中的激活能会因回复程度不同而异是有区别的。

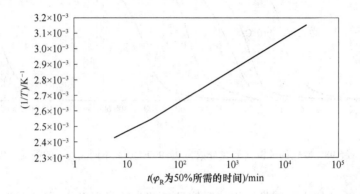

图 5.50　变形度 98% 冷轧纯铜（w_{Cu} 为 99.999%）等温再结晶时的 $\dfrac{1}{T}$–$\lg t$ 图

和等温回复的情况相似，在两个不同的恒定温度发生同等程度的再结晶时，可得：

$$\frac{t_1}{t_2} = e^{-\frac{Q}{R}\left(\frac{1}{T_2} - \frac{1}{T_1}\right)} \qquad (5.41)$$

根据式（5.41），若已知某晶体的再结晶激活能及其在某恒定温度完成再结晶所需的等温退火时间，就可计算出它在另一温度退火时完成再结晶所需的时间。例如 H70 黄铜的再结晶激活能为 251 kJ/mol，400 ℃ 恒温下需要 1 h 完成再结晶，390 ℃ 恒温下则需要 1.97 h 才可完成再结晶。

5.4.3.3　再结晶温度及其影响因素

由于再结晶可以在一定的温度范围内进行，为比较不同材料再结晶的难易程度及各种因素的影响，需将再结晶温度加以定义。

再结晶温度指的是冷变形金属开始再结晶的最低温度，即出现第一颗新晶粒时的温度或硬度下降 50% 所对应的温度，可由金相法或硬度法测定。工业上，通常以大变形量（约 70% 以上）的冷变形金属，经 1 h 退火能完成再结晶（$\varphi_R \geqslant 95\%$）所需要的温度为再结晶温度。

再结晶温度不是一个恒定值，更不是一个物理常数，它不仅随材料而变化，而且同一材料的冷变形程度、原始晶粒尺寸等因素也会影响其数值。

（1）变形程度的影响。冷变形的程度越大，储存的能量越高，再结晶的驱动力越大，因此再结晶的温度越低（见图 5.51），等温退火时的再结晶速率越快。但当变形量增大到一定程度时，再结晶温度就基本稳定了。强烈冷变形后的工业纯金属的最低再结晶温度

$T_R(\mathrm{K})$ 近似于其熔点 $T_m(\mathrm{K})$ 的 0.35~0.4。在给定温度下,金属发生再结晶需要一个最小变形量,也称为临界变形度。低于这个变形度,则不能发生再结晶。

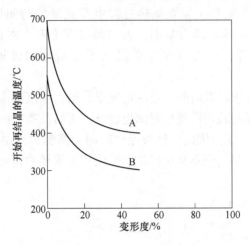

图 5.51 铁(A)和铝(B)的开始再结晶温度与预先冷变形程度的关系

(2)原始晶粒尺寸。当其他条件相同时,金属的原始晶粒越小,抗变形能力越强,冷变形后储存的能量越高,再结晶温度则越低。此外,由于晶界是再结晶形核的有利位置,因此具有较高的再结晶形核率 $\dot{N}$ 和长大速率 G,所形成的新晶粒更小,导致晶界处的再结晶温度进一步降低。

(3)微量溶质原子。通常,金属中微量的溶质原子会对其再结晶行为产生较大影响。表 5.7 列举了某些微量溶质原子对冷变形纯铜的再结晶温度的影响。从表中可以看出,纯铜的再结晶因微量溶质原子的存在显著升高,究其原因可能是溶质原子与位错和晶界之间存在相互作用,导致溶质原子在位错及晶界处发生偏聚,阻碍位错的移动和晶界的迁移,因此不利于再结晶的形核和晶核的长大,使再结晶难度增大。

表 5.7 微量溶质元素对光谱纯铜(质量分数为 99.999%)50%再结晶温度的影响

材　　料	50%再结晶温度 /℃	材　　料	50%再结晶温度 /℃
光谱纯铜	140	光谱纯铜中掺入 Sn($w(\mathrm{Sn})$ = 0.01%)	315
光谱纯铜中掺入 Ag($w(\mathrm{Ag})$ = 0.01%)	205	光谱纯铜中掺入 Sb($w(\mathrm{Sb})$ = 0.01%)	320
光谱纯铜中掺入 Cd($w(\mathrm{Cd})$ = 0.01%)	305	光谱纯铜中掺入 Te($w(\mathrm{Te})$ = 0.01%)	370

(4)第二相粒子。第二相粒子的存在可以促进或抑制基体金属的再结晶,这主要取决于基体中分散相颗粒的大小及其分布。如果第二相粒子的尺寸较大且间距较大(通常大于 1 μm),则可以在其表面形成再结晶核心。例如,在钢中,再结晶核心常出现在夹杂物 MnO 或第二相粒子 Fe_3C 的表面。如果第二相粒子很小且又较集中时,则会阻碍再结晶的进行。例如,经常在钢中添加 Nb、V 或 Al 形成尺寸很小的 NbC、V_4C_3、AlN(<100 nm),从而起到抑制形核的作用。

（5）再结晶退火工艺参数。加热速度、加热温度与保温时间等退火工艺参数均会对变形金属的再结晶产生不同程度的影响。

如果加热速度太慢，变形金属在加热过程中有充足的时间回复，点阵畸变度和储能均会降低，导致再结晶的驱动力减小，再结晶温度上升。然而，如果加热的速度过快也会导致再结晶温度升高，因为在每个温度下停留时间过短，缺乏成核和生长的时间。

在金属变形程度和退火保温时间一定的情况下，退火温度越高，再结晶速度越快，积累一定体积分数的再结晶晶粒所需要的时间也越短，再结晶产物的晶粒越粗大。

如图 5.52 所示，在一定范围内，延长保温时间会降低再结晶温度；当保温时间达到一定限度后，继续延长时间，则不会对再结晶温度产生明显的影响。

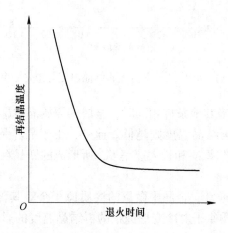

图 5.52　退火时间与再结晶温度的关系

5.4.3.4　再结晶后的晶粒大小

鉴于晶粒尺寸会对材料的性能产生重要影响，因此，在生产应用中，可以通过对再结晶退火温度的控制来调控再结晶的晶粒尺寸。

由约翰逊-梅厄方程，可以推导出再结晶后晶粒尺寸 d 与 $\dot{N}$ 和长大速率 $\dot{G}$ 之间存在着如下关系：

$$d = A \cdot \left(\frac{\dot{G}}{\dot{N}} \right)^{\frac{1}{4}} \tag{5.42}$$

式中，A 为常数。

可见，所有影响 $\dot{N}$、$\dot{G}$ 的因素，都会对再结晶的晶粒大小产生影响。

（1）变形度的影响。图 5.53 显示了冷变形程度对再结晶后晶粒尺寸的影响。当变形程度极小时，由于造成的储存能不足以驱动再结晶，所以晶粒大小没有变化，晶粒尺寸即为原始晶粒的尺寸。当变形度达到一定限度后，因畸变储存的能量已足以驱动再结晶，但因变形程度尚小，$\dot{N}/\dot{G}$ 比值也很小，所以形成的晶粒特别粗大。通常，把此时的变形程度称为"临界变形度"，金属的临界变形度通常为 2%～10%。在生产实践中，对于要求细晶粒的金属材料须避开上述变形量，以免损坏工件性能。当变形量大于临界变形量时，形核与长大的驱动力不断增大，而且形核率 $\dot{N}$ 增大较快，使 $\dot{N}/\dot{G}$ 变大，因此，再结晶后晶粒细化，且变形度越大，晶粒越小。

（2）退火温度的影响。由于退火温度对 $\dot{N}/\dot{G}$ 比值的影响微弱，因此对刚完成再结晶时晶粒的尺寸的影响也相对较小。但是，退火温度的提高可以使再结晶的速率显著加快，并且能够降低临界变形度，如图 5.54 所示。此外，在晶粒长大阶段，温度也可以影响晶粒尺寸，通常温度越高，晶粒越粗。

如果将变形程度和退火温度与再结晶后晶粒大小的关系用三维图表示，就构成了所谓"再结晶全图"，它可以为调控冷变形后退火的金属材料的晶粒大小提供很好的依据。另外，原始晶粒大小、形变温度、杂质含量等均会对再结晶后的晶粒尺寸产生一定的影响，这里不再赘述。

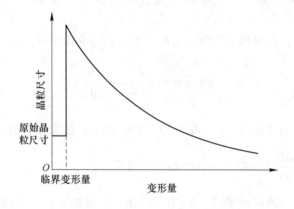

图 5.53　变形量与再结晶晶粒尺寸的关系

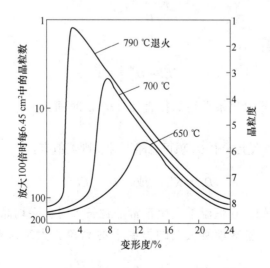

图 5.54　低碳钢（$w(C)$ 为 0.06%）变形度及退火温度
对再结晶后晶粒大小的影响

5.4.4　晶粒长大

再结晶后，材料一般变成细小的等轴晶粒，如果继续提高加热温度或延长加热时间，晶粒会进一步长大。

对晶粒长大，晶界运动的驱动力通常来自总界面能的降低。根据其特点，晶粒长大可分为正常晶粒长大与异常晶粒长大（二次再结晶）两种类型，前者指的是多数晶粒几乎同时逐渐均匀长大；而后者则指少数晶粒突发性的不均匀长大。

5.4.4.1　晶粒的正常长大及其影响因素

再结晶结束后，晶粒长大是一个自发过程，驱动力为其总界面能的降低。就单个晶粒长大的微观过程而言，晶界曲率的差异是晶界迁移的直接原因。事实上，随着晶粒的长大，晶界总是向曲率中心移动并逐渐平直化。因此，晶粒长大过程是"大吞并小"和凹面变平的过程。在二维坐标中，二维晶粒最终稳定的状态是晶界平直且六边形的夹角为 $120°$。

正常晶粒长大时，晶界的平均移动速度 $\bar{v}$ 可以通过下式计算：

$$\bar{v} = \bar{m}\,\bar{p} = \bar{m}\,\frac{2\gamma_b}{\bar{R}} \approx \frac{\mathrm{d}\bar{D}}{\mathrm{d}t} \tag{5.43}$$

式中，$\bar{m}$ 为晶界的平均迁移率；$\bar{p}$ 为晶界的平均驱动力；$\bar{R}$ 为晶界的平均曲率半径；γ_b 为单位面积的晶界能；$\dfrac{\mathrm{d}\bar{D}}{\mathrm{d}t}$ 为晶粒平均直径的增大速度。

对于组织基本均匀的晶粒来说，$\bar{R} \approx \bar{D}/2$；在一定温度下，几乎所有金属的 $\bar{m}$ 和 γ_b 均可看作常数。那么，上式可写作：

$$K\frac{1}{\bar{D}} \approx \frac{\mathrm{d}\bar{D}}{\mathrm{d}t} \tag{5.44}$$

分离变量并积分，可得：

$$\bar{D}_t^2 - \bar{D}_0^2 = K't \tag{5.45}$$

式中，$\bar{D}_0$ 为恒定温度下的起始平均晶粒直径；$\bar{D}_t$ 是时间为 t 时的平均晶粒直径；K' 为常数。

如果 $\bar{D}_t \gg \bar{D}_0$，那么上式中 $\bar{D}_0^2$ 项可忽略不计，则近似有：

$$\bar{D}_t^2 = K't \quad 或 \quad \bar{D}_t = Ct^{1/2} \tag{5.46}$$

式中 $C = \sqrt{K'}$。由此可知，在恒温下发生正常晶粒长大时，平均晶粒直径与保温时间的平方根成正比。这与一些试验所表明的恒温下的晶粒长大结果基本相符，如图 5.54 所示。

然而，如果金属中存在阻碍晶界迁移的因素（如杂质）时，t 的指数项一般小于 $1/2$，式（5.46）可表示为 $\bar{D}_t = Ct^n$，其中 n 小于 $1/2$。

由于大角度晶界的迁移是晶粒长大的主要方式，可以影响晶界迁移的所有因素均会对晶粒的长大产生影响。

（1）温度。由图 5.55 所展示的 α 黄铜在恒温下的晶粒长大曲线能够看出，温度与晶粒的长大速度成正比关系。这是由于晶界的平均迁移率 $\overline{m}$ 与 $e^{-Q_m/(RT)}$ 成正比（Q_m 代表晶界迁移的激活能或原子穿越晶界扩散的激活能）。将以上关系代入式（5.43），便可以得出恒温下的晶粒长大速度与温度之间的关系：

$$\frac{\mathrm{d}\overline{D}}{\mathrm{d}t} = K_1 \frac{1}{D} e^{-Q_m/(RT)} \tag{5.47}$$

式中，K_1 为常数。

将上式积分，则：

$$\overline{D}_t^2 - \overline{D}_0^2 = K_2 e^{-Q_m/(RT)} \cdot t \tag{5.48}$$

或

$$\lg\left(\frac{\overline{D}_t^2 - \overline{D}_0^2}{t}\right) = \lg K_2 - \frac{Q_m}{2.3RT} \tag{5.49}$$

可见，$\lg\left(\dfrac{\overline{D}_t^2 - \overline{D}_0^2}{t}\right)$ 与 $\dfrac{1}{T}$ 之间为线性关系，直线的斜率为 $-Q_m/(2.3R)$。

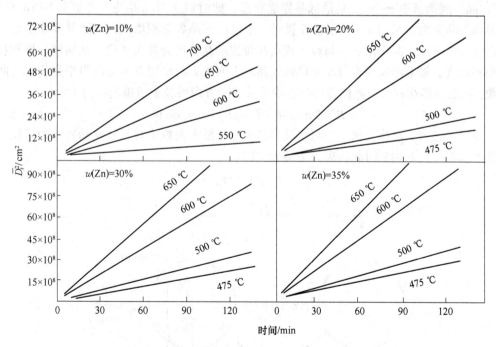

图 5.55 α 黄铜在恒温下的晶粒长大曲线

图 5.56 展示了 H90 黄铜的晶粒长大速度 $\dfrac{\overline{D}_t^2 - \overline{D}_0^2}{t}$ 与 $\dfrac{1}{T}$ 的线性关系，由此求得 H90 晶界移动的激活能 Q_m 为 73.6 kJ/mol。

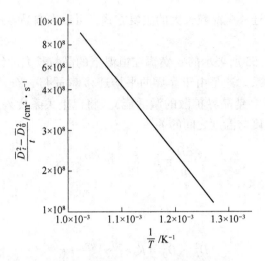

图 5.56　Zn 的质量分数为 10% 的 α 黄铜的晶粒长大速度与温度间的关系

（2）分散相粒子。在合金中，如果存在对晶界迁移有阻碍作用的第二相粒子，那么晶粒长大的速率则会下降。为便于讨论，假设第二相粒子是半径为 r 的球形，其单位面积的晶界能为 γ_b。当第二相粒子与晶界的相对位置如图 5.57（a）所示时，其晶界面积减小 πr^2，晶界能则减小 $\pi r^2 \gamma_b$，是最低晶界能状态，此时粒子与晶界处于力学上平衡的位置。当晶界右移至图 5.57（b）所示的位置时，不仅由于晶界面积增大而导致晶界能增加，而且在晶界表面张力的作用下，与粒子相接触位置的晶界还会发生弯曲，从而使晶界与粒子表面相垂直。如果用 θ 代表与粒子接触处晶界表面张力的作用方向与晶界平衡位置之间的夹角，那么晶界在右移至此位置的过程中沿其移动方向对粒子所施的拉力为：

$$F = 2\pi r \cos\theta \cdot \gamma_b \sin\theta = \pi r \gamma_b \sin 2\theta \qquad (5.50)$$

根据牛顿第二定律，这个力与在晶界移动的相反方向粒子对晶界移动所施的后拉力或约束力相等，当 $\theta = 45°$ 时此约束力为最大，即：

$$F_{max} = \pi r \gamma_b \qquad (5.51)$$

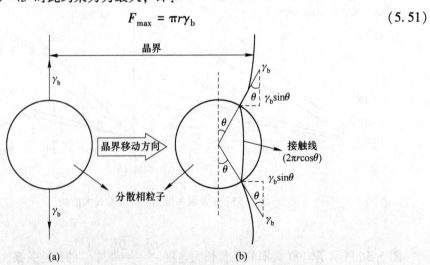

图 5.57　移动中的晶界与分散相粒子的相互作用示意图

（a）晶界与第二相粒子的初始相对位置；（b）晶界右移后与第二相粒子的相对位置

事实上，由于合金基体中存在许多均匀分布的第二相粒子，因此，除了分散相粒子的尺寸，单位体积中粒子的数量也会对晶界迁移能力及晶粒长大速度产生显著影响。一般来说，当第二相粒子的体积分数一定时，颗粒越小，数量越多，对晶界迁移的阻力也越大，导致晶粒长大的速度随第二相粒子的细化而降低。当晶界能提供的晶界迁移驱动力恰好等于分散相粒子对晶界迁移施加的阻力时，晶粒的正常长大便会停止。那么，此时的晶粒平均直径即为极限的晶粒平均直径 $\overline{D}_{\text{lim}}$，并且可通过以下公式计算：

$$\overline{D}_{\text{lim}} = \frac{4r}{3\varphi} \tag{5.52}$$

式中，φ 为单位体积合金中分散相粒子的体积分数。

可以看出，在 φ 一定的情况下，第二相粒子的尺寸越小，极限平均晶粒尺寸也越小。

（3）晶粒间的位向差。试验表明，相邻晶粒间的位向差会显著影响晶界的迁移。若晶界两侧的晶粒位向比较相近或相互为孪晶位向时，那么晶界迁移的速度则比较小。但如果晶粒间的位向差较大时，则由于晶界能和扩散系数相应增大，晶界迁移速度也会加快。

（4）杂质与微量合金元素。一般认为，所添加的微量杂质原子可以与晶界发生相互作用并在晶界区发生聚集，从而易于形成了一种阻碍晶界迁移的"气团"（类似 Cottrell 气团对位错运动的钉扎作用）。因此，随着杂质含量的增加，晶界的迁移速度会显著降低。图 5.58 展示了在温度为 300 ℃时，高纯 Pb 中的微量 Sn 对晶界迁移速度的影响。由图可知，当 Sn 在 Pb 中的浓度由小于 1×10^{-6} 增加至 60×10^{-6} 时，一般晶界的迁移速度降低了约 4 个数量级。但如图中虚线所示，微量杂质原子对某些具有特殊位向差的晶界迁移速度的影响较小，这可能是与此种晶界结构具有重合性较高的点阵，从而不利于杂质原子的吸附有关。

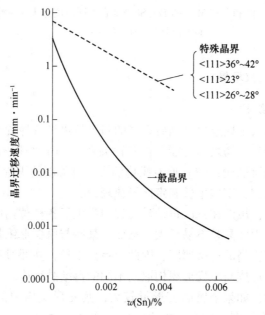

图 5.58　微量 Sn 对区域提纯的高纯 Pb 的晶界迁移速度的影响（300 ℃）

5.4.4.2　晶粒异常长大

晶粒异常长大，又称不连续晶粒长大或二次再结晶，是晶粒长大的一种特殊现象。出现这类晶粒长大现象的基本条件是正常晶粒长大过程被分散相粒子、表面的热蚀沟、织构等强烈阻碍。当继续加热晶粒细小的一次再结晶组织时，上述阻碍正常晶粒长大的因素便开始减少，这将会导致少数特殊晶界迅速迁移。在晶粒长大过程中，由于粗大晶粒的晶界总是向外凸出，因此晶界总是向外迁移并扩大，从而不断长大，直至相互接触形成二次再结晶。很显然，二次再结晶不依赖于新产生的晶核，而是以一次再结晶后的某些特殊晶粒作为基础而长大的。因此，界面能的降低是二次再结晶的驱动力，而不是应变能。图 5.59 为纯的和含少量 MnS 的 Fe-3Si 合金（变形度为 50%）在不同温度退火 1 h 后晶粒大小的变化情况。从图中可以清楚看到二次再结晶的某些特征。

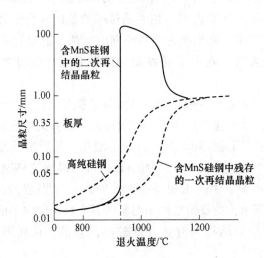

图 5.59　纯的和含有 MnS 的 Fe-3Si 合金在不同温度退火 1 h 的晶粒尺寸

（冷轧到 0.35 mm 厚，$\varepsilon = 50\%$）

5.4.5　再结晶织构与退火孪晶

5.4.5.1　再结晶织构

如果具有变形织构的金属经再结晶后形成的新晶粒仍具有择优取向，则称为再结晶织构。再结晶织构与原变形织构之间可能存在三种关系：（1）与原有的织构一致；（2）原有织构全部被新的织构所取代；（3）原有织构消失，且无新的织构形成。目前，主要有两种再结晶织构的形成机制：定向生长和定向形核理论。

定向生长理论认为：虽然在一次再结晶过程中产生了各种位向的晶核，但其中大多数晶粒的取向是接近的，因此晶粒不易长大。然而，某些与原变形织构呈特殊位向关系的再结晶晶核的晶界却具有很高的迁移速度，因此会择优生长，并通过逐渐吞并其周围的变形基体而相互接触，最终形成与原变形织构取向不同的再结晶织构。

定向形核理论认为：如果金属的变形量较大，其变形织构中的各亚晶的位向是相近的，从而使再结晶形核具有一定的择优取向，并生长形成与原有织构相一致的再结晶织构。

　　大量的研究结果表明，定向生长理论更接近真实的再结晶织构形成过程。为此，有人提出了定向形核+择优生长相结合的理论，以更好地解释试验现象。表 5.8 列出了一些金属及合金的再结晶织构。

表 5.8　一些金属及合金的再结晶织构

晶体类型		冷拔线材的再结晶织构
面心立方金属		$<111>+<\bar{1}00>$；$<112>$
体心立方金属		(110)
密排六方金属	Be	$<11\bar{1}0>$
	Ti、Zr	$<11\bar{2}0>$
晶体类型		冷轧板材的再结晶织构
面心立方金属	Al、Au、Cu、Cu-Ni、Ni、Fe-Cu-Ni、Ni-Fe、Th	$\{100\}<001>$
	Ag、Ag-30%Au、Ag-1%Zn、Cu-0.5%Be、Cu-0.5%Cd、Cu-0.05%P、Cu-10%Fe	$\{113\}<21\bar{1}>$
体心立方金属	Mo	与变形织构相同
	Fe、Fe-Si、V	$\{111\}<\bar{2}11>$；以及 $\{001\}+\{112\}$ 且$<1\bar{1}0>$与轧制方向夹角为 15°
	Fe-Si	经两阶段轧制及退火后 $\{110\}<001>$；高温（>1100 ℃）退火后 $\{110\}<001>$，$\{100\}<001>$
	Ta	$\{111\}<\bar{2}11>$
	W，<1800 ℃	与变形织构相同
	W，>1800 ℃	$\{001\}$ 且$<\bar{1}10>$与轧制方向夹角为 12°
密排六方金属		与变形织构相同

5.4.5.2　退火孪晶

　　某些冷变形的面心立方金属和合金（例如：铜和铜合金、镍和镍合金、奥氏体不锈钢等）经再结晶退火后，其基体晶粒中往往会出现如图 5.60 所示的退火孪晶。图中 A、B、C 分别代表退火孪晶的三种典型形态：A 为晶界交角处的退火孪晶；B 为一端终止于晶内的不完整退火孪晶；C 为贯穿晶粒的完整退火孪晶。孪晶带两侧互相平行的孪晶界为共格孪晶界，由（111）组成；孪晶带在晶粒内终止位置的孪晶界，以及共格孪晶界的台阶处的晶界均为非共格孪晶界。

　　在面心立方晶体中，形成退火孪晶的前提是需要在 $\{111\}$ 面出现堆垛层错，即由正常堆垛顺序 ABCABC… 改变为 $AB\bar{C}BAC BACBA\bar{C}ABC$，如图 5.61 所示，其中 $\bar{C}$ 和 $\bar{C}$ 两面为共格孪晶界面，二者之间的晶体则组成一个退火孪晶带。

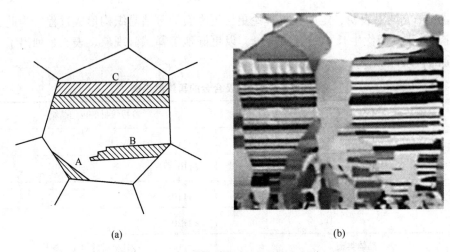

(a)   (b)

图 5.60 三种典型的退火孪晶形态示意图

(a) 示意图；(b) 多晶 Cu 退火孪晶

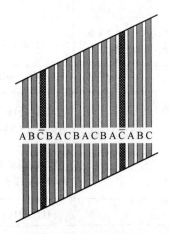

图 5.61 面心立方结构金属形成退火孪晶时 (111) 面的堆垛次序

　　一般认为退火孪晶是在晶粒生长过程中形成的。如图 5.62 所示，当晶粒借助晶界移动而生长时，在晶界角处 (111) 面上原子层的偶然错堆，会导致一个共格孪晶界在此处出现，并逐步转变为退火孪晶。可见，这种退火孪晶是通过大角度晶界的移动而长大。在长大过程中，如果原子在 (111) 表面再次发生错堆并恰好恢复成原来的堆垛次序，则又会形成第二个共格孪晶界，从而构成孪晶带。类似地，退火孪晶的形成也必须满足能量条件，层错能低的晶体易于形成退火孪晶。

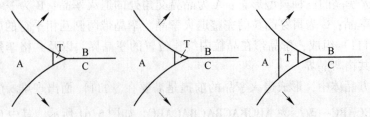

图 5.62 晶粒生长时晶界角处退火孪晶的形成及其长大机制示意图

5.5 高聚物的塑性变形

当高聚物材料受到外力作用后，也会发生弹性和塑性变形行为，其总应变为：

$$\varepsilon_t = \varepsilon_e + \varepsilon_p \qquad (5.53)$$

式中，ε_e 为弹性变形。

ε_e 有两种来源，即链内部键的拉伸和畸变以及整个链段的可回复运动，因此高聚物材料普遍具有独特的高弹性和黏弹性。

聚合物的塑性变形 ε_p 主要来自其黏性流动，而非滑移。当受力时，聚合物内部的链段易于发生相对滑动，从而产生黏性流动。当去掉外力后，滑动的链段停留在新的位置，聚合物发生塑性变形。

聚合物的黏度是其发生塑性变形难易程度的决定性因素。黏度 η 通常可由下式表达：

$$\eta = \frac{\tau}{\Delta v / \Delta x} \qquad (5.54)$$

式中，τ 为使聚合物链段滑动的切应力；$\Delta v / \Delta x$ 为链的位移。

很显然，如果聚合物的黏度高，就要加大所施加的应力才能产生所要求的位移。因此，高黏度聚合物具有较低的黏性变形性。

应力-应变试验是一种广泛用于研究玻璃态高分子的力学试验。从曲线上可以获得一些评价材料性能的重要特征参数，例如模量、屈服强度、断裂强度、断裂伸长率等。高分子聚合物的应力-应变曲线会因其结构不同而异，图 5.63 显示了典型的应力-应变曲线。A 是脆性高分子的应力-应变曲线，其在出现屈服之前便发生脆性断裂；在这种情况下，材料断裂前的变形量很小。曲线 B 是塑性材料的应力-应变行为，它首先出现弹性形变，然后是一个转折点，即屈服点，最后进入塑性变形阶段，材料呈现塑性行为；如果此时去除应力，材料则无法恢复原状，产生永久变形。曲线 C 则是弹性体的应力-应变曲线，表现出典型的弹性行为。

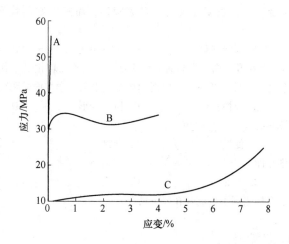

图 5.63 高分子应力-应变曲线
A—脆性高分子；B—玻璃态聚合物；C—弹性体

　　在塑性变形时，高分子材料的某个部位的应变比试样整体的应变往往增加得更快，产生不均匀形变。上述现象就是均匀形变的不稳定性，其中最典型的例子是高分子材料拉伸试验中细颈的形成。如图 5.64 所示，整个曲线可分为三段：第一段应力随应变线性增加，试样被均匀地拉长，伸长率可达百分之几甚至百分之十几；经过屈服点后，从第二阶段开始，试样横截面突然变得不均匀，并出现一个或多个细颈，细颈和非细颈部分的横截面积分别保持不变，但细颈部分不断增长，非细颈部分逐渐缩短，直至整个试样完全变为细颈；第三阶段是应变随应力增大直到断裂点。

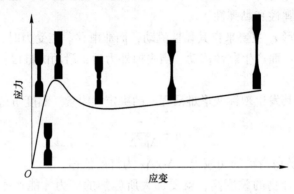

图 5.64　高分子应力-应变曲线

　　当结晶高分子受拉发生变形时，首先发生变形的是晶体之间的非晶部分。因此，在施加张力的条件下，通过观察和分析片晶与片晶之间非晶区的变化，就可以很好地理解高分子聚合物的塑性变形行为。

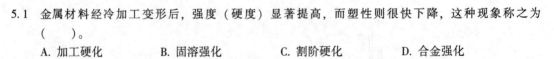

习　题

5.1　金属材料经冷加工变形后，强度（硬度）显著提高，而塑性则很快下降，这种现象称之为（　　）。

　　A. 加工硬化　　　　　　B. 固溶强化　　　　　　C. 割阶硬化　　　　　　D. 合金强化

5.2　孪生是一种（　　），即切变区内与孪生面平行的每一层原子面均相对于其毗邻晶面沿孪生方向位移了一定的距离，且每一层原子相对于孪生面的切变量跟它与孪生面的距离成正比。

　　A. 不均匀变形　　　　B. 弹性变形　　　　　　C. 扭折变形　　　　　　D. 均匀切变

5.3　在室温下晶界对滑移具有（　　）效应。

　　A. 阻碍　　　　　　　B. 促进　　　　　　　　C. 交割　　　　　　　　D. 钉扎

5.4　多晶体强度随晶粒细化而（　　）。

　　A. 降低　　　　　　　B. 不变　　　　　　　　C. 提高

5.5　再结晶织构与原变形织构之间不可能存在以下情况（　　）。

　　A. 与原有的织构一致

　　B. 原织构消失而代之以新织构

　　C. 原织构消失不再形成新织构

　　D. 原织构比新织构更稳定

5.6　弹性变形时，出现加载线与卸载线不重合、应变跟不上应力的现象，称为＿＿＿＿＿。

5.7　弹性不完整性的现象包括＿＿＿＿、＿＿＿＿、＿＿＿＿和＿＿＿＿等。

5.8　单晶体的塑性变形主要通过＿＿＿＿方式进行的，其次为＿＿＿＿和＿＿＿＿等方式。

5.9　滑移面和面内的一个＿＿＿＿组成一个滑移系。

5.10　滑移面和滑移方向往往是金属晶体中原子排列＿＿＿＿＿＿。因为原子密度最大的晶面的面间距最大，＿＿＿＿＿＿，容易发生滑移。

5.11　F 在其滑移面沿滑移方向分切应力 $\tau = (F/A)\cos\varphi\cos\lambda$，当 φ 值为＿＿＿＿时，取向因子具有最大值 0.5。

5.12　当滑移面与外力方向＿＿＿＿时不可能产生滑移。

5.13　拔丝时形成的织构称为＿＿＿＿，特征为各晶粒的某一晶向大致与拔丝方向平行。

5.14　轧板时形成的织构称为＿＿＿＿，特征为各晶粒某一晶面和晶向分别趋于同轧面与轧向相平行。

5.15　变形金属中储存能的绝大部分（80%~90%）用于形成＿＿＿＿。

5.16　简述包申格效应发生的机理。

5.17　分别指出弹性变形和塑性变形的本质是什么？

5.18　影响固溶强化的因素有哪些？

5.19　固溶强化的机理是什么？

5.20　屈服平台现象的物理本质是什么？

5.21　什么是应变时效？

5.22　有一根直径为 5 mm，长为 10 m 的铝线，已知铝的弹性模量为 70 GPa，请问在 400 N 的拉力作用下，此线变形后的总长度。

5.23　有一合金的屈服强度为 180 MPa，E 为 45 GPa，求不至于使一块 10 mm×2 mm 的该类合金板发生塑性变形的最大载荷以及在此载荷作用下，合金板每 mm 的伸长量为多少？

5.24　有一 70 MPa 的应力作用在 fcc 晶体的 [001] 方向上，求作用在 $(111)[10\bar{1}]$ 和 $(111)[\bar{1}10]$ 滑移系上的分切应力。

5.25　某一单晶在拉伸之前的滑移方向与拉伸轴的夹角为 45°，拉伸后滑移方向与拉伸轴夹角为 30°，求拉伸后的伸长率。

5.26　已知平均晶粒直径为 1 mm 和 0.0625 mm 的 α-Fe 的屈服强度分别为 112.7 Pa 和 196 MPa，求平均晶粒直径为 0.0196 mm 的纯铁的屈服强度。

5.27　请证明：bcc 和 fcc 金属形成孪晶时，孪晶面沿孪生方向的切变均为 0.707。

6 纯金属的凝固

无论金属还是无机非金属材料，其合成与制备等过程中都涉及形核、凝固和结晶方面的问题。某种程度上讲，结晶过程与工艺对材料的结构和性能起着决定性作用。对于纯金属晶体材料而言，随着温度和压力的变化，材料的物相组成会发生相应的变化。从一种相到另一种相的转变称为相变，由液相至固相的转变称为凝固，如果凝固后的固体是晶体，可称之为结晶；把不同固相之间的转变称为固态相变，这些相变的规律可借助相图直观简明地表示出来。本章将从热力学条件出发来理解纯金属凝固的条件和规律，进一步讨论纯晶体凝固时形核的热力学和动力学问题，以及内外因素对晶体生长形态的影响。

6.1 金属结晶的基本规律

6.1.1 金属结晶的微观现象

凝固过程涉及许多有趣的现象，如当液体冷却到凝固点并不立即凝固，只有低于凝固点才能凝固；有些液体在一定条件下凝固为晶体，有些情况下凝固为玻璃（非晶体）。为什么会发生这些不同的现象呢？虽然凝固和结晶属于两个不同的概念，但大多数情况下金属凝固后几乎都为晶体，因此经常将两者混用。要深入了解凝固规律及相平衡，首先需要较深入地理解液态的结构特征。通过 X 射线衍射对液态金属的径向分布函数的测定表明（如表 6.1 所示）：一般情况下，液体中原子间的平均距离比固体中略大，液体中原子的配位数比密排结构晶体的配位数减小，通常在 8~11 的范围内。因此，对大多数金属晶体而言，熔化时体积略为增加，但对非密排结构的晶体，如 Sb、Bi、Ga、Ge 等，其液态时的配位数反而比固态时增大，所以熔化时体积略为收缩。另外，液态结构的最重要特征是原子排列表现为长程无序，短程有序，而且短程有序的原子集团不是固定不变的，而是一种此消彼长，瞬息万变，尺寸不稳定的结构，这种现象称为结构起伏，这与晶体长程有序的稳定结构是完全不同的。

表 6.1 由 X 射线衍射分析得到的液体和固体结构数据的比较

金属	液 体		固 体	
	原子间距/nm	配位数	原子间距/nm	配位数
Al	0.296	10~11	0.286	12
Zn	0.294	11	0.265	6
			0.294	6

金属	液 体		固 体	
	原子间距/nm	配位数	原子间距/nm	配位数
Cd	0.306	8	0.297	6
			0.330	6
Au	0.286	11	0.288	12

将液态金属冷却到熔点以下某个温度等温停留，液态金属并不立即开始结晶，必须经历一段孕育时期后才发生。晶核形成后便不断长大，同时伴随着其他新晶核不断形成和长大。就这样不断形核，不断长大，使液态金属越来越少。当晶体长大直至彼此相遇时，长大便停止了，液态金属也已耗尽，结晶过程宣告完毕。上述对结晶过程的描述，已经说明金属的结晶包含形核与长大两个过程，而且两者交错重叠进行。由于各个晶核随机生成，所以各个晶粒的位向各不相同。如果在结晶过程中只有一颗晶核并长大，而不出现第二颗晶核，那么由这一颗晶核长大的金属，就是一块金属单晶。

6.1.2 金属结晶的宏观现象

将金属加热熔化成液态再持续缓慢均速冷却，并绘制温度-时间关系曲线。如图 6.1 所示，当液体金属缓慢冷却至理论凝固温度 T_m 时，并不立即发生凝固。当温度降至熔点以下某一个温度 T_n 时开始结晶，T_n 称为金属的实际结晶温度；随后温度迅速回升，一直回升至接近熔点，温度不再上升，也不下降，进入恒温结晶阶段，即曲线上出现"温度平台"，结晶终止后，温度继续均匀下降。

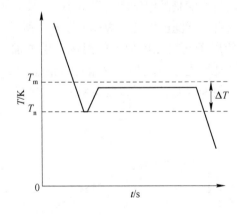

图 6.1 纯金属的冷却曲线

通过这条冷却曲线，可以提出这样几个问题：首先，在环境温度持续降低的试验条件下，为什么在纯金属的冷却曲线上出现"温度平台"？主要原因在于液态金属转变为固态金属时要释放结晶潜热，当结晶潜热与冷却过程中金属向外界散发的热量相等时，则结晶过程在恒温下进行。其次，"平台"温度是否就是熔点？金属的熔点就是理论结晶温度，即液-固两相平衡存在时的温度。实际上，"平台"温度要比熔点略为低一些，由于在非常缓慢冷却的条件下，两者相差甚微（0.01~0.05 ℃），故一般可以忽略这个差异，把"平台"温度看作理论结晶温度。但务必明白凝固温度必须低于理论熔点这一重要现象。

纯金属的实际开始结晶温度总是低于理论结晶温度，这种现象称为过冷。实际开始结晶温度 T_n 与理论结晶温度 T_m 之间的温度差 $\Delta T = T_m - T_n$，称为过冷度。过冷度越大，则实际开始结晶的温度越低。金属的过冷度并不是一个恒定值，而是受金属中的杂质和冷却速度的影响。金属越纯，过冷度越大；冷却速度越快，过冷度也越大。

过冷是金属结晶的重要宏观现象，过冷是结晶的必要条件。过冷度越大，形核数目越多，结晶后的晶粒就越细小，铸件的机械性能也就越高。所以，通过改变过冷度以控制铸件的晶粒大小，已经成为生产上重要的工艺措施。

6.2 金属结晶的条件

6.2.1 金属结晶的热力学条件

晶体的凝固通常在常压下进行，根据热力学第二定律，在等温等压下，结晶过程自发进行的方向是体系自由能降低的方向。自由能 G 用下式表示：

$$G = H - TS$$

式中，H 为焓；T 为绝对温度；S 为熵。

可推导得：

$$dG = Vdp - SdT$$

在等压时，$dp = 0$，故上式简化为：

$$dG = -SdT \tag{6.1}$$

由于熵恒为正值，所以自由能是随温度增高而减小。

纯晶体的液、固两相的自由能随温度变化规律如图 6.2 所示。由于晶体熔化破坏了晶态原子排列的长程有序，使原子空间几何配置的混乱程度增加，因而增加了组态熵；同时，原子振动振幅增大，振动熵也略有增加，这就导致液态熵 S_L 大于固态熵 S_s，即液相的自由能随温度变化曲线的斜率较大。这样，两条斜率不同的曲线必然相交于一点，该点

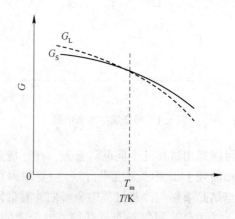

图 6.2 液-固态金属自由能-温度曲线

表示液-固两相的自由能相等，故两相平衡共存，此温度即为理论凝固温度，也就是晶体的熔点 T_m。事实上，在此两相共存温度，既不能完全结晶，也不能完全熔化，要发生结晶则体系必须降至低于 T_m。相反，要发生熔化，则温度必须高于 T_m。

在一定温度下，从一相转变为另一相的自由能变化为：

$$\Delta G = \Delta H - T\Delta S$$

令液相到固相转变的单位体积自由能变化为 ΔG_V，则：

$$\Delta G_V = G_S - G_L$$

式中，G_S、G_L 分别为固相和液相单位体积自由能，由 $G = H - TS$，可得：

$$\Delta G_V = (H_S - H_L) - T(S_S - S_L) \tag{6.2}$$

由于恒压下：

$$\Delta H_P = H_S - H_L = -L_m \tag{6.3}$$

$$\Delta S_m = S_S - S_L = \frac{-L_m}{T_m} \tag{6.4}$$

式中，L_m 为熔化热，表示固相转变为液相时，体系向环境吸热，定义为正值；ΔS_m 为固体的熔化熵，它主要反映固体转变成液体时组态熵的增加，可从熔化热与熔点的比值求得。

将式（6.3）和式（6.4）代入式（6.2）整理后，为：

$$\Delta G_V = \frac{-L_m \Delta T}{T_m} \tag{6.5}$$

式中，ΔT 为过冷度，是熔点 T_m 与实际凝固温度 T 之差，$\Delta T = T_m - T$。

由式（6.5）可知，要使 $\Delta G_V < 0$，必须使 $\Delta T > 0$，即 $T < T_m$。晶体凝固的热力学条件表明，实际凝固温度应低于熔点 T_m，也就是必须有过冷度的存在才能使凝固得以进行。

6.2.2 金属结晶的结构条件

金属结晶需要经历形核与长大的两个过程。一个非常重要的事实是晶核的来源与液态金属结构密切相关。普遍的观点认为，液态金属结构介于固态与气态之间，这只是一个笼统的表述。液态金属的 X 射线衍射试验表明，在某些方面液态金属具有与固态金属相似的结构，在配位数及原子间距等方面几乎相差无几。关于液态结构的具体模型，较为流行是微晶无序模型和拓扑无序模型，如图 6.3 所示。微晶无序模型认为液态结构具有近程有序，与晶态相似，类似微晶，准确地讲液体中存在着时聚时散的有序原子集团；拓扑无序模型是由一些基本的几何单元所组成的近程有序，最小的单元是四面体，这些单元不规则

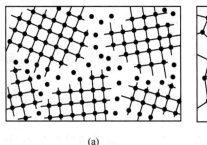
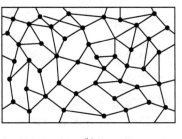

(a)　　　　　　　　　　　　(b)

图 6.3　微晶无序模型(a)和拓扑无序模型(b)

地连续排列。这种模型又称密集无序堆垛模型，后来发展为随机密堆垛模型，即把原子当作刚性小球，在不规则容器中随机密堆。这样堆垛的结果，其配位数和径向密度数与液态的试验结果相符。

通常情况下，结构模型都是静态的，实际液体中的原子是在不停地热运动着，无论是近程有序或无序的区域，都在不停地发生着结构的变化。液体中这些不断变换着的近程有序原子集团与那些无序原子形成动态平衡。高温下原子热运动较为剧烈，近程有序原子团只能维持短暂时间（约 10^{-11} s）即消散，而新的原子集团又同时出现，此起彼伏。这种结构的不稳定现象称为相起伏，相起伏是液态金属结构的重要特征之一，也是产生晶核的基础。

结构起伏的尺寸大小与温度有关。在一定的温度下，涌现出大小不同的短程规则排列结构的概率是不同的，如图 6.4 所示，尺寸越小或越大时出现的概率都小。根据热力学判断，在过冷的液态金属中，短程规则排列结构越大，则越稳定，对于那些尺寸比较大的短程规则排列结构才有可能成为晶核。因此，把过冷液体中尺寸较大的短程规则排列结构称为晶胚。一定温度下，晶胚尺寸达到一个临界值 r^* 时，它才能保持在体系中的稳定性，也就是才能成为可以持续长大的晶核。液态金属的过冷度越大，这个临界尺寸越小，越有利于形核，如图 6.5 所示。总之，过冷是金属结晶的必要条件，因为只有过冷才能造成固态金属自由能低于液态自由能的条件；也只有过冷才能使液态金属中短程规则排列结构成为晶胚。

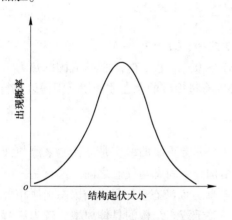

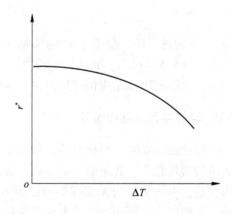

图 6.4　液态金属中不同尺寸的短程
　　　　规则排列结构出现的概率

图 6.5　晶胚的临界尺寸与过冷度的关系

6.3　形核

晶体的凝固是通过形核与长大两个过程进行的，即固相核心的形成与晶核生长至液相耗尽为止。形核方式有两类：

（1）均匀形核：新相晶核是在母相中均匀地生成的，即晶核由液相中的一些有序原子直接形成，不受杂质粒子或外表面的影响；

（2）非均匀（异质）形核：新相优先在母相中存在的异质界面处形核，即依附于液相中的杂质或外来表面形核。

在实际熔体中不可避免地存在杂质和外表面（例如容器表面），因而其凝固方式主要是非均匀形核。但是，非均匀形核的基本原理是建立在均匀形核的基础上的，因而先讨论均匀形核。

6.3.1 均匀形核

（1）晶核形成时的能量变化和临界晶核。当过冷液体中出现晶胚时，一方面由于在这个区域中原子由液态的聚集状态转变为晶态的排列状态，使体系内的自由能降低（$\Delta G_V < 0$），这是相变的驱动力；另一方面，由于晶胚构成新的表面，又会引起表面自由能的增加，这构成相变的阻力。在液-固相变中，晶胚形成时的体积应变能可在液相中完全释放掉，故在凝固中不考虑这项阻力。但在固-固相变中，体积应变能这一项是不可忽略的。假定晶胚为球形，半径为 r，当过冷液中出现一个晶胚时，总的自由能变化 ΔG 应为：

$$\Delta G = \frac{4}{3}\pi r^3 \Delta G_V + 4\pi r^2 \sigma \qquad (6.6)$$

式中，σ 为比表面能，可用表面张力表示。

在一定温度下，ΔG_V 和 σ 是确定值，所以 ΔG 是关于 r 的函数。ΔG 随 r 变化的曲线如图 6.6 所示，可见 ΔG 在半径为 r^* 时达到最大值。当晶胚尺寸 $r < r^*$ 时，则其长大将导致体系自由能的增加，故这种尺寸的晶胚是不稳定，难以长大，倾向于溶解而消失。当 $r \geq r^*$ 时，晶胚的长大使体系自由能降低，这些晶胚就成为稳定的晶核。因此，半径为 r^* 的晶核称为临界晶核，而 r^* 称为临界半径。由此可见，在过冷液体（$T < T_m$）中，不是所有晶胚都能成为稳定的晶核，只有达到 r^* 的晶胚时才能实现。r^* 可通过求极值得到，由 $\dfrac{\mathrm{d}\Delta G}{\mathrm{d}r} = 0$ 求得：

$$r^* = \frac{2\sigma}{\Delta G_V} \qquad (6.7)$$

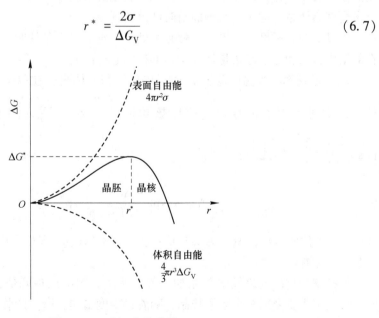

图 6.6 ΔG 随 r 变化曲线

将式 (6.5) 代入式 (6.7)，得：

$$r^* = \frac{2\sigma \cdot T_m}{L_m \cdot \Delta T} \tag{6.8}$$

由式 (6.5) 可知，ΔG_V 与过冷度相关。由于 σ 随温度的变化较小，可视为定值，所以由式 (6.8) 可知，r^* 由过冷度 ΔT 决定，过冷度越大，r^* 越小，则形核的概率增大，晶核的数目增多。当液相处于熔点 T_m 时，即 $\Delta T = 0$，由上式得 $r^* = \infty$，故任何晶胚都不能成为晶核，凝固不能发生。

将式 (6.7) 代入式 (6.6)，再代入式 (6.5)，可得：

$$\Delta G^* = \frac{16\pi\sigma^3 T_m^2}{3(L_m \cdot \Delta T)^2} \tag{6.9}$$

式中，ΔG^* 为形成临界晶核所需的功，简称形核功，它与 $(\Delta T)^2$ 成反比，过冷度越大，所需的形核功越小。以临界晶核表面积为：

$$A^* = 4\pi(r^*)^2 = \frac{16\pi\sigma^2}{\Delta G_V^2}$$

代入式 (6.9)，则得：

$$\Delta G^* = \frac{1}{3}A^*\sigma \tag{6.10}$$

由此可见，形成临界晶核时自由能仍是增高的（$\Delta G^* > 0$），其增值相当于其表面能的 1/3，即液-固之间的体积自由能差值只能补偿形成临界晶核表面所需能量的 2/3，而不足的 1/3 则需依靠液相中存在的能量起伏来补充。能量起伏是指体系中每个微小体积所实际具有的能量会偏离体系平均能量水平而瞬时涨落的现象。

由以上的分析可以得出，液相必须处于一定的过冷条件时方能结晶，而液体中客观存在的结构起伏和能量起伏是促成均匀形核的必要因素。

（2）形核率。当温度低于 T_m 时，单位体积液体内，在单位时间所形成的晶核数（形核率）受两个因素的控制，即形核功因子 $\left[\exp\left(\dfrac{-\Delta G^*}{kT}\right)\right]$ 和原子扩散的概率因子 $\left[\exp\left(\dfrac{-Q}{kT}\right)\right]$。因此形核率为：

$$N = K\exp\left(\frac{-\Delta G^*}{kT}\right) \cdot \exp\left(\frac{-Q}{kT}\right) \tag{6.11}$$

式中，K 为比例常数；ΔG^* 为形核功；Q 为原子越过液-固相界面的扩散能；k 为玻耳兹曼常数；T 为绝对温度。

形核率与过冷度之间的关系如图 6.7 所示。图中出现峰值，其原因是在过冷度较小时，形核率主要受形核率因子控制，随着过冷度增加，所需的临界形核半径减小，因此形核率迅速增加，并达到最高值；过冷度继续增大时，尽管所需的临界晶核半径继续减小，但由于原子在较低温度下难以扩散，此时形核率受扩散的概率因子所控制，即过峰值后，随温度的降低，形核率随之减小。

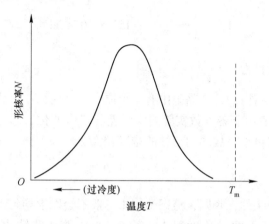

图 6.7 形核率与温度的关系

对于易流动液体来说，形核率随温度下降至某值 T^* 突然显著增大，T^* 可视为均匀形核的有效形核温度。随过冷度增加，形核率继续增大，未达图 6.7 中的峰值前，结晶已完毕。多种易流动液体的结晶试验研究结果表明，大多数液体观察到均匀形核在相对过冷度 $\Delta T^*/T_m$ 为 0.15 至 0.25 之间，其中 $\Delta T^* = T_m - T^*$，或者说有效形核过冷度 $\Delta T^* \approx 0.2T_m$，如图 6.8 所示。对于高黏滞性的液体，均匀形核速率很小，以致常常不存在有效形核温度。

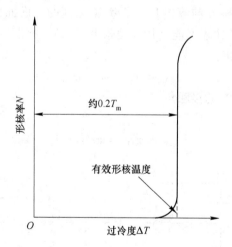

图 6.8 金属均匀形核率 N 与过冷度 ΔT 的关系

均匀形核所需的过冷度很大，下面以铜为例，计算形核时临界晶核中的原子数。已知纯铜的凝固温度 $T_m = 1356$ K，$\Delta T = 236$ K，熔化热 $L_m = 1628 \times 10^6$ J/m³，比表面能 $\sigma = 177 \times 10^{-3}$ J/m²，由式（6.8）可得：

$$r^* = \frac{2\sigma T_m}{L_m \Delta T} = \frac{2 \times 177 \times 10^{-3} \times 1356}{1628 \times 10^6 \times 236}\text{m} = 1.249 \times 10^{-9}\ \text{m}$$

铜的点阵常数 $a_0 = 3.615 \times 10^{-10}$ m，晶胞体积 $V_L = a_0^3 = 4.724 \times 10^{-29}$ m^3，而临界晶核的体积为：

$$V_c = \frac{4}{3}\pi r^{*3} = 8.157 \times 10^{-27} \text{ m}^3$$

则临界晶核中的晶胞数目为 $n = \dfrac{V_C}{V_L} \approx 173$。

因为铜是面心立方结构，每个晶胞中有 4 个原子，因此，一个临界晶核的原子数目为 692 个原子。上述的计算由于各参数实验测定的差异略有变化，总之，几百个原子自发地聚合在一起成核的概率很小，故均匀形核的难度较大。

6.3.2　非均匀形核

除非严格控制冷却条件，否则，液态金属中一般不会发生均匀形核。液态金属或易流动的化合物均匀形核所需的过冷度很大，约 $0.2T_m$。例如纯铁均匀形核时的过冷度达 295 ℃。但通常情况下，金属凝固形核的过冷度一般不超过 20 ℃，其原因在于非均匀形核，即由于外界因素，如杂质颗粒或铸型内壁等促进了结晶晶核的形成。依附于这些已存在的表面可使形核界面能降低，因而形核可在较小过冷度下发生。

设晶核 α 在型壁平面 W 上形成，如图 6.9（a）所示，并且 α 是圆球（半径为 r）被 W 平面所截的球冠，故其顶视图为圆，令其半径为 R。若晶核形成时体系表面能的变化为 ΔG_s，则：

$$\Delta G_s = A_{\alpha L} \cdot \sigma_{\alpha L} + A_{\alpha W} \cdot \sigma_{\alpha W} - A_{\alpha W} \cdot \sigma_{LW} \tag{6.12}$$

式中，$A_{\alpha L}$、$A_{\alpha W}$ 分别为晶核 α 与液相 L 及型壁 W 之间的界面面积；$\sigma_{\alpha L}$、$\sigma_{\alpha W}$、σ_{LW} 分别为 α-L、α-W、L-W 界面的比表面能（用表面张力表示）。如图 6.9（b）所示，在三相交点处，表面张力应达到平衡：

$$\sigma_{LW} = \sigma_{\alpha L}\cos\theta + \sigma_{\alpha W} \tag{6.13}$$

式中，θ 为晶核 α 和型壁 W 的接触角。

由于

$$A_{\alpha W} = \pi R^2 = \pi r^2 \sin^2\theta \tag{6.14}$$

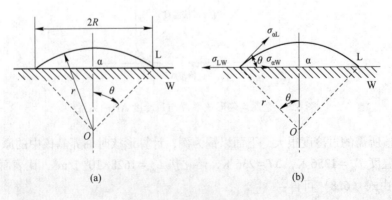

(a)　　　　　　　　　　　　(b)

图 6.9　非均匀形核示意图

α—晶核；L—液相

$$A_{\alpha L} = 2\pi r^2(1 - \cos\theta) \tag{6.15}$$

所以把上面三式代入式 (6.12)，整理后可得：

$$\Delta G_S = A_{\alpha L} \cdot \sigma_{\alpha L} - \pi r^2 \sin^2\theta \cos\theta \sigma_{\alpha L}$$

$$= (A_{\alpha L} - \pi r^2 \sin^2\theta \cos\theta)\sigma_{\alpha L} \tag{6.16}$$

球冠晶核 α 的体积为：

$$V_\alpha = \pi r^3 \frac{2 - 3\cos\theta + \cos^3\theta}{3} \tag{6.17}$$

则晶核 α 由体积引起的自由能变化为：

$$\Delta G_t = V_\alpha \Delta G_V = \pi r^3 \frac{2 - 3\cos\theta + \cos^3\theta}{3}\Delta G_V \tag{6.18}$$

晶核形核时体系总的自由能变化为：

$$\Delta G = \Delta G_t + \Delta G_S \tag{6.19}$$

把式 (6.16) 和式 (6.18) 代入式 (6.19)，整理可得：

$$\Delta G = \left(\frac{4}{3}\pi r^3 \Delta G_V + 4\pi r^2 \sigma_{\alpha L}\right)\frac{2 - 3\cos\theta + \cos^3\theta}{4}$$

$$= \left(\frac{4}{3}\pi r^3 \Delta G_V + 4\pi r^2 \sigma_{\alpha L}\right)f(\theta) \tag{6.20}$$

与均匀形核的式 (6.6) 比较，可看出两者仅差与 θ 相关的系数项 $f(\theta)$，由于对一定的体系，θ 为定值，故从 $\frac{dG}{dr} = 0$ 可求出非均匀形核时的临界晶核半径 r^*：

$$r^* = -\frac{2\sigma_{\alpha L}}{\Delta G_V} \tag{6.21}$$

由此可见，非均匀形核时，临界球冠的曲率半径与均匀形核时临界球形晶核的半径公式相同。把式 (6.21) 代入式 (6.20)，得非均匀形核的形核功为：

$$\Delta G_{het}^* = \Delta G_{hom}^* \frac{2 - 3\cos\theta + \cos^3\theta}{4} = \Delta G_{hom}^* f(\theta) \tag{6.22}$$

从图 6.9 (b) 可以看出，θ 在 0°~180° 之间变化。当 θ = 180° 时，$\Delta G_{het}^* = \Delta G_{hom}^*$（均匀形核的形核功），型壁对形核不起作用；当 θ = 0° 时，则 $\Delta G_{het}^* = 0$，非均匀形核不需作形核功，即为完全湿润的情况。在非极端的情况下，θ 为小于 180° 的某值，故 $f(\theta)$ 必然小于 1，则：

$$\Delta G_{het}^* < \Delta G_{hom}^*$$

形成非均匀形核所需的形核功小于均匀形核功，故过冷度较均匀形核时小。

图 6.10 表明非均匀形核与均匀形核之间的差异。由图可知，最主要的差异在于其形核功小于均匀形核功，因而非均匀形核在约为 $0.02T_m$ 的过冷度时，形核率已达到最大值。另外，非均匀形核率由低向高的过渡较为平缓；达到最大值后，结晶并未结束，形核率下降至凝固完毕。这是因为非均匀形核需要合适的"基底"，随新相晶核的增多而减少，在"基底"减少到一定程度时，将使形核率降低。

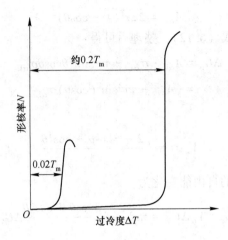

图 6.10   均匀形核率与非均匀形核率随过冷度变化的对比

在杂质和型壁上形核可减少单位体积的表面能，因而使临界晶核的原子数较均匀形核少。仍以铜为例，计算其非均匀形核时临界晶核中的原子数。球冠体积为：

$$V_{cap} = \frac{\pi h^2}{3}(3r - h)$$

式中，h 为球冠高度，假定取为 $0.2r$；r 为球冠的曲率半径，取铜的均匀形核临界半径 r^*。

用前述的方法可得 $V_{cap} = 2.284 \times 10^{-28}$ m^3，而 $V_{cap}/V_L \approx 5$ 个晶胞，最终每个临界晶核约有 20 个原子。由此可见非均匀形核中临界晶核所需的原子数远小均匀形核时的原子数，因此可在较小的过冷度下形核。

6.4　晶体的长大

形核后晶体便持续长大，涉及长大后的形态、长大方式和长大速率。晶体形态与凝固后晶体的性质有关，而长大方式决定了长大速率，也就是决定结晶动力学的重要因素。

6.4.1　晶体长大的条件

晶体长大的过程就是液体中原子迁移到晶体表面，即液-固界面向液体中推移的过程。如图 6.11 所示。假设该液-固界面不移动，即处于平衡状态，这时液-固界面固体一侧的原子迁移到液体中（熔化）的速度 $(dN/dT)_M$ 与液-固界面液体一侧的原子迁移到固体上（凝固）的速度 $(dN/dT)_F$ 相等。图 6.12 表示不同温度下的熔化与凝固速度的关系。若界面的温度 T_i 等于 T_m，则晶核不能长大；若晶核要长大，则界面温度 T_i 必须在 T_m 以下的某一温度，以满足 $(dN/dT)_F > (dN/dT)_M$ 的条件。因此，液-固界面要继续向液体中移动，就必须在液-固界面前沿液体中有一定的过冷，这种过冷度称为动态过冷度 ΔT_k。试验表明，晶体长大所需要的动态过冷度远小于形核所需要的临界过冷度，对于一般金属 ΔT_k 为 $0.01 \sim 0.05$ ℃。

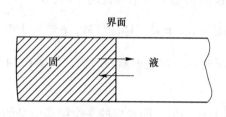

图 6.11 液-固界面处的原子迁移

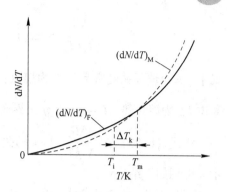

图 6.12 温度对熔化和凝固速度的影响

6.4.2 液-固界面的微观结构

晶体凝固后呈现不同的形状，如硅、锗等晶体长大后呈现出自己特有的晶体形态，由于它的晶体表面呈小平面，称为小平面形状。而大多金属晶体长成树枝形状，不具有一定的晶形，称为非小平面形状。晶体长大的形态与液、固两相的界面结构有关，晶体的长大是通过液体中单个原子或若干个原子同时依附到晶体的表面上，并按照晶面原子排列的要求与晶体表面原子结起来。按原子尺度，把相界面结构分为粗糙界面和光滑界面两类，如图 6.13 所示。

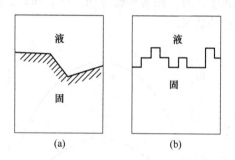

图 6.13 液-固界面示意图
(a) 光滑界面; (b) 粗糙界面

如图 6.13 (a) 所示，在光滑界面以上为液相，以下为固相，固相的表面为基本完整的原子密排面，液、固两相截然分开，具有非常明确的分界，所以从微观上看是光滑的，但宏观上它往往由许多不同位向的小平面所组成，故呈折线状，这类界面也称小平面界面。粗糙界面如图 6.13 (b) 所示，可以认为在固、液两相之间的界面从微观来看是高低不平的，存在几个原子层厚度的过渡层，在过渡层中约有半数的位置为固相原子所占据。但由于过渡层很薄，因此从宏观来看，界面显得平直，不出现曲折的小平面。

K. A. Jackson 提出决定粗糙及光滑界面的定量模型。假设液-固两相在界面处于局部平衡，故界面构造应是界面能最低的形式。如果有 N 个原子随机地沉积到具有 N_T 个原子位置的固-液界面时，则界面自由能的相对变化 ΔG_s 可由下式表示：

$$\frac{\Delta G_s}{N_T k T_m} = \alpha x (1 - x) + x \ln x + (1 - x)\ln(1 - x) \qquad (6.23)$$

式中，k 为玻耳兹曼常数；T_m 为熔点；x 为界面上被固相原子占据位置的分数；$\alpha = \dfrac{\xi L_m}{k T_m}$，其中 L_m 为熔化热，$\xi = \eta / \nu$，η 是界面原子的平均配位数，ν 是晶体配位数，ξ 恒小于1。

将式（6.23）按 $\dfrac{\Delta G_s}{N_T k T_m}$ 与 x 的关系作图，并改变 α，得到一系列曲线，如图6.14所示，得到如下结论：

（1）对于 $\alpha \leqslant 2$ 的曲线，在 $x = 0.5$ 处界面能具有极小值，即界面的平衡结构应是约有一半的原子被固相原子占据而另一半位置空着，这时界面为微观粗糙界面。

（2）对于 $\alpha > 2$ 时，曲线有两个最小值，分别位于 x 接近 0 处和接近 1 处，说明界面的平衡结构应是只有少数原子位置被占据，或者极大部分原子位置都被固相原子占据，即界面基本上为完整的平面，这时界面呈光滑界面。

金属和某些低融化熵的有机化合物，$\alpha \leqslant 2$ 时，其液-固界面为粗糙界面；多数无机化合物，以及亚金属铋、锑、镓、砷和半导体锗、硅等，当 $\alpha \geqslant 2$ 时，其液-固界面为光滑界面。根据 Jackson 模型进行的预测，已被一些透明物质的试验观察所证实，但并不完善，它没有考虑界面推移的动力学因素，故不能解释在非平衡温度凝固时过冷度对晶体形状的影响。例如磷在接近熔点凝固（1 ℃范围内），生长速率很低时，液-固界面为小平面界面，但过冷度增大，生长速率快时，则为粗糙界面。尽管如此，此理论对认识凝固过程中影响界面形状的因素仍有重要意义。

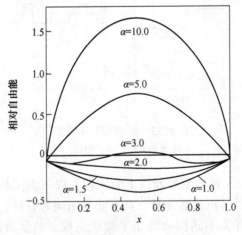

图 6.14 $\dfrac{\Delta G_s}{N_T k T_m}$ 与 x 的关系曲线图

6.4.3 晶体长大的机制

晶体的长大方式与上述的界面构造有关，可有连续长大、二维形核、螺型位错长大等方式。

（1）连续长大。对于粗糙界面的晶体，界面上大约有一半的原子位置空着，所以液相的原子可以进入这些空着的位置与晶体结合起来，晶体便连续地向液相中生长，因此这种生长方式为垂直生长，也就是生长方向总体上垂直于固液界面。一般情况下，当动态过冷度 ΔT_k 增大时，平均长大速率 v_g 初始呈线性增大，如图6.15（a）所示。对于大多数金属来说，由于 ΔT_k 很小，因此其平均生长速率与过冷度成正比，即：

$$v_g = u_1 \Delta T_K \tag{6.24}$$

式中，u_1 为比例常数，视材料而定，单位是 m/(s·K)。

有人估计 u_1 约为 10^{-2} m/(s·K)，故在较小的过冷度下，即可获得较大的生长速率。但对于无机化合物以及有机化合物等黏性材料，随过冷度增大到一定程度后，生长速率达到极大值后随即下降，如图6.15（b）所示。凝固时生长速率还受释放潜热的传导速率所控制，由于粗糙界面的物质一般只有较小的结晶潜热，所以生长速率较高。

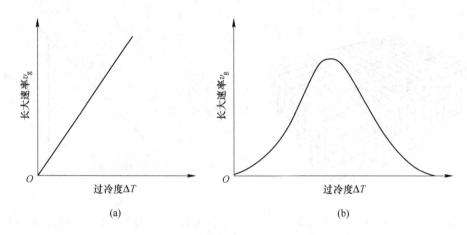

图6.15 连续长大速率和过冷度的关系
（a）初期；（b）整个范围

（2）二维形核。对于光滑界面的晶体而言，固体表面不存在生长台阶，需要在表面上因合适的过冷度而产生晶核，液相原子沿着晶核侧边发生二维生长，使一晶体薄层很快扩展而铺满整个表面（如图6.16所示），这时生长中断，需在此界面上再形成二维晶核，又很快地长满一层，如此反复进行。因此晶核生长随时间是不连续的，平均生长速率由下式决定：

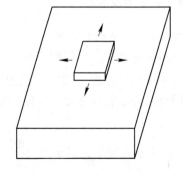

图6.16 二维晶核长大机制示意图

$$v_g = u_2 \exp\left(\frac{-b}{\Delta T_k}\right) \tag{6.25}$$

式中，u_2 和 b 均为常数。

当 ΔT_k 很小时，v_g 非常小，这是因为二维晶核心形核功较大。二维晶核亦需达到一定临界尺寸后才能进一步扩展，故这种生长方式实际上很少见。

（3）螺型位错长大。但是，如果光滑界面上存在螺型位错时，垂直于位错线的表面会呈现螺旋型的台阶，且永远不会消失。由于液相中的原子很容易填充到台阶部位，而当一个面的台阶被原子进入后，在其前方依然存在螺旋型的台阶，在最接近位错处，只需要加入少量原子就完成一周，而离位错较远处需较多的原子加入。这样就使晶体表面呈螺旋型不断生长。借螺型位错生长的模型示于图 6.17 中。这种方式的平均生长速率为：

$$v_g = u_3 \Delta T_k^2 \tag{6.26}$$

式中，u_3 为比例常数。

由于界面上所提供的缺陷有限，即添加原子的位置有限，故生长速率小，即 $u_3 \ll u_1$。在一些非金属晶体上观察到借螺型位错回旋生长的蜷线，表明了螺型位错生长机制是可行的。为此可利用一个位错形成单一螺旋台阶，生长出晶须，这种晶须除了中心核心部分外是完整的晶体，故具有许多特殊优越的机械性能，例如，很高的屈服强度。图 6.18 显示出上述三种机制 v_g 与 ΔT_k 之间的关系。

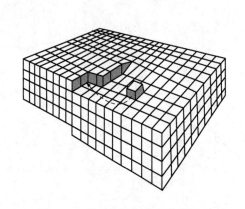

图 6.17　螺型位错台阶生长的模型

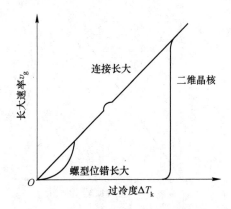

图 6.18　连续长大、螺旋位错长大和二维晶核长大速率和过冷度之间关系对比

6.4.4　晶体生长形态

6.4.4.1　结晶动力学

在凝固过程中，根据形核率 N 及长大速率 v_g 可以推算在一定温度下随时间的转变量，推导结晶动力学方程。假定结晶为均匀形核，晶核并以等速长大，直到邻近晶粒相遇为止。因此，在晶粒相遇前，晶核的半径为：

$$R = v_g(t - \tau) \tag{6.27}$$

式中，v_g 为长大速率，其定义为 $\dfrac{dR}{dt}$；τ 为晶核形成的孕育时间。

如设晶核为球形，则每个晶核的转变体积为：

$$V = \frac{4}{3}\pi v_g^3 (t - \tau)^3 \tag{6.28}$$

晶核数目可通过形核率的定义得到。形核率定义为：

$$N = \frac{\text{形成的晶核数／单位时间}}{\text{未转变体积}} \tag{6.29}$$

在时间 dt 内形成的晶核数是 $NV_u dt$，其中 V_u 是未转变体积。鉴于 V_u 是时间的函数难以确定，故考虑以体系总体积 V 替代 V_u 的情况，则 $NV dt$ 表示在体系的未转变与已转变体积中都计算了形成的晶核数。由于晶核不能在已转变的体积中形成，故将这些晶核称为虚拟晶核，如图 6.19 所示。所以定义一个假想的晶核数 n_s 作为真实晶核数 n_r 与虚拟晶核数 n_p 之和，即：

$$n_s = n_r + n_p \tag{6.30}$$

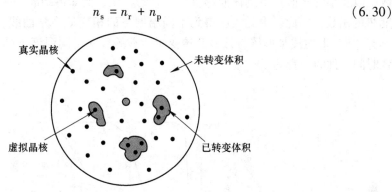

图 6.19 正在转变的体积中的真实晶核和虚拟晶核

在 t 时间内，假想晶核的体积为：

$$V_s = \int_0^t \frac{4}{3}\pi v_g^3 (t - \tau)^3 \cdot NV dt$$

用体积分数表示，令 $\varphi_s = \dfrac{V_s}{V}$，则：

$$\varphi_s = \int_0^t \frac{4}{3}\pi v_g^3 (t - \tau)^3 \cdot N dt \tag{6.31}$$

由于在任一时间，每个真实晶核与虚拟晶核的体积相同，所以：

$$\frac{dn_r}{dn_s} = \frac{dv_r}{dv_s} = \frac{d\varphi_r}{d\varphi_s} \tag{6.32}$$

令在时间 dt 内单位体积中形成的晶核数为 dP，于是 $dn_r = V_u dP$ 和 $dn_s = V dP$。如果是均匀形核，dP 不会随形核地点不同而有变化，此时可得：

$$\frac{dn_r}{dn_s} = \frac{V_u}{V} = \frac{V - V_r}{V} = 1 - \varphi_r \tag{6.33}$$

合并式（6.32）和式（6.33），有：

$$\frac{d\varphi_r}{d\varphi_s} = 1 - \varphi_r \tag{6.34}$$

该微分方程解为：

$$\varphi_r = 1 - \exp(-\varphi_s) \tag{6.35}$$

假定 v_g 与 N 均与时间无关，即为常数，而孕育时间 τ 很小，以至可以忽略，则对方程（6.32）积分，可得

$$\varphi_s = \frac{\pi}{3} N v_g^3 t^4 \tag{6.36}$$

将式 (6.36) 代入式 (6.35)，则有：

$$\varphi_r = 1 - \exp\left(-\frac{\pi}{3}N v_g^3 t^4\right) \qquad (6.37)$$

上式称为 Johnson-Mehl 动力学方程，并可应用于在四个条件（均匀形核，N 和 v_g 为常数，以及小的 τ 值）下的任何形核与长大的转变，例如再结晶。在式 (6.37) 中，N 是温度 T 的函数，因此，由此式可得到不同温度下的相变动力学曲线，如图 6.20 所示。这些具有 "S" 形曲线是形核与长大型转变所特有的。在不同温度下的开始相变所需不同的孕育时间，称为孕育期。

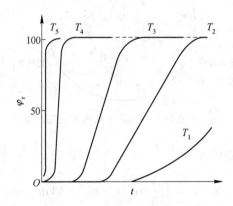

图 6.20　不同温度下的相变动力学曲线

6.4.4.2　纯晶体凝固时的生长形态

纯晶体凝固时的生长形态不仅与液-固界面的微观结构有关，而且取决于固液界面前沿液相中的温度分布。温度分布通常有两种情况：正的温度梯度和负的温度梯度，如图 6.21 所示。

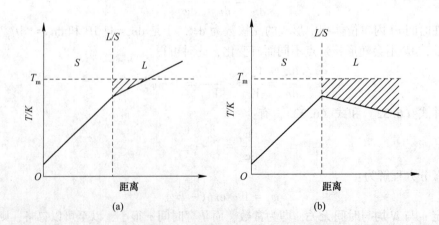

图 6.21　两种温度分布方式
（a）正温度梯度；（b）负温度梯度

（1）正的温度梯度下的情况。正的温度梯度指的是随着离开液-固界面的距离 z 的增大，液相温度 T 随之升高的情况，即 $\dfrac{\mathrm{d}T}{\mathrm{d}z}>0$。在这种条件下，结晶潜热只能通过固相而散出，相界面的推移速度受固相传热速度所控制。晶体的生长以接近平面状向前推移，这是由于温度梯度是正的，当界面上偶尔有凸起部分而伸入温度较高的液体中时，它的生长速度就会减缓甚至停止，周围部分的过冷度较凸起部分大而会赶上来，使凸起部分消失，这种过程使液-固界面保持稳定的平面形态。但界面的形态按界面的性质仍有不同。

若是光滑界面结构的晶体，其生长形态呈台阶状，组成台阶的平面（前述的小平面）是晶体的一定晶面，如图 6.22（a）所示。液-固界面自左向右推移，虽与等温面平行，但小平面却与溶液等温面呈一定的角度。

若是粗糙界面结构的晶体，其生长形态呈平面状，界面与液相等温而平行，如图 6.22（b）所示。

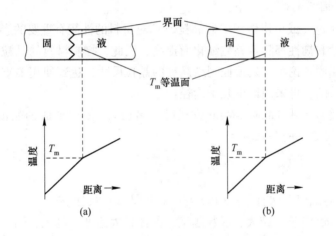

图 6.22　在正的温度梯度下观察得到的两种界面形态
（a）台阶状（光滑界面结构的晶体）；（b）平面状（粗糙界面结构的晶体）

（2）负的温度梯度下的情况。负的温度梯度是指液相温度随离液-固界面的距离增大而降低，即 $\dfrac{\mathrm{d}T}{\mathrm{d}z}<0$。当相界面处的温度由于结晶潜热的释放而升高，使液相处于过冷条件时则可能产生负的温度梯度。此时，相界面上产生的结晶潜热既可通过固相也可通过液相而散失。相界面的推移不只由固相的传热速度所控制，在这种情况下，如果部分的相界面生长凸出到前面的液相中，便能处于温度更低（即过冷度更大）的液相中，使凸出部分的生长速度增大而进一步伸向液体中。在这种情况下液-固界面就不可能保持平面状而形成许多伸向液体的分枝（沿一定晶向轴），同时在这些晶枝上又可能会长出二次晶枝，在二次晶枝再长出三次晶枝，如图 6.23 所示。晶体的这种生长方式称为树枝生长或树枝状结晶。树枝状生长时，伸展的晶枝轴具有一定的晶体取向，这与其晶体结构类型有关，例如：

面心立方　　　<100>
体心立方　　　<100>
密排六方　　　$<10\bar{1}0>$

树枝状生长在具有粗糙界面的物质（如金属）中表现最为显著，而对于具有光滑界面的物质来说，在负的温度梯度下虽也出现树枝状生长的倾向，但往往不甚明显；而某些 α 值大的物质则变化不多，仍保持其小平面特征。

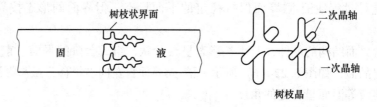

图 6.23　树枝状晶体生长示意图

6.4.4.3　凝固后的晶粒大小控制

材料的晶粒大小（或单位体积中的晶粒数）对材料的性能有重要的影响。例如金属材料，其强度、硬度和韧性都随着晶粒细化而提高，因此，控制材料的晶粒大小具有重要的实际意义。应用凝固理论可有效地控制结晶后的晶粒尺寸，达到使用要求。这里以细化金属铸件的晶粒为目的，可采用以下几个途径：

（1）增加过冷度。由 Johnson-Mehl 方程可导出在 t 时间内形成的晶核数 $P(t)$ 与形核率 N 及长大速率 v_g 之间的关系：

$$P(t) = k\left(\frac{N}{v_g}\right)^{3/4} \tag{6.38}$$

式中，k 为常数，与晶核形状有关；$P(t)$ 与晶粒尺寸 d 成反比。

由上式可知，形核率 N 越大，晶粒越细；晶体长大速度 v_g 越大，则晶粒越粗。同一材料的 N 和 v_g 都取决于过冷度，因 $N \propto \exp\left(-\dfrac{1}{\Delta T^2}\right)$，而连续长大时 $v_g \propto \Delta T$；以螺型位错长大时，$v_g \propto (\Delta T)^2$，由此可见，增加过冷度，N 迅速增大，且比 v_g 更快，因此在一般凝固条件下，增加过冷度使凝固后的晶粒细化。

（2）形核剂的作用。由于实际的凝固都为非均匀形核，为了提高形核率，可在熔液凝固之前加入能作为非均匀形核基底的人工形核剂（也称孕育剂或变质剂）。液相中现成基底对非均匀形核的促进作用取决于接触角 θ。θ 角越小，形核剂对非均匀形核的作用越大。由式（6.13）$\cos\theta = (\sigma_{LW} - \sigma_{\alpha W})/\sigma_{\alpha L}$ 可知，为了使 θ 角减小，应使 $\sigma_{\alpha W}$ 尽可能降低，故要求现成基底与形核晶体具有相近的结合键类型，而且与晶核相接的彼此晶面具有相似的原子配置和小的点阵错配度 δ，而 $\delta = |a - a_1|/a$，其中 a 为晶核的相接晶面上的原子间距；a_1 为基底相接面上的原子间距。表 6.2 列出了一些物质对纯铝（面心立方结构）结晶时形核的作用，可以看出这些化合物的实际形核效果与上述理论推断符合得较好。但是，也有一些研究结果表明，晶核和基底之间的点阵错配并不像上述所强调的那样重要。例如，对纯金的凝固来说，WC、ZrC、TiC、TiN 等对形核作用较氧化钨、氧化铝、氧化钛大

得多，但它们的错配度相近；又如锡在金属基底上的形核率高于非金属基底，而与错配度无关，因此在生产中主要通过试验来确定有效的形核剂。

表 6.2　加入不同物质对纯铝不均匀形核的影响

化合物	晶体结构	密排面之间的 δ 值	形核效果	化合物	晶体结构	密排面之间的 δ 值	形核效果
VC	立方	0.014	强	NbC	立方	0.086	强
TiC	立方	0.060	强	W_2C	六方	0.035	强
TiB_2	六方	0.048	强	Cr_3C_2	复杂	—	弱或无
AlB_2	六方	0.038	强	Mn_3C	复杂	—	弱或无
ZrC	立方	0.145	强	Fe_3C	复杂	—	弱或无

（3）振动促进形核。实践证明，对金属熔液凝固时施加振动或搅拌作用可得到细小的晶粒。振动方式可采用机械振动，电磁振动或超声波振动等，都具有细化效果。目前的看法认为，其主要作用是振动使枝晶破碎，这些碎片又可作为结晶核心，使形核增殖。但当过冷液态金属在晶核出现之前，在正常的情况下并不凝固，可是当它受到剧烈的振动时，就会开始结晶，这是与上述形核增殖的不同机制，现在对该动力学形核的机制还不清楚。

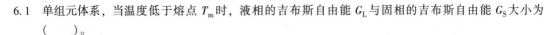

习　题

6.1　单组元体系，当温度低于熔点 T_m 时，液相的吉布斯自由能 G_L 与固相的吉布斯自由能 G_S 大小为（　　）。

　　A. $G_L = G_S = 0$

　　B. $G_L = G_S \neq 0$

　　C. $G_L < G_S$

　　D. $G_L > G_S$

6.2　过冷度 ΔT 表示实际熔点与实际凝固温度的差，以下说法正确的是（　　）。

　　A. 过冷度越大，越不利于凝固

　　B. 凝固与过冷度没关系

　　C. 过冷度越大越容易凝固

　　D. 过冷度越大越容易结晶

6.3　形核率与过冷度之间的关系，下面表述正确的是（　　）。

　　A. 过冷度越大，形核率越高

　　B. 过冷度越小，形核率越高

　　C. 随过冷度增加，形核率开始增加，接着变小

6.4　凝固是指物质由液态至固态的转变，非密排结构晶体，液态时配位数反而_____。

6.5　在均匀形核中，形核功随过冷度增加而_____。

6.6 非均匀形核的形核功明显小于均匀形核的形核功，原因是_____。

6.7 晶体长大的方式主要包括_____、_____和_____。

6.8 二维形核方式生长的晶体的生长速度_____连续生长。

6.9 请阐述温度梯度对晶体形态的影响。

6.10   凝固中，光滑界面和粗糙界面分别指什么？

6.11   从体系自由能变化角度分析为什么存在一个形核的临界半径。

7 相图及合金的凝固

相图在材料设计、制备中具有重要的指导意义，通过研究相图可以深入探究和掌握形核、结晶、晶体生长、晶体形态、相组成等材料学相关的基本原理。二元相图是最基本的、也是目前研究最充分的相图体系，它研究了二元体系在热力学平衡条件下，相与温度、成分之间的关系，并已在金属、陶瓷材料中得到广泛应用。本章将重点介绍不同类型二元相图的特点及其凝固过程，同时简要介绍三元相图基础知识。

7.1 匀晶相图及合金凝固

7.1.1 匀晶相图概述

从均匀的液相中结晶出单相固溶体的过程称为匀晶转变，可以表达为 L→α，与此相关的相图称之为匀晶相图。匀晶转变在二元合金中比较常见，大多数的二元相图都包括匀晶转变部分。如 Au-Ag、Cu-Ni、Au-Pt 等合金体系在发生凝固时只存在匀晶转变；有些二元陶瓷体系，如 CoO-MgO、NiO-CoO、NiO-MgO 等也只发生匀晶转变。匀晶转变意味着一些二元合金体系中，两组元之间可以发生无限互溶，能够形成无限固溶体。两组元要形成无限固溶体须满足以下条件：两组元的晶体结构相同，原子尺寸相近，尺寸差一般小于15%。同时，两者有相同的原子价和相似的电负性。这一规则也基本适用于以离子晶体化合物为组元的固溶体，只是上述规则中以离子半径替代原子半径。例如，NiO 和 MgO 之间能无限互溶，正是由于两者的晶体结构都是 NaCl 型，Ni^{2+} 和 Mg^{2+} 的离子半径分别为 0.069 nm 和 0.066 nm，十分接近，两者的原子价又相同。而 CaO 和 MgO 之间不能无限互溶，虽然两者晶体结构和原子价均相同，但 Ca^{2+} 的离子半径太大，为 0.099 nm。Cu-Ni（见图 7.1）和 NiO-MgO（见图 7.2）为典型的二元匀晶相图。

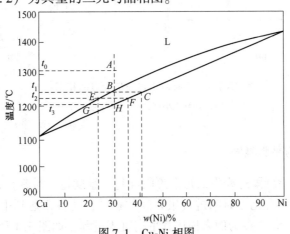

图 7.1 Cu-Ni 相图

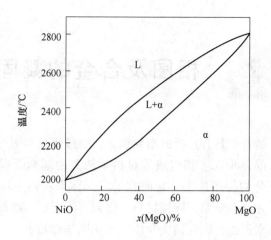

图 7.2　NiO-MgO 相图

　　匀晶相图还存在一些特殊的表现形式，如 Au-Cu 和 Fe-Co 等相图，在这些相图上出现了极小点（见图 7.3（a）），而在 Pb-Tl 等相图上出现了极大点（见图 7.3（b））。对应于极大点和极小点的合金，由于液、固两相的成分相同，此时用来确定体系状态的变量数应减少一个，于是自由度 $f=c-p+1=1-2+1=0$，即发生液固相变的过程为恒温转变，此时液相恒温转变为和其成分相同的固相。极大点和极小点对应着一个固定溶解度的固溶体，这种相图可以此溶解度固溶体和两个端元成分为组元，将相图划分为两个标准的匀晶相图，如图 7.2 所示。

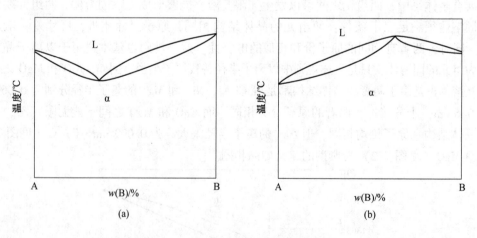

图 7.3　具有极小点与极大点的相图
（a）具有极小点；（b）具有极大点

7.1.2　匀晶固溶体的平衡凝固

　　所谓平衡凝固是指凝固过程中的每个阶段（每一温度每一时刻）都能达到热力学上的平衡，即在相变过程中有充分时间进行组元间的扩散，使各相达到平衡相的成分。这里，以 $w(\mathrm{Ni})=30\%$ 的 Cu-Ni 合金为例来描述其平衡凝固过程，如图 7.1 所示。

如图 7.1 所示，高温液态合金自高温 A 点开始逐渐冷却，当冷却到合金成分线与液相线交点 $B(t_1 = 1245 ℃)$ 时开始结晶，固相的成分可由等温线 BC 与固相线的交点 C 标出，此时固相含 Ni 量约为 41%。在 t_1 温度下，成分为 B 的液相和成分为 C 的固相形成两相平衡。发生结晶时首先需要在液相内形核，因为出现了新界面，因此需要做表面功。同时由于形成新晶核的成分与原合金的成分不同，存在一定的自由能差，所以需要一定的过冷度才能发生形核和晶体长大。因此，液态合金只能在略低于 t_1 温度条件下，合金中才能产生晶核并长大，这时，结晶出来的固溶体成分接近于 C 点。随着温度持续降低，固相成分沿固相线向左下方变化，液相成分沿液相线向左下方变化。当冷却到 t_2 温度（1220 ℃）时，由等温线 EF（水平线）与液、固相线相交点可知，液相成分为 E，含 Ni 量约为 24%，而固相线成分为 F，含 Ni 量约为 36%。由杠杆法则可算出，此时液、固两相的相对量各为 50%。当冷却到 t_3 温度（1210 ℃）时，此时固溶体的成分即为原合金成分（$w(\mathrm{Ni}) = 30\%$），它和最后一滴液体（成分为 G）形成平衡。当略低于 t_3 温度时，剩余的最后一滴液体最终结晶成固溶体。这样，合金凝固完毕后，得到的是单相均匀固溶体。该合金平衡凝固过程中的组织结构演变如图 7.4 所示。

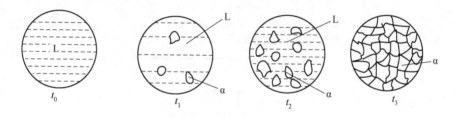

图 7.4 Cu-Ni 固溶体平衡凝固时的组织变化

第二组元的存在使合金凝固过程相较于纯金属变得更为复杂。例如，结晶过程中，合金每一温度结晶出的固相成分与合金液体不同，所以形核时需要同时存在能量起伏和成分起伏才能保证结晶过程的进行。另外，固溶体凝固过程是在一个较明显的温度区间内进行的，伴随液、固两相的成分随温度下降而不断地发生着变化。很显然，这种凝固过程必然依赖于两组元间原子的扩散。需要强调的是，在每一温度下，平衡凝固实质上包括三个基本过程：（1）液相内的扩散过程；（2）固相的继续长大；（3）固相内的扩散过程。以上述合金从 t_1 至 t_2 温度的平衡凝固为例（如图 7.5 所示）。图中 L 和 S 分别表示液相和固相，而 w_L 和 w_S 分别表示在相界面上液、固两相的成分，z 表示与初始凝固端的距离。如图 7.5（a）所示，在 t_1 温度，液、固的成分分别为 $w(\mathrm{Ni}) = 30\%$ 和 $w(\mathrm{Ni}) = 41\%$。当温度由 t_1 降低至 t_2 时，固液界面上固相和液相的成分分别由 t_2 温度时液、固相线对应的平衡成分决定的，液、固的成分分别为 $w(\mathrm{Ni}) = 24\%$ 和 $w(\mathrm{Ni}) = 36\%$。液相中结晶出固相后，固相周围的液相的 Ni 含量就会降低至 $w_L = 24\%$，而远离这部分固相的液相仍保持原来成分（30%）。液相中由于存在浓度梯度就会引起组元的扩散，在扩散的同时，固相继续长大，这两个过程一直进行到所有液相的成分 $w(\mathrm{Ni}) = 24\%$ 为止（见图 7.5（b））；同样，在固相中也存在浓度梯度，在上述过程中也会引起扩散，但固相内原子的扩散速率比液相内慢很多，要使固相成分 w_S 均为 36%（见图 7.5（c）），需要较长时间的扩散。合金凝固时，每一个晶核最终长成一个晶粒。由于在每一温度下扩散进行得很充分，晶粒内的成分是均匀一致的。因此，平衡凝固得到的固溶体显微组织和纯金属相同，除了晶界外，晶粒之间和晶粒内部的成分都是相同的。

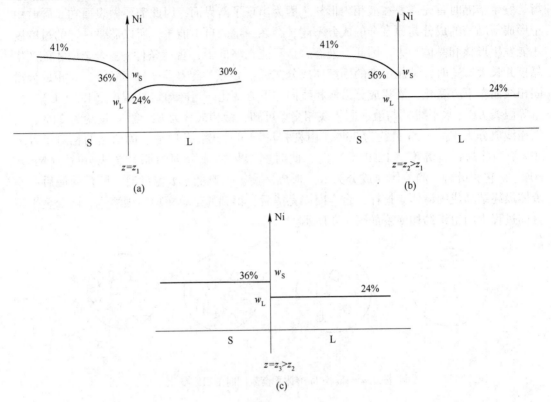

图 7.5　平衡凝固的三个过程

7.1.3　匀晶固溶体的非平衡凝固

　　生产实际中由于受工艺条件的限制或者为了提高生产效率，合金熔体浇铸后的冷却速度往往较快，在每一温度下不可能保证足够的扩散时间，从而使凝固过程偏离平衡条件，称为非平衡凝固。

　　非平衡凝固中，液、固两相的成分势必偏离平衡相图中的液相线和固相线。由于固相内组元扩散较液相内慢很多，其偏离固相线的程度就大得多，它成为非平衡凝固过程中的主要矛盾。图 7.6（a）是非平衡凝固时液、固两相成分变化的示意图。合金 I 在 t_1 温度时首先结晶出成分为 α_1 的固相，因其含铜量远低于合金的原始成分，故与之相邻的液相含铜量势必升高至 L_1。随后冷却到 t_2 温度，固相的平衡成分应为 α_2，液相成分应改变至 L_2。但由于冷却较快，液相和固相，尤其是固相中的扩散不充分，其内部成分仍低于 α_2，甚至保留为 α_1，从而出现成分不均匀现象。此时，整个结晶固体的平均成分 α_2' 应在 α_1 和 α_2 之间，而整个液体的平均成分 L_2' 应在 L_1 和 L_2 之间。再继续冷却到 t_3 温度，结晶后的固溶体平衡成分应变为 α_3，液相成分变为 L_3，同样因扩散不充分而达不到平衡凝固成分，固相的实际成分为 α_1、α_2 和 α_3 的平均值 α_3'；液相的实际成分则是 L_1、L_2 和 L_3 的平均值

L_3'。合金冷却到 t_4 温度才凝固结束。此时固相的平均成分从 α_3' 变到 α_4'，即原合金的成分。若把每一温度下的固相和液相的平均成分点连接起来，则分别得到图 7.6（a）中的虚线 $\alpha_1\alpha_2'\alpha_3'\alpha_4'$ 和 $L_1L_2'L_3'L_4'$，分别称为固相平均成分线和液相平均成分线。液、固两相的成分及组织变化如图 7.6（b）所示。

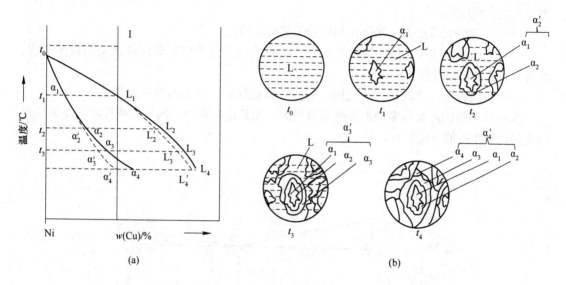

图 7.6　固溶体在非平衡凝固时液、固两相的成分变化及组织演化

根据上述对非平衡凝固过程的分析可以得到如下几点结论：

（1）固相平均成分线和液相平均成分线与固相线和液相线不同，它们和冷却速度有关，冷却速度越快，它们偏离固、液相线越严重；反之，冷却速度越慢，它们越接近固、液相线，此时，冷却速度越接近平衡冷却条件。

（2）先结晶部分总是富高熔点组元（Ni），后结晶的部分是富低熔点组元（Cu）。

（3）非平衡凝固总是导致凝固终结温度低于平衡凝固时的终结温度。

非平衡凝固时固溶体通常以树枝状生长方式结晶，导致先结晶的枝干和后结晶的分枝间的成分不同，故称为枝晶偏析。由于一个树枝晶是由一个核心结晶而成的，故枝晶偏析属于晶内偏析。固溶体在非平衡凝固条件下产生上述的枝晶偏析是一种普遍现象。枝晶偏析是非平衡凝固的产物，在热力学上是不稳定的，通过"均匀化退火"或称"扩散退火"，即在固相线以下较高的温度（要确保不能出现液相，否则会使合金"过烧"）经过长时间的保温使原子扩散充分，使之转变为平衡组织。

7.2　共晶相图及合金凝固

7.2.1　共晶相图概述

共晶转变是指均匀的液相在恒温下同时结晶出两个不同固相的过程，可以表达为 L→α+β。组成共晶相图的两组元，在液态可无限互溶，在固态时只能有限互溶，甚至完全不溶。两组元的混合使合金的熔点比各组元低，因此，相图上液相线从两端纯组元向中间凹下，两条液相线的交点所对应的温度称为共晶温度。在该温度下，液相通过共晶凝固同时结晶出两个固相，这样两相的混合物称为共晶组织或共晶体。

Pb-Sn 相图是最具代表性的二元共晶相图（见图7.7），该类相图典型案例还有 Al-Si、Pb-Sb、Pb-Sn、Ag-Cu 等。共晶合金在铸造工业中是非常重要的，其原因在于它有一些有别于其他合金的特点：

（1）比纯组元熔点低，使熔化和铸造工艺得以简化；

（2）共晶合金比纯金属的流动性更好，防止了凝固过程中阻碍液体流动的枝晶形成，改善了合金的铸造性能；

（3）恒温转变（无凝固温度范围）减少了铸造缺陷，例如偏聚和缩孔；

（4）共晶凝固可获得多种形态的显微组织，尤其是规则排列的层状或杆状共晶组织可能成为优异性能的原位复合材料。

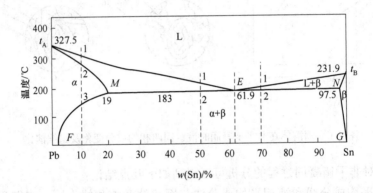

图 7.7 Pb-Sn 相图

在图7.7中 Pb 的熔点（t_A）为 327.5 ℃，Sn 的熔点（t_B）为 231.9 ℃。两条液相线交于 E 点，该共晶温度为 183 ℃。图中 α 是 Sn 溶于以 Pb 为基的固溶体，β 是 Pb 溶于以 Sn 为基的固溶体。液相线 $t_A E$ 和 $t_B E$ 分别表示 α 相和 β 相结晶的开始温度，而 $t_A M$ 和 $t_B M$ 分别表示 α 相和 β 相结晶的终结温度。MEN 水平线表示 L、α、β 在三相平衡共存的温度和各相的成分，该水平线称为共晶线。共晶线显示出成分为 E 的液相 L_E 在该温度将同时结晶出成分为 M 的固相 $α_M$ 和成分为 N 的固相 $β_N$，（$α_M + β_N$）两相混合组织称为共晶组织，该共晶反应可写成：

$$L_E \longrightarrow α_M + β_N$$

根据相律，在二元系中，三相共存时，自由度为零，共晶转变是恒温转变，故是一条水平线。图中 MF 和 NG 线分别为 α 固溶体和 β 固溶体的饱和溶解度曲线，它们分别表示 α 和 β 固溶体的溶解度随温度降低而减少的变化。在图7.7中，相平衡线把相图划分为3个单相区：L、α、β；3个两相区：L+α、L+β、α+β；而 L 相区在共晶线上部的中间，α 相区和 β 相区分别位于共晶线的两端。

7.2.2 共晶合金的平衡凝固及其组织

以 Pb-Sn 合金为例，下面分别讨论各种典型成分合金的平衡凝固及其显微组织。

7.2.2.1 $w(Sn) < 19\%$ 的合金

如图 7.7 所示，$w(Sn) = 10\%$ 的 Pb-Sn 的合金由高温液相逐渐冷却至 t_1（图中标为 1）温度时，液相中开始结晶出 α 固溶体。随着温度降低，初生 α 固溶体的量随之增多，液相量随之减少，液相和固相的成分分别沿着液相线 $t_A E$ 和固相线 $t_A M$ 向右下方变化。当冷却到 t_2 温度时，合金凝固结束，全部转变为单相 α 固溶体。这一结晶过程与匀晶相图中的平衡转变相同。在 t_2 至 t_3 温度之间，α 固溶体不发生任何变化。当温度冷却到 t_3 以下时，Sn 在 α 固溶体中呈过饱和状态，因此，多余的 Sn 以 β 固溶体的形式从 α 固溶体中析出，称为次生 β 固溶体，用 β_{II} 表示，以区别于从液相中直接结晶出的初生 β 固溶体。次生固溶体通常优先沿初生 α 相的晶界或晶内的缺陷处析出。随着温度的继续降低，β_{II} 不断增多，而 α 和 β_{II} 相的平衡成分将分别沿 MF 和 NG 溶解度曲线变化。两相区内的相对量，例如 L+α 两相区中 L 和 α 的相对量，α+β 两相区中的 α 和 β 的相对量，均可由杠杆法则确定。

图 7.8 为 $w(Sn) = 10\%$ 的 Pb-Sn 合金平衡凝固时的组织结构演化示意图。只要成分位于 M 和 F 点之间的合金，平衡凝固过程与上述合金相似，凝固至室温后的平衡组织均为 α+β_{II}，只不过两相的相对含量不同罢了。当合金成分位于 N 和 G 点之间时，平衡凝固过程与上述合金基本相似，但凝固后的平衡组织为 β+α_{II}。

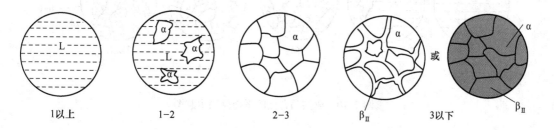

图 7.8 $w(Sn) = 10\%$ 的 Pb-Sn 合金平衡凝固过程示意图

7.2.2.2 $w(Sn) = 61.9\%$ 的共晶合金

该合金（见图 7.7）从液态缓冷至 183 ℃ 时，液相 L_E 同时结晶出 α 和 β 两种固溶体，这一过程在恒温下进行，直至凝固结束。此时，结晶出的共晶体中的 α 和 β 相的相对量可用杠杆法则计算，在共晶线下方两相区（α+β）中画连接线，其长度可近似认为是 MN，则有：

$$w(\alpha_M) = \frac{EN}{MN} \times 100\% = \frac{97.5 - 61.9}{97.5 - 19} \times 100\% = 45.4\%$$

$$w(\beta_N) = \frac{ME}{MN} \times 100\% = \frac{61.9 - 19}{97.5 - 19} \times 100\% = 54.6\%$$

继续冷却时，共晶体中 α 相和 β 相将各自沿 MF 和 NG 溶解度曲线变化而改变其固溶度，从 α 和 β 中分别析出 β_{II} 和 α_{II}。由于共晶体中析出的次生相通常与共晶体中同类相结合在一起，所以在显微镜下难以分辨。该合金的平衡凝固过程示于图 7.9 中。

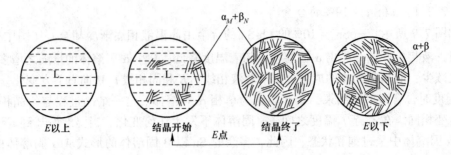

图 7.9　Pb-Sn 共晶合金平衡凝固过程示意图

7.2.2.3　亚共晶合金

图 7.7 中，成分位于 M、E 两点之间的合金称为亚共晶合金，因为它的成分低于共晶成分而只有部分液相可结晶成共晶体。现以 $w(\mathrm{Sn}) = 50\%$ 的 Pb-Sn 合金为例，分析其平衡凝固过程（如图 7.10 所示）。

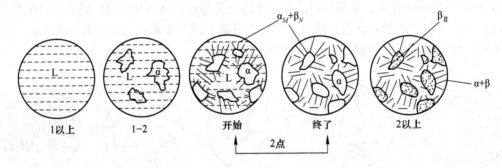

图 7.10　亚共晶合金的平衡凝固示意图

该合金缓冷至 t_1 和 t_2 温度之间时，初生 α 相以匀晶转变方式不断地从液相中析出，随着温度的下降，α 相的成分沿 $t_A M$ 固相线变化，而液相的成分沿 $t_A E$ 液相线变化。当温度降至 t_2 温度时，剩余的液相成分到达 E 点，此时发生共晶转变，形成共晶体。共晶转变结束后，此时合金的平衡组织为初生 α 固溶体和共晶体（α+β）组成，可简写成 α+（α+β）。初生相 α（或称先共晶体 α）和共晶体（α+β）具有不同的显微形态而成为不同的组织。两种组织相对含量，也称组织组成体相对量，也可用杠杆法则计算，即在共晶线上方两相区（L+α）中画连接线，其长度可近似认为 ME，则用质量分数表示两种组织的相对含量为：

$$w(\alpha + \beta) = w(\mathrm{L}) = \frac{50 - 19}{61.9 - 19} \approx 72\%$$

$$w(\alpha) = \frac{61.9 - 50}{61.9 - 19} \approx 28\%$$

上述的计算表明，$w(\mathrm{Sn}) = 50\%$ 的 Pb-Sn 合金在共晶反应结束后，初生相 α 占 28%，共晶体（α+β）占 72%。上述两种组织是由 α 相和 β 相组成的，故称两者为组成相。在共晶反应结束后，可以用杠杆 MN 计算组成相 α 和 β 的相对量分别为：

$$w(\alpha) = \frac{97.5 - 50}{97.5 - 19} \approx 60.5\%$$

$$w(\beta) = \frac{50 - 19}{97.5 - 19} \approx 39.5\%$$

注意上式计算中的 α 组成相包括初生期 α 和共晶体中的 α 相。由上述计算可知，不同成分的亚共晶合金，经共晶转变后的组织均为 α+(α+β)。但随成分的不同，具有两种组织的相对含量不同，越接近共晶成分 E 的亚共晶合金，共晶体越多，反之，成分越接近 α 相成分 M 点，则初生 α 相越多。上述分析强调了运用杠杆法则计算组织组成体相对量和组成相的相对量的方法，关键在于选择正确的杠杆和支点。组织不仅反映相的结构差异，而且反映相的形态不同。

在 t_2 温度以下，合金继续冷却时，由于固溶体溶解度随之减小，β_{II} 将从初生相 α 和共晶体中的 α 相内析出，而 α_{II} 从共晶体中的 β 相中析出，直至室温，此时室温组织应为 $\alpha_{初}+(\alpha+\beta)+\alpha_{II}+\beta_{II}$，但由于 α_{II} 和 β_{II} 析出量不多，除了在初生 α 固溶体可能看到 β_{II} 外，共晶组织的特征保持不变，故室温组织通常可写为 $\alpha_{初}+(\alpha+\beta)+\beta_{II}$，甚至可写为 $\alpha_{初}+(\alpha+\beta)$。

7.2.2.4　过共晶合金

成分位于 E，N 两点之间的合金称为过共晶合金。其平衡凝固过程及平衡组织与亚共晶合金相似，只是初生相为 β 固溶体而不是 α 固溶体。室温时的组织为 $\beta_{初}+(\alpha+\beta)$。所以，两相合金的显微组织实际上是通过组成相的不同形态，以及其数量、大小和分布等形式体现出来的，由此得到不同性能的合金。

7.2.3　共晶合金的非平衡凝固

7.2.3.1　伪共晶

平衡凝固条件下，只有共晶成分的合金才能得到全部的共晶组织。然而，在非平衡凝固条件下，某些亚共晶或过共晶成分的合金也能得到全部的共晶组织，这种由非共晶成分的合金所得到的共晶组织称为伪共晶。

对于具有共晶转变的合金，当合金熔体过冷到两条液相线的延长线所包围的影线区（见图 7.11）时，就可以得到共晶组织，而在影线区以外，则是共晶体加树枝晶的纤维组织，影线区称为伪共晶区或配对区。随着过冷度的增加，伪共晶区也扩大。

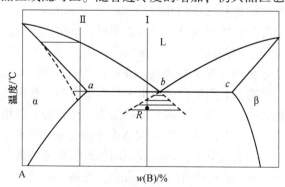

图 7.11　共晶系合金的不平衡凝固

伪共晶区在相图中的分布对于不同合金可能有很大的差别。若当合金中两组元熔点相近时，伪共晶区一般呈图 7.11 中的对称分布；若合金中两组元熔点相差很大时，伪共晶区将偏向高熔点组元一侧，如图 7.12 所示的 Al-Si 合金的伪共晶区那样。原因在于，共晶转变中两组成相的成分与液态合金不同，它们的形核和生长都需要两组元的扩散，而以低熔点为基的组成相与液态合金成分差别较小则通过扩散而容易达到该组成相的成分，其结晶速度较大。所以，在共晶点偏向低熔点相时，为了满足两组成相形成对于扩散的要求，伪共晶区的位置一定偏向高熔点相一侧。

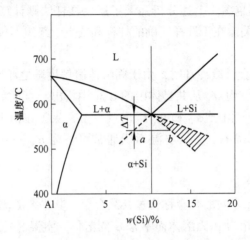

图 7.12　Al-Si 合金的伪共晶区

了解伪共晶区在相图中的位置和大小，对于正确解释合金非平衡组织的形成是极其重要的。伪共晶区在相图中的配置通常是通过试验测定的。但定性了解伪共晶区在相图中的分布规律，就可能解释用平衡相图方法无法解释的异常现象。例如在 Al-Si 合金中，共晶成分的 Al-Si 合金在快冷条件下得到的组织不是共晶组织，而是亚共晶组织；而过共晶成分的合金则可能得到共晶组织或亚共晶组织，这种异常现象通过图 7.12 所示的伪共晶区就容易理解了。

7.2.3.2　非平衡共晶组织

某些合金在平衡凝固条件下获得单相固溶体，在快冷时可能出现少量的非平衡共晶体，如图 7.11 中 a 点以左或 c 点以右的合金。图中合金 II 在非平衡凝固条件下，固溶体呈枝晶偏析，其平均浓度将偏离相图中固相线所示的成分。图 7.11 中虚线表示快冷时的固相平均成分线。该合金冷却到固相线时还未结晶完毕，仍剩下少量液体。继续冷却到共晶温度时，剩余液相的成分达到共晶成分而发生共晶转变，由此产生的非平衡共晶组织分布在 α 相晶界和枝晶间，这些均是最后凝固处。非平衡共晶组织的出现将严重影响材料的性能，应该尽量避免。非平衡共晶组织在热力学上是不稳定的，在稍低于共晶温度下进行扩散退火从而消除非平衡共晶组织和固溶体的枝晶偏析，得到均匀单相 α 固溶体组织。由于非平衡共晶体数量较少，通常共晶体中的 α 相依附于初生 α 相生长，将共晶体中另一相 β 推到最后凝固的晶界处，从而使共晶体两组成相间的组织特征消失，这种两相分离的共晶体称为离异共晶。例如，$w(Cu) = 4\%$ 的 Al-Cu 合金，在铸造状态下，非平衡共晶体中的 α 固溶体有可能依附于初生相 α 上生长，剩下共晶体中的另一相 $CuAl_2$ 分布在晶界或枝晶间而得到离异共晶。需要指出的是，离异共晶可通过非平衡凝固得到，也可能在平衡凝固条件下获得。例如，靠近固溶度极限的亚共晶或过共晶合金，如图 7.11 中 a 点右边附近或 c 点左边附近的合金，它们的特点是初生相很多，共晶量很少，因而可能出现离异共晶。

7.3 包晶相图及合金凝固

7.3.1 包晶相图概述

二元相图中，包晶转变就是已结晶的固相与剩余液相反应形成另一个固相的恒温转变。组成包晶相图的两组元，在液态可无限互溶，而固态只能部分互溶。典型的二元包晶相图有 Fe-C、Cu-Zn、Ag-Sn、Pt-Ag 等。如图 7.13 所示，Pt-Ag 相图是一种最典型的包晶相图。图中 ACB 是液相线，AD、PB 是固相线，DE 是 Ag 在 Pt 为基的 α 固溶体中的溶解度曲线，PF 是 Pt 在 Ag 为基的 β 固溶体中的溶解度曲线。水平线 DPC 是包晶转变线，成分在 DC 范围内的合金在该温度都将发生包晶转变：

$$L_C + α_D \rightarrow β_P$$

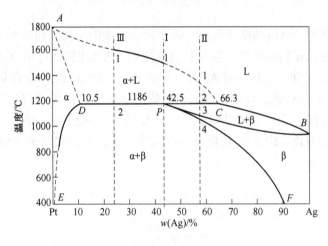

图 7.13 Pt-Ag 合金相图

7.3.2 包晶合金的凝固及其平衡组织

7.3.2.1 $w(Ag)$ 为 42.4%的 Pt-Ag 合金（合金 I）

由图 7.13 可知，合金自高温液态冷至 t_1 温度时与液相线相交（1 点），开始结晶出初生相 α。在继续冷却的过程中，α 固相量逐渐增多，液相量不断减少。α 相和液相的成分分别沿固相线 AD 和液相线 AC 变化。当温度降至包晶反应温度 1186 ℃ 时（水平线 DPC），合金中初生相 α 的成分达到 D 点，液相成分达到 C 点。此时开始发生包晶反应，刚开始发生包晶反应时的两相相对量可由杠杆法则求出：

$$w(L) = \frac{DP}{DC} \times 100\% = \frac{42.5 - 10.5}{66.3 - 10.5} \times 100\% = 57.3\%$$

$$w(\alpha) = \frac{PC}{DC} \times 100\% = \frac{66.3 - 42.5}{66.3 - 10.5} \times 100\% = 42.7\%$$

式中，$w(L)$ 和 $w(\alpha)$ 分别表示液相和固相在包晶反应时的质量分数。

包晶转变结束后，液相和 α 相反应正好全部转变为 β 固溶体。

随着温度继续下降，由于 Pt 在 β 相中的溶解度随温度降低而沿 PF 线减小，因此将不断从 β 固溶体中析出 α_{II}。因此，该合金的室温平衡组织为 $\beta + \alpha_{II}$，凝固过程如图 7.14 所示。

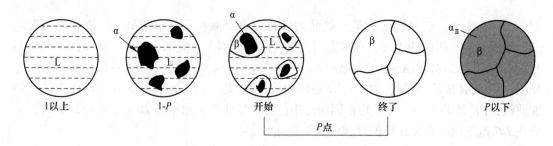

图 7.14　合金 II 的平衡凝固示意图

在大多数情况下，由包晶反应所形成的 β 相通常依附于初生相 α 的表面，为了降低形核功，并消耗液相和 α 相而生长。当 α 相被新生的 β 相包围以后，α 相就不能直接与液相 L 接触。由图 7.13 可知，液相中的 Ag 含量较 β 相高，而 β 相的 Ag 含量又比 α 相高，因此，液相中 Ag 原子不断通过 β 相而向 α 相扩散，而 α 相的 Pt 原子以反方向通过 β 相向液相中扩散，这一过程示于图 7.15 中。这样，β 相同时向液相和 α 相方向生长，直至把液相和 α 相全部吞食为止。由于 β 相是在包围初生相 α，并使之与液相隔开的形式下生长的，故称之为包晶反应。

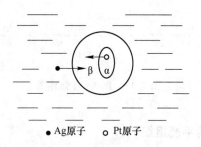

● Ag原子　○ Pt原子

图 7.15　包晶反应时原子迁移示意图

也有少数情况，比如 α-β 间表面能很大，或者过冷度较大，β 相可能不依赖于初生相 α 形核，而是在液相 L 中直接形核，并在生长过程中，L、α、β 三者始终互相接触，以至通过 L 和 α 的直接反应来生成 β 相。显然，这种方式的包晶反应速度比上述方式的包晶反应速度快得多。

7.3.2.2　42.4% < $w(Ag)$ < 66.3% 的 Pt-Ag（合金 II）

合金 II 缓冷至包晶转变前的结晶过程与上述包晶成分合金相同，由于合金 II 中的液相的相对量大于包晶转变所需的相对量，所以包晶转变后，剩余的液相在继续冷却过程中，将按匀晶转变方式继续结晶出 β 相，其成分沿 *CB* 液相线变化，而 β 相的成分沿 *PB* 线变化，直至 t_3 温度全部凝固结束，β 相成分为原合金成分。在 t_3 至 t_4 温度之间，单相 β 无任何变化。在 t_4 温度以下，随着温度下降，将从 β 相中不断地析出 α_{II}。因此，该合金的室温平衡组织为 β+α_{II}。图 7.16 显示出该合金 II 的平衡凝固过程。

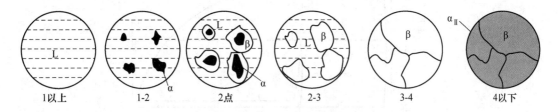

图 7.16　合金 II 的平衡凝固示意图

7.3.2.3　10.5%<*w*(Ag)<42.4% 的 Pt-Ag 合金（合金 III）

包晶转变前合金中 α 相的相对量大于包晶反应所需的量，所以包晶反应后，除了新形成的 β 相外，还有剩余的 α 相存在。包晶温度以下，β 相中将析出 α_{II}，而 α 相中析出 β，因此该合金的室温平衡组织为 α+β+α_{II}+β_{II}，图 7.17 是合金 III 的平衡凝固示意图。

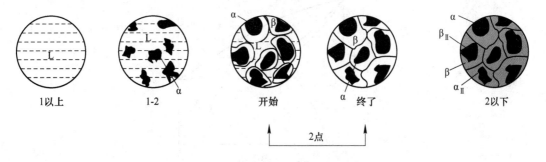

图 7.17　合金 III 的平衡凝固示意图

7.3.3　包晶合金的非平衡凝固

包晶转变的产物包围着初生相 α，使液相与 α 相隔开，阻止了液相和 α 相中原子之间直接地相互扩散，而必须通过 β 相，这就导致了包晶转变的速度往往是极缓慢的，显然，决定包晶转变能否完全进行的主要因素是所形成新相 β 内的扩散速率。

实际生产中的降温速度较快，包晶反应所依赖的固体中的原子扩散往往不能充分进行，导致包晶反应的不完全性，即在低于包晶温度下，将同时存在未参与转变的液相和 α相，其中液相在继续冷却过程可能直接结晶出 β 相或参与其他反应，而 α 相仍保留在 β 相的心部，形成包晶反应的非平衡组织。例如，*w*(Cu) 为 35% 的 Sn-Cu 合金冷却到 415 ℃时发生 L+ε→η 的包晶转变，如图 7.18 所示，剩余的液相 L 冷至 227 ℃又发生共晶转变，所以最终的平衡组织为 η+(η+Sn)。而实际的非平衡组织却保留相当数量的初生相 ε（灰色），包围它的是 η 相（白色），而外面则是黑色的共晶组织。

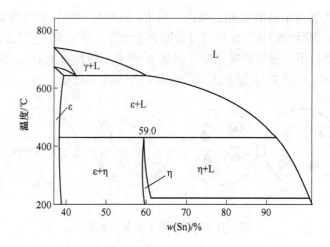

图 7.18　Cu-Sn 合金部分相图

另外，某些原来不发生包晶反应的合金，如图 7.19 中的合金 Ⅰ，在快冷条件下，由于初生相 α 凝固时存在枝晶偏析而使剩余的 L 和 α 相发生包晶反应，出现某些平衡状态下不应出现的相。

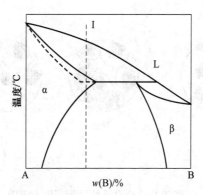

图 7.19　快冷条件下包晶反应示意图

应该指出，上述包晶反应的不完全性主要与新相 β 包围 α 相的生长方式有关。因此，当某些合金（如 Al-Mn）的包晶相单独在液相中形核和长大时，其包晶转变可迅速完成。包晶反应的不完全性，特别容易在那些包晶转变温度较低或原子扩散速率小的合金中出现。与非平衡共晶组织一样，包晶转变产生的非平衡组织也可通过扩散退火消除。

7.4　其他类型二元相图

7.4.1　具有化合物的二元相图

在某些二元系中，可形成一个或几个化合物，由于它们位于相图中间，称之为中间相。根据化合物的稳定性可分为稳定化合物和不稳定化合物。所谓稳定化合物是指有确定的熔点，可熔化成与固态相同成分液体的那类化合物；不稳定化合物指不能熔化成与固态相同成分的液体，当加热到一定温度时会发生分解，转变为两个相。

7.4.1.1 形成稳定化合物的相图

没有溶解度的化合物在相图中是一条垂线，可把它看作为一个独立组元，这样就可以把相图分为两个独立的二元相图。图 7.20 是 Mg-Si 相图，在 $w(Si)$ 为 36.6% 时形成稳定化合物 Mg_2Si。它具有确定的熔点（1087 ℃），熔化后的 Si 含量不变。所以可把稳定化合物 Mg_2Si 看作一个独立组元，把 Mg-Si 相图分成 Mg-Mg_2Si 和 Mg_2Si-Si 两个独立二元相图进行分析。如果所形成的化合物对组元有一定的溶解度，即形成以化合物为基的固溶体，则化合物在相图中有一定的成分范围，如图 7.21 所示的 Cd-Sb 相图。图中稳定化合物 β 相有一定成分范围，若以该化合物熔点（456 ℃）对应的成分向横坐标作垂线（如图中虚线），该垂线可把相图分成两个独立的相图。形成稳定化合物的二元系很多，如其他合金系 Cu-Mg、Fe-P、Mn-Si、Ag-Sr 等，陶瓷系有 Na_2SiO_3-SiO_2、BeO-Al_2O_3、SiO_2-MgO 等。

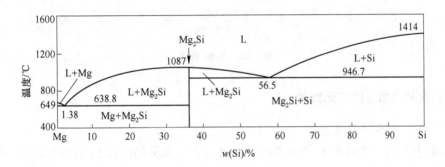

图 7.20 Mg-Si 相图

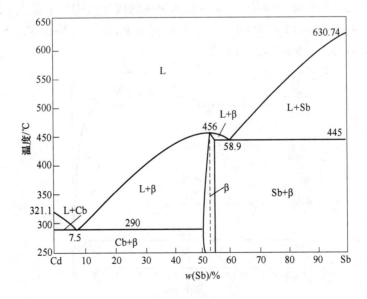

图 7.21 Cd-Sb 相图

7.4.1.2　形成不稳定化合物的相图

图 7.22 是具有形成不稳定化合物（KNa_2）的 K-Na 合金相图，当 $w(Na) = 54.4\%$ 的 K-Na 合金所形成的不稳定化合物被加热到 6.9 ℃ 时，便会分解为成分与之不同的液相和 Na 晶体，实际上它是由包晶转变 $L+Na \rightarrow KNa_2$ 得到的。同样，不稳定化合物也可能有一定的溶解度，则在相图上为一个相区。值得注意的是，不稳定化合物无论是处于一条垂线上或存在于具有一定溶解度的相区中，均不能作为组元而将整个相图划分为两部分。具有不稳定化合物的其他二元合金相图有 Al-Mn、Be-Ce、Mn-P 等，二元陶瓷相图有 SiO_2-MgO、ZrO_2-CaO、BaO-TiO_2 等。

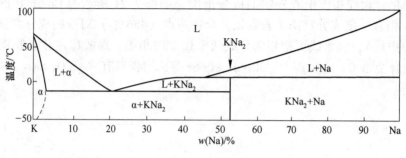

图 7.22　K-Na 相图

7.4.2　包含其他相变的二元相图

7.4.2.1　偏晶转变相图

偏晶转变是由一个液相 L_1 分解为一个固相和另一成分的液相 L_2 的恒温转变。图 7.23 是 Cu-Pb 二元相图，在 955 ℃ 发生偏晶转变：

$$L_{36} \Longrightarrow Cu + L_{87}$$

图中的 955 ℃ 等温线称为偏晶线，$w(Pb) = 36\%$ 的成分点称为偏晶点。326 ℃ 等温线为共晶线，由于共晶点 $w(Pb)$ 为 99.94%，很接近纯 Pb 组元（熔点 327.5 ℃）。具有偏晶转变的二元系有 Cu-S、Mn-Pb、Cu-O 等。

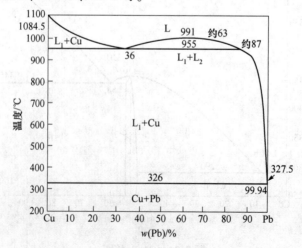

图 7.23　Cu-Pb 相图

7.4.2.2 合晶转变相图

合晶转变是由两个成分不同的液相 L_1 和 L_2 相互作用形成一个固相。具有这类转变的合金很少，如 Na-Zn、K-Zn 等。如图 7.24 所示，在 asb 温度发生合晶转变：

$$L_{1a} + L_{2b} \Longleftrightarrow \beta_s$$

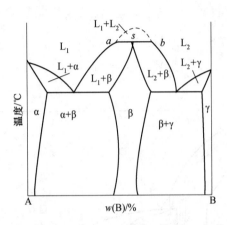

图 7.24 具有合晶转变的相图

7.4.2.3 熔晶转变相图

由一个固相恒温分解为一个液相和另一个固相，这种转变称为熔晶转变。图 7.25 是 Fe-B 二元相图，含微量硼的 Fe-B 合金在 1381 ℃时发生熔晶转变，即：

$$\delta \Longleftrightarrow \gamma + L$$

具有熔晶转变的合金也很少，Fe-S、Cu-Sb 等合金系具有熔晶转变。

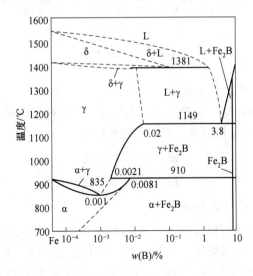

图 7.25 Fe-B 相图

7.4.2.4　共析转变相图

共析转变的形式类似共晶转变，共析转变是一个固相在恒温下转变为另外两个固相。如图 7.26 所示的 Cu-Sn 相图，相图中 γ 为 Cu_3Sn，δ 为 $Cu_{31}Sn_8$，ε 为 Cu_3Sn，ζ 为 $Cu_{20}Sn_6$，η 和 η' 为 Cu_6Sn_5，它们都溶有一定的组元。该相图存在 4 个共析恒温转变：

$$\text{IV}：\beta \rightleftharpoons \alpha + \gamma$$
$$\text{V}：\gamma \rightleftharpoons \alpha + \delta$$
$$\text{VI}：\delta \rightleftharpoons \alpha + \varepsilon$$
$$\text{VII}：\zeta \rightleftharpoons \delta + \varepsilon$$

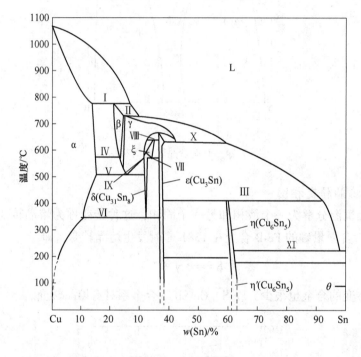

图 7.26　Cu-Sn 相图

7.4.2.5　具有包析转变的相图

包析转变相似于包晶转变，但为一个固相与另一个固相反应形成第三个固相的恒温转变。如图 7.26 的 Cu-Sn 合金相图中，有两个包析转变：

$$\text{VIII}：\gamma + \varepsilon \rightleftharpoons \zeta$$
$$\text{IX}：\gamma + \zeta \rightleftharpoons \delta$$

7.4.2.6　具有脱溶过程的相图

固溶体常因温度降低而溶解度减小，析出第二相。如图 7.26 的 Cu-Sn 相图中，α 固溶体在 350 ℃时具有最大的溶解度：$w(Sn)$ 为 11.0%，随着温度降低，溶解度不断减小，冷至室温 α 固溶体几乎不固溶 Sn，因此，在 350 ℃以下 α 固溶体在降温过程中要不断地析出 ε 相（Cu_3Sn），这个过程称为脱溶过程。

7.5 Fe-C 相图及其平衡组织

7.5.1 Fe-C 相图

碳钢和铸铁是最为广泛使用的金属材料，铁碳相图是研究钢铁材料的组织和性能及其热加工和热处理工艺的重要工具。碳在铁中可以有四种形式存在：碳原子溶于 α-Fe 形成的固溶体称为铁素体（体心立方结构）；碳溶于 γ-Fe 形成的固溶体称为奥氏体（面心立方结构）；碳与铁原子形成复杂结构的化合物 Fe_3C（正交点阵）称为渗碳体；碳也可能以游离态石墨（六方结构）稳定相存在。在通常情况下，铁碳合金是按 $Fe-Fe_3C$ 系进行转变的，其中 Fe_3C 是亚稳相，在一定条件下可以分解为铁和石墨，即 $Fe_3C \rightarrow 3Fe+C$（石墨）。因此，铁碳相图可有两种形式：$Fe-Fe_3C$ 相图和 Fe-C 相图。

在 $Fe-Fe_3C$ 相图中（见图 7.27），存在 3 个三相恒温转变，即在 1495 ℃发生的包晶转变：$L_B + \delta_H \rightarrow \gamma_J$，转变产物是奥氏体；在 1148 ℃发生共晶转变：$L_C \rightarrow \gamma_E + Fe_3C$，转变产物是奥氏体和渗碳体的机械混合物，称为莱氏体；在 727 ℃发生共析转变：$\gamma_s \rightarrow \alpha_p + Fe_3C$，转变产物是铁素体与渗碳体的机械混合物，称为珠光体。共析转变温度常标为 A_1 温度。

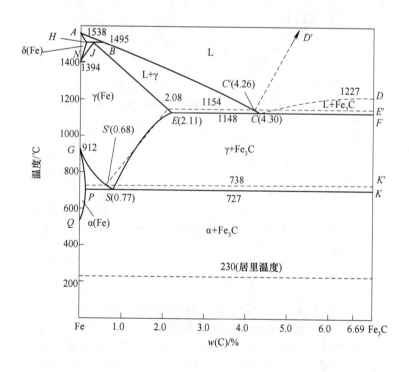

图 7.27 $Fe-Fe_3C$ 相图

此外，在 $Fe-Fe_3C$ 相图中有 3 条重要的固态转变线：

（1）GS 线——奥氏体中开始析出铁素体（降温时）或铁素体全部溶入奥氏体（升温

时）的转变线，常称此温度为 A_3 温度。

（2） ES 线——碳在奥氏体中的溶解度曲线。此温度常称 A_{cm} 温度。低于此温度，奥氏体中将析出渗碳体，称为二次渗碳体，用 Fe_3C_{II} 表示，以区别于从液体中经 CD 线结晶出的一次渗碳体 Fe_3C_I。

（3） PQ 线——碳在铁素体中的溶解度曲线。在 727 ℃时，碳在铁素体中的最大 $w(C)$ 为 0.0218%，因此，铁素体从 727 ℃冷却时也会析出极少量的渗碳体，称之为三次渗碳体 Fe_3C_{III}，以区别上述两种情况产生的渗碳体。图中 770 ℃的水平线表示铁素体的磁性转变温度，常称为 A_2 温度。230 ℃的水平线表示渗碳体的磁性转变。

7.5.2 典型 Fe-C 合金的平衡组织

铁碳合金按含碳量及其室温平衡组织分为三大类：工业纯铁、碳钢和铸铁。碳钢和铸铁是按有无共晶转变来区分的。无共晶转变、即无莱氏体的合金称为碳钢。在碳钢中，又分为亚共析钢、共析钢及过共析钢；有共晶转变的称为铸铁。根据 Fe-Fe$_3$C 相图中获得的不同组织特征，将铁碳合金按含碳量划分为 7 种类型，如图 7.28 所示。

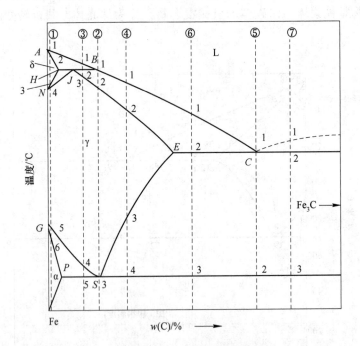

图 7.28 典型铁碳合金冷却时的组织转变过程分析
①工业纯铁， $w(C)<0.0218\%$ ；②共析钢， $w(C)=0.77\%$ ；
③亚共析钢， $0.0218\%<w(C)<0.77\%$ ；④过共析钢， $0.77\%<w(C)<2.11\%$ ；
⑤共晶白口铸铁， $w(C)=4.30\%$ ；⑥亚共晶白口铸铁， $2.11\%<w(C)<4.30\%$ ；
⑦过共晶白口铸铁， $4.30\%<w(C)<6.69\%$

下面对每种类型选择一个合金分析其平衡凝固过程和室温组织。

（1） $w(C)=0.01\%$ 的合金（工业纯铁）。此合金在相图的位置位于图 7.28①。合金熔体冷至 1~2 点之间由匀晶转变 L→δ 结晶出 δ 固溶体。2~3 点之间为单相固溶体 δ。继续在 3~4 点冷却发生多晶型转变 δ→γ，奥氏相不断在 δ 相的晶界上形核并长大，直至 4 点结束，合金全部为单相奥氏体，并保持到 5 点温度以上。冷至 5~6 点间又发生多晶型转变 γ→α，变为铁素体。其同样在奥氏体晶界上优先形核并长大，并保持到 7 点温度以上。当温度降至 7 点以下，将从铁素体中析出三次渗碳体 Fe_3C_{III}。

（2）$w(C) = 0.77\%$ 的合金（共析钢）。此合金在相图的位置见图 7.28②。合金熔体在 1~2 点按匀晶转变结晶出奥氏体。在 2 点凝固结束后全部转变成单相奥氏体，并使这一状态保持到 3 点温度以上。当温度冷至 3 点温度（727 ℃），发生共析转变 $\gamma_{0.77} \to \alpha_{0.0218} + Fe_3C$，转变结束后奥氏体全部转变为珠光体，它是铁素体与渗碳体的层片交替重叠的混合物。珠光体中的渗碳体称为共析渗碳体。当温度继续降低时，从铁素体中析出的少量 Fe_3C_{III} 与共析渗碳体长在一起无法辨认。室温下珠光体中铁素体与渗碳体的相对量可用杠杆法则求得：

$$w(\alpha) = \frac{6.69 - 0.77}{6.69 - 0.0008} \times 100\% = 88\%$$

$$w(Fe_3C) = 100\% - 88\% = 12\%$$

上式中的 $w(C) = 0.0008\%$，为铁素体在室温时的碳溶解度极限。

在共析转变开始，珠光体的组成相中任意一相，铁素体或渗碳体优先在奥氏体晶界上形核并以薄片形态长大。通常情况下，渗碳体作为领先相在奥氏体晶界上形核并长大，导致其周围奥氏体中贫碳，这有利于铁素体晶核在渗碳体两侧形成，这样就形成了由铁素体和渗碳体组成的珠光体晶核。由于铁素体对碳的溶解度有限，它的形成使原溶在奥氏体中的碳绝大部分排挤到附近未转变的奥氏体中和晶界上，当这些地方的碳的质量分数到达一定程度（6.69%）时，又出现第二层渗碳体，这样的过程持续地交替进行，便形成珠光体群。另外，珠光体的层片间距随冷却速度增大而减小，珠光体层片越细，其强度越高，韧性和塑性也好。如果层片状珠光体经适当退火处理，共析渗碳体可呈球状分布在铁素体的基体上，称为球状（或粒状）珠光体。球状珠光体的强度比层片状珠光体低，但塑性、韧性比其好。

（3）$w(C) = 0.40\%$ 的合金（亚共析钢）。此合金在图 7.28③的位置上。合金在 1~2 点间按匀晶转变结晶出 δ 固溶体。冷至 2 点（1495 ℃），发生包晶反应：$L_{0.53} + \delta_{0.09} \to \gamma_{0.17}$，由于合金的碳含量大于包晶点的成分（0.17%），所以包晶转变结束后，还有剩余液相。从 2~3 点间，液相继续凝固成奥氏体，温度降至 3 点，合金全部由 $w(C)$ 为 0.40% 的奥氏体组成，继续冷却，单相奥氏体不变，直至冷至 4 点时，开始析出铁素体。随着温度下降，铁素体不断增多，其含碳量沿 GP 线变化，而剩余奥氏体的碳含量则沿 GS 线变化。当温度达到 5 点（727 ℃）时，剩余奥氏体的 $w(C)$ 达到 0.77%，发生共析转变形成珠光体。在 5 点以下，先共析铁素体中将析出三次渗碳体，但其数量很少，一般可忽略。该合金的室温组织由先共析铁素体和珠光体组成。

（4）$w(C) = 1.2\%$ 的合金（过共析钢）。该合金在相图中的位置是图 7.28④。合金在 1~2 点按匀晶过程结晶出单相奥氏体。冷至 3 点开始从奥氏体中析出二次渗碳体，直至 4 点为止。奥氏体的成分沿 ES 线变化；因 Fe_3C_{II} 沿奥氏体晶界析出，故呈网状分布。当冷至 4 点温度（727 ℃）时，奥氏体的 $w(C)$ 降为 0.77%，因而发生恒温下的共析转变，最后得到的组织为网状的二次渗碳体和珠光体。

（5）$w(C)=4.3\%$的合金（共晶白口铸铁）。此合金在相图中的位置见图7.28⑤。合金熔体冷至1点（1148 ℃）时，发生共晶转变：$L_{4.30} \rightarrow \gamma_{2.11} + Fe_3C$，此共晶体称为莱氏体（$L_d$）。继续冷却至1~2点间，共晶体中的奥氏体不断析出二次渗碳体，它通常依附在共晶渗碳体上而不能分辨，二次渗碳体的相对量由杠杆法则计算可达11.8%。当温度降至2点（727 ℃）时，共晶奥氏体的碳含量降至共析点成分0.77%，此时在恒温下发生共析转变，形成珠光体。忽略2点以下冷却时析出的Fe_3C_{III}，最后得到的组织是室温莱氏体，称为变态莱氏体用L_d'表示，它保持原莱氏体的形态，只是共晶奥氏体已转变为珠光体。

（6）$w(C)=3.0\%$的合金（亚共晶白口铸铁）。此合金在相图中的位置见图7.28⑥。合金熔体在1~2点结晶出奥氏体，此时液相成分按BC线变化，而奥氏体成分沿JE线变化。当温度到达2点（1148 ℃）时，初生奥氏体$w(C)$为2.11%，液相$w(C)$为4.3%，此时发生共晶转变，生成莱氏体。在2点以下，初生相奥氏体（或称先共晶奥氏体）和共晶奥氏体中都会析出二次渗碳体，奥氏体成分随之沿ES线变化。当温度冷至3点（727 ℃）时，所有奥氏体都发生共析转变成为珠光体。

（7）$w(C)=5.0\%$的合金（过共晶白口铸铁）。此合金在相图中的位置见图7.28⑦。合金熔体冷至1~2点之间结晶出渗碳体，先共晶相为一次渗碳体，它不是以树枝状方式生长，而是以条状形态生长，其余的转变与共晶白口铸铁相同。过共晶白口铸铁的室温组织为一次渗碳体和变态莱氏体。

根据以上对各种铁碳合金转变过程的分析，可将铁碳合金相图中的相区按组织加以标注，如图7.29所示。随着含碳量的增加，铁碳合金的组织发生以下的变化：

$$\alpha + Fe_3C_{\text{III}} \rightarrow \alpha + P \rightarrow P \rightarrow P + Fe_3C_{\text{II}} \rightarrow P + Fe_3C_{\text{II}} + L_d' \rightarrow L_d' \rightarrow L_d' + Fe_3C_{\text{I}}$$

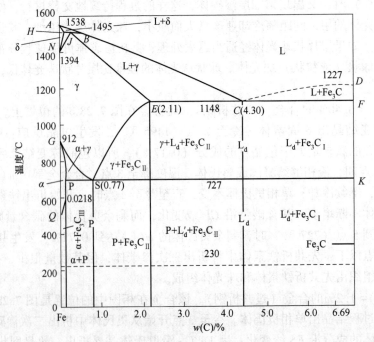

图7.29　按组织分区的铁碳合金相图

碳含量对钢的力学性能的影响，主要是通过改变显微组织及其组织中各组成相的相对量来实现的。铁碳合金的室温平衡组织均由铁素体和渗碳体两相组成。铁素体是塑性相，而渗碳体是硬脆相。珠光体由铁素体和渗碳体组成。珠光体的强度比铁素体高，比渗碳体低，而珠光体的塑性和韧性比铁素体低，而比渗碳体高，而且珠光体的强度随珠光体的层片间距减小而提高。

在钢中渗碳体是一个强化相。如果合金的基体是铁素体，则随碳含量的增加，渗碳体越多，合金的强度越高。但若渗碳体这种脆性相分布在晶界上，特别是形成连续的网状分布时，则合金的塑性和韧性显著下降。例如，当 $w(C)>1\%$ 以后，因二次渗碳体的数量增多而呈连续的网状分布，则使钢具有很大的脆性，塑性很低，抗拉强度也随之降低。当渗碳体成为基体时，如白口铁中，则合金硬而脆。

7.6 二元合金的凝固理论

合金熔体凝固时，溶质原子要在液、固两相中发生重新分布，这对合金的凝固方式和晶体的生长形态产生重要影响，而且会引起宏观偏析和微观偏析。本节主要讨论二元合金匀晶转变的凝固理论，并简要阐述合金铸锭（件）的组织与缺陷。

7.6.1 固溶体的凝固理论

7.6.1.1 正常凝固

合金凝固时，要发生溶质的重新分布，重新分布的程度可用平衡分配系数 k_0 表示。k_0 定义为平衡凝固时固相的质量分数 $w(S)$ 和液相质量分数 $w(L)$ 之比，即：

$$k_0 = w(S)/w(L) \tag{7.1}$$

图 7.30 是合金匀晶转变时的两种情况。图 7.30（a）是 $k_0<1$ 的情况，也就是随溶质增加，合金凝固的开始温度和终结温度降低；反之，随溶质的增加，合金凝固的开始温度和终结温度升高，此时 $k_0>1$。k_0 越接近 1，表示该合金凝固时重新分布的溶质成分与原合

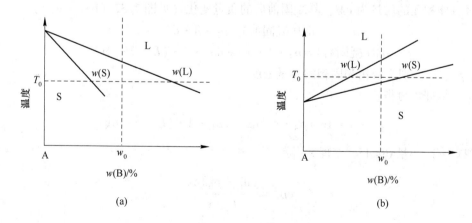

(a)   (b)

图 7.30 两种 k_0 的情况

（a）$k_0<1$；（b）$k_0>1$

金成分越接近，即重新分布的程度越小。当固、液相线假定为直线时，用几何方法不难证明 k_0 为常数。

将成分为 w_0 的单相固溶体合金熔体置于圆棒形锭子内由左向右进行定向凝固，如图 7.31 (a) 所示，在平衡凝固条件下，则在任何时间已凝固的固相成分是均匀的，其对应该温度下的固相线成分。凝固终结时的固相成分就变成 w_0 的原合金成分，如图 7.31 (b) 所示。

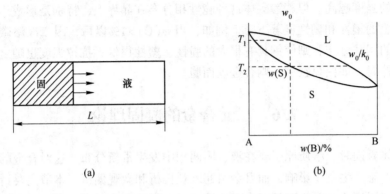

$$(a) \qquad\qquad\qquad (b)$$

图 7.31　长度为 L 的圆棒形锭子(a)和平衡冷却相图示意图(b)

但在非平衡凝固时，已凝固的固相成分随着凝固的先后而变化，即随凝固距离 x 而变化。这里，先设定五个假设条件，在这些条件下推导固溶体非平衡凝固时质量浓度 ρ_S 随凝固距离变化的解析式。

（1）液相成分任何时候都是均匀的；

（2）液-固界面是平直的；

（3）液-固界面处维持着这种局部的平衡，即在界面处满足 k_0 为常数；

（4）忽略固相内的扩散；

（5）固相和液相密度相同。

设圆棒的截面积为 A，长度为 L。若取体积元 $A\mathrm{d}x$ 发生凝固，如图 7.32 (a) 中所示的阴影区，体积元的质量为 $\mathrm{d}M$，其凝固前后的质量变化（见图 7.32 (b)、(c)）：

$$\mathrm{d}M(凝固前) = \rho_L \cdot A \cdot \mathrm{d}x$$

$$\mathrm{d}M(凝固后) = \rho_S \cdot A \cdot \mathrm{d}x + \mathrm{d}\rho_L \cdot A \cdot (L - x - \mathrm{d}x)$$

式中，ρ_L、ρ_S 分别为液相和固相的质量浓度。

由质量守恒可得：

$$\rho_L \cdot A \cdot \mathrm{d}x = \rho_S \cdot A \cdot \mathrm{d}x + \mathrm{d}\rho_L \cdot A \cdot (L - x - \mathrm{d}x)$$

忽略高阶小量 $\mathrm{d}\rho_L \mathrm{d}x$，整理后得：

$$\mathrm{d}\rho_L = \frac{(\rho_L - \rho_S)\mathrm{d}x}{L - x}$$

两边同除以液相（或固相）的密度 ρ，因假设固相和液相密度相同，故 $\rho_S/\rho_L = w_S/w_L = k_0$，并积分有：

$$\int_{\rho_0}^{\rho_L} \frac{\mathrm{d}\rho_L}{\rho_L} = \int_0^x \frac{1-k_0}{L-x}\mathrm{d}x$$

因为最初结晶的液相质量浓度为 ρ_0（即原合金的质量浓度），故上式积分下限值为 ρ_0，积分得：

$$\rho_L = \rho_0\left(1-\frac{x}{L}\right)^{k_0-1} \tag{7.2}$$

上式表示了液相浓度随凝固距离的变化规律。由于 $\rho_L = \rho_S/k_0$，所以：

$$\rho_S = \rho_0 k_0\left(1-\frac{x}{L}\right)^{k_0-1} \tag{7.3}$$

式（7.3）称为正常凝固方程，它表示了固相质量浓度随凝固距离的变化规律。

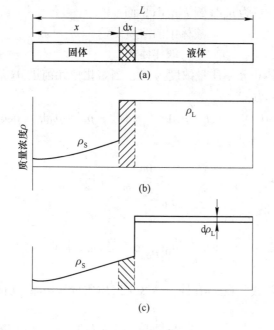

图 7.32　凝固体积元 $\mathrm{d}x$(a)、凝固前的溶质分布(b)及凝固后的溶质分布(c)

固溶体经正常凝固后整个锭子的质量浓度分布如图 7.33 所示（$k_0<1$），这符合一般铸锭中浓度的分布，因此称为正常凝固。这种溶质浓度由锭表面向中心逐渐增加的不均匀分布称为正偏析，它是宏观偏析的一种，这种偏析通过扩散退火也难以消除。

7.6.1.2　区域熔炼

前面所讲述的合金正常凝固是把质量浓度为 ρ_0 的固溶体合金整体熔化后进行定向凝固。如果对已凝固的合金通过由左向右的局部熔化和凝固，那么经过这种区域熔炼的固溶体合金，其溶质浓度随距离的变化又会如何变化呢？这里仅仅推导经过一次区域熔炼后，溶质质量浓度随凝固距离变化的数学表达式。区域熔炼推导的假设条件与正常凝固方程一样。同样设原材料质量浓度为 ρ_0，均匀分布于整个圆棒中。令横截面积 $A=1$，所以单位截

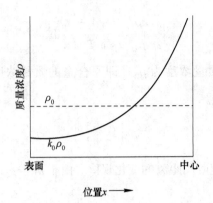

图 7.33　正常凝固后溶质质量浓度在铸锭内的分布

面积的体积元的体积为 $\mathrm{d}x$，凝固体积的质量浓度 $\rho_{\mathrm{S}} = k_0 \rho_{\mathrm{L}}$，式中，$\rho_{\mathrm{L}}$ 为液体的质量浓度，凝固体积所含的溶质质量为 $\rho_{\mathrm{S}} \mathrm{d}x$ 或 $k_0 \rho_{\mathrm{L}} \mathrm{d}x$，而

$$\rho_{\mathrm{L}} = \frac{\text{液体中的溶质质量}}{\text{液体体积}} = \frac{m}{V} = \frac{m}{l}$$

假定已经熔化的体积元中质量浓度为 ρ_x，当熔化单元前进 $\mathrm{d}x$ 后，液体中溶质质量的增量 $\mathrm{d}m$（见图 7.34）为：

$$\mathrm{d}m = m(x + \mathrm{d}x) - m(x) = (\rho_x l - \rho_{\mathrm{S}} \mathrm{d}x + \rho_0 \mathrm{d}x) - \rho_x l = \rho_0 \mathrm{d}x - \rho_{\mathrm{S}} \mathrm{d}x = (\rho_0 - k_0 m/l)\mathrm{d}x$$

移项后积分，得：

$$\int \frac{\mathrm{d}m}{\rho_0 - \dfrac{k_0 m}{l}} = \int \mathrm{d}x$$

$$\left(-\frac{l}{k_0} \right) \ln\left(\rho_0 - \frac{k_0 m}{l} \right) = x + A$$

上式中 A 为待定常数。在 $x = 0$ 处，熔区中溶质质量 $m = \rho_0 l$，所以：

$$A = -\frac{l}{k_0} \ln \rho_0 (1 - k_0)$$

把 A 代入原式中，整理可得：

$$\rho_{\mathrm{S}} = \rho_0 \left[1 - (1 - k_0) \mathrm{e}^{\frac{-k_0 x}{l}} \right] \tag{7.4}$$

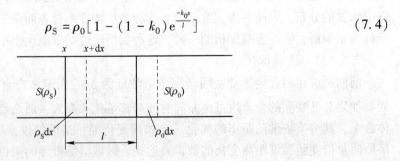

图 7.34　前进 $\mathrm{d}x$ 后熔区中溶质的变化

上式为区域熔炼方程，表示了经一次区域熔炼后随凝固距离变化的固溶体质量浓度。该式不能用于大于一次（$n>1$）的区域熔炼后的溶质分布，因为经一次区域熔炼后，圆棒的成分不再是均匀的。该式也不能用于最后一个熔区的原因是最后熔区再前进 dx，熔料的长度小于熔区长度 l 则不能获得 dm 的表达式。

多次区域熔炼（$n>1$）的定量方程已由不同作者导出，图 7.35 是多次区域熔炼后溶质分布的示意图。由图可知，当 $k_0<1$ 时，凝固前端部分的溶质浓度不断降低，后端部分不断地富集，这使固溶体经区域熔炼后的前端部分因溶质减少而得到提纯，因此区域熔炼又称区域提纯。图 7.36 表示劳特（Lord）推导的结果，由图可知，当 $k_0=0.1$ 时，经 8 次提纯后，在 8 个熔区长度内的溶质比提纯前约降低了 $10^4 \sim 10^6$。目前很多纯材料由区域提纯来获得，如将锗经区域提纯，可得到一千万个锗原子中只含小于 1 个杂质原子，作为半导体整流器的元件。由此可见，区域提纯是应用固溶体凝固理论的一个突出成就。区域提纯装置示意图如图 7.37 所示，区域熔化通过固定的感应加热器加热移动的圆棒来实现。多次区域提纯方法很简单，只要在图 7.37 示意的装置中，相隔一定距离平行地安上多个感应加热器，将需提纯的圆棒定向地慢慢水平移动即可。

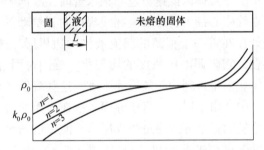

图 7.35　多次区域熔炼（$n>1$）提纯示意图

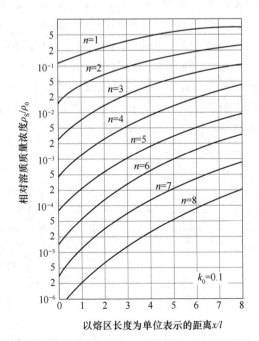

图 7.36　多次区域熔炼对 $k_0=0.1$ 用 Lord 法计算的结果

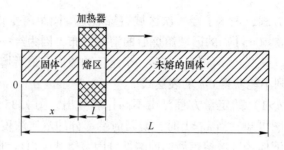

图 7.37　区域提纯示意图

7.6.1.3　有效分配系数 k_e

在推导正常凝固方程和区域提纯方程时,都采用了液体浓度是均匀的这一假设。通常是合理的,因为液体可通过扩散和对流两种途径,尤其是对流更易使溶质在液体中获得均匀分布。实际上这个假设是很不严谨的。合金凝固时,液态合金因具有低黏度和高密度而存在自然对流,其倾向使液体浓度均匀化。然而正是液体流动时的一个基本特性却在一定程度上妨碍了对流的作用。当液体以低速流过一根水管时,液体中的每一点都平行于管壁流动,称为层流。流速在管中心最大,并按抛物线规律向管壁降低,直至管壁处的液体流速为零。可见,在管壁处存在着一个很薄的层流液体的边界层。这样的边界层在固-液界面处的液体中也同样存在,它阻碍液体浓度的均匀化。凝固时固-液界面上的溶质将从固体中连续不断地排入液体。为了得到均匀的液体浓度,这些溶质必须快速地在整个液体中传输。在界面处的边界层中,由于层流平行于界面,故在界面的法线方向上不可能出现对流传输,溶质只能通过缓慢的扩散方式穿过边界层后才能传输到对流液体中去。结果在边界层区域中形成了溶质的聚集,如图 7.38 (a) 中虚线所示,在边界层以外,由于通过对流可使液体浓度快速均匀化,其浓度为 $(\rho_L)_B$。由于在界面上达到局部平衡,故 $(\rho_S)_i = k_0(\rho_L)_i$(式中采用质量浓度,并假设固相和液相的密度相同)。由此可见,溶质的聚集使 $(\rho_L)_i$ 迅速上升,必使 $(\rho_S)_i$ 迅速上升,因此固体浓度的上升要比不存在溶质聚集时快,如图 7.38 (a) 所示。随着溶质的不断聚集,边界层的浓度梯度也随之增大,于是通过扩散方式穿越边界层的传输速度增大,直至由界面处固体中排入边界层中的溶质量与从边界层扩散到对流液体中的溶质量相等时,聚集停止上升,于是 $(\rho_S)_i/(\rho_L)_B$ 为常数。发生聚集的区域称为初始瞬态,或初始过渡区,如图 7.38 (b) 所示。

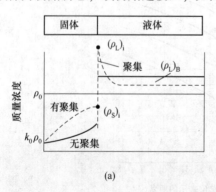

(a)

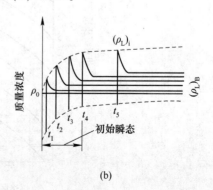

(b)

图 7.38　液体中溶质聚集对凝固圆棒成分的影响(a)及在初始瞬态内溶质聚集效应(b)

为了表征液体中的混合程度，需定义有效分配系数 k_e：

$$k_e = \frac{(\rho_S)_i}{(\rho_L)_B} \qquad (7.5)$$

在初始过渡区建立后，有效分配系数为常数。伯顿（Burton）、普里姆（Prim）和斯利克特（Slichter）导出了有效分配系数 k_e 的数学表达式：

$$k_e = \frac{k_0}{k_0 + (1 - k_0) e^{-R\delta/D}} \qquad (7.6)$$

式中，R 为液体流向界面的速度；δ 为边界层厚度；D 为扩散系数。

该式表明有效分配系数 k_e 是平衡分配系数 k_0 和无量纲 $R\delta/D$ 参数的函数。当 k_0 取某定值时，方程的曲线如图 7.39 所示。当 $R\delta/D$ 增大时，k_e 由最小值 k_0 增大至 1。

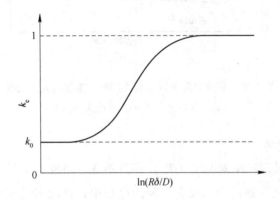

图 7.39 有效分配系数随 $\ln(R\delta/D)$ 的变化

下面分别讨论液体混合的三种情况：

（1）当凝固速度极快时，$R \to \infty$，即 $e^{-R\delta/D} \to 0$，则 $k_e = 1$，由此表明 $(\rho_S)_i = (\rho_L)_B = \rho_0$，如图 7.40（a）所示。它表示了液体完全不混合状态，其原因是边界层外的液体对流被抑制，仅靠扩散无法使溶质得到混合（均匀分布）。此时边界层厚度最大，通常约为 0.01~0.02 m。

（2）当凝固速度极其缓慢，即 $R \to 0$ 时，则 $e^{-R\delta/D} \to 1$，即 $k_e = k_0$，$(\rho_S)_i = (\rho_L)_B$，如图 7.40（b）所示，属于完全混合状态，液体中的充分对流使边界层不存在，从而导致溶质完全混合。

（3）当凝固速度处于上述两者之间即 $k_0 < k_e < 1$ 时，在初始过渡区形成后，k_e 为常数，属于不充分混合状态，如图 7.40（c）所示，它表示边界层外的液体在凝固中有时间进行部分的对流（不充分对流）使溶质得到一定程度的混合，此时的边界层厚度较完全不混合状态薄，通常 δ 为 0.001 m 左右。

考虑到液体的混合情况，因此前述的正常凝固方程和区域熔炼方程中的 k_0 将由 k_e 取代。当希望获得最大程度的提纯时，则应当使 k_e 尽可能接近 k_0，也就是应当要求 $R\delta/D$ 尽可能地小。因此，要求一个小的界面运动速度 R 和高程度的混合以尽量减小界面层的厚度 δ。如果希望得到成分均匀分布的试棒，则要求 $k_e = 1$，也就是要求高的界面速度和无混合以获得最大的 δ。

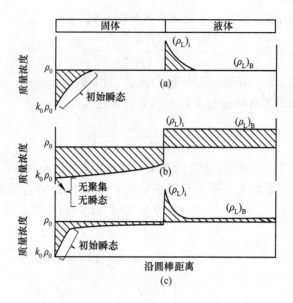

图 7.40 有效分配系数 k_e 值不同时，溶质的分布情况

（a）$k_e = 1$；（b）$k_e = k_0$；（c）$k_0 < k_e < 1$

7.6.1.4 成分过冷

纯金属凝固时，其理论凝固温度（T_m）保持不变，当液态金属中的实际温度低于 T_m 时，就产生过冷，称之为热过冷。而合金凝固过程中，伴随着液相中溶质分布发生变化从而改变了其理论凝固温度，这一点可由相图中的液相线来确定，因此，将界面前沿液体中的实际温度低于由溶质分布所决定的凝固温度时产生的过冷，称为成分过冷。成分过冷能否产生及程度取决于液-固界面前沿液体中的溶质浓度分布和实际温度分布这两个因素。

图 7.41 示意出 $k_0 < 1$ 时合金产生成分过冷的情况。图 7.41（a）为 $k_0 < 1$ 二元相图一角及所选的合金成分为 w_0。图 7.41（b）为液-固界面（$z = 0$）前沿液体的实际温度分布。图 7.41（c）为液体中完全不混合（$k_e = 1$）时液-固界面前沿溶质浓度的分布情况，其质量浓度分布方程中的边界条件可以设定为：$z = 0$ 时，$\rho_L = \rho_0 / k_0$；$z = \infty$ 时，$\rho_L = \rho_0$。据此可以推导出液相中的质量浓度，即：

$$\rho_L = \rho_0 \left(1 + \frac{1 - k_0}{k_0} e^{-Rz/D} \right)$$

两边同除以合金密度 ρ，可得：

$$w_L = w_0 \left(1 + \frac{1 - k_0}{k_0} e^{-Rz/D} \right) \tag{7.7}$$

曲线上每一点溶质的质量分数 w_L，可直接在相图上找到所对应的凝固温度 T_L，这种凝固温度变化曲线如图 7.41（d）所示。然后，把图 7.41（b）的实际温度分布线叠加到图 7.41（d）上，就得到图 7.41（e）中阴影区所示的成分过冷区。

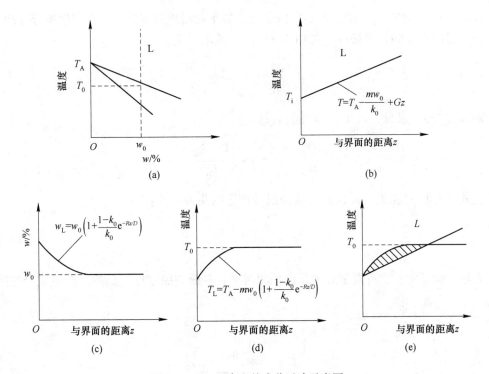

图 7.41 $k_0 < 1$ 合金的成分过冷示意图

产生成分过冷的临界条件可做如下推导。

假设 k_0 为常数，则液相线为直线，其斜率用 m 表示。由图 7.41（a）可得：

$$T_L = T_A - mw_L \tag{7.8}$$

式中，T_L 为成分为 w_L 合金的开始凝固温度；T_A 为纯 A 组元的熔点。

把式（7.7）代入式（7.8），则得：

$$T_L = T_A - mw_0\left(1 + \frac{1 - k_0}{k_0}e^{-Rz/D}\right) \tag{7.9}$$

这就是图 7.41（d）中曲线的数学表达式。

现在确定图 7.41（b）中实际温度的数学表达式。设界面温度为 T_i，液体中自液-固界面开始的温度梯度为 G，则在距离界面为 z 处的液体实际温度 T 则为：

$$T = T_i + Gz \tag{7.10}$$

在初始过渡区建立后的稳态凝固条件下，界面温度 T_i 就是 $z = 0$ 时 T_L 温度；在液体完全不混合的情况下，液-固界面处固相的质量分数为 w_0，液相的质量分数为 w_0/k_0，所以界面温度 T_i 就是液相浓度为 w_0/k_0 时所对应的温度，于是：

$$T_i = (T_L)_{z=0} = T_A - \frac{mw_0}{k_0} \tag{7.11}$$

因此：

$$T = T_A - \frac{mw_0}{k_0} + Gz \tag{7.12}$$

显然，只有在 $T<T_L$，即实际温度低于液体的平衡凝固温度时，才会产生成分过冷。成分过冷产生的临界条件 [如图 7.41 (e) 所示] 为：

$$\left.\frac{dT_L}{dz}\right|_{z=0} = G \tag{7.13}$$

对式 (7.9) 求导，可得 $z=0$ 处的表达式：

$$\left.\frac{dT_L}{dz}\right|_{z=0} = mw_0 \frac{1-k_0}{k_0} \frac{R}{D} \tag{7.14}$$

由式 (7.13) 和式 (7.14) 得成分过冷产生的临界条件：

$$G = \frac{Rmw_0}{D} \frac{1-k_0}{k_0} \tag{7.15}$$

大量试验证实，它可以很好地预报凝固时平直界面的稳定性。显然，产生成分过冷的条件是 $G < \left.\dfrac{dT_L}{dz}\right|_{z=0}$，于是有：

$$\frac{G}{R} < \frac{mw_0}{D} \frac{1-k_0}{k_0} \tag{7.16}$$

反之，则不产生成分过冷。

式 (7.16) 的右边是反映合金性质的参数，而左边则是受外界条件控制的参数。从式 (7.16) 的右边参数看，随着溶质成分的增加，成分过冷倾向越大，所以溶质浓度越低，成分越接近纯金属的合金不易产生成分过冷；当合金成分一定时，凝固温度范围越宽，对应的 k_0 越小（$k_0<1$ 时），液相线斜率 m 越大，越易产生成分过冷。另外，扩散系数 D 越小，边界层中溶质越易聚集，这有利于成分过冷。而从外界条件看，实际温度梯度越小，对一定的合金和凝固速度，图 7.41 (e) 中的阴影区面积越大，成分过冷倾向增大。若凝固速度增大，则液体的混合程度减小，边界层的溶质聚集增大，这也有利于成分过冷。

上面推导是假定液体完全不混合的情况，即 $k_e=1$，若是 $k_0 < k_e < 1$ 的液体部分混合情况，应进行修正，但上述的基本结论不变；若 $k_0 = k_e$，在液体完全混合的情况，液-固界面前沿没有溶质的聚集，故不会出现成分过冷。

7.6.2 合金铸锭（铸件）的组织与缺陷

传统的零部件通常由两种途径获得：一是由合金在一定几何形状与尺寸的铸模中直接浇注和凝固而成型，称之为铸件；二是通过合金浇注成方或圆的铸锭，然后开坯，进一步通过热轧或热锻，甚至焊接获得具有一定几何尺寸和性能的部件。显然，前者比后者节约能源，节约时间和人力，从而降低了生产成本，但前者的适用范围有一定限制。对于铸件来说，铸态的组织和缺陷直接影响它的力学性能；对于铸锭来说，铸态组织和缺陷直接影响它的加工性能，也有可能影响到最终制品的力学性能。因此，合金铸件（或铸锭）

的质量，不仅在铸造生产中，而且对几乎所有的合金制品都是重要的。随着材料制备工艺的进步，现今有很多硬质合金通过粉末冶金的方法获得，已经成为合金制备的最广泛的方法。

7.6.2.1 铸锭（件）的宏观组织

在一般的凝固条件下，纯金属和合金熔体凝固后获得的铸件（或铸锭）的晶粒较为粗大，通常是宏观可见的。由于受凝固时散热方式和散热速度、过冷度、合金成分等因素的影响，铸锭材料的宏观组织具有鲜明的特征，如图 7.42 所示。铸锭通常由表层细晶区、柱状晶区和中心等轴晶区 3 个部分所组成，其形成机理简述如下：

（1）表层细晶区。当高温金属熔体注入模具后，模具内壁温度低，与其接触的一薄层熔体产生强烈过冷，同时，模具内壁与熔体的界面可作为非均匀形核的基底，因此，在这个界面上发生非均匀形核，迅速生成大量的晶核。这些晶核迅速长大至互相接触，最终形成由细小的、方向杂乱的等轴晶粒组成的细晶区。

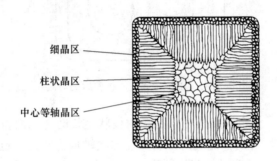

细晶区
柱状晶区
中心等轴晶区

图 7.42 铸锭结构的三个晶区示意图

（2）柱状晶区。随着"细晶区"外壳的形成，型壁被熔体加热而不断升温，使剩余液体的冷却速度变慢，加之结晶潜热的释放，故细晶区前沿液体的过冷度减小，形核率降低，晶体生长的核心数量大幅度减少。此外，由于提供晶体生长的熔体来自铸锭内部，晶体向中心方向生长的速度要明显大于横向（平行于细晶层方向）。在这种情况下，只有一次轴（即生长速度最快的晶向）垂直于型壁（散热最快方向）的晶体才能得到优先生长，而其他取向的晶粒，由于受邻近晶粒的限制而不能发展，因此，这些与散热方向相反的晶体择优生长而形成柱状晶区。由于各柱状晶的生长方向是相同的，例如，立方晶系的各柱状晶的长轴方向为<100>方向，这种晶体学位向一致的铸态组织称为"铸造织构"或"结晶织构"。

对于纯金属而言，凝固前沿的熔体往往表现出正温度梯度，无成分过冷区，故整个柱状晶区的前沿呈近似平面状向前生长。而对于合金来说，当柱状晶前沿液相中有较大成分过冷区时，柱状晶便以树枝状方式生长。不过，柱状树枝晶的一次轴仍垂直于型壁，沿着散热最快的反方向延伸。

（3）中心等轴晶区。随着柱状晶区的持续扩大，其前沿液体远离型壁，冷却速度变得很慢，而且铸锭中心剩余熔体内部的温差很小，使得柱状晶的生长速度变得很慢。当剩余熔体温度降至熔点以下时，以均匀形核为主，形核率低，且晶核向四周长大，便形成了中心等轴晶区。关于中心等轴晶区形成存在很多不同观点：

1）成分过冷。随着柱状晶的生长，出现成分过冷现象，使成分过冷区从液-固界面前沿延伸至熔体中心，导致中心区晶核的大量形成并向各方向生长而成为等轴晶，同时阻碍了柱状晶的持续发展，形成中心等轴晶区。

2）熔体对流。当液态金属或合金注入锭模时，靠近型壁处的液体温度急剧下降，在形成大量表层细晶的同时，造成锭内熔体出现很大的温差。使得靠近外层较冷的液体密度大而下沉，中间较热的液体密度小而上升，于是形成强烈的对流，如图7.43所示。对流冲刷已结晶的部分，可能将某些细晶带入中心液体，作为仔晶而生长成为中心等轴晶。

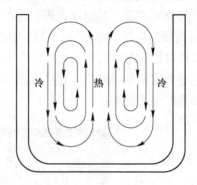

图7.43　液体金属注入铸模后的对流

3）枝晶局部重熔。合金铸锭的柱状晶呈树枝状生长时，二次枝晶的根部很细，这些"细颈"处发生局部重熔（由于温度的波动）使二次轴成为碎片，也可能受液体对流、机械振动等原因发生破碎，这些晶体碎片漂移到液体中心，作为"仔晶"并长大成为中心等轴晶。

需要注意，铸锭（件）的宏观组织与浇注条件有密切关系，随着浇注条件的变化可改变3个晶区的相对厚度和晶粒大小，甚至不出现某个晶区。通常快的冷却速度，高的浇注温度和定向散热有利于柱状晶的形成；如果金属纯度较高、铸锭（件）截面较小时，柱状晶快速成长有可能形成穿晶。相反，慢的冷却速度，低的浇注温度，加入有效形核剂或搅动等均有利于形成中心等轴晶。

柱状晶区不仅具有致密度较高的组织结构，而且柱状晶的"铸造织构"可被有效利用。例如，立方金属的<001>方向与柱状晶长轴平行，这一特性被用来生产用作磁铁的铁合金。磁感应是各向异性的，沿<001>方向较高。因此，可以通过定向凝固工艺使所有晶粒均沿<001>方向排列。"铸造织构"也可被用于提高合金的力学性能。柱状晶区的缺点是相互平行的柱状晶接触面，尤其是相邻垂直的柱状晶区交界面较为脆弱，并常聚集易熔杂质和非金属夹杂物，所以铸锭热加工时极易沿这些弱结合面发生开裂，或铸件在使用时也易在这些地方断裂。等轴晶无择优取向，没有脆弱的分界面，同时取向不同的晶粒彼此咬合，裂纹不易扩展，故获得细小的等轴晶可提高铸件的性能。但等轴晶组织的致密度不如柱状晶。表层细晶区对铸件性能影响不大，由于很薄，通常被机加工去除掉。

7.6.2.2　铸锭（件）的缺陷

（1）缩孔。熔体浇入锭模后，与型壁接触的液体先凝固，中心部分的液体则后凝固。由于多数金属在凝固时发生体积收缩，使铸锭（件）内形成收缩孔洞，称为缩孔。

缩孔可分为集中缩孔和分散缩孔两类，分散缩孔又称疏松。集中缩孔有多种不同形式，如缩管、缩穴、单向收缩等，而疏松也有一般疏松和中心疏松等，如图 7.44 所示。

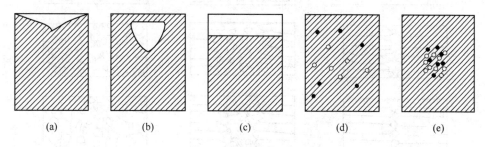

图 7.44 几种缩孔形式

(a) 缩管；(b) 缩穴；(c) 单向收缩；(d) 一般疏松；(e) 中心疏松

集中缩孔一般控制在铸锭或铸件的冒口处，最后加以切除。如果冒口设计不合理，缩孔较深且切除不干净时，这种缩孔残余对后续的加工与使用会造成不利的影响。疏松是枝晶组织凝固过程伴随的必然现象。在树枝晶生长过程中，各枝晶间互相穿插并可能使其中的液体被封闭。当凝固收缩得不到液体补充时，便形成细小的分散缩孔。

铸件中的缩孔类型与金属凝固方式有密切关系。

共晶成分的合金和纯金属相同，在恒温下进行结晶。如果能够适当控制结晶速率和液相内的温度梯度，那么，其液-固界面前沿的液相中就不会产生成分过冷，液-固界面呈平面推移，因此凝固自型壁开始后，主要以柱状晶循序向前延伸的方式进行，这种凝固方式称为"壳状凝固"，如图 7.45 (a) 所示。这种方式的凝固不但流动性好，而且熔体也易补缩，缩孔集中在冒口。因此，铸件内分散缩孔体积较小，成为较致密的铸件。

至于固溶体合金，当合金存在较宽的凝固温度范围时，它的平衡分配系数 (k_0) 较小，容易在液-固界面前沿的液相中产生成分过冷，使仔晶以树枝状方式生长，形成等轴晶，在完全固相区和完全液相区之间存在着比较宽的固相和液相并存的糊状区，因此，这种凝固方式称为"糊状凝固"，如图 7.45 (c) 所示。显然，这种凝固方式熔体流动性差，而且，糊状区中晶体是以树枝状方式生长，多次的蔓生树枝往往互相交错，使在枝晶最后凝固部分的收缩不易得到熔体的补充，形成分散的缩孔，使铸件的致密性较差，但不需要留有较大的冒口。

为了改善呈糊状凝固的补缩性，常采用细化铸件晶粒的方法，可减少发达树枝晶的形成，也就削弱了交叉的树枝晶网，有效地改善液体的流动性。另外，由于疏松往往分布在晶粒之间，细化晶粒使每个孔洞的体积减小，也有利于铸件的气密性。这个原理常在铝基和镁基合金中应用。实际合金的凝固方式常是壳状凝固和糊状凝固之间的中间状态，如图 7.45 (b) 所示。

合金凝固时，液体内因溶入气体过饱和而析出，形成气泡，也会使铸件内形成孔隙，减小了铸件的致密度。因此为了减少铸件内的孔隙度，也应注意液体内的气体的含量。

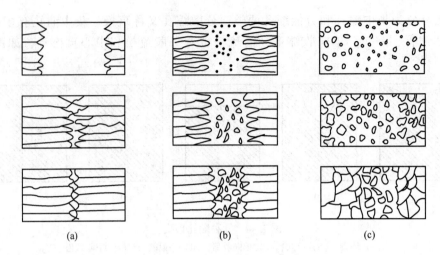

图 7.45　不同凝固方式示意图

(a) 壳状凝固；(b) 壳状-糊状混合凝固；(c) 糊状凝固

（2）偏析。偏析是指化学成分的不均匀性。合金铸件在不同程度上均存在着偏析，这是由合金结晶过程的特点所决定的。前述的正常凝固，一个合金试棒从一端以平直界面进行定向凝固时，沿试棒的长度方向会产生显著的偏析，当合金的平衡分配系数 $k_0<1$ 时，先结晶部分含溶质少，后结晶部分含溶质多。但是，合金铸件的液-固界面前沿的液体中通常总存在成分过冷，界面大多为树枝状，这会改变偏析的形式。当树枝状的界面向液相延伸时，溶质将沿纵向和侧向析出，纵向的溶质输送会引起平行枝晶轴向的宏观偏析，而横向的溶质输送会引起垂直于枝晶方向的显微偏析。

1）宏观偏析。宏观偏析又称区域偏析。宏观偏析按其所呈现的不同现象又可分为正常偏析、反偏析和比重偏析 3 类。

①正常偏析（正偏析）。当合金的分配系数 $k_0<1$ 时，先凝固的外层中溶质含量较后凝固的内层为低，因此合金铸件中心含溶质浓度较高的现象是凝固过程的正常现象，这种偏析就称为正常偏析。

正常偏析的程度与铸件大小、冷速快慢及结晶过程中液体的混合程度有关。一般大件中心部位正常偏析较大，这是最后结晶部分，因而溶质浓度高，有时甚至会出现不平衡的第二相，如碳化物等。正常偏析一般难以完全避免，它的存在使铸件性能不良。随后的热加工和扩散退火处理也难以根本改善，故应在浇注时采取适当的控制措施。

②反偏析。反偏析与正常偏析相反，即在 $k_0<1$ 的合金铸件中，溶质浓度在铸件中的分布是表层比中心高。

当合金在凝固时体积呈收缩，并在铸件中心有孔隙时才能形成反偏析。而且，当铸件内有柱状晶或合金凝固的温度范围较大和在液体内溶有气体时，有利于反偏析的形成。通常认为反偏析的形成原因是：原来铸件中心部位应该富集溶质元素，由于铸件凝固时发生收缩而在树枝晶之间产生空隙（此处为负压），加上温度的降低，液体内气体析出而形成压强，使铸件中心溶质浓度较高的液体沿着柱状晶之间的"渠道"被压向铸件表层，这样形成了反偏析。由于溶质浓度较高时，其熔点较低，因此，像 Cu-Sn 合金铸件，往往在表面出现"冒汗"现象，这就是反偏析的明显征兆。

扩大铸件内中心等轴晶带，阻止柱状晶的发展，使富集溶质的液体不易从中心排向表层；减少液体中的气体含量等都是一些控制反偏析形成的途径。

③比重偏析。比重偏析通常产生在结晶的早期，由于初生相与溶液之间密度相差悬殊，轻者上浮，重者下沉，从而导致上下成分不均匀，称为比重偏析。例如，$w(\text{Sb}) = 15\%$ 的 Pb-Sb 合金在结晶过程中，先共晶 Sb 相密度小于液相，而共晶体（Pb+Sb）的密度大于液相，因此 Sb 晶体上浮，而（Pb+Sb）共晶体下沉，形成比重偏析。铸铁中的石墨漂浮也是一种比重偏析。

防止或减轻比重偏析的方法有：增大铸件的冷却速度，使初生相来不及上浮或下沉；或者加入第三种合金元素，形成熔点较高的，密度与液相接近的树枝晶化合物在结晶初期形成树枝骨架，以阻挡密度小的相上浮或密度大的相下沉，如向 Cu-Pb 合金中加 Ni 或 S（形成高熔点的 Cu-Ni 固溶体或 Cu_2S），向 Sb-Sn 合金中加入 Cu（形成 Cu_6Sn_5 或 Cu_3Sn）能有效地防止比重偏析。

2）显微偏析。显微偏析可分为胞状偏析、枝晶偏析和晶界偏析 3 种。

①胞状偏析。当成分过冷度较小时，固溶体晶体呈胞状方式生成。如果合金的分配系数 $k_0 < 1$，则在胞壁处将富集溶质，若 $k_0 > 1$ 则胞壁处的溶质将贫化，这称为"胞状偏析"。由于胞体尺寸较小，即成分波动的范围较小，因此很容易通过均匀化退火消除"胞状偏析"。

②枝晶偏析。枝晶偏析是由非平衡凝固造成的，使先凝固的枝干和后凝固的枝干间的成分不均匀。合金通常以树枝状生长，一个枝晶一般由一颗晶粒构成，因此枝晶偏析在一个晶粒范围内，故也称为晶内偏析。影响枝晶偏析程度的主要因素有：凝固速度越大，晶内偏析越严重；偏析元素在固溶体中的扩散能力越小，则晶内偏析越大；凝固温度范围越宽，晶内偏析也越严重。

在低于固相线的高温下进行长时间的扩散退火，使铸态合金中的原子得以充分地扩散，就能减轻枝晶偏析。

③晶界偏析。晶界偏析是由于溶质原子富集（$k_0 < 1$）在最后凝固的晶界部分而造成的。当 $k_0 < 1$ 的合金在凝固时使液相富含溶质组元，又当相邻晶粒长大至相互接壤时，把富含溶质的液体集中在晶粒之间，凝固成为具有溶质偏析的晶界。

影响晶界偏析的因素较多，一般情况下，溶质含量越高，偏析程度越大；枝晶偏析一定程度上可减弱晶界偏析；低的结晶速度保证溶质原子有足够的扩散时间而富集在液-固界面前沿的液相中，从而增加晶界偏析程度。

应该引起注意的是晶界偏析容易引起晶界微裂纹，导致晶界断裂，因此，在铸造工艺中必须设法控制晶界偏析。控制溶质含量和添加适当的第三种元素可以有效减小晶界偏析程度。如在铁中加入碳来减弱氧和硫的晶界偏析；在铜中加入铁来减弱锑在晶界上的偏析。

7.7 三元相图基础

7.7.1 相图概述

大多数实际使用的金属材料都是由两种以上的组元构成的多元合金，陶瓷材料也是如此。可以预见，第三组元或第四组元的加入，不仅能够引起组元之间溶解度的改变，而且会因新相的出现导致材料组织转变过程和相图变得更加复杂。因此，为了更好地了解和掌握各种材料的成分、组织和性能之间的关系，除了了解二元相图之外，还需掌握三元甚至多元相图的相关知识。可是，三元以上的相图却又过于复杂，测定和分析不便，故时常将多元系作为伪三元系来处理，也就是在讨论相图涉及的材料问题时，着重考虑最主要的三个组元之间的相图关系，因此用得较多的是三元相图。

三元相图与二元相图比较，组元数增加了一个，即成分变量为两个，故表示成分的坐标轴应为两个，需要用一个平面来表示，再加上一个垂直该成分平面的温度坐标轴，这样三元相图就演变成一个三维立体图形。分隔每一个相区的是一系列空间曲面，而不是平面曲线。

要实测一个完整的三元相图，工作量很繁重，加之应用立体图形并不方便，因此，在研究和分析材料时，往往只需要参考那些有实用价值的截面图和投影图，即三元相图的各种等温截面、变温截面及各相区在浓度三角形上的投影图等。立体的三元相图也就是由许多这样的截面和投影图组合而成的。本节主要讨论三元相图的基本构成，着重于浓度三角形、截面图和投影图的介绍。三元相图的基本特点为：

（1）完整的三元相图是三维的立体模型。

（2）三元系中可以发生四相平衡转变。由相律可以确定二元系中的最大平衡相数为3，而三元系中的最大平衡相数为4。三元相图中的四相平衡区是恒温水平面。

（3）除单相区及两相平衡区外，三元相图中三相平衡区也占有一定空间。根据相律得知，三元系三相平衡时存在一个自由度，所以三相平衡转变是变温过程，反映在相图上，三相平衡区必将占有一定空间，不再是二元相图中的水平线。

7.7.2 相图成分表示方法

二元相图的成分可用一条直线上的点来表示；而表示三元相图成分的点则位于两个坐标轴所限定的三角形内，这个三角形叫作成分三角形或浓度三角形。常用的成分三角形是等边三角形，有时也用直角三角形或等腰三角形表示成分。

7.7.2.1 等边成分三角形

图 7.46 为等边三角形表示法，三角形的 3 个顶点 A、B、C 分别表示 3 个组元，三角形的边 AB、BC、CA 分别表示 3 个二元系的成分坐标，则三角形内的任一点都代表三元系的某一成分。例如，三角形 ABC 内 S 点所代表的成分可通过下述方法求出：

设等边三角形各边长为 100%，依 AB、BC、CA 顺序分别代表 B、C、A 三组元的含量。由 S 点出发，分别向 A、B、C 顶角对应边 BC、CA、AB 引平行线，相交于三边的 c、a、b 点。根据等边三角形的性质，可得：

$$Sa + Sb + Sc = AB = BC = CA = 100\%$$

其中，$Sc = Ca = w(A)$，$Sa = Ab = w(B)$，$Sb = Bc = w(C)$。于是，Ca、Ab、Bc 线段分别代表

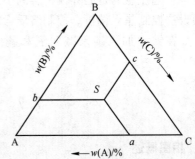

图 7.46　用等边三角形表示三元合金的成分

S 相中三组元 A、B、C 的各自质量分数。反之，如已知 3 个组元质量分数时，也可求出 S 点在成分三角形中的位置。

7.7.2.2 等边成分三角形中的特殊线

在分析三元相图时，须关注等边成分三角形中具有特定意义的线，这样便于理解、测算和分析相图：

（1）凡成分点位于与等边三角形某一边相平行的直线上的各三元相，它们所含与此线对应顶角代表的组元的质量分数相等。如图 7.47 所示，平行于 AC 边的 ef 线上的所有三元相含 B 组元的质量分数（%）都为 Ae。

（2）凡成分点位于通过三角形某一顶角的直线上的所有三元系，所含此线两旁的另两顶点所代表的两组元的质量分数的比值相等。如图 7.47 中 Bg 线上的所有三元相含 A 和 C 两组元的质量分数的比值相等，即 $w(A)/w(C) = Cg/Ag$。

7.7.2.3 成分的其他表示方法

（1）等腰成分三角形。当三元系中某一组元含量较少，而另两个组元含量较多时，合金成分点将靠近等边三角形的某一边。为了使该部分相图清晰地表示出来，可将成分三角形两腰放大，成为等腰三角形。如图 7.48 所示，由于成分点 o 靠近底边，所以在实际应用中只取等腰梯形部分即可。o 点合金成分的确定与前述等边三角形的求法相同，即过 o 点分别作两腰的平行线，交 AC 边于 a、c 两点，则 $w(A) = Ca = 30\%$，$w(C) = Ac = 60\%$；而过 o 点作 AC 边的平行线，与腰相交于 b 点，则组元 B 的质量分数 $w(B) = Ab = 10\%$。

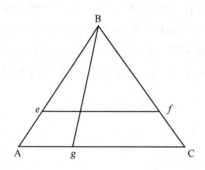

图 7.47　等边成分三角形中的特殊线

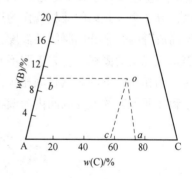

图 7.48　等腰成分三角形

（2）直角成分坐标。当三元系成分以某一组元为主，其他两个组元含量很少时，合金成分点将靠近等边三角形某一顶角。若采用直角坐标表示成分，则可使该部分相图清楚地表示出来。设直角坐标原点代表高含量的组元，则两个互相垂直的坐标轴即代表其他两个组元的成分。例如，图 7.49 中的 P 点成分为 $w(Mn) = 0.8\%$，$w(Si) = 0.6\%$，余量为 Fe 的合金。

（3）局部图形表示法。如果只需要研究三元系中一定成分范围内的材料，就可以在浓度三角形中取出有用的局部（见图 7.50）加以放大，这样会表现得更加清晰。在这个基础上得到的局部三元相图（图 7.50 中的 Ⅰ、Ⅱ 或 Ⅲ）与完整的三元相图相比，不论测定、描述或者分析，都要简单一些。

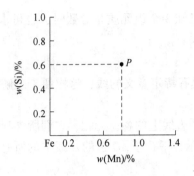

图 7.49 直角成分三角形

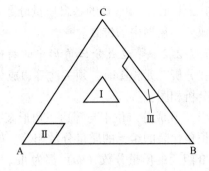

图 7.50 浓度三角形中的各种局部

7.7.3 相图的空间模型

三元合金相图是一个三维的立体图形。常以等边的浓度三角形表示三元系的成分，在浓度三角形的各个顶点分别作与浓度平面垂直的温度轴，构成一个外廓是正三棱柱体的三元合金相图。由于浓度三角形的每一条边代表一组相应的二元系，所以三棱柱体的三个侧面分别是三组二元相图。在三棱柱体内部，由一系列空间曲面分隔出若干相区。

图 7.51 是一种最简单的三元相图的空间模型。A、B、C 3 种组元组成的浓度三角形和温度轴构成了三柱体的框架。a、b、c 3 点分别表明 A、B、C 3 个组元的熔点。由于这 3 个组元在液态和固态都彼此完全互溶，所以 3 个侧面都是简单的二元匀晶相图。在三棱柱体内，以 3 个二元系的液相线作为边缘构成的向上凸的空间曲面是三元系的液相面，它表明不同成分的合金开始凝固的温度；以 3 个二元系的固相线作为边缘构成的向下凹的空间曲面是三元系的固相面，它表明不同成分的合金凝固终了的温度。液相面以上的区域是液相区，固相面以下的区域是固相区，中间区域如图中 O 成分三元系在与液相面和固相面交点 1 和 2 所代表的温度区间内为液-固两相平衡区。

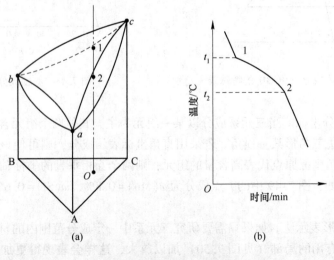

(a)   (b)

图 7.51 三元匀晶相图

(a) 立体相图；(b) 冷却曲线

显然，即使是上述这样最简单的三元相图都是由一系列空间曲面所构成的，故很难在纸面上清楚而准确地描绘出液相面和固相面的曲率变化，更难确定各个合金的相变温度。在复杂的三元系相图中要做到这些更是不可能的。因此，三元相图能够实用的办法是使之平面化。

7.7.4 截面图和投影图

欲将三维立体图形分解成二维平面图形，必须设法"减少"一个变量。例如可将温度固定，只剩下两个成分变量，所得的平面图表示一定温度下三元系状态随成分变化的规律；也可将一个成分变量固定，剩下一个成分变量和一个温度变量，所得的平面图表示温度与该成分变量组成的变化规律。不论选用哪种方法，得到的图形都是三维空间相图的一个截面，故称为截面图。

7.7.4.1 水平截面

三元相图中的温度轴和浓度三角形垂直，所以固定温度的截面图必定平行于浓度三角形，这样的截面图称为水平截面，也称为等温截面。

完整水平截面的外形应该与浓度三角形一致，截面图中的各条曲线是这个温度截面与空间模型中各个相界面相截而得到的相交线，即相界线。图 7.52 是三元匀晶相图在两相平衡温度区间的水平截面。图中 de 和 fg 分别为液相线和固相线，它们把这个水平截面划分为液相区 L、固相区 α 和液固两相平衡区 L+α。

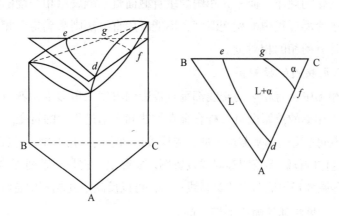

图 7.52　三元合金相图的水平截面图

7.7.4.2 垂直截面

固定一个成分变量并保留温度变量的截面图，必定与浓度三角形垂直，所以称为垂直截面，或称为变温截面。常用的垂直截面有两种：一种是通过浓度三角形的顶角，使其他两组元的含量比固定不变，如图 7.53（a）的 Ck 垂直截面；另一种是固定一个组元的成分，其他两组元的成分可相对变动，如图 7.53（a）的 ab 垂直截面。ab 截面的成分轴的两端并不代表纯组元，而代表 B 组元为定值的两个二元系 A+B 和 C+B。例如图 7.53（b）中原点 a 成分为 $w(B) = 10\%$，$w(A) = 90\%$，$w(C) = 0\%$；而横坐标"50"处的成分为 $w(B) = 10\%$，$w(A) = 40\%$ 和 $w(C) = 50\%$。

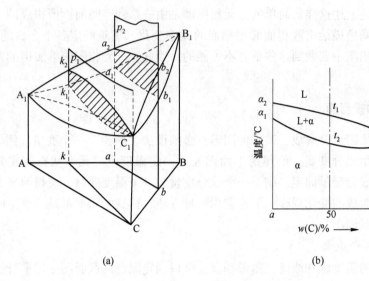

图 7.53　三元匀晶相图上的垂直截面

(a) 立体图；(b) 垂直截面图

　　需指出的是：尽管三元相图的垂直截面与二元相图的形状很相似，但是它们之间存在着本质上的差别。二元相图的液相线与固相线可以用来表示合金在平衡凝固过程中液相与固相浓度随温度变化的规律，而三元相图的垂直截面就不能表示相浓度随温度而变化的关系，只能用于了解冷凝过程中的相变温度，不能应用直线法则来确定两相的质量分数，也不能用杠杆定律计算两相的相对量。

7.7.4.3　三元相图的投影图

　　把三元立体相图中所有相区的交线都垂直投影到浓度三角形中，就得到了三元相图的投影图。利用三元相图的投影图可分析合金在加热和冷却过程中的转变。

　　若把一系列不同温度的水平截面中的相界线投影到浓度三角形中，并在每一条投影上标明相应的温度，这样的投影图就叫等温线投影图。实际上，它是一系列等温截面的综合。等温线投影图中的等温线好像地图中的等高线一样，可以反映空间相图中各种相界面的高度随成分变化的趋势。如果相邻等温线的温度间隔一定，则投影图中等温线距离越近，表示相界面的坡度越陡；反之，等温线距离越疏，说明相界面的高度随成分变化的趋势越平缓。

　　为了使复杂三元相图的投影图更加简单、明了，也可以根据需要只把一部分相界面的等温线投影下来。经常用到的是液相面投影图或固相面投影图。图 7.54 为三元匀晶相图的等温线投影图，其中实线为液相面投影，而虚线为固相面投影。

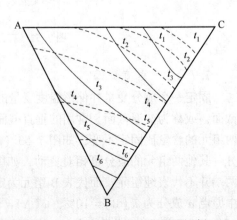

图 7.54　三元合金相图投影图示例

7.7.5 杠杆定律及重心定律

在研究多元系时，往往要了解已知成分材料在不同温度的组成相成分及相对量，又如在研究加热或冷却转变时，由一个相分解为两个或三个平衡相，那么新相和旧相的成分间有何关系，两个或三个新相的相对量各为多少等。要解决上述问题，就要用杠杆定律或重心定律。

7.7.5.1 直线法则

在一定温度下三组元材料两相平衡时，材料的成分点和其两个平衡相的成分点必然位于成分三角形内的一条直线上，该规律称为直线法则或三点共线原则，可证明如下。

如图 7.55 所示，设在一定温度下成分点为 o 的合金处于 $\alpha+\beta$ 两相平衡状态，α 相及 β 相的成分点分别为 a 及 b。由图中可读出三元合金 o，α 相及 β 相中 B 组元含量分别为 Ao_1、Aa_1 和 Ab_1；C 组元含量分别为 Ao_2、Aa_2 和 Ab_2。设此时 α 相的质量分数为 $w(\alpha)$，则 β 相的质量分数应为 $1-w(\alpha)$。α 相与 β 相中 B 组元质量之和及 C 组元质量之和应分别等于合金中 B、C 组元的质量。由此可以得到：

$$Aa_1 \cdot w(\alpha) + Ab_1 \cdot (1 - w(\alpha)) = Ao_1$$
$$Aa_2 \cdot w(\alpha) + Ab_2 \cdot (1 - w(\alpha)) = Ao_2$$

移项整理得：

$$w(\alpha)(Aa_1 - Ab_1) = Ao_1 - Ab_1$$
$$w(\alpha)(Aa_2 - Ab_2) = Ao_2 - Ab_2$$

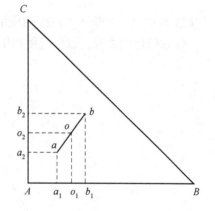

图 7.55 共线法则的导出

上下两式相除，得：

$$\frac{Aa_1 - Ab_1}{Aa_2 - Ab_2} = \frac{Ao_1 - Ab_1}{Ao_2 - Ab_2}$$

这就是解析几何中三点共线的关系式。由此证明 o、a、b 三点必在一条直线上。同样可证明，以等边三角形作成分三角形时，上述关系依然存在。

7.7.5.2 杠杆定律

由前面推导中还可导出：

$$\frac{Ab_1 - Ao_1}{Ab_1 - Aa_1} = \frac{o_1 b_1}{a_1 b_1} = \frac{ob}{ab}$$

这就是三元系中的杠杆定律。

由直线法则及杠杆定律可作出下列推论：当给定材料在一定温度下处于两相平衡状态时，若其中一相的成分给定，另一相的成分点必在两已知成分点连线的延长线上；若两个平衡相的成分点已知，材料的成分点必然位于此两个成分点的连线上。

7.7.5.3 重心定律

当一个相完全分解成三个新相，或是一个相在分解成两个新相的过程时，研究它们之间的成分和相对量的关系，则须用重心定律。

　　根据相律，三元系处于三相平衡时，自由度为1。在给定温度下这三个平衡相的成分应为确定值。合金成分点应位于三个平衡相的成分点所连成的三角形内。图7.56中 O 为合金的成分点，P、Q 和 S 分别为三个平衡相 α、β 和 γ 的成分点。计算合金中各相相对含量时，可设想先把三相中的任意两相，例如 α 和 γ 混合成一体，然后再把这个混合体和 β 相混合成合金 O。根据直线法则混合体 α+γ 的成分点应在 PS 线上，同时又必定在 β 相和合金 O 的成分点连线 QO 的延长线上。由此可以确定，QO 延长线与 PS 线的交点 R 便是混合体 α+γ 的成分点。进一步由杠杆定律可以得出 β 相的质量分数：

$$w(\beta) = OR/QR$$

　　用同样的方法可求出 α 相和 γ 相的质量分数分别为：

$$w(\alpha) = OM/PM$$

$$w(\gamma) = OT/ST$$

结果表明 O 点正好位于△PQS 的质量重心，这就是三元系的重心定律。

　　除几何作图法外，也可直接利用代数方法计算三个平衡相的相对量。

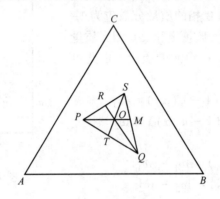

图 7.56　重心定律

习　题

7.1　由液相结晶出单相固溶体的过程称为_____。

7.2　共晶转变的表达式为_____。

7.3　包晶反应的表达式为_____。

7.4　匀晶转变的表达式为_____。

7.5　平衡凝固时固相质量分数 w_S，液相质量分数 w_L，溶质分布的平衡分配系数为_____。

7.6　溶质浓度由锭表面向中心逐渐增加的不均匀分布称为_____。

7.7　二元相图中，三相平衡必为一条水平线，这条线上存在 3 个表示平衡相的成分点，分别位于水平线的两端和端点之间，三相平衡成分位置在（　　）。

　　A. 水平线下方　　　　　B. 右端的点　　　　　C. 左端的点　　　　　D. 中间的点

7.8　平衡凝固包括三个过程，不包括（　　）。

　　A. 液相内的扩散过程　　　　　　　　　　B. 偏聚

C. 固相的继续长大　　　　　　　　　　D. 固相内的扩散过程

7.9　正偏析，是宏观偏析，通过退火能否消除？（　　）。

　　A. 不能　　　　　　　　　　　　　B. 能

7.10　过冷度 ΔT 表示实际熔点与实际凝固温度的差，以下说法正确的是（　　）。

　　A. 过冷度越大，越不利于凝固

　　B. 凝固与过冷度没关系

　　C. 过冷度越大越容易凝固

　　D. 过冷度越大越容易结晶

7.11　形核率与过冷度之间的关系，下面表述正确的是（　　）。

　　A. 过冷度越大，形核率越高

　　B. 过冷度越小，形核率越高

　　C. 随过冷度增加，形核率开始增加，接着变小

7.12　简述区域熔炼及其本质。

7.13　什么是成分过冷？

7.14　什么是反偏析，形成的原因是什么？

7.15　固溶体合金的相图如图 7.57 所示，试根据相图确定：

　　（1）成分为 $w(B)=40\%$ 的合金首先凝固出来的固体成分是什么？

　　（2）若首先凝固出来的固体成分含 $w(B)=60\%$，合金的成分为多少？

　　（3）成分为 $w(B)=70\%$ 的合金最后凝固的液体成分是什么？

　　（4）合金成分为 $w(B)=50\%$，凝固到某温度时液相含有 $w(B)=40\%$，固体含有 $w(B)=80\%$，此时液体和固体各占多少？

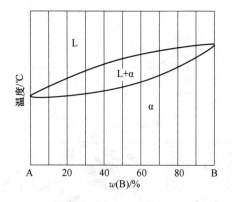

图 7.57　题 7.15 附图

7.16　何谓共晶反应、包晶反应和共析反应？试分析比较它们三者的异同点。

7.17　指出图 7.58 中各二元相图中的错误，并加以改正。

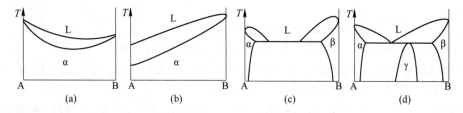

图 7.58　题 7.17 附图

7.18　图 7.59 为形成稳定化合物的 Mg-Si 二元相图。试分析：

（1）指出相图中的单相区。

（2）分析 $w(Si) = 65\%$ 合金的平衡凝固过程。

（3）在较快的冷却条件下凝固，得到的组织与平衡组织有何不同？

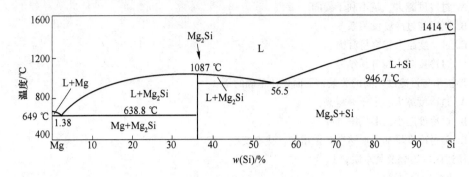

图 7.59　题 7.18 附图

7.19　试根据下面的共晶相图，分析判断图 7.60 中的（a）~（c）所示的三种金相组织，它们分属哪类合金成分，并指出细化此合金铸态组织的可能途径。

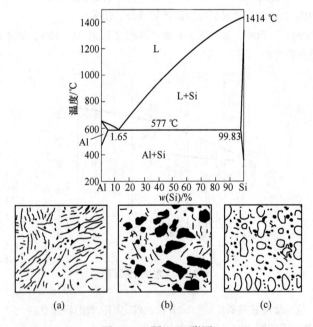

（a）　　　　　　（b）　　　　　　（c）

图 7.60　题 7.19 附图

7.20　青铜（Cu-Sn）和黄铜（Cu-Zn）的相图如图 7.61 所示：

（1）叙述 Cu-10%Sn 合金的不平衡冷却过程并指出室温时的金相组织。

（2）比较 Cu-10%Sn 合金铸件和 Cu-30%Zn 合金铸件的铸造性能及铸造组织；说明 Cu-10%Sn 合金铸件中有许多分散砂眼的原因。

（3）分别含 2%Sn，11%Sn 和 15%Sn 的青铜合金，哪一种可进行压力加工，哪种可利用铸造法来制造机件？

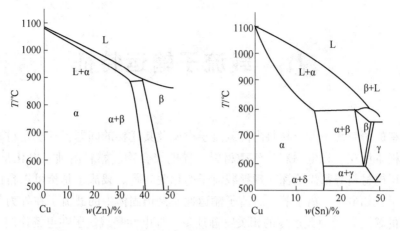

图 7.61　题 7.20 附图

7.21　根据下面的 CaO-ZrO$_2$ 相图（图 7.62）：

（1）写出所有的三相恒温转变。

（2）计算 $w(CaO)=4\%$ 的 CaO-ZrO$_2$ 陶瓷在室温时为单斜 ZrO$_2$ 固溶体（Monoclinic ZrO$_2$ SS）和立方 ZrO$_2$ 固溶体（Cubic ZrO$_2$ SS）的相对量（用摩尔分数表示）。假定单斜 ZrO$_2$ 固溶体和立方 ZrO$_2$ 固溶体在室温的溶解度分别为 2%CaO（摩尔分数）和 15%CaO（摩尔分数）。

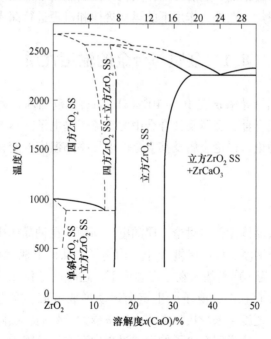

图 7.62　题 7.21 附图

7.22　三元相图中直线法则和杠杆定律的用途是什么？

8 载流子输运特征

功能材料的研究无不涉及材料内部载流子类型及其迁移的问题，这也是材料功能性之所以体现的根本所在。光电材料、气敏材料、导电聚合物、燃料电池、电化学催化材料、电解材料、压电材料等都需要深入理解载流子的相关问题。载流子是指可以自由移动的携带电荷的粒子，如电子、离子等。载流子输运性质是指固体中的载流子在外力作用下的运动（载流子的输运）及由此产生的相关物理现象。导电性是载流子在电场作用下的迁移运动，它是物质最重要的输运性质之一。物质导电性的强弱可以用物理参数即电导率 σ 来描述。物质的室温电导率最低可达 10^{-20} $(\Omega \cdot cm)^{-1}$，最高可达 10^5 $(\Omega \cdot cm)^{-1}$，彼此相差 25 个量级，在各种物性变化中其变化范围堪称之最。按电导率的大小可以将材料分为金属、半导体和绝缘体三大类。

不同类型的物质中载流子是不同的，载流子在物质中的运动受到不同因素的影响而产生各种不同的效应。通过施加一定的外界作用就可控制载流子的运动，从而实现预期的功能。因此，有必要对载流子在外力作用下的运动规律和机理进行深入的认识。

8.1 金属与合金的输运性质

通常，金属的室温电导率 σ 在 $10^3 \sim 10^5$ $(\Omega \cdot cm)^{-1}$ 范围内。为改善金属材料的某些性能，通常将金属制成合金，金属及其合金中的载流子是电子。本节主要介绍电子的经典电导理论和量子电导理论，讨论金属及其合金的电导率随温度的变化以及与材料成分和结构的关系。

8.1.1 经典电导理论

这里以一价钠金属晶体为例来讨论金属的电导问题。在钠晶体中，每个钠原子可以提供一个自由电子，N 个钠原子可以提供 N 个自由电子，从而形成"电子气"。自由电子的浓度等于原子密度 n，为 10^{22} 量级。在一定温度下，这些电子作无规律的热运动，没有定向的流动。当有电场 E 存在时，电子产生定向运动形成电流。在电场力 $(-qE)$ 的作用下，电子作加速运动，速度越来越快，电流也越来越大。然而，实际情况并非如此，电流通常维持在一个稳定值。这说明在电子的运动过程中存在运动阻力，电子流动的阻力来源于其与晶格原子的相互作用（碰撞）。假设电子所受阻力的大小正比于电子的漂移速度 v，则有如下关系式：

$$m_0 \frac{dv}{dt} + \gamma v = -q|E| \tag{8.1}$$

式中，m_0 为电子质量；q 为电子电量；γ 为阻尼系数。

在稳态情况下，$v = v_0$，$\mathrm{d}v/\mathrm{d}t = 0$，则有：

$$\gamma = \frac{-q}{v_0}|E| \qquad (8.2)$$

将此值代入式（8.1），可得瞬态方程：

$$m_0 \frac{\mathrm{d}v}{\mathrm{d}t} + \left(\frac{-q|E|}{v_0}\right)v = -q|E| \qquad (8.3)$$

假设，$t = 0$ 时，$v = 0$，则瞬态方程的解为：

$$v = v_0\left[1 - \exp\left(\frac{-t}{\tau_0}\right)\right] \qquad (8.4)$$

$$\tau_0 = \frac{m_0 v_0}{-q|E|} \qquad (8.5)$$

τ_0 是每个电子与晶格相继两次碰撞的平均时间间隔，被称为弛豫时间。由此可得稳态的电子漂移速度 v_0 和电流密度 J。

$$v_0 = \frac{-q\tau_0}{m_0}|E| \qquad (8.6)$$

$$J = nv_0 q = \frac{nq^2\tau_0}{m_0}|E| \qquad (8.7)$$

则材料的电导率为：

$$\sigma = \frac{J}{|E|} = \frac{nq^2\tau_0}{m_0} \qquad (8.8)$$

由此可知，电子浓度 n 越高，弛豫时间 τ_0 越长，则材料的电导率 σ 越高。弛豫时间 τ_0 正比于平均自由程 l，平均自由程 l 是电子与晶格相继两次碰撞间所走过的平均路程：

$$l = v_0\tau_0 \qquad (8.9)$$

8.1.2　量子电导理论

经典电导理论认为，在外电场作用下所有（自由）电子都对电流有贡献；而量子理论认为，只有费米能级附近的电子才对电流有贡献。为便于讨论，假设温度为绝对零度，按照统计理论，费米能级以下的状态电子是全充满的，而费米能级以上的状态是没有电子占据的。当没有外电场作用时，所有电子的速度都在速度空间中球心位于原点的一个圆球内，电子的最大速度为球面上的速度，即能量为费米能的电子所具有的速度 v_{F}，此速度称之为费米速度，此球称之为速度空间的费米球，费米球的表面称之为费米面。费米球内被电子填满，其电子数等于状态数。图 8.1（a）是无外场时二维速度空间电子速度示意图。因无外场存在，故在各个方向上，电子速度大小的分布相同。由于每两个速度大小相同、方向相反的电子的运动互相抵消，因此所有电子的净流动为零。当有外电场 E（沿 x 方向）存在时，整个费米球沿与电场相反的方向发生移动。此时，绝大部分电子的运动仍然因两两大小相等方向相反而互相抵消，剩下一部分在费米面附近（图 8.1（b）中阴影部分所示）的电子的运动未被抵消，从而形成电流，其电流密度为：

$$J = -qv_\mathrm{F}N'　　　　　　　　　　　　　　（8.10）$$

式中，N' 为阴影部分的电子数（单位体积，下同）。

$$N' = N(E_\mathrm{F})\Delta E　　　　　　　　　　　　（8.11）$$

式中，$N(E_\mathrm{F})$ 为费米面处单位能量间隔中的电子数。

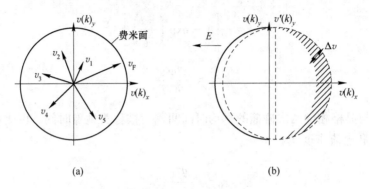

图 8.1　二维电子速度空间示意图
（a）平衡时；（b）外加电场时

由图 8.2 所表示的 $N(E)$ 曲线可知，费米面处 $N(E_\mathrm{F})$ 值很大，因此较小的 ΔE 就可产生较大的 N'。ΔE 是因外电场 E 的作用而引起的费米面的移动量。为求 ΔE，先考虑电场 E 对自由电子的作用：

$$F = m_0\left(\frac{\mathrm{d}v}{\mathrm{d}t}\right) = \frac{\mathrm{d}p}{\mathrm{d}t} = \hbar\left(\frac{\mathrm{d}k}{\mathrm{d}t}\right) = -q\,|E|　　　　（8.12）$$

$$p = \hbar k$$

式中，p 为电子动量；$\hbar$ 为普朗克常数；k 为电子波矢的模。

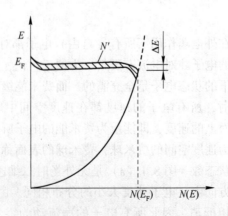

图 8.2　自由电子数（单位体积）随能量的变化

如果在 $t=0$ 时刻开始施加电场 E，则 t 时刻的 Δk 为：

$$\Delta k = \frac{-qt}{\hbar} |E| \tag{8.13}$$

因此

$$\frac{\mathrm{d}(\Delta k)}{\mathrm{d}t} = \frac{F}{\hbar} \tag{8.14}$$

考虑到因散射引起的阻力，则有：

$$\hbar \left(\frac{\mathrm{d}}{\mathrm{d}t} + \frac{1}{\tau_0'} \right) \Delta k = F \tag{8.15}$$

式中，弛豫时间 τ_0 为电子相继两次被散射的平均时间间隔。

在静电场 E 的作用下，系统处于稳态，即 $\mathrm{d}(\Delta k)/\mathrm{d}t = 0$。则：

$$\Delta k = \frac{F\tau_0'}{\hbar} = \frac{-q\tau_0'}{\hbar} |E| \tag{8.16}$$

对于自由电子

$$E = \frac{\hbar^2 k^2}{2m_0} \tag{8.17}$$

费米面附近，$v = v_F$，则有：

$$\frac{\mathrm{d}E}{\mathrm{d}k} = \frac{\hbar^2 k}{m_0} = \frac{\hbar p}{m_0} = \hbar v_F \tag{8.18}$$

由式（8.18）和式（8.16）可得因外电场 E 的作用而引起的费米面的移动量：

$$\Delta E = \left(\frac{\mathrm{d}E}{\mathrm{d}k} \right) \Delta k = -q\tau_0' v_F |E| \tag{8.19}$$

将此式代入式（8.11），再代入式（8.10）可得：

$$J = q^2 v_F^2 N(E_F) \tau_0' |E| \tag{8.20}$$

由于只有平行于电场方向的运动才对电流有贡献，所以必须将 v_F 投影到 x 轴上。如此得：

$$J = \frac{q^2 v_F^2 N(E_F) \tau_0'}{3} |E| \tag{8.21}$$

则有：

$$\sigma = \frac{q^2 v_F^2 N(E_F) \tau_0'}{3} \tag{8.22}$$

由上式可知，材料的电导率正比于费米面处单位能量间隔的电子数 $N(E_F)$。由图 8.3

可以看出，不同种类的材料应具有不同的电导率。一价金属材料的电子最高能量(E_M)靠近能带中央，其态密度 $Z(E_M)$ 较高，$N(E_F)$ 较大，电导率较高；二价金属材料的电子最高能量(E_B)位于能带的下半部，其态密度 $Z(E_B)$ 较低，$N(E_F)$ 稍小，电导率稍低；半导体和绝缘体的电子最高能量(E_I)位于能带顶，其态密度 $Z(E_I)$ 很低，$N(E_F)$ 很小，电导率很低。

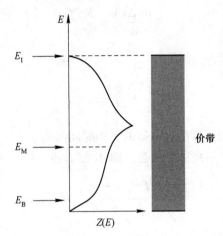

图 8.3　价带中的态密度分布及最高电子能量

另外，量子电导理论与经典电导理论还存在一个重要的区别。根据量子力学理论，在理想周期性排列的晶格中，电子的能量状态形成能带，能带之间是禁带，能带中的电子可以在晶格中自由运动。因此，理想周期性排列的晶格对能带中电子没有散射作用，这种情况与经典电导理论是不同的。在晶体中能对电子起散射作用的是那些破坏晶格周期性的因素，如晶格振动（声子）、缺陷（如空位、间隙原子、位错和晶粒间界等）以及杂质原子（包括合金中的无序溶质原子）等，这些非周期性因素对电子的散射作用是晶体材料电阻产生的根源。式（8.22）中的弛豫时间 τ_0' 指的是电子受这些非周期性因素的作用相继两次被散射的平均时间间隔。而平均自由程 $l' = v_F \tau_0'$ 是费米面附近的电子以速度 v_F 在弛豫时间 τ_0' 内走过的路程。

8.1.3　热电效应

有一些材料表现出明显的热/电能量转换特性，这类材料称为热电材料。热电效应（有时也称为温差电效应）指把热能转换为电能的过程，它首先是在如图 8.4 所示的装置中被发现的，其中，BC 为导电体 I，AB 和 CD 为另一种导电体 II，两种导电体在 B 和 C 处连接，如此构成一热电偶。如果 B 和 C 这两个接点处的温度不同，则 A 和 D 之间会出现电位差，即温差电动势，该效应称之为塞贝克效应（Seebeck effect）。A、D 间的电位差 ΔV 取决于 B、C 间的温度差 $\Delta T = T - T_0$，与 A、D 处的温度无关，并有温差电动势：

$$\Delta V = a(T - T_0) + b(T - T_0)^2 \tag{8.23}$$

$$\Theta = \frac{\Delta V}{\Delta T} = a + b(T - T_0) \tag{8.24}$$

其中，Θ 为温差电动势率（或微分温差电动势）。

对于由某些材料构成的热电偶，b 值基本上为零。将热电偶的一端 B（或 C）放在某固定的参考温度（例如 0 ℃ 的冰水）中，热电偶的另一端 C（或 B）放在被测温度处，通过测量温差电动势 ΔV 可以准确迅速地测得温度，测量灵敏度高，且价格低廉。铜-康铜（55% 铜和 45% 镍的合金）是常用的热电偶，可在 $-180 \sim 400$ ℃ 温度范围内使用。

与塞贝克效应相反，另一种热电效应是珀尔帖效应（Peltier effect）。当电流流过如图 8.4 所示由两种导电体组成的 II／I／II 结构时，在 I 和 II 的两个接点 B、C 处，一处温度降低（放热），另一处温度升高（吸热）。对此现象可作如下分析：如果导电体 I 的功函数 Φ_{I} 大于导电体 II 的功函数 Φ_{II}，由于功函数是费米能级与真空能级之间的能量差，则导电体 I 的费米能级 $E_{\mathrm{F\,I}}$ 低于导电体 II 的费米能级 $E_{\mathrm{F\,II}}$。假设电流由 A 流向 D，则电子由 D 流向 A。当电子由导电体 II 经过联接点 C 流向导电体 I 时，电子由高费米能级流向低费米能级，电子能量降低，向周围放出能量（放热）；接着，当电子由导电体 I 经过联接点 B 流向导电体 II 时，电子由低费米能级流向高费米能级，电子能量升高，从周围吸收能量（吸热）。如果电流方向相反，则变成 C 处吸热，B 处放热。利用珀尔帖效应可实现致冷和致热。

图 8.4 中，导电体 I 和导电体 II 可以是金属，也可以是半导体，即在金属和半导体中都能观察到热电效应，包括塞贝克效应和珀尔帖效应。利用半导体的热电效应可以方便地测定半导体材料的导电类型，其测量装置如图 8.5 所示。当半导体材料为 N 型时，多数载流子为电子，热探针（上电极）附近的电子热运动较强，向下扩散，使热探针附近缺少电子，而下电极附近积累电子，从而形成极性如图 8.5 所示的电动势。当半导体材料为 P 型时，多数载流子为空穴，热探针附近的空穴热运动较强，向下扩散，使热探针附近缺少空穴，而下电极附近积累空穴，从而形成极性相反的电动势。如此便可以通过所产生电动势的极性来判断半导体材料的型号。从上述分析可以看出，由电子和空穴产生的温差电动势的符号是相反的。

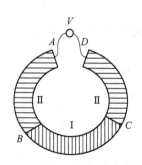

图 8.4 观察塞贝克效应和珀尔帖效应的装置

图 8.5 热探针法测定导电类型

8.2 半导体的输运性质

通常，半导体材料的室温电导率在 $10^{-8} \sim 10^{3}$ $(\Omega \cdot \mathrm{cm})^{-1}$ 之间。半导体材料对光照、温度、电场、磁场、压力等外界作用具有敏感性，以及对自身成分和结构也敏感。半导体材料对外界作用的敏感性具体表现在诸如光电、热电、压电、光致发光、电致发光等现象和效应中。例如，光照可以在半导体中产生电子-空穴对，使电阻率下降。半导体材料性质对自身成分和结构的灵敏性使得人们可以通过一定的手段来改变材料的成分和结构以控制材料的性质。例如，通过掺入施主杂质或受主杂质可以向半导体材料引入电子或空穴。电子和空穴这两种具有相反电荷的载流子在电场、磁场、温度梯度场、浓度梯度场等的作用下将发生运动。半导体中的电子和空穴在输运的过程中可相遇复合而放出能量，例如发出光子。半导体中载流子如此丰富多彩的输运现象及其相关效应使得半导体材料可以用来制作具有各种功能的器件。

8.2.1 半导体的能带

硅是目前应用最多的半导体材料。在硅原子的外层电子态结构中有两个 3s 态和六个 3p 态，随着原子间距离的缩短，杂化了的 s、p 态（sp^3 态）能带发生交叠，且又分裂成两个能带，如图 8.6 所示。每个硅原子有四个价电子，这些价电子正好填满下面一个能带，该能带称为价带（valence band）或满带；上面的一个能带完全空着，称为导带（conduction band）。

价带与导带由禁带隔开，其能隙（禁带宽度）为 E_g。晶体中原子的排列具有周期性，其中电子的状态用 k 来表征。由于晶体的结构是各向异性的，因此，在 k 空间中不同方向的能带有不同的形状。图 8.7 给出的是沿 k_x 方向的能带结构，其中 Γ 点和 X 点分别为 k 空间的原点和 k_x 方向的布里渊区边界（BZ）。

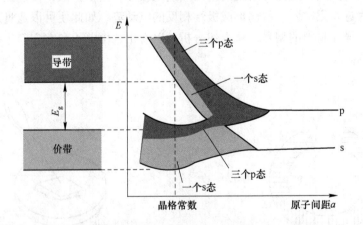

图 8.6 随着原子间距的缩小能级展宽成带继而发生交叠和分裂
（共价元素晶体）

锗晶体的情况与此基本相同，只需将 3s 换成 4s，将 3p 换成 4p。所有共价元素晶体都有类似的 sp^3 杂化能带。然而，禁带宽度却有所不同，表 8.1 给出了由ⅣA族元素构成的晶体材料的禁带宽度 E_g 值。禁带宽度是材料的重要物理参数，对材料的性质有重大影响。金刚石的禁带宽度为 5.48 eV 是绝缘体；硅和锗的禁带宽度分别为 1.12 eV 和 0.67 eV，都属半导体；灰锡的禁带宽度为 0.08 eV，呈金属性。

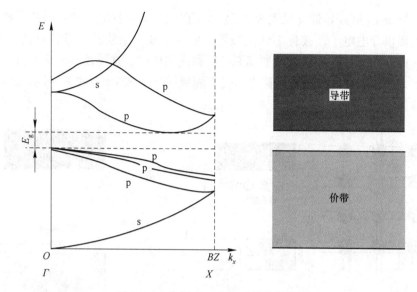

图 8.7 k 空间中 k_x 方向硅的能带结构

表 8.1 一些共价元素晶体的禁带宽度 （0 K）

元素	E_g/eV	元素	E_g/eV
C （金刚石）	5.48	Ge	0.67
Si	1.12	Sn （灰锡）	0.08

8.2.2 载流子和费米能级

严格地说，只有在绝对零度时，硅和锗中的价带才是被填满的，导带才是全空的，此时材料的电导率才为零。随着温度的升高，价带中的部分电子跃迁到导带，并在价带中留下等量的空穴。电子从价带向导带的跃迁称之为带间跃迁。导带中的电子和价带中的空穴具有相反的电荷，在电场的作用下沿着相反的方向运动，它们都能导电，都是载流子。这种由本征热激发产生的载流子称为本征载流子。本征载流子一方面不断地因热激发而成对产生，另一方面也不断地因复合而成对消失，如图8.8 所示，如此，在一定温度下保持一平衡的载流子浓度。室温下半导体中本征载流子浓度 n_i 很低，在硅中 n_i 只有 10^{10} cm^{-3}，其本征电导率很低。

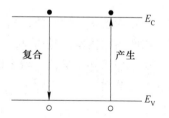

图 8.8 载流子的产生与复合

掺杂是提高半导体室温电导率最重要的方法，掺入了杂质的半导体称为掺杂半导体（doped semiconductor）。图 8.9 （a）为硅晶格的二维示意图，每个硅原子有四个价电子与相邻的四个硅原子形成共价键。如在硅晶格中掺入少量的五价原子（如磷原子）以取代硅原子（见图8.9），磷原子有五个价电子，除了用四个价电子与相邻的硅原子形成共价键，还剩余一个价电子，该价电子只要具有很小的能量（离化能）就能摆脱磷原子的轻微束缚，由施主能级 E_D 进入导带（见图 8.9（b）），在硅晶格中自由运动。因此，硅中的杂质磷原子可以提供导电电子，被称为施主杂质。掺入了施主杂质的半导体称之为 N 型半导体。与此相反，如果将三价原子（如硼原子）掺入到硅中，这样便会产生载流子空穴，该杂质为受主杂质，相应的杂质能级称之为受主能级。如图 8.10 中的 E_A 所示。掺有受主杂质的半导体为 P 型半导体。

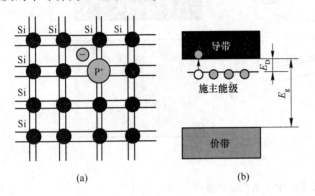

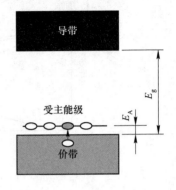

图 8.9　N 型半导体形成示意图　　　　　图 8.10　P 型半导体形成示意图

　　半导体中的平衡电子浓度 n_0 可由下式计算：

$$n_0 = \int_{E_C}^{\infty} f(E) g_C(E) \, dE \tag{8.25}$$

式中，$f(E)$ 为电子的统计分布函数，它给出能量为 E 的电子态上电子占据的概率；$g_C(E)$ 为导带底附近的状态密度，即导带底附近单位能量间隔的量子态数；E_C 为导带底的能量。

　　在一般情况下，$f(E)$ 为费米分布：

$$f(E) = \frac{1}{1 + \exp\left(\dfrac{E - E_F}{k_B T}\right)} \tag{8.26}$$

式中，k_B 为玻耳兹曼常数；E_F 为费米能级，该参数描述了电子的填充水平，能量为 E_F 的电子态的占据概率总是 $1/2$。

　　对于非简并半导体，费米能级离开导带较远，$E - E_F \gg k_B T$，对此，费米分布退化为玻耳兹曼分布。

$$f(E) = \exp\left[\frac{-(E - E_F)}{k_B T}\right] \tag{8.27}$$

　　由于 $f(E)$ 随能量 E 的升高而指数下降，所以式（8.25）的积分只需考虑导带底附近的贡献，并且，也正因为如此，式（8.25）中的积分上限原应是导带顶，现可改为 ∞。根据自由电子近似可以得到导带底与价带顶附近的状态密度，即：

$$g_C(E) = \frac{4\pi}{h^3} (2m_n^*)^{\frac{3}{2}} (E - E_C)^{\frac{1}{2}} \tag{8.28}$$

$$g_V(E) = \frac{4\pi}{h^3}(2m_p^*)^{\frac{3}{2}}(E_V - E)^{\frac{1}{2}} \tag{8.29}$$

式中，$h = 2\pi\hbar$；m_n^* 和 m_p^* 分别为电子和空穴的有效质量，其值如表 8.2 所示。

表 8.2 室温下锗、硅和砷化镓的一些参数值

各项参数	E_g/eV	m_n^*	m_p^*	N_C/cm^{-3}	N_V/cm^{-3}	n_i/cm^{-3}（计算值）	n_i/cm^{-3}（测量值）
Ge	0.67	$0.56m_0$	$0.37m_0$	1.05×10^{19}	5.7×10^{18}	2.0×10^{13}	2.4×10^{13}
Si	1.12	$1.08m_0$	$0.59m_0$	2.8×10^{19}	1.1×10^{19}	7.8×10^{9}	1.5×10^{10}
GaAs	1.428	$0.068m_0$	$0.47m_0$	4.5×10^{17}	8.8×10^{18}	2.3×10^{6}	1.05×10^{7}

将式 (8.27)~式(8.29) 代入式 (8.25) 可得平衡时电子和空穴的浓度：

$$n_0 = N_C\exp\left[\frac{-(E_C - E_F)}{k_B T}\right] \tag{8.30}$$

$$p_0 = N_V\exp\left[\frac{-(E_F - E_V)}{k_B T}\right] \tag{8.31}$$

式中，N_C 为导带底的有效状态密度；N_V 为价带顶的有效状态密度。

$$N_C = \frac{2}{h^3}(2\pi m_n^* k_B T)^{\frac{3}{2}} \tag{8.32}$$

$$N_V = \frac{2}{h^3}(2\pi m_p^* k_B T)^{\frac{3}{2}} \tag{8.33}$$

对于本征半导体，导带的电子数等于价带的空穴数，即 $n_i = p_i$，则：

$$n_i = N_C\exp\left[\frac{-(E_C - E_{F_i})}{k_B T}\right] \tag{8.34}$$

$$p_i = N_V\exp\left[\frac{-(E_{F_i} - E_V)}{k_B T}\right] \tag{8.35}$$

式中，E_{F_i} 为半导体的本征费米能级：

$$E_{F_i} = \frac{E_C + E_V}{2} + \frac{k_B T}{2}\ln\left(\frac{N_V}{N_C}\right) \tag{8.36}$$

室温下 N_C 和 N_V 的值如表 8.2 所示，因室温下 $k_B T$ 约为 0.026 eV，故式 (8.36) 简化为：

$$E_{F_i} \approx \frac{E_C + E_V}{2} \tag{8.37}$$

即室温下本征费米能级近似位于禁带中央，将式（8.36）代入式（8.34）和式（8.35）可得：

$$n_{\mathrm{i}} = p_{\mathrm{i}} = (N_{\mathrm{C}} N_{\mathrm{V}})^{\frac{1}{2}} \exp \left(\frac{-E_{\mathrm{g}}}{2k_{\mathrm{B}} T} \right) \tag{8.38}$$

由此可见，本征半导体的载流子浓度 n_{i} 和 p_{i} 将随禁带宽度 E_{g} 的增加而指数下降。当材料的禁带宽度大到一定程度就成为绝缘体，例如金刚石的禁带宽度为 5.48 eV，为绝缘体。由式（8.38）可以看出，半导体中的本征载流子浓度随着温度升高而指数上升，这便是半导体的热敏性。根据此制成的半导体热敏电阻可用于温度的自动测量和控制。对于 N 型半导体，费米能级位于禁带上半部，$E_{\mathrm{C}} - E_{\mathrm{FN}} < E_{\mathrm{FN}} - E_{\mathrm{V}}$，由式（8.30）和式（8.31）可知，电子浓度 n_0 大于空穴浓度 p_0，因此，电子为多数载流子，简称多子；空穴为少数载流子，简称少子。对于 P 型半导体，费米能级位于禁带下半部，$E_{\mathrm{C}} - E_{\mathrm{FP}} > E_{\mathrm{FP}} - E_{\mathrm{V}}$，由式（8.30）和式（8.31）可知，空穴浓度 p_0 大于电子浓度 n_0，则空穴为多数载流子，简称多子；电子为少数载流子，简称少子。由式（8.30）和式（8.31）可得：

$$n_0 p_0 = N_{\mathrm{C}} N_{\mathrm{V}} \exp \left(\frac{E_{\mathrm{g}}}{k_{\mathrm{B}} T} \right) \tag{8.39}$$

此式表明，某一半导体材料的平衡电子和空穴浓度的乘积 $n_0 p_0$ 为一常数，与掺杂情况无关，它只是温度的函数。并且，由式（8.38）可知，此常数即为该温度下本征载流子浓度的平方：

$$n_0 p_0 = n_{\mathrm{i}}^2 \tag{8.40}$$

值得注意的是，能带图中的能量坐标是按电子能量选取的，坐标向上移动，电子能量升高；而空穴的能量正好与此相反，坐标向下移动，空穴能量升高。

8.2.3 迁移率和散射

载流子在单位电场作用下的漂移速度称为载流子的迁移率 μ，只取正值，它描述了载流子的导电能力。

$$\mu = \left| \frac{v}{E} \right| \tag{8.41}$$

式中，E 为电场强度；v 为载流子的漂移速度。

半导体中有两种载流子，电子和空穴，因此其电导率 σ 为：

$$\sigma = \left| \frac{J}{E} \right| = (n\mu_{\mathrm{n}} + p\mu_{\mathrm{p}}) q \tag{8.42}$$

式中，J 为电流密度；n 和 p 分别为电子和空穴的浓度；μ_{n} 和 μ_{p} 分别为电子和空穴的迁移率。

这里，q 为电子电量，电子和空穴具有相反的电荷，分别为 $-q$ 和 q。影响载流子迁移率的是各种散射作用，其中最重要的是晶格散射和杂质散射。温度越高，晶格振动越激烈，晶格散射越强。因此，温度越高，载流子迁移率越低，如图 8.11（a）所示。另一方面，如上节所述，本征半导体中的载流子浓度随着温度的升高按照指数规律迅速增加，如图 8.11（b）所示。因此，本征半导体的电导率随温度的升高仍呈上升趋势，如图 8.11（c）所示，这与金属中的情况截然相反。在低温（例如液氮温度）下，晶格振动较弱，晶格散射作用也较弱，因此，杂质散射作用显得突出。在 N 型或 P 型半导体中，离化的施主或受主起着重要的散射作用，是影响低温下迁移率的主要因素。

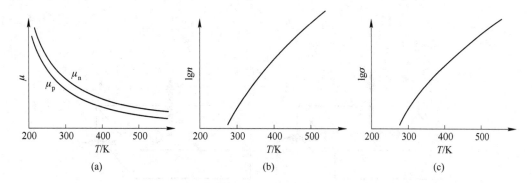

图 8.11 各量随温度的变化

（a）电子和空穴迁移率；（b）本征半导体载流子数；（c）本征半导体电导率

掺杂半导体中，载流子由两部分组成，一部分由本征激发产生，另一部分由杂质离化提供，故不同掺杂浓度（N_d）的半导体材料显示出不同的 $\sigma\text{-}T$ 曲线，如图 8.12 所示。施主和受主杂质的离化能较小，通常在较低温度下都已全部离化，因而在本征激发较弱的低温范围内，载流子主要由杂质离化提供，故掺杂浓度较高的样品具有较高的电导率。随着温度的升高，晶格散射加强，电导率一开始随温度升高有所下降；可是当温度进一步升高时，本征激发加强，本征载流子浓度升高，并使本征载流子浓度逐步超过掺杂引入的载流子浓度，成为主要的载流子，最终两样品的电导率随温度升高而上升趋于相同的值。

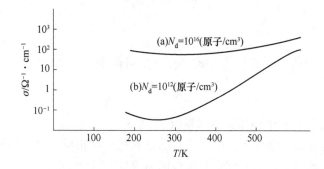

图 8.12 掺杂半导体的电导率随温度的变化

（a）高掺杂；（b）低掺杂

8.2.4 霍尔效应

在一块长方形的半导体样品中，沿 x 方向通以电流（J_x），同时在 z 方向加上磁场（B_z），则在 y 方向的两边就会产生一个电位差（E_y），这种效应即是霍尔效应。如图 8.13 所示。该 y 方向的电场称之为霍尔电场，其电场强度为：

$$E_y = RJ_xB_z \tag{8.43}$$

其中比例系数 R 称为霍尔系数。因为 J_x、B_z 和 E_y 都是易测量的量，所以霍尔系数 R 很容易利用式（8.44）由试验测得：

$$R = \frac{E_y}{J_x B_z} \tag{8.44}$$

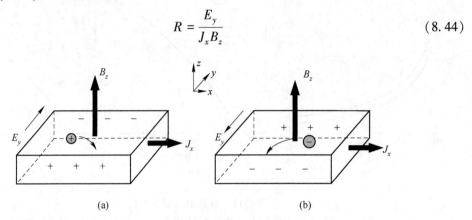

图 8.13　霍尔效应
（a）P 型半导体；（b）N 型半导体

下面以 P 型半导体为例来讨论霍尔效应的物理实质。在 x 方向电场的作用下 P 型半导体中的空穴以漂移速度 v_x 沿 x 方向运动，由此产生的电流密度为：

$$J_x = pqv_x \tag{8.45}$$

由于 z 方向有磁场存在，沿 x 方向运动的空穴受洛仑兹力的作用向 $-y$ 方向偏转，从而使样品的 $-y$ 端积累正电荷，$+y$ 端积累负电荷，如此电荷积累形成霍尔电场，如图 8.13（a）所示。在稳定的情况下，该霍尔电场对空穴的作用应与洛仑兹力相抵消，即：

$$qE_y = qv_x B_z \tag{8.46}$$

因此

$$E_y = v_x B_z \tag{8.47}$$

将式（8.45）和式（8.47）代入式（8.44）可得霍尔系数：

$$R = \frac{1}{pq} \tag{8.48}$$

由此可知，对于 P 型半导体，霍尔系数 R_P 为正。

由于在 x 方向电场的作用下，电子漂移的方向与空穴相反，且电荷符号也相反，故在磁场中受洛仑兹力的作用，电子和空穴都偏向 $-y$ 侧。因此在相同条件下，N 型半导体与 P 型半导体中产生的霍尔电场的方向相反，如图 8.13（b）所示。由式（8.42）可知，霍尔系数 R 的符号亦相反。对于 N 型半导体，R_N 为负，即：

$$R_N = \frac{-1}{nq} \tag{8.49}$$

由式（8.43）可知，霍尔电场强度 E_y 正比于外加磁场的磁感应强度 B_z，而霍尔电场强度 E_y 又正比于降落在样品 y 方向两端的霍尔电压 V_y，V_y 是很容易精确测量的量，因此利用霍尔效应可制成磁场计，可用来测量磁感应强度。另外，导电类型和载流子浓度是半导体材料的重要信息，由式（8.48）和式（8.49）可知，通过霍尔效应的测量，一方面由霍尔系数的符号可以判断半导体的导电类型；另一方面由霍尔系数的绝对值可以确定载

流子浓度 n 或 p。对于硅材料，通过霍尔效应可测量的最低杂质浓度为 10^{12} cm^{-3} 量级，因为硅晶体的原子浓度为 10^{22} cm^{-3} 量级，其杂质浓度测量的相对精度可达 10^{-10}，如此高的精度是任何一种化学分析方法无法与之相比的。另一方面，根据霍尔效应制成的霍尔器件还可用来制作非接触开关和传感器等，这在计算机和自动控制系统中被广泛应用。此外，在强磁场、极低温的条件下，在半导体界面二维体系中，人们观察到整数和分数量子霍尔效应，这对深入认识量子化现象起了很大的推动作用。

8.2.5 P-N 结

半导体之所以受到人们的重视，在很大程度上是由于用半导体材料制作的元器件在电子学，特别是微电子学中的广泛应用。最重要的半导体元件当属晶体管，晶体管根据其中的载流子可分为双极型与单极型两类；前者系由两个背靠背的 P-N 结组成，根据其具体结构又可分为 P-N-P 和 N-P-N 晶体管，而后者则具有金属-氧化物-半导体（MOS）型结构。

当 P 型半导体和 N 型半导体接触在一起时便形成 P-N 结。由于在接触前 N 型硅的费米能级 E_{FN} 比 P 型硅的费米能级 E_{FP} 高，如图 8.14（a）所示，一旦接触在一起，电子将由 N 型区流向 P 型区（这种载流子的流动是由载流子的浓度差引起的，是载流子的扩散运动），并在 N 型区表面层留下带正电的离化施主；同时，空穴将由 P 型区流向 N 型区，并在 P 型区的表面层留下带负电的离化受主。因此，在 P-N 结界面的两侧形成空间电荷层，N 型硅一侧为带正电的空间电荷层，P 型硅一侧为带负电的空间电荷层，如图 8.14（b）所示。如此空间电荷层中有电场存在，电场的方向是由 N 型区指向 P 型区。该电场不是外加的，而是自身产生的，故称之为自建电场。由此电场引起的载流子的漂移运动的

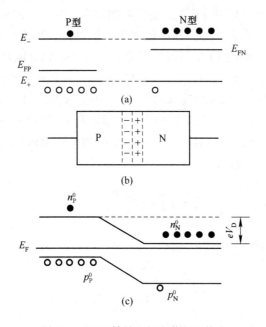

图 8.14 P-N 结的空间电荷区和势垒

（a）接触前的能带图；（b）、（c）接触形成的空间电荷区和势垒

方向与上述扩散运动的方向相反，当由载流子漂移运动引起的漂移电流与由载流子的扩散运动引起的扩散电流相等时，P-N 结两边达到平衡，有相同的费米能级 E_F，P-N 结中既无净的空穴流，也无净的电子流。由于 P-N 结空间电荷区有静电场存在，这就使能带发生弯曲，在 P-N 结两边形成电势差 V_D，此被称为 P-N 结接触电势差。如图 8.14（c）所示，该接触电势差在 P-N 结处形成势垒，阻挡着 N 型区的电子（多子）向 P 型区的运动，也阻挡着 P 型区的空穴（多子）向 N 型区的运动。接触电势差 V_D 对应于能带的弯曲量 eV_D，此能带的弯曲量应等于 N 型硅与 P 型硅在接触前的费米能级之差：

$$eV_D = E_{FN} - E_{FP} \tag{8.50}$$

由于空间电荷层有强电场存在，其中的电子和空穴都被电场扫向两边而耗尽，因此空间电荷层被视为载流子的耗尽层，其电阻率远大于 P 型和 N 型区的体内。所以，当接上外加偏压时，外加电压 V 基本上全部降落在空间电荷层上。如果外加偏压的正端接 P 型区一边，负端接 N 型区一边，则相对应于 P 型区而言，N 型区的电势下降，电子能量升高，能带上移。如此外加偏压的作用使 P-N 的势垒降低，由 eV_D 降为 $e(V_D - V)$，能带弯曲减小；P-N 结界面处空间电荷区（势垒区）宽度变窄，电场强度减小，如图 8.15 所示；载流子的扩散电流大于漂移电流，净电流由 P 型区流向 N 型区。并且，该电流随着偏压的升高而迅速上升，此时的偏压称为正向偏压，此时的电流称为正向电流。在此情况下，P 型区的空穴注入 N 型区，形成附加的空穴浓度 Δp；N 型区的电子注入 P 型区，形成附加的电子浓度 Δn，如图 8.15 所示。Δp 和 Δn 都是非平衡载流子，它们是在正向偏压下电注入产生的。由于注入的都是少子，故称之为正向少子注入。

如果外加偏压的方向相反，正端接 N 型区，负端接 P 型区，则相对于 P 型区而言，N 型区的电势上升，电子势能下降，能带下移。如此外加偏压的作用使 P-N 结的势垒升高，由 eV_D 降为 $e(V_D - V) = e(V_D + |V|)$，能带弯曲加大，P-N 结空间电荷区宽度变宽（见图 8.16），电场强度增加，载流子的漂移电流大于扩散电流，净电流由 N 型区流向 P 型区。由于空间电荷区的电场方向是由 N 型区指向 P 型区，所以该电流是在电场作用下，P 型区的电子（少子）被扫向 N 型区，同时，N 型区的空穴（少子）被扫向 P 型区。因为少子浓度很低，所以电流很小，此时的偏压称为反向偏压，此时的电流称为反向电流。随着反向电压的升高，空间电荷区的电场强度加大，N 型区和 P 型区的少子一旦扩散到空间电荷区的边界就被电场扫向 P-N 结的对面，致使 P-N 结的反向电流最终达到饱和。不难得出，理想 P-N 结的电流-电压关系为：

$$J = J_s \left[\exp\left(\frac{qV}{k_B T}\right) - 1 \right] \tag{8.51}$$

式中，J_s 为反向饱和电流：

$$J_s = q \left(\frac{D_N n_P^0}{L_N} + \frac{D_P p_N^0}{L_P} \right) \tag{8.52}$$

式中，D_P 和 D_N 为 P 型区电子和 N 型区空穴的扩散系数；n_P^0 和 p_N^0 为平衡时 P 型区电子和 N 型区空穴的浓度；L_P 和 L_N 为 P 型区电子和 N 型区空穴的扩散长度。

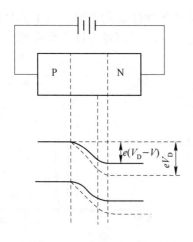

图 8.15 正向偏置 P-N 结的
能带图和少子注入

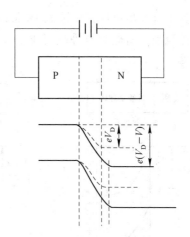

图 8.16 反向偏置 P-N 结的
能带图和少子分布

8.2.6 金属-半导体接触

金属中的电子绝大多数所处的能级都低于体外能级。金属功函数（W_m）是指真空中静止电子的能量 E_0 与金属的 E_F 能量之差。W_m 越大，金属对电子的束缚越强。而半导体功函数（W_s）是指真空中静止电子的能量 E_0 与半导体的 E_F 能量之差。由于材料不同其值各异。当金属半导体接触时，由于金属半导体功函数之间的关系，可以显示出整流性接触或欧姆性接触。

当 $W_m > W_s$ 时，如图 8.17（a）所示，χ_s 是半导体电子的亲和能。在这种接触条件下，N 型半导体的电子容易离开，所以施主杂质所贡献出的电子将流向金属一侧，从而留下带正电的电离施主。这样就在半导体表面内形成了具有一定厚度的正空间电荷层，而金属一侧则带负电。这时的能带图如图 8.17（b）所示。

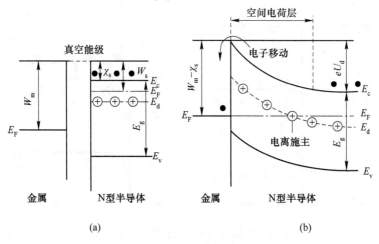

(a)　　　　　　　　　　　　　(b)

图 8.17 金属与半导体的接触（$W_m > W_s$）

（a）接触前；（b）接触后

如果有外加电压，由图 8.18 可以看出，电子容易从半导体流向金属。电子从金属向半导体流动时所遇到的势垒（$W_m - \chi_s$）较高，所以电子的流动困难。这个势垒称为肖特基势垒。

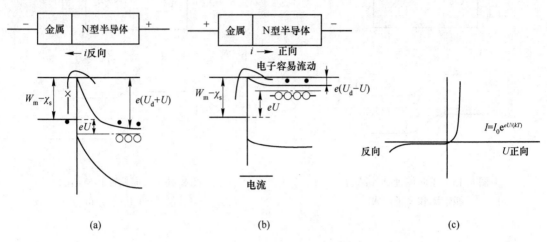

图 8.18   金属与 N 型半导体接触的整流作用（$W_m > W_s$）

（a）反偏压；（b）正偏压；（c）I-U 特性

半导体中的电子向金属流动时所遇到的势垒为 $eU_d = W_m - W_s$。正向电压时，这个势垒高度为 $e(U_d - U)$，变小了。反向电压下，其高度变成了 $e(U_d + U)$。势垒部分的空间电荷层厚度可以用泊松方程求得，即：

$$d = \left[\frac{2\varepsilon}{eN_d}(U_d - U) \right]^{\frac{1}{2}} \tag{8.53}$$

单位面积的电容为 $C_0 = \varepsilon/d$。

当 $W_m < W_s$ 时，其接触能级如图 8.19 所示。这时由于不存在势垒，所以形成欧姆性接触。

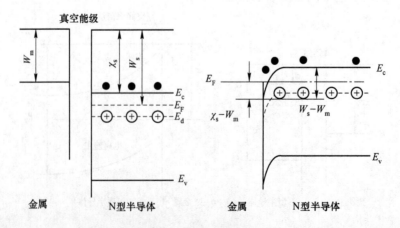

图 8.19   金属与 N 型半导体接触（$W_m < W_s$）

当金属与 P 型半导体接触，且 $W_m < W_s$ 时，从金属流入半导体的电子易与半导体中的

空穴复合，这样就形成了由电离受主构成的副空间电荷层。这是空穴势垒。如果外加电压使半导体一侧为正电位 U，将会有电流通过。这与 N 型半导体的情况正相反。当 $W_m > W_s$ 时，没有形成势垒而成为欧姆接触。

当半导体表面附近的杂质密度非常大时，N_d 很大。与式（8.53）相比，d 变得非常小，隧穿电流能够自由流过。可以利用这种方法形成欧姆电极。

8.3 聚合物的输运性质

在无机半导体中，如硅（Si）或锗（Ge）等，非成对的原子态在内部填充了空的空间而形成这些材料的"半导体"性质。在这些材料中，载流子可能是电子或空穴，这些载流子被称为自由载流子。自由载流子的运动起始于通过电场和电场散射等作用，可以以一种几乎自由的方式在半导体中移动。然而，在聚合物半导体中，由于其分子结构与无机半导体不同，电子结构也不同。由于聚合物半导体分子的能级与它们周围的其他分子的能级密集地耦合在一起，所以这些材料的载流子不能像自由载流子一样自由地运动。相反，聚合物半导体中的载流子通常是一部分的分子激发态，因此载流子移动是通过激子传递发生的。

8.3.1 激子的产生及输运

激子对描述有机半导体的光学特性有重要意义，激子效应对半导体中的光吸收、发光、激发和光学非线性作用等物理过程具有重要影响，并在半导体光电子器件的研究和开发中得到了重要的应用。

8.3.1.1 激子的产生

激子是指材料中以库仑力相互束缚的电子空穴对，其中电子处于较高能级，空穴处于较低能级。也可以说激子是材料俘获能量后的一种表现形式。激子可以由直接光、间接光以及电场下的载流子注入过程产生。下面针对 Frenkel 激子来描述产生激子的两种情形。

（1）光致激发。光致激发是分子对光的吸收，形成激发态分子的过程。当光子的能量大于分子的光隙时，一个光子可被一个分子吸收，使这个分子由基态转变为激发态，分子中的一个电子由 HOMO 跃迁到 LUMO 或更高能级，分子内形成相互束缚的电子空穴对，即激子。由于自旋守恒的限制，以及基态分子通常为单线态的缘故，光致激发通常只产生单线态激子。光致激发过程对太阳能电池是很重要的，因为材料必须首先吸收光产生激子，随后才有激子的解离、光生载流子以及电荷输运与收集。

（2）电致激发。如果在有机材料薄膜的两端施加电压，当正负极的功函数分别与有机材料的 HOMO 和 LUMO 能级匹配时，空穴和电子会分别由两个电极注入形成阳离子极化子和阴离子极化子。这些极化子通过在电场作用下的相向输运有可能相遇。然后，阳离子极化子可以俘获邻近分子中的电子，或者阴离子极化子俘获邻近分子中的空穴，在分子内形成了相互束缚的电子空穴对，这样经由电场注入的中性激子就形成了。电致激发过程对电致发光器件是非常重要的，因为电致发光的第一个过程就是电致激发。图 8.20 为光致激子和电致激子产生示意图。

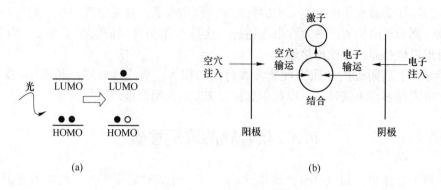

图 8.20　光致激子和电致激子

（a）光致激发；（b）电致激发

8.3.1.2　激子的分类

根据激子中相互关联的电子与空穴对之间距离的不同，可将激子分为三类：Frenkel 激子、电荷转移激子（charge transfer，CT）和 Wannier 激子。Frenkel 激子通常指有机分子内的激子，如图 8.21（a）所示。有机分子中存在很多可分布电子的能级，基态分子中，能量最高的电子位于成键轨道中的 HOMO 上，LUMO 是空置的。分子受到激发时，分子中能量最高的电子跃迁到 LUMO 或以上轨道，分子变成激发态分子，同时形成了 Frenkel 激子。由于激子中同时存在电子和空穴，因而整个激子是电中性的。另外一种有机半导体中常见的激子是电荷转移激子，也就是相互束缚的电子空穴对分布在两个相邻的分子之间，如图 8.21（b）所示。还有一种束缚电子空穴对，它们之间的距离更大，称为 Wannier 激子，但是有机材料中很少存在这种激子。

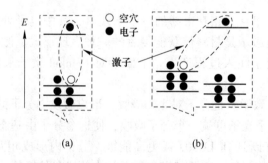

图 8.21　在一个分子内形成的 Frenkel 激子(a)和在两个分子之间形成的电荷转移激子(b)

图 8.22 是三类激子中的电子和空穴的空间相对位置示意图。将激子看成是相互关联的电子空穴对，它们之间的距离称为激子半径。三类激子的半径有很大的差别。Frenkel 激子的半径最小，电子与空穴之间的平均距离在一个晶格常数之内，约为 0.5 nm，相对有机分子来说意味着电子空穴对分布在同一个分子上。Frenkel 激子中电子空穴对的库仑束缚力较大，为 0.3~1.0 eV。Wannier 激子的激子半径比 Frenkel 激子大一个数量级，为 4~10 nm，激子束缚能也远远小于 Frenkel 激子，约为 0.01 eV，通常存在于无机体系。有机材料中由于介电常数较低，分子间的作用力较弱，在较远距离仍然可以相互关联的 Wannier 激子不易存在。CT 激子的激子半径介于 Frenkel 激子和 Wannier 激子之间。

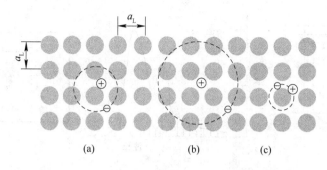

图 8.22　三类激子的电子和空穴相对位置示意图

（a）CT 激子；（b）Wannier 激子；（c）Frenkel 激子

8.3.1.3　激子输运

激子的重要特性之一就是在不涉及净电荷移动时能够输运能量。

激子既不是静止的也不是稳定的，它们在固体内的运动不仅涉及能量的转移，而且一个激子还会与另外一个自由激子、被捕获激子、外来分子或是晶格缺陷等相互作用。因此激子是有寿命的，其运动是受限制的。

有机分子中激子输运的最重要过程包括 Förster 能量传递/转移（energy transfer）和 Dexter 能量传递/转移两种。

（1）激子的共振输运——Förster 能量传递/转移。Förster 能量传递也称为共振（resonance）能量传递/转移，是偶极与偶极之间的库仑作用。分子的共振能量传递/转移与辐射能量传递/转移的发生条件是相同的，但是在共振能量传递/转移时不存在实际的光子发射和吸收过程，而是分子 A 的跃迁偶极子产生一个电场，此电场诱导激发态分子 D 的发射。发生 Förster 能量传递/转移时，光子从一个处于激发态的分子（给体 D）发出，被另一个处于基态的分子（受体 A）所吸收，即分子 A 在分子 D 完成发射光子时吸收这个光子。通过这个过程，激发态 D 将能量传递/转移到一个空间范围为 0.5~10 nm 的未激发分子 A 上面，结果使得分子 D 回到基态，而分子 A 跃迁到激发态。

影响 Förster 能量传递/转移的主要因素：

1）与给体荧光光谱和受体吸收光谱的重叠积分成正比。

2）与在没有猝灭物质存在的情况下给体分子的辐射速率成正比（亦可表示为：与给体的发光寿命成反比）。

3）在吸收光谱范围内，与受体摩尔消光系数成正比。

4）与给体与受体之间的距离成反比。

5）与方位因子成正比。

根据以上因素，要求给体发射与受体吸收有很好的光谱重叠，要求给体是发光的，受体分子要有较大的吸收，是长距离能量传递/转移过程，其有效距离在 10 nm 以内。由于三线态的摩尔消光系数通常都很小，因此以 Förster 方式将能量传递/转移到三线态的作用，通常是可以忽略的。通常认为，能量从主体材料向掺杂染料的传递方式就是 Förster 能量传递/转移。Förster 能量传递/转移机制如图 8.23 所示。

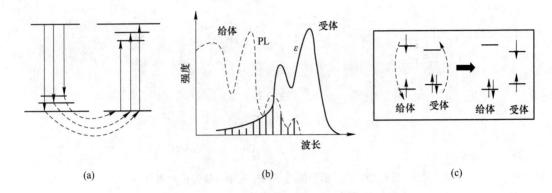

(a)　　　　　　　　　　　　　(b)　　　　　　　　　　　　　(c)

图 8.23　Förster 能量传递/转移机制

（a）给体与受体之间以偶极子-偶极子方式相互作用；

（b）给体的发光与受体的吸收光谱之间的重叠；

（c）能量传递/转移前后给体与受体的电子结构情况

（2）激子的跳跃输运——Dexter 能量传递/转移。激子的跳跃输运是指激发态分子与相邻基态分子之间的双电子交换过程，也称为 Dexter 能量传递。如图 8.24 所示，由于激发态分子与基态分子之间的 LUMO-LUMO、HOMO-HOMO 轨道相互作用，激发态分子给体 D 中的 LUMO 电子转移到基态分子受体 A 的 LUMO 中，同时，基态分子受体 A 中的一个 HOMO 电子转移到激发态分子给体 D 的 HOMO 轨道上，结果使受体 A 变为激发态，而 D 变为基态。Dexter 能量传递是激子与邻近基态分子之间的多极耦合作用，是通过多极相互作用方式或者通过电子交换实现的。

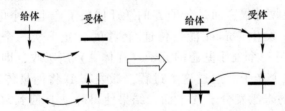

图 8.24　Dexter 能量传递的电子跃迁示意图

8.3.1.4　激子的扩散

有机材料中激子往往产生在很薄的活性层中，因为在整个厚度中存在浓度梯度，会产生激子的扩散。也就是说激子会向活性层中其他位置运动。

通常，用激子的扩散长度 L 和扩散系数 D 来描述激子的空间与时间分布特性。

激子扩散长度 L 被定义为在寿命范围内，激子由初始位置移动的平均距离。

扩散系数 D 常常用来衡量激子扩散能力。它在空间和时间上分别与激子扩散长度和激子寿命相关。

$$D = \frac{L^2}{\tau} \tag{8.54}$$

有机材料中，激子的扩散长度一般在几十纳米之内。如 Alq$_3$（八羟基喹啉铝）中激子的扩散长度约为 20 nm，激子的辐射寿命为 16 ns，扩散系数约为 2.5×10^{-4} cm^2/s。

8.3.2 载流子的输运性质

8.3.2.1 有机半导体载流子的传输理论

在单晶体硅中，原子通过共价键连接（键能高于 300 kJ/mol），在三维空间中有序排列。离散的原子能级扩散成能带，而载流子在这种非局域态的能带间自由传输，迁移率远远大于 1 cm²/(V·s)。传输过程受到电场和散射的双重影响。不同的是，载流子在有机光电器件中产生和输运的机制有其自身的特点。有机半导体（OSC）是单分子晶体的结构，分子之间通过弱范德华力（小于 42 kJ/mol）连接，与室温下分子的振动能处于同一数量级。分子之间无法完全地紧密、规则排列，形成的分子晶体之间距离远远大于无机半导体原子，分子间的电子云重叠较少。除此以外，OSC 中存在大量的杂质、缺陷、结构和能量无序，缺乏载流子离域，因此自由载流子在 OSC 分子间主要通过定域的跳跃实现传输。跳跃输运往往导致迁移率较低，对电荷浓度、温度有正依赖关系，特别是在带尾的高局部态密度下，这可能将费米能级固定在带隙内的能量上。对此，载流子的输运模型一直不断被研究，以此与试验结果取得更好的一致性。

局域态跳跃模型认为聚合物中载流子的平均自由程小于平均原子间距，且在禁带中存在大量的局域态能级，电荷传导靠载流子在这些局域态间的跳跃（hopping）来实现。非局域态（能带理论）和局域态传输的一个重要不同是前者受声子散射限制而后者是声子协助的。所以当温度升高时，传统半导体的载流子迁移率下降，而大多数聚合物半导体的载流子迁移率上升。

极化子模型认为聚合物共轭链中的原子在载流子电场的诱导下相对于平衡位置发生位移，形成极化区。载流子和周围极化场相互作用，从而出现自局域化电荷。

MTR 模型（multiple trapping and release model）认为载流子在扩展态中传输时会被存在于禁带的局域态捕获，经过热激发释放，并继续传输。所以迁移率随温度升高而增大。此外，低栅压下大部分载流子被局域态捕获，随着栅压增加，局域态不断被填补，增加偏压诱导的电荷可以在非局域态自由传输，因此迁移率随栅压增大且逐渐饱和。

8.3.2.2 载流子的输运模式

在电子器件中，材料的电荷传输问题是非常重要的。如在发光二极管中，希望注入到器件内的载流子——空穴和电子，应有大的相互接近的迁移率，以避免载流子在电极表面的猝灭。在太阳能电池中，在活性材料受光激发的条件下，通过激子分离而形成的载流子，必须能分别有效地转移到收集电极，以便使电能输出，防止发生能量损耗的载流子重合。薄膜晶体管方面，实现材料对载流子的高迁移率，对于发展新的能高速运转的器件来说，无疑是很重要的。但是，有机光/电子器件的载流子迁移率远低于通用的无机半导体材料的水平，这与材料的结构和性质有关。因此，搞清有机电子材料内特殊的电子传输机制，弄清迁移率低下的原因，以及如何克服存在的困难，对提高有机电子材料的迁移率，扩展其应用范围，无疑是很重要的。

在固体材料中，载流子可通过激发、注入或其他方式产生。由于不同的材料具有不同的能级结构，所以以不同材料为载体的载流子的运动规律也是不同的。一般而言，对于固体材料，具有两种极端的输运模式：能带型输运和跳跃型输运。

（1）能带型输运。能带型输运指的是宽能带体系中具有较大自由程的高度离域性平面波运动。其条件是：电荷与晶格声子间的相互作用很小，能带宽度足够大，满足测不准原理。这种输运方式通常见于完美晶格中，对于实际晶体，存在晶格振动和声子发射，可导致载流子散射，并降低迁移率。因此，降低温度会提高载流子迁移率，也就是说能带型输运的载流子迁移率随温度的升高而降低，其温度依赖关系为：

$$\mu \propto \frac{1}{T^n} \tag{8.55}$$

式中，$n>1$；T 为温度。

能带型输运方式可见于锗中，锗的价带宽度很宽，约为 3 eV，这么大的带宽导致载流子高度离域化，载流子迁移率非常高。300 K 时，锗的迁移率可达 10^4 cm^2/(V·s)，散射时间为 10^{-3} s，平均自由程可达 100 nm，远大于两个相邻锗原子的间距 0.245 nm。

（2）跳跃型输运。跳跃型输运指的是高度定域的，从一点到另一点的跳跃式运动。其特征是：电子或空穴在分立能级之间发生非相干跳跃，且在每一点上都会受到散射。在这种模式中，载流子输运很大程度上取决于材料的分子结构和形貌，载流子迁移率不仅依赖于杂质和缺陷，也依赖于过剩载流子与晶格声子的相互作用。声子的发射为跳跃过程提供了必要的激活能，有助于跳跃过程的发生，即载流子通过被声子激发来克服势垒后从一个分子跳跃到另一个分子。因此，与能带型输运不同，跳跃型输运是热激活方式的，载流子迁移率很低且在一定的范围内随温度的升高而增加，其温度依赖关系为：

$$\mu \propto \exp\left(-\frac{\Delta}{k_{\mathrm{B}}T}\right) \tag{8.56}$$

式中，Δ 为活化能；k_{B} 为玻耳兹曼常数；T 为温度。

在非晶态有机材料中，载流子输运以跳跃式为主，这是由于非晶有机材料能级的定域性决定了载流子输运的定域性。更进一步，在非晶有机材料中，晶格不规则，存在许多有助于俘获载流子的陷阱，如杂质和晶格缺陷等。陷阱限制了载流子的运动，同时，也使载流子的运动规律更为复杂。总之，非晶有机材料的电荷输运取决于它们的电子结构、温度和外加电场，同时受控于杂质、缺陷和材料自身的无序性等。

到目前为止，有机光/电子器件的载流子迁移率，一般来说，远低于通用的无机半导体材料的水平，这主要与材料的结构和性质有关。有机材料除了有小分子与高分子材料之分外，还可有晶态与非晶态材料之分。其间可能存在不同的传输机制。实际上，所有有机电子材料，原则上都是由具有 π-共轭体系的高分子或小分子的有机化合物所构成，而甚至是不同类型能态密度（DOS）的分布，载流子在其中所采取的运动方式，只能是跳跃式地前进。

对于载流子传输过程的迁移率可通过不同的方法进行测定，例如"场效应晶体管"法、"飞行时间渡跃法（TOF）"等。试验研究结果表明，对于无定形有机材料，在低电场下，其载流子的迁移率具有温度激活的特性；而在高场强下，则类似于 Pool-Frenkel 关系，迁移率依赖场强。在高于一定的阈值温度下，迁移率会随场强的增大而减小。

习　题

8.1　试说明量子电导理论与经典电导理论的区别。

8.2　简述利用半导体的热电效应测定半导体导电类型的原理。

8.3　什么是本征载流子？试说明其产生原理。

8.4　试画出 N 型半导体和 P 型半导体的能级关系示意图。

8.5　什么是霍尔效应？试简要说明其应用。

8.6　简述 P-N 结能带图的形成过程。

8.7　试说明 Frenkel 激子的产生途径。

8.8　有机半导体中的激子可分为哪三类？并画出三类激子的电子空穴相对位置示意图。

8.9　简述有机半导体载流子的传输理论。

8.10　有机物载流子的输运模式有哪两种？并简述其相应特征。

9 纳米材料的电子性质及基本效应

纳米材料是材料科学研究的一个新的领域，为材料科学与工程注入新的活力和内生动力，其与物理、化学、生命科学、生物学、微电子学、光学、新能源和环境保护等领域交叉融合，相互促进。纳米材料因其奇异的物理化学性能和广阔的应用前景一直是人们研究的热点。随着纳米技术和纳米材料研究的逐步深入，几乎带动其他所有材料也都深入到纳米层次进行材料改性。可以说纳米材料已经成为当今时代的标志。当材料的基本组成单元处于纳米量级时，其电子结构会发生相应的变化，赋予纳米材料不同于块体材料独特的物理和化学性质。与纳米材料的独特性能和奇异现象相关的主要理论包括纳米材料的电子结构、Kubo（久保）理论、小尺寸效应、表面效应、量子尺寸效应和宏观量子隧穿效应等，不仅为人们研究纳米科技和纳米材料提供了重要基础，也极大地发展和丰富了材料科学知识和技术体系。

9.1 纳米材料电子学基础

9.1.1 原子能级的分裂与能带

纳米材料和传统材料本质的区别在于其能级结构的改变，为了理解这个问题，有必要首先讨论传统能带理论。固体的能带理论可以用来描述金属、半导体和许多其他固体材料的电子结构。利用它可以对许多试验规律和事实进行系统解释。例如，固体材料为什么有导体、半导体和绝缘体之说，以及半导体与导体为什么会表现出不同的特性。

能带理论将晶体视为一个大分子，它由晶体中的所有原子按照分子轨道理论组合而成。具有相似能量的原子轨道被组合成一系列的分子轨道。可以认为，把分子轨道延伸到整个晶体中就形成了能带。这里以金属钠晶体为例说明金属能带的形成过程，如图 9.1 所示。根据分子轨道理论，如果忽视内部电子，两个 3s 原子轨道可以组合成两个分子轨道：

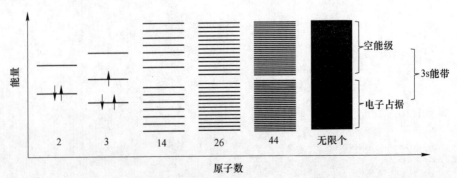

图 9.1　金属 Na 3s 能带形成示意图

一个是成键分子轨道，其具有的能量较低；另一个是反键分子轨道，其具有的能量较高。当原子数增加到一个非常大的数字时，相应的组合的分子轨道数也非常大，这些分子轨道的能级能量相差非常小，它们几乎连成一片，形成一个具有一定上限和下限的能量区域。对于一个块状材料来说，能级的总数是极多的（但不是无限的），一般来说，可以把其看成准连续的，叫作能带。这样，在金属钠晶体中，由于 3s 原子轨道之间的相互作用，3s 轨道的能级被分裂，3s 能带由此形成。

对于 1mol 金属钠来说，3s 能带中有 N 个（阿伏加德罗常数）分子轨道，根据泡利不相容原理，$2N$ 个电子可以被容纳，只能填充 3s 能带分子轨道中能级能量较低的下半部分，另一半为空。这时，3s 能带是一个没有充满的能带，被称为未满带，如图 9.2（a）所示。由于这种未充满的能带存在于金属晶体中，金属能够导电的本质原因就在于此。在外部电场的影响下，未充满的能带中的电子可以跳入未充满能带的空分子轨道，而不需要消耗太多的能量，使得金属可以导电。

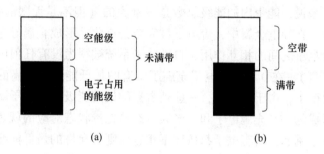

图 9.2 空带、未满带和满带示意图
（a）未满的能带；（b）满带和空带的部分重叠

如图 9.2（b）所示，镁的 3s 能带是完全充满的，这个能带称为满带。在满带中没有空轨道，电子无法移动，看起来不能导电。然而，镁的 3s 能带和 3p 能带是部分重合的，3p 能带应该是一个没有电子的空带。但是，3s 能带中的一些电子实际上进入了 3p 能带。一个满带和一个空带相互重叠形成了一个看上去未填满的相连的更大能带，所以镁和其他碱土金属都是电的良导体。

电子在导体、半导体和绝缘体的能带中的分布情况有很大差异。图 9.2 显示了导体中未满带的存在（由于电子未完全填充或重叠带的存在）。绝缘体的特点是价电子的能带是全满带，在全满带和相邻的空带之间有一个很大的带隙，称之为禁带，如图 9.3（b）所示。像常见的金刚石绝缘体的禁带宽度为 5.2 eV。半导体与绝缘体具有类似的能带结构，只是半导体的禁带宽度比绝缘体的要窄得多，如图 9.3 所示。像常见的半导体材料硅和锗，它们的禁带宽度分别为 1.12 eV 和 0.67 eV。

一个能带中能级的汇聚结构和密度，通常用状态密度 $N(E)$ 表示。$N(E)$ 被定义为晶体中每单位体积和能量宽度的能级（或量子态）的总数。若采用自由电子模型，金属中电子的态密度可表示为：

$$N(E) = \frac{1}{2\pi^2}\left(\frac{2m}{\hbar^2}\right)^{3/2} E^{1/2} \tag{9.1}$$

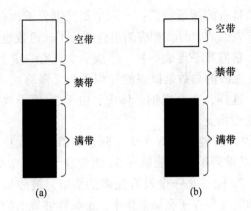

图 9.3　半导体和绝缘体能带示意图
(a) 半导体；(b) 绝缘体

对于一个块体来说，能带内的能级总数是非常大的（但不是无限的），一般来说，可以被视为准连续的。在导电金属中，价电子被完全公有化，形成金属导电的自由电子。完全忽略离子实和价电子之间的相互作用，自由电子系统被视为没有任何电子之间相互作用的理想气体（电子气）。在 0 K 时，电子充满了所有的最低能级，最高的充满能级为费米能级。在一定的温度下，由于热激发，一些被占据的最高能级上的电子跃迁到更高的空能级上，这时候所形成的一半充满电子和一半为空态的能量状态对应的就是费米能级。在绝对零度时，金属处于基态，所有电子都按照不相容原则所允许的最低能级进行填充，从最低态 $E=0$ 开始，由低到高，逐步填充。如果体积 V 中的电子总数为 N，小于可用能级的总数，则有 $N/2$ 个能量最低态被电子占据，费米能级 E_F 就是指这些电子所占有的最高能级，可用式 (9.2) 表示：

$$E_F = \frac{\hbar^2}{8m_e}\left(\frac{3N}{\pi v}\right)^{\frac{2}{3}} = \frac{\hbar^2}{8m_e}\left(\frac{3n}{\pi}\right)^{2/3} \tag{9.2}$$

式中，n 为电子密度，$n=N/V$。

能带内某一能级被电子占据的概率称为费米-狄拉克分布函数，如图 9.4 所示。在温度为 T 的热平衡条件下，电子占据能量为 E 的状态的概率为 $f(E)$：

$$f(E) = \frac{1}{1 + \exp\left(\dfrac{E - E_F}{kT}\right)} \tag{9.3}$$

式 (9.3) 和图 9.4 中的 E_F 就是费米能级，它是电子占有概率为二分之一时的能级。所有比 E_F 低的能级是满的，所有高于 E_F 的能级是空的。在温度 T 大于 0 K 的情况下，一些电子被激发并移动到比费米能级更高的能级上，达到平衡分布。事实上，只有临近费米能的能级对物理性质起着关键作用。

半导体和绝缘体有一个共同特点，那就是价带完全被电子填充，导带完全为空。绝缘体的带隙宽度非常宽，带隙能量比热电子的能量大两个数量级。电子在室温下不能被热激发到导带。在一个理想的绝缘体中，所有的电子都直接与原子结合。半导体的禁带宽度很窄，在低温下为绝缘体，在高温下由于热激发一些电子可以从价带跃迁到导带，这样在半

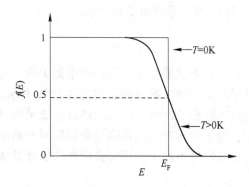

图 9.4　费米-狄拉克分布函数

导体内就形成了电子空穴对，电子和空穴在外加电场作用下就可以形成电流。热激发的电子占据了导带的最低能量状态，而费米能级 E_F 则占据了最高的能量状态。在价带的顶部，因电子被激发，留下空状态-空穴来填补价带顶部的能量状态，其最低能量状态为 $-E_F'$，也称为费米能。

9.1.2　电子的运动及有效质量

9.1.2.1　电子的运动

晶体中的电子处于能带中，晶体的导电性跟晶体的能带有何关系？导体、半导体、绝缘体的能带有何不同？为了理解这些问题，必须了解晶体中电子在电场作用下的运动。

按照量子力学原理，晶体中电子的运动状态可根据电子的布洛赫波函数唯一确定，所以确定不同能带中电子的运动实际就是求解不同能带中不同能级对应的本征态。借助量子力学方法，电子运动状态的状态波函数就可利用薛定谔方程准确地求解出来，但是其求解过程一般是很困难的。在考虑能带中电子的运动时，可以用准经典近似方法来描述。

准经典近似的基本思想是把电子看成是一个波包。考虑到微观粒子的不确定关系，其动量和坐标的取值分别在 $\hbar k$ 附近的 $\hbar \Delta k$ 范围和 r 附近的 Δr 范围内变化。把波包中心 r 定义为电子的位置，而把动量中心 $\hbar k$ 定义为该电子的准动量。波包的群速度：

$$v = \frac{\mathrm{d}\omega}{\mathrm{d}k} \tag{9.4}$$

设波包能量为 E，相应的频率为：

$$\omega = \frac{E}{\hbar} \tag{9.5}$$

因此波包速度可表示为：

$$v = \frac{1}{\hbar} \frac{\mathrm{d}E}{\mathrm{d}k} \tag{9.6}$$

三维情况下：

$$v = \frac{1}{\hbar} \Delta k E \tag{9.7}$$

因此，波包中心 r 与时间 t 的关系可由下式表示：

$$r = \frac{1}{\hbar}(\Delta kE)t \tag{9.8}$$

需要特别指出的是，用波包来代替电子只是一种近似手段，并不是任意情况下都可以采用准经典近似来处理电子运动问题。准经典近似成立的条件是波包的宽度要远远大于晶格常数，因此只有在考虑自由程很长的电子输运问题时才能采用准经典近似。在缺陷或杂质浓度较小的晶体材料中，电子的运动受到缺陷或杂质散射的概率很小，电子的平均自由程很长，此时电子可以看成是准经典粒子。准经典近似是处理晶体中电子输运性质的一种很好的近似方法。

电子在外加电场中会受到电场力作用，电场力就会对电子做功，在 dt 时间内其值为 $-eE \cdot v_k dt$。电场力所做的功与电子能量的变化是相等的，而电子能量 $E(k)$ 的变化由状态 k 的变化决定。

根据功能原理得：

$$dk \cdot \Delta kE = -eE \cdot v_k dt \tag{9.9}$$

利用电子准经典公式 $\frac{1}{\hbar}\Delta kE = v_k$，得：

$$\left(\hbar\frac{dk}{dt} + eE\right) \cdot v_k = 0 \tag{9.10}$$

式（9.10）对任意速度 v_k 均成立，从而得：

$$\frac{d}{dt}(\hbar k) = -eE \tag{9.11}$$

式（9.11）称为准动量定理，$\hbar k$ 称为准动量。需要指出的是，$\hbar k$ 既不是电子的真实动量也不是动量的期望值，而是电子和晶格系统整体所表现出的动量。

9.1.2.2　电子的有效质量

下面考虑晶体中电子的准经典加速度问题。由式（9.6）和式（9.7）得：

$$\frac{dv}{dt} = \frac{1}{\hbar}\frac{d^2 E}{dkdt} = \frac{1}{\hbar}\left(\frac{d^2 E}{dk^2}\frac{dk}{dt}\right) \tag{9.12}$$

根据准动量定理 $\frac{d(\hbar k)}{dt} = F$ 得：

$$\frac{dv}{dt} = \left(\frac{1}{\hbar^2}\frac{d^2 E}{dk^2}\right)F = \frac{F}{m^*} \tag{9.13}$$

其中：

$$\frac{1}{m^*} = \frac{1}{\hbar^2}\frac{d^2 E}{dk^2} \tag{9.14}$$

m^* 称为电子的有效质量。对于三维情况，有效质量为张量，各张量元为：

$$\left(\frac{1}{m^*}\right)_{\mu v} = \frac{1}{\hbar^2}\frac{d^2 E}{dk_\mu dk_v} \tag{9.15}$$

由式（9.13）可以看出，晶体中质量为 m 的电子在外力 F 作用下的运动规律可以等同为一质量为 m^* 的真空中电子在外力 F 作用下的运动。那么，怎么来理解有效质量的概念呢？电子在晶体中运动时不停地和晶格发生相互作用，作用的结果是电子和晶格之间进行能量和动量的交换。有效质量反映了电子和晶格交换动量的情况，当电子从外电场中获得的动量大于传递给晶格的动量时，有效质量就是正的，当电子从外电场中获得的动量小于传递给晶格的动量时，有效质量就是负的。电子与晶格之间单位时间内交换动量的大小可由有效质量绝对值的大小反映出来。

晶体中电子受到的作用力应当包含两部分，一部分是外力 F，另一部分是晶格原子对电子的作用力。由于电子与晶格的相互作用非常复杂，在此作用力作用下电子的运动相当复杂，一般表现为随机的杂乱运动。在考虑电子的输运性质时，起关键作用的是电子在外力作用下的定向运动，因此我们更关心电子的定向运动与外力的关系。由式（9.13）可知，引入有效质量后，就可以用牛顿第二定律把电子的定向运动与电子所受到的外力联系起来。所以，有效质量实际上包括了晶格对电子的作用。随着有效质量的引入，晶体中的电子运动问题可以大大简化。

根据前面讨论得知，在远离布里渊区边界的地方，电子的运动和自由电子的运动近似，其有效质量大约等于其真实质量。而当接近布里渊边界时，晶格对电子的作用越来越强，电子的有效质量远远偏离其真实质量。在金属中，导带电子半满填充，对电流起主要贡献的是费米能级附近的电子，因费米波矢 k_F 一般离布里渊区边界较远，故金属中电子通常可看成自由电子。而对于半导体，起导电作用的是激发进入导带的电子和在价带顶附近的"空穴"。在能带底部附近：

$$E(k) = E(k_0 + \Delta k) = E(k_0) + \frac{dE}{dk}\bigg|_{k_0} \Delta k + \frac{1}{2}\frac{d^2E}{dk^2}\bigg|_{k_0} (\Delta k)^2 + \cdots \tag{9.16}$$

显然：

$$\frac{dE}{dk}\bigg|_{k_0} = 0 \tag{9.17}$$

因此：

$$E(k) = E(k_0 + \Delta k) \approx E(k_0) + \frac{1}{2}\frac{d^2E}{dk^2}\bigg|_{k_0} (\Delta k)^2 = E(k_0) + \frac{\hbar^2}{2m^*}(\Delta k)^2 \tag{9.18}$$

能带底部附近：

$$E(k) > E(k_0) \tag{9.19}$$

因此，能带底部电子有效质量为正。同理，能带顶部电子的有效质量就是负值。由于半导体中价带电子的运动可以等效为空穴的运动，因此通常考虑的是价带空穴的有效质量。可以很容易证明，空穴有效质量和电子有效质量的关系为：

$$m_p^* = - m_n^* \tag{9.20}$$

因此，价带顶部空穴的有效质量为正。

综上所述，对半导体输运性质起主要作用的是半导体导带的电子和价带的空穴，因此在讨论半导体输运性质时，为了方便，就要试图建立起与电子和空穴相关的有效质量方程。

9.1.3　有效质量方程

假设晶体处于一缓变势场 $U(z)$ 中，则电子所满足的薛定谔方程为：

$$-\frac{\hbar^2}{2m^*}\frac{d^2}{dz^2}\Psi(z) + [V(z) + U(z)]\Psi(z) = E\Psi(z) \tag{9.21}$$

式中，$V(z)$ 为晶格周期性势能函数。

由于外加势场 $U(z)$ 的存在，破坏了电子所处势场的晶格周期性，电子的波函数不再是布洛赫波。但是，可以把电子的真实波函数写成各布洛赫波的线性叠加，即：

$$\Psi(z) = \sum_k C_k e^{ikz} u_k(z) \tag{9.22}$$

波函数 $\Psi(z)$ 的求解是困难的，因为要想用少数几项求和很好地描述波函数 $\Psi(z)$，必须选择合适的周期函数 $u_k(z)$。$u_k(z)$ 的好坏决定着式（9.22）中展开项的个数，从而决定着波函数 $\Psi(z)$ 求解的难易程度。如果能够避开 $u_k(z)$ 的选择，则可大大简化问题的求解。$u_k(z)$ 反映的是晶格对电子波函数的调制作用，即包含了电子与晶格的相互作用，而引入有效质量就可以把电子与晶格的相互作用包含于其中，只关心电子的运动和外势场的关系，因此引入有效质量后，即可避免周期函数 $u_k(z)$ 的选取，从而大大简化问题的求解。

引入有效质量后，电子所满足的有效质量方程为：

$$-\frac{\hbar^2}{2m^*}\frac{d^2}{dz^2}\Phi(z) + U(z)\Phi(z) = E\Phi(z) \tag{9.23}$$

晶格周期函数 $V(z)$ 并没有在方程中出现，把晶格对电子的作用完全归结于有效质量 m^*。显然式（9.23）的求解是比较容易的。需要注意的是，要保证电子的有效质量 m^* 在很大范围内保持不变，外势场 $U(z)$ 的变化要足够地缓慢，式（9.23）才是成立的。对于晶体的输运问题，外势场 $U(z)$ 一般均为变化缓慢的电势场，因此，式（9.23）通常是成立的。而对于其他问题，绝大多数情况下，式（9.23）也是成立的，因此通常情况下，可以放心地采用有效质量方程处理晶格中电子的相关问题。

下面来讨论式（9.23）的求解。如图 9.5 所示，对于在较宽范围内变化的势能函数 $U(z)$，可以将空间划分为许多等间距的小区间，在每个小区间内使得势能函数保持不变，这样每个小区间都可以看成是一个窄的方势垒或方势阱。根据量子力学原理，方势阱和方

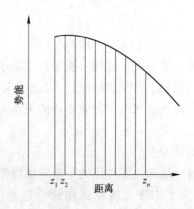

图 9.5　将势能曲线划分为许多小区间，每个小区间势能函数保持恒定

势垒中电子的波函数可以很容易求解。求解出每个小区间内的波函数后,根据波函数连续条件:$\Phi(z)$ 和 $\dfrac{\mathrm{d}\Phi}{\mathrm{d}z}$ 在各个边界处连续,可以求得整个区域内电子有效波函数,从而确定电子状态以及相关性质。

9.2 纳米材料的电子结构

无论是应用于有源器件的硅、锗半导体或者ⅢA~ⅤA族和ⅡA~ⅥA族化合物半导体材料,还是应用于无源器件的金属、介电材料,还有超导材料、电子陶瓷材料,甚至聚合物分子,纳米材料及纳米结构变得越来越重要,共振隧穿器件、单电子器件、分子器件的研究也越来越受到重视。

低维半导体材料的电子结构决定着低维结构材料的电学和光学性质,与体结构材料相比,由于纳米尺度导致的量子限域效应,其变化是相当大的。低维半导体材料的电子结构及其载流子的量子输运机制是设计新一代固态量子器件的物理基础。

在零维、一维和二维纳米半导体结构中,受限方向的材料尺度为纳米尺度,其余方向为固体物理所定义的宏观尺度。假设势阱的两边势垒是无限高,即设势阱为无限深势阱,势能函数为:

$$U(r) = \begin{cases} 0 & r\text{ 在阱内} \\ \infty & r\text{ 在阱外} \end{cases} \tag{9.24}$$

由于势垒为无穷大,因此在势阱外不存在电子,即 $\Phi(r) = 0$。势阱中的电子运动满足定态薛定谔方程

$$-\frac{\hbar^2}{2m^*}\nabla^2\Phi(r) = E\Phi(r) \tag{9.25}$$

式中,m^* 为电子的有效质量,并假设其各向同性。

在下面分析低维半导体的电子结构时,在没有受限的方向,电子的导带仍然视为抛物线型准连续带,等能面视为球面,电子在该方向的态密度计算仍然按照前一节的方法进行计算,并将导带底能量定义为势能零点。

9.2.1 量子阱结构

设量子阱界面垂直于 z 方向,沿 z 方向量子阱的宽度为 a,为纳米尺度,另两个方向为宏观尺度 L,解式(9.25)并采用驻波边界条件得到电子波函数,即:

$$\Phi(x,\ y,\ z) = \mathrm{e}^{i(k_x x + k_y y)}\sqrt{\frac{2}{a}}\sin\frac{n\pi z}{a} \qquad (n = 1,\ 2,\ 3,\ \cdots) \tag{9.26}$$

相应的本征能量为:

$$E = \frac{\hbar^2}{2m^*}(k_x^2 + k_y^2) + \frac{\hbar^2\pi^2}{2m^*}\frac{n^2}{a^2} \tag{9.27}$$

即:

$$E = E_n + E_{k_x,\ k_y} \qquad (n = 1,\ 2,\ 3,\ \cdots) \tag{9.28}$$

其中：

$$E_{k_x,\ k_y} = \frac{\hbar^2}{2m^*}(k_x^2 + k_y^2)\ ,\quad E_n = \frac{\hbar^2\pi^2}{2m^*}\frac{n^2}{a^2} \tag{9.29}$$

式中，$E_{k_x,\ k_y}$ 为未受限 $(x,\ y)$ 二维方向上的准连续能量色散关系；E_n 为受限 z 方向的分离能级。

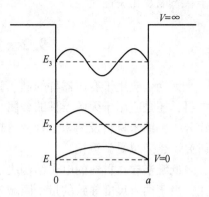

图 9.6 是量子阱的最低的三个能级的示意图。假定导带底为量子阱中的势能零点，则导带中的允许能态在受限的 z 方向是离散的量子态，不再是准连续分布，称之为子能级，这种在某一方向尺寸减小引起的能量量子化也称之为尺寸限域效应或者尺寸量子化。

图 9.6　量子阱中的分立能级示意图

对于 z 方向的每一个子能级带，在 k 空间所允许的电子数与波矢 k 的关系为：

$$Z_{2D}(E) = \frac{2A}{(2\pi)^2}\pi k^2(E) = \frac{A}{2\pi}k^2(E) \tag{9.30}$$

其中，$k^2 = k_x^2 + k_y^2$，则每一个子能级的态密度为：

$$D_{2D} = \frac{\mathrm{d}Z}{\mathrm{d}E_{xy}} = \frac{\mathrm{d}Z}{\mathrm{d}k}\cdot\frac{\mathrm{d}k}{\mathrm{d}E_{xy}} = \frac{Ak}{\pi}\frac{m^*}{\hbar^2 k} = \frac{Am^*}{\pi\hbar^2} \tag{9.31}$$

式中，A 为量子阱在二维平面的面积。

因此在二维条件下，在每一个子能级上的态密度为常数。

对于整个二维系统，则总的态密度为：

$$D_{2D}^{\mathrm{tot}} = \frac{Am^*}{\pi\hbar^2}\sum_n \theta(E - E_n) \tag{9.32}$$

其中，$\theta(E - E_n)$ 是阶跃函数（the Step Function），即：

$$\theta = \begin{cases} 1 & E - E_n \geqslant 0 \\ 0 & E - E_n < 0 \end{cases} \tag{9.33}$$

因此，二维系统总的态密度成为一个阶梯函数。

9.2.2　量子线结构

设一维量子线为矩形截面无限深势阱，在 x、y 方向上矩形的长和宽分别为 a、b，为纳米尺度，在 z 方向为宏观尺度 L，则在驻波边界条件下得到式（9.25）的解为

$$\Phi(x,\ y,\ z) = e^{(ik_z z)}\sqrt{\frac{4}{ab}}\sin\frac{l\pi x}{a}\sin\frac{m\pi y}{b}\quad (l、m = 1,\ 2,\ 3,\ \cdots) \tag{9.34}$$

相应的本征能量为:

$$E_{l, \, m, \, k_z} = \frac{\hbar^2 \pi^2}{2m^*} \left(\frac{l^2}{a^2} + \frac{m^2}{b^2} \right) + \frac{\hbar^2 k_z^2}{2m^*} \tag{9.35}$$

即:

$$E_{l, \, m, \, k_z} = E_{l, \, m} + E_{k_z} \tag{9.36}$$

其中令

$$E_{k_z} = \frac{\hbar^2 k_z^2}{2m^*}, \ E_{l, \, m} = \frac{\hbar^2 \pi^2}{2m^*} \left(\frac{l^2}{a^2} + \frac{m^2}{b^2} \right) \tag{9.37}$$

式中, E_{k_z} 为在 z 方向电子准自由运动的能量; $E_{l, \, m}$ 为电子在 $(x, \, y)$ 方向受到约束后产生的量子化能级。

在每一个子能级, 允许电子态数为:

$$Z(E) = \frac{2L}{2\pi} 2k = \frac{2Lk}{\pi} = \frac{2L}{\pi} \cdot \frac{\sqrt{2m^* \cdot E_z}}{\hbar} \tag{9.38}$$

则每个能级上的态密度为:

$$D_{1D} = \frac{dZ}{dE_z} = \frac{L}{\pi \hbar} \sqrt{\frac{2m^*}{E_z}} \tag{9.39}$$

即在一维条件下, 态密度与该方向上电子的能量关系与 $\sqrt{E_{k_z}}$ 的倒数成正比。

对于整个一维系统, 总的态密度为:

$$D_{1D}^{tot} = \frac{1}{\pi} \left(\frac{2m^*}{\hbar^2} \right)^{1/2} \sum_{l, \, m} (E - E_{l, \, m})^{-1/2} \tag{9.40}$$

则对应每一个子能级, 出现一个态密度峰值。

9.2.3 量子点

设箱型量子点的长、宽、高分别为 a、b、c, 且 a、b、c 的坐标方向对应 $(x, \, y, \, z)$, 那么, 在驻波边界条件下式 (9.25) 的解为:

$$\Phi(x, \, y, \, z) = \sqrt{\frac{2^3}{abc}} \sin \frac{n\pi x}{a} \sin \frac{m\pi y}{b} \sin \frac{l\pi z}{c} \quad (n、m、l = 1, \ 2, \ 3, \ \cdots) \tag{9.41}$$

相应的本征能量为:

$$E_{n, \, m, \, l} = \frac{\hbar^2 \pi^2}{2m^*} \left(\frac{n^2}{a^2} + \frac{m^2}{b^2} + \frac{l^2}{c^2} \right) \tag{9.42}$$

即能谱完全分立, 其有效态密度的 δ 函数为:

$$D_{0D}(E) = \sum_{l, \, m, \, n} (E - E_{n, \, m, \, l}) \tag{9.43}$$

式中, $E_{n,m,l}$ 为箱型量子点的量子化能级。显然, 量子化能级间距与该方向上的约束长度平方成反比, 随着该方向的尺寸减小, 该方向上量子化能级间距越大, 即能量量子化效应愈明显。在量子点中甚至出现了完全分立的能级, 这种量子点也被称为 "人工原子"。

　　图 9.7 给出了块状和低维材料中的电子态密度。随着尺度的降低，准连续能带消失。了解了低维半导体的态密度，可以根据态密度和费米-狄拉克分布计算低维半导体中的载流子浓度。这里就不进行详细说明了。

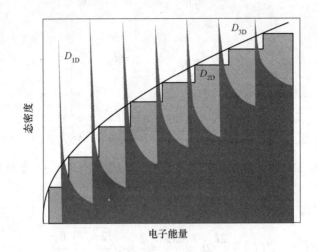

图 9.7　低维纳米材料的电子态密度

　　上述的电子色散关系的计算主要是对单带和各向同性有效质量的电子进行的。对于空穴，在价带顶附近，由于重空穴与轻空穴带之间的相互作用，不能作单带处理。另外晶体结构不同，带结构也不同，实际上低维半导体结构的电子色散关系的计算要复杂得多。需要强调一点，实际的量子线和量子点的几何形状及其约束势与低维结构的形成条件有关，而不是简单的无限深平底势，所以求解其电子结构时，需要同时求解泊松方程和薛定谔方程，进行自洽计算。

9.3　Kubo 理论

　　Kubo 理论是一种关于金属纳米颗粒电子性质的理论，是 Kubo 及他的合作者提出的。它实际上是关于金属纳米粉体费米面附近电子能级分布的一种理论，其研究对象为金属纳米粒子的聚集体，如图 9.8 所示。通常，大块金属具有准连续的能级，而对于纳米颗粒，由于量子尺寸效应会使其能级产生离散现象。Kubo 理论把低温下单个粒子费米面附近的电子能级看作等间距能级，基于此，根据公式 $C(T) = k_B \exp[-\delta/(k_B T)]$（$C$ 为纳米颗粒的比热容，δ 为能级间隔，k_B 为玻耳兹曼常数，T 为绝对温度）就可对单个纳米粉体的比热容进行计算。在高温下，$k_B T$ 远远大于 δ，温度和比热容之间的关系是线性的，这与大块金属的情况基本相同。但是，在低温（温度无限接近于零）下，$k_B T$ 远远小于 δ，二者之间呈指数关系，这与大块金属是完全不同的。根据等能级间隔模型虽然可以推导低温下单个纳米粉体的比热容公式，但在实践中无法用单个纳米粉体进行试验，试验对象只能是纳米粉体的聚集

图 9.8　金属纳米粒子的聚集体

体。为了解决理论与实验相分离的问题，Kubo 提出了一种新的纳米粉体理论，从而为解决这一难题做出了突出贡献。

Kubo 对小粒子大聚集体的电子能态提出了以下两个主要假设。

9.3.1 简并费米液体假设

在温度较高时金属中电子热运动动能比较大，与之相比，电子之间相互作用的势能则小得多，那么这种相互作用就可以忽略。所以，可近似把金属中的电子看成是自由电子，所有导电电子完全相同，每一个电子所处的状态对应一个单电子能级，这些大量的微弱相互作用的电子组成了所谓的自由电子气。然而，当温度很低时，电子的热运动动能就会变得很小，与之相比，电子之间的相互作用势能不再可以忽略，因而低温时金属中的电子不再是自由电子气，这种相互关联的电子系统称为费米液体。在费米液体中，单电子能级近似不再成立。Kubo 将费米面附近超细粒子的电子态视为受尺寸限制的简并电子气，并进一步假设其能级为准粒子态的不连续能级（见图 9.9），准粒子之间的相互作用可以忽略不计。当 $k_B T$ 远远小于 δ（两个相邻能级之间的平均能级间隔）时，费米面附近的电子能级分布服从泊松分布：

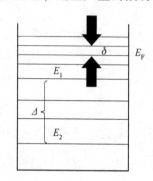

图 9.9　简并电子气能量示意图

$$P_n(\Delta) = \frac{1}{n!}\frac{1}{\sigma}(\Delta/\delta)^n \exp(-\Delta/\delta) \qquad (9.44)$$

式中，Δ 为两能态之间间隔；$P_n(\Delta)$ 为对应 Δ 的概率密度；n 为两能态间的能级数。

如果 Δ 是相邻能级之间的间隔，则 $n = 0$，此时式（9.44）简化为指数函数，当 Δ 很小时，分布函数趋向于一个不为 0 的常数。然而，在一个金属颗粒中两个能级无限地靠近这种情况是不会发生的，这是由于当两个能级靠得很近时处于这两个能级上的电子会发生强烈的排斥作用，从而使能级重新分布，从这一角度考虑，式（9.44）对大多数的情况是不适用的。

尽管 Kubo 给出的能级分布函数有很明显的局限性，然而他的思想却具有非常重要的理论价值。Kubo 给出了理论上处理大量金属颗粒系综热力学性质的理论方法，为纳米科学的发展作出了重要的贡献。之后，许多科学家对 Kubo 理论进行了改进和完善，从而使得 Kubo 理论可以更加准确地处理金属纳米颗粒的热力学问题。

9.3.2 超细粒子电中性假设

Kubo 认为，从超细粒子中移除或放置电子是非常困难的，他提出了一个著名的公式：

$$k_B T \ll W \approx \frac{e^2}{d} = 1.5 \times 10^5 k_B/d \quad (\text{K\AA} ❶) \qquad (9.45)$$

式中，W 为通过从纳米粒子中移除或放置电子以克服库仑力所做的功；d 为超细粒子直径；e 为电子电荷。

---

❶　1Å = 0.1 nm。

式（9.45）表明，W 随 d 值的减小而增大，因此，低温下热涨落很难改变超细粒子的电中性。在足够低的温度下，当粒径为 1 nm 时，估计 W 比 δ 小两个数量级。由公式可知，k_BT 远远小于 δ，表明低温下 1 nm 的小粒子的量子尺寸效应明显。由于电子能级在低温下是离散的，这种离散对材料的热力学性质有很大的影响。例如，与块状材料相比，超细粒子的比热容和磁化率明显不同，Kubo 及其合作者提出了相邻电子能级之间的距离与粒子直径的关系，并提出了一个著名的公式：

$$\delta = \frac{4}{3}\frac{E_F}{N} \propto V^{-1} \qquad (9.46)$$

式中，N 为超细粒子的导电电子总数；V 为超细粒子体积；E_F 为费米能级，其可以表示为：

$$E_F = \frac{\hbar^2}{2m}(3\pi^2 n_1)^{2/3} \qquad (9.47)$$

式中，n_1 为电子密度；m 为电子质量。

由式（9.46）可以看出，当粒子为球形时，$\delta \propto \dfrac{1}{d^3}$，即随着粒径的减小，能级间距出现增大。

Kubo 理论自提出以来，已经有二十多年的争议，因为一些研究人员的试验结果和该理论并不一致。例如，1984 年，Cavicchi 等人发现，通过从纳米金属粒子中移除或放置电子时克服库仑力所做的功 W 的绝对值具有在 0 到 (e^2/d) 之间均匀分布的特点，而不是 Kubo 理论所建议的常数 (e^2/d)。1986 年，Halperin 经过深入研究指出，W 的变化是由于试验过程中电子由金属颗粒向氧化物或其他样品基体的传输量引起的，因此，他认为试验结果与 Kubo 理论不一致，不能说明 Kubo 理论是错误的，而是试验本身存在问题。二十世纪七八十年代，纳米粒子制备和试验技术的发展不断完善，对其性质的研究取得了突破性进展。例如，电子自旋共振、磁化率、磁共振和磁弛豫以及比热测量等，发现纳米粒子确实具有量子尺寸效应，使 Kubo 理论得到了进一步的支持和发展。当然，Kubo 理论本身也有很多缺陷，所以，一些科学家后续对 Kubo 理论进行了修正。

进行热力学试验时，样品始终处于一定的外部条件下。例如，外磁场强度和自旋-轨道相互作用$<H_{so}>$强度将影响电子能级的分布，使电子能级的分布遵循不同的规律。

事实上，在由小颗粒组成的样品中，颗粒大小存在差异，因此存在其平均能级间隔 δ 的分布。在解决热力学方面的问题时，首先考虑具有一个 δ 的粒子，然后在 δ 分布范围（粒径分布范围）上平均。假设所有小粒子的平均能级间隔在 $\delta \sim \delta + d\delta$ 的范围内，这种小粒子的系综称为子系综（subensemble）。这个子系综的电子能级分布依赖于粒子的表面势和电子哈密顿量的基本对称性。在这个子系综中，所有粒子几乎都是球形的，但表面有些原子尺度的粗糙，导致了不同的表面电势。球形粒子原本具有高度对称性并产生简并态，但粒子的不同表面势使简并态消失。在这种情况下，电子能级定律（概率密度）取决于哈密顿量的变换特性。

电子自旋-轨道相互作用$<H_{so}>$和与δ相比的磁场强度$\mu_B H$决定了哈密顿量的变换性质，根据$<H_{so}>$和$\mu_B H$的不同强度，电子能级分布有四种，即概率密度$P_{N_1}^a$可能有四种分布。其中N_1表示电子能量阶，$a = 0，1，2，4$，表示不同的分布，即泊松分布、正交分布、幺正分布和耦合对分布，如表9.1所示。

表9.1 电子能级分布函数的类型

a	分布	磁场强度$\mu_B H$	自旋-轨道交互作用能
0	泊松分布	大	小
1	正交分布	小	小 大（偶数电子的粒子）
2	幺正分布	大	大
4	耦合对分布	小	大（奇数电子的粒子）

让一个电子的整个能谱用能态间距表示为$\cdots，-\Delta_2'，-\Delta_1'，\Delta_1，\Delta_2，\cdots$。当外场$H = 0$时，发现$N_1$电子能级的概率可以写成：

$$P_{N_1}^a(\cdots，-\Delta_2'，-\Delta_1'，\Delta_1，\Delta_2，\cdots) \tag{9.48}$$

事实上，只有几个靠近费米表面（$N_1 \leqslant 3$）的能级影响材料的热力学性质。因此，当考虑电子能级的各种分布时，没有必要考虑整个能谱，通常只有费米表面附近的两个或三个能级就足够了。

为了解决低温$k_B T \ll \delta$的问题，Denton 等人在1973年给出了$N_1 = 2$和$N_1 = 3$情况下费米表面附近电子能级$P_2^a(\Delta)$和$P_3^a(\Delta，\Delta')$概率密度表达式：

$$P_2^a(\Delta) = \Omega_2^a \delta^{-1}(\Delta/\delta)^a \exp[-B^a(\Delta/\delta)^2] \tag{9.49}$$

$$P_3^a(\Delta，\Delta') = \Omega_2^a \delta^{-(3a+2)}[\Delta\Delta'(\Delta + \Delta')]^a \times \exp[-a(\Delta^2 + \Delta\Delta' + \Delta'^2)/(3\delta)]^2 \tag{9.50}$$

Δ和Δ'为能级间隔，在$N_1 = 2$时只有一个能级间隔Δ；$N_1 = 3$时，有两个能级间隔Δ和Δ'。

至此，可以利用两能级和三能级分布函数P_2^a和P_3^a近似处理某一特定尺寸的金属颗粒子系综的热力学性质。但是，对于不同的体系，能够准确处理其热力学性质的关键是选用哪一种分布函数。根据体系哈密顿量变换性、$<H_{so}>$以及外场强度的强弱可以归纳出以下几点经验：

（1）如果哈密顿量具有时间反演不变性、空间反演不变性或总角动量$\hbar$的整数倍时，则应用正交分布（$a = 1$），即选择$a = 1$的概率分布函数。当$<H_{so}>$和外磁场能相对于平均能级间距δ很小时，哈密顿量满足上述要求。$<H_{so}>$小的元素有 Li、Na、K、Mg、Al 等较轻元素。

（2）如果哈密顿量只有时间反演不变性，且总角动量为$\hbar$的半整数倍，则耦合对分布（$a = 4$）有效，即选择$a = 4$的概率分布函数。这就是当$\hbar$很强，每个粒子的电子数为奇数时发生的情况。如果哈密顿量只有时间反演不变性，且总角动量为$\hbar$整数倍，则正交分布适用。也就是说，$<H_{so}>$很强，外部相互作用能很低。当每个粒子包含偶数个电子时，此分布适用。

（3）若<H_{so}>和外场都很强时，它们就会破坏哈密顿量的时间反演不变性，$a=2$ 的幺正分布是合适的。

（4）当外场强度很强，而<H_{so}>比较弱时，不同自旋态不再耦合，泊松分布适用。

9.4   纳米材料的基本效应

9.4.1   量子尺寸效应

量子尺寸效应是指当纳米粒子的尺寸减小到某一临界值时，金属粒子靠近费米面的电子能级从准连续变为离散能级，平均能级间距与粒子中自由电子的总数成反比；半导体纳米粒子中存在着最高被占分子轨道能级和最低未被占分子轨道能级而形成的能级不连续性，存在能隙变宽的现象。量子尺寸效应在微电子和光电子学中起着非常重要的作用。该现象使纳米银的性能与普通银完全不同。普通银是良导体，而在粒径小于 20 nm 时纳米银是绝缘体。同样，该特性也可以用来说明为什么二氧化硅会从绝缘体变为导体。1963 年，Kubo 将量子尺寸效应定义为：当粒子尺寸降至最低值时，费米能级附近的电子能级从准连续变为离散。

根据能带理论，只有在高温或宏观尺寸下，金属费米能级附近的电子能级通常是连续的。对于包含无限个原子的宏观物体，即导电电子的数量 N 趋向于无穷，从式（9.46）可以看出能级间距 δ 是趋向于零的。然而，对于原子数有限的纳米颗粒，能级间距 δ 为一定值，即能级发生分裂。如果分裂能级间距大于超导态的热能、磁能、静电能或凝聚能，则必须考虑量子尺寸效应，这将导致纳米颗粒的磁、光、声、热、电学和超导性能与宏观材料的电学和超导性能显著不同。

对任一金属纳米颗粒，就可根据 Kubo 的能级间距式（9.46）和式（9.47）估计其出现量子尺寸效应（由导体变为绝缘体）的临界粒径。比如，可以估算在 1 K 时，Ag 粒子出现量子尺寸效应的临界粒径 d_a（Ag 的电子数密度 $n_1 = 6 \times 10^{22}$ cm^{-3}），由公式得到：

$$\delta/k_B = (8.7 \times 10^{-18})/d^3 \quad (K \cdot cm^{-3}) \tag{9.51}$$

当 $T = 1$ K 时，能级最小间距 $\delta/k_B = 1$，代入上式求得 $d = 20$ nm。根据久保理论，只有 δ 大于 $k_B T$ 时才会产生能级分裂，从而出现量子尺寸效应，即：

$$\delta/k_B = (8.7 \times 10^{-18})/d^3 > 1 \tag{9.52}$$

由此得出，当粒径 $d_0 < 20$ nm，Ag 纳米微粒变为非金属绝缘体，如果温度高于 1 K，则需要 d_0 远远小于 20 nm 才有可能变为绝缘体。需要指出的是，在实际情况下，金属转变为绝缘体除了满足 δ 大于 $k_B T$ 外，还需要满足电子寿命 τ 大于 $\hbar/\delta$ 条件。试验表明，银纳米粒子具有非常高的电阻，类似于绝缘体，这意味着银纳米粒子满足上述两个条件。银是电的良导体的想法深深植根于人们印象之中，在纳米尺度，它能够变为绝缘体，确实是颠覆了人们的认知。这跟之前导电聚合物的发现有相似之处，但导电聚合物的研究之所以获得诺贝尔化学奖，不仅仅是因为"逆向思维"的因素，更重要的是，导电聚合物的后续研究证明其在电子等领域具有非常重要和广阔的应用前景。

再有，量子尺寸效应还会导致光吸收显著增加并产生吸收峰的等离子共振频移、磁有序态向磁无序态的转变、超导相向正常相的转变、声子谱发生改变等。利用等离子共振频率随颗粒尺寸变化的性质，可以改变颗粒尺寸，控制吸收边的位移，制造具有一定频宽的微波吸收纳米材料，可用于电磁屏蔽、隐形飞机等。若将纳米粒子添加到聚合物中，不但可以全面改善聚合物的力学性能，甚至还可以赋予材料新性能。

研究发现，CdSe 发光的颜色会随着粒子尺寸的减小而发生变化，其发光带的波长由 690 nm "蓝移" 向 480 nm。这种发光带或吸收带由长波长移向短波长的现象称为 "蓝移"。"蓝移" 现象可以用量子尺寸效应和大比表面来解释：随着粒子尺寸的减小，能隙变宽，造成吸收带向短波方向移动。电子占据的能级和电子未占据的能级之间的能隙随着粒径的减小而增大，因此量子尺寸效应是纳米材料光谱线和红外吸收带宽 "蓝移" 的根本原因。

通常，纳米粒子的量子尺寸效应使其光吸收带蓝移。如 Hemalatha 等人在利用紫外-可见吸收光谱研究 ZnO 的光学性质时发现，他们所制备的纳米 ZnO 的吸收带边在 371 nm（3.318 eV），相对于室温下块体 ZnO 的吸收带边 380 nm（3.268 eV）出现了蓝移。

9.4.2 小尺寸效应

小尺寸效应通常是指由于颗粒尺寸减小而引起的材料性能的变化。尤其是当颗粒的尺寸和德布罗意波长和超导态相干长度或透射深度差不多或更小时，就会破坏晶体周期性的边界条件，粒子表面层附近的原子密度降低，并导致声、光、电、磁、热等物理性质的变化。下面从四个方面来具体讨论由于小尺寸效应而引起的材料性能的变化。

9.4.2.1 特殊的光学性质

金属纳米粒子在较宽的波段内表现出对阳光的强烈吸收，所有金属在超细状态下均呈黑色。当金的尺寸一旦小于光波长的数值时，它会失去光泽并变黑。实际上，所有金属在超细状态下都会变为黑色的。颗粒的尺寸越小，颜色越深，银白色铂变成铂黑色，铬金属变成铬黑色。而且，随着尺寸的减小，颜色会变得更深。

金属超细粒子对光的反射率不到 1%，几微米厚度就可以完全消光。几乎能完全吸收太阳光谱的所有波段，可以制备 "太阳黑体" 材料。而且其具有很高的光热、光电等转换效率，能够高效地把太阳能转化为热能、电能。另外，它还可以应用在红外传感器件、红外隐身技术等领域。

作为第一种隐形兵器的 F-117A 的问世和应用，具有划时代意义。F-117A 是历史上第一种真正具备隐形能力的飞机，也是第一种为美军服役的隐形飞机，可算是美军武器库中最先进的装备之一，是世界上用于特殊侦察或攻击任务最有效的突防飞机。F-117A 主要的隐形技术有 3 个方面：外形隐形、材料隐形和光电隐形。F-117A 型飞机蒙皮上的隐身材料含有多种纳米超微粒子。它们对不同波段的电磁波有强烈的吸收能力。为什么纳米超微粒子对红外和电磁波有隐身作用呢？主要原因有两点：一方面，由于纳米微粒尺寸远小于红外及雷达波波长，因此纳米微粒材料对这种波的透过率比常规材料要强得多，大大减少波的反射率，从而达到隐身的作用；另一方面，纳米微粒材料的表面积比常规粗粉末大 3~4 个数量级，对红外光和电磁波的吸收率也比常规材料大得多，这就使得红外探测器及雷达得到的反射信号强度大大降低，起到隐身作用。

航空航天材料有一个要求是重量轻，在这方面纳米材料是有优势的，特别是由轻元素组成的纳米材料在航空隐身材料方面应用广泛。有几种纳米微粒很可能在隐身材料上发挥作用，例如纳米氧化铝、氧化铁、氧化硅和氧化钛的复合粉体与高分子纤维结合，对中红外波段有很强的吸收性能。这种复合体，对这个波段的红外探测器有很好的屏蔽作用。纳米磁性材料，特别是类似铁氧体的纳米磁性材料放入涂料中，既有优良的吸波特性，又有良好的吸收和耗散红外线的性能，加之比重轻，有明显的优越性。另外，这种材料还可以与驾驶舱内信号控制装置相配合，通过开关发出干扰，改变雷达波的反射信号，使波形畸变，或者使波形变化不定，能有效地干扰、迷惑雷达操纵员，达到隐身目的。纳米级硼化物、碳化物，包括纳米纤维及纳米碳管，在隐身材料方面的应用也将大有作为。

已经发现，当一些以前不发光的材料的颗粒小到纳米级时，可以观察到它们在一定光谱范围内的发光。例如，硅是一种具有良好半导体特性的材料，但它不是一种良好的发光材料。在对硅材料发光特性的研究中，发现当硅纳米粒子的尺寸小到一定值时，它们可以在一定波长的光激发下发光。随着颗粒尺寸的减小，发射带的强度增加并向短波方向移动。当粒径大于 6 nm 时，硅却不再发光。硅纳米粒子的发光是由硅的量子限制效应引起的，不是电子直接跃迁产生的发光现象，而是由间接跃迁引起的。块状硅不能发光是因其平移对称性的选择规则造成的，当硅粒径小到一定程度（6 nm）时，平移对称性消失，从而又呈现出发光现象。

9.4.2.2　特殊的热学性质

粒径大时，固体物质的熔点是固定的，但发现粒径减小时，其熔点会大大降低，尤其是当粒径小于 10 nm 时，固体物质的熔点会显著下降。俗话说"真金不怕火炼"，实际是说块体金的熔点比较高，为 1064 ℃。当颗粒尺寸减少到 10 nm 时，其熔点下降到 670 ℃，而 2 nm 的金的熔点只有约 327 ℃。所以到了纳米尺度以后，这句俗话也要改一下说法了，那就是"真金也怕火炼"。块体银的一般熔点为 670 ℃，而银纳米粒子的熔点可低于 100 ℃。因此，用银纳米粒子制成的导电浆料可以在低温下烧结，其中对元件的基材的耐热性要求比较低，不必用耐高温的陶瓷材料，甚至采用塑料材质即可。使用银纳米粉浆可以使膜层厚度均匀，覆盖面积大，既省料又质量高。超细粒子的熔点不断降低，在粉末冶金工业具有重要意义。例如，在钨颗粒中加入 0.1%~0.5% 的超微镍颗粒，烧结温度可从 3000 ℃降至 1200~1300 ℃，这样，大功率半导体管的基材就可以在较低的温度下烧制。

9.4.2.3　特殊的磁学性质

人们发现，鸽子、海豚、蝴蝶和蜜蜂等生物体内都存在超细的磁性颗粒，这种颗粒实质上是一种生物磁罗盘，使这类生物在地磁场中的导航能辨别方向，具有返回能力。蜜蜂也有磁性纳米粒子，作为"指南针"为其运动导航。之前人们的认知是，蜜蜂利用北极星或摇摆舞向它们的同伴传递信息以找到它们的方向。英国科学家发现，蜜蜂腹部的磁性纳米粒子可以充当指南针，蜜蜂利用这个"指南针"来确定它们周围的环境，并在头脑里将自己定位。海龟的头上也被发现了磁性纳米粒子，使它们能够迁移数千英里而不会迷路。

有趣的是螃蟹体内也存在着磁性的纳米粒子，根据生物科学家的研究，人们熟悉无比的螃蟹之前并不喜欢现在的"横行"运动，而是像其他生物一样前后移动。这是因为在数亿年前，螃蟹有一对用于定向的磁性纳米粒子的触角，像几个小罗盘。螃蟹的祖先利用这个"指南针"有尊严、自由地前后移动。后来，由于地球磁场经历了多次剧烈的变化，螃蟹体内的小磁粒失去了原有的方向，使它失去了前进和后退的功能，就只能横行了。生活在水中的趋磁细菌依靠磁性纳米粒子游到营养物质丰富的底部。电子显微镜研究表明，趋磁菌一般含有直径约为 20 nm 的磁性氧化物粒子。生物体内的纳米颗粒为设计一种新型的纳米级导航仪提供了有利的依据，这也是纳米科学研究的重要内容。

小尺寸的超细颗粒与大块磁性材料有明显不同，大块纯铁的矫顽力约为 80 A/m，但当颗粒尺寸减小到 20 nm 时，矫顽力可增加 1000 倍；如果进一步减小其尺寸，小于 6 nm 时，矫顽力反而减少到零，表现出顺磁性。当粒径达到临界尺寸，或接近单磁畴的磁性纳米粒子（铁-钴合金、氧化铁等）具有极高的矫顽力，它们可以制成各种磁卡、磁钥匙、磁票等，也可以制成磁性液体，广泛用于电声装置、阻尼装置、旋转密封、润滑、矿物加工等领域。

当纳米粒子的尺寸小到一定的临界值时，超顺磁性是磁有序纳米材料小尺寸效应的典型表现。当体积为 V 的纳米粒子的尺寸继续减小时，磁性粒子取向的效应会由于热运动能量 $k_B T$ 的磁矩大于相应的磁能，可以越过各向异性的能势垒 $K_1 V$ 而使粒子的磁化方向呈现出磁性的"布朗运动"（即磁化方向不再固定在一个优先方向上，容易使磁化方向作无规则的改变），导致粒子的总磁化为零被称为超顺磁现象。超顺磁性也可以用朗文函数来描述。然而，粒子不是单个原子或分子的磁矩，而是磁性的有序集合体，集合体之间的磁取向以混乱的方式排列，这在宏观上表现为"顺磁"。对于超顺磁性粒子的胶体悬浮液，粒子之间只有微弱的磁静力和范德瓦尔斯力。热运动不仅可以使粒子中的磁化矢量克服磁各向异性的障碍而旋转，还可以使粒子作为一个整体运动。这就是一种磁性液体。对于不同种类的纳米磁性粒子，超顺磁性的临界尺寸是不同的。

居里温度是材料磁性的一个重要参数，它通常与交换积分成正比，同时也与材料的原子构型和间距有关。在纳米材料的研究中，人们发现居里温度随着纳米颗粒或薄膜尺度的减小而减小。这是由小尺寸效应和表面效应造成的，因为表面原子缺乏交换作用，而小尺度可能导致原子间的间距变小，这将降低交换积分，从而降低居里温度。许多试验表明，纳米颗粒中的原子间距随着颗粒尺寸的减小而减小。一些研究人员通过使用扩展 X 射线吸收光谱精细结构法直接证明了镍和铜的原子间距随着颗粒尺寸的减小而减小。例如，70 nm 的镍的居里温度比更粗的镍的温度低 40 ℃。纳米材料中较大的表面或界面是导致 T_c 降低的主要原因，这给纳米磁性材料的应用带来不利的影响。

微米晶体的饱和磁化对晶粒或粒子的尺寸不敏感。然而，当尺寸下降到 20 nm 或以下时，饱和磁化会强烈降低，因为位于表面或界面的原子占据了相当大的比例，而且表面原子的原子结构和对称性与内部原子的不同。例如，6 nm 的铁的饱和磁化比更粗大的铁的低近 40%。

9.4.2.4 特殊的力学性质

人的牙齿非常结实，不仅可以咬断鸡骨头，有人还能咬碎玻璃。科学家把牙齿放在显微镜下观察，惊奇地发现，原来人的牙齿是由纳米磷酸钙等材料构成的。这就启发人们去研究韧性陶瓷。一般陶瓷材料是脆性的，但由纳米颗粒制成的纳米陶瓷材料韧性比较好。由于纳米材料具有较大的界面，界面上的原子排列是无序的，在外力作用下原子容易迁移，所以使陶瓷材料具有新颖的力学性能，表现出很好的韧性和一定的延展性。Karch 等人在 1987 年就提出，如果多晶陶瓷由大小为几纳米的晶粒组成，则能够在低温下变得具有延展性，甚至能够发生大的（约100%）塑性形变。并且发现，纳米 TiO_2 陶瓷材料在室温下具有优良的韧性，在 180℃ 经受弯曲而不产生裂纹。

纳米金属的塑性和韧性在不同的应力状态下可表现出不同的特点。在拉伸应力下，与相同成分的粗晶金属相比，纳米晶金属的塑性和韧性都显著降低。即使是在粗晶时表现出良好塑性的面心立方金属，在纳米晶条件下拉伸时塑性也非常低，经常出现脆性断裂。纳米晶金属在拉伸应力下出现较低塑性的原因，可归纳为以下几点：(1) 纳米晶金属的屈服强度大大增加，使拉伸时的断裂应力小于屈服应力，所以试样在拉伸过程中断裂之前未能充分变形；(2) 纳米晶金属密度低，内部含有一些缺陷，诸如许多孔隙等。纳米晶金属由于屈服强度高，在拉伸应力下对这些内部缺陷和金属表面状态特别敏感；(3) 纳米晶金属中含有较多的杂质，破坏了纳米晶金属的塑性；(4) 纳米晶金属在拉伸时由于缺乏可移动的位错，裂纹尖端的应力不能有效释放。纳米晶金属在压缩应力下表现出高的塑性和韧性。例如，纳米铜在压缩应力下的屈服强度比拉伸应力下的屈服强度高 2 倍，但它仍然表现出良好的塑性。纳米钯和铁样品的压缩试验也显示，屈服强度可达 GPa 级，断裂应变可达 20%，说明纳米晶金属具有良好的压缩塑性。其原因可能是在压缩应力的作用下，金属内部的缺陷得到恢复，密度增加，或者是纳米晶金属在压缩应力下对内部缺陷或表面状态不敏感。

对于金属陶瓷复合纳米材料，材料的机械性能可以在更大范围内改变，其应用前景非常广阔。

9.4.3　表面效应

随着颗粒直径的变小，比表面积会明显增加，颗粒表面的原子数量也会相对增加，使这些表面原子具有很高的活性和不稳定性，从而导致颗粒具有不同的特性，这就是表面效应。在人类长期的科技活动中，人们已经认识到表面与界面科学研究的内容包括从宏观到微观的所有问题。如今，无论是科学研究还是工业应用，表面和界面现象都得到了极为广泛的应用，涉及的材料或研究领域包括吸附分离、催化、薄膜、泡沫乳化、润湿性能等。随着纳米材料研究的快速发展，人们对材料的表面和界面效应的关注上升到了一个新的高度，大大丰富了表面和界面科学的内涵。

纳米材料的一个重要特点是，表面和界面原子的数量占颗粒中原子总数的比例很高。表 9.2 列出了纳米材料尺寸与表面原子数的关系。可以看出，随着颗粒尺寸的减小，表面原子数迅速增加，这是由粒径小、比表面积急剧增大导致的。例如，粒径为 10 nm 时，比表面积为 90 m^2/g，粒径为 5 nm 时，比表面积增加到 180 m^2/g，如果粒径进一步下降到 2 nm，则比表面积猛增到 450 m^2/g。这样大的比表面积，使处于表面的原子数越来越多，同时表面能迅速增加，表面在决定材料的性能方面也会起到越来越重要的作用。

表 9.2　纳米材料粒径与表面原子数的关系

微粒尺寸 d/nm	总原子数/个	表面原子比例/%
10	3×10^4	20
4	4×10^3	40
2	2.5×10^2	80
1	30	99

由于纳米材料比表面比较高，处于表面的原子数比较多，造成表面原子出现配位数不足的现象，同时也具有非常高的表面能。表面原子处于"裸露"状态，周围缺少与之配位的原子，进而出现有许多不饱和的键，为了获得稳定状态，很容易与其他原子结合，因而具有较高的化学活性。下面以单一立方结构的纳米晶粒为例说明这个原因，其分布示意图如图 9.10 所示。在这里，假定颗粒是球状的，位于表面的原子用实心球表示，内部原子用空心球表示，其大小为 3 nm，相邻原子间距约为 0.3 nm。可以发现，实心球原子近邻配位出现了不足，像"D"原子周围缺少一个配位原子，"C"周围缺少两个配位原子，而"A"缺少三个配位原子。尤其是"A"类原子非常不稳定，很容易移动到"B"位置上，这些处于特殊位置的原子很容易与其他原子结合，使其自身更稳定，正因为如此，纳米材料具有非常高的活性。

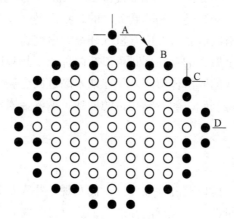

图 9.10　简单立方球形纳米晶粒的二维分布示意图

纳米粒子的表面与块体表面有很大不同，如果用高倍电子显微镜对金的超细粒子（直径为 2 nm）进行原位观察，可以发现粒子没有固定的形态，随着时间的变化会自动形成各种形状（如立方八面体、十面体、二十面体等），它不同于固体，与一般液体也有差异，可以称它为准固体。在电子显微镜的光束作用下，表面原子似乎进入了一种"沸腾"状态。颗粒结构的不稳定性在尺寸大于 10 nm 时才不会显现。在这种情况下，微粒子有一个稳定的结构状态。随着表面原子数量的增加，原子的配位不饱和导致了高的表面能，这使得这些表面原子具有高的活性，很容易与其他原子结合。例如，当一定大小的金属纳米铁颗粒暴露在空气中时，它们会"自发燃烧"。实质上，这些超细颗粒的表面是高度反应性的，金属颗粒在空气中会迅速氧化和燃烧。为了防止自燃，可以慢慢氧化，形成一个非常薄和密集的氧化层。利用表面活性，金属超细颗粒已成为新一代的高效催化剂、储气材料和低熔点材料。

由于纳米结构材料中存在大量的界面，这些界面为原子提供了短程扩散途径。因此，纳米结构材料比单晶材料具有更高的扩散率。通过测量铜纳米晶体的扩散率，发现铜纳米晶体的扩散率是普通材料的 $10^{14} \sim 10^{20}$ 倍，是晶界的 $10^2 \sim 10^4$ 倍，而铜纳米晶体的自扩散率是传统晶体的 $10^{16} \sim 10^{19}$ 倍，是晶界的一千倍。通过比较可以看出，普通铜在室温下的晶界扩散率为 4×10^{-40} m^2/s，而晶粒尺寸为 8 nm 的纳米铜的扩散率为 2.6×10^{-20} m^2/s。

对于纳米结晶状态的材料，其固溶扩散能力一般可以得到改善。例如，大多数在液相或固相中不相溶的金属，当它们处于纳米晶状态时，会发生固溶作用，从而形成合金。与一般粉末相比，纳米粒子的初始烧结温度和结晶温度要低得多。作为结晶和固溶的初步阶段，扩散能力的提高使一些通常在较高温度下形成的稳定或可转换的相可在较低温度下存在。扩散能力增强的另一个结果是，纳米结构材料的烧结温度可以显著降低。烧结温度是指在压力下使粉末成型，然后在低于熔点的温度下结合，其密度接近材料的理论密度时的温度。由于其组成颗粒尺寸小，表面能高，纳米粒子被压成块状后，其界面具有很高能量。在烧结过程中，高界面能可以成为原子运动的驱动力，有助于界面上孔洞的收缩。因此，由纳米颗粒组成的材料可以在较低的温度下进行烧结和致密化，使烧结温度大大降低。举例来说，传统 Al_2O_3 的烧结温度为 $1700 \sim 1800 \, ℃$，而纳米 Al_2O_3 可在 $1200 \sim 1400 \, ℃$ 烧结，致密程度可达到 99.0% 以上，烧结温度降低了 $400 \, ℃$ 以上。

人们对纳米材料的表面吸附性也是非常关注的。特别是一些特殊的制备工艺，如氢电弧等离子体法，在纳米材料的制备过程中有氢气环境。研究显示，纳米过渡金属是可以储存氢气的。氢在纳米过渡金属中的存在形式可以有两种：一是吸附在表面的氢气；二是氢气与过渡金属原子结合形成的固溶体形式。氢在纳米晶过渡金属中的行为，为纳米晶过渡金属的功能应用奠定了试验基础。随着氢含量的增加，纳米金属颗粒的比表面积或活性中心的数量也明显增加。

9.4.4   宏观量子隧穿效应

电子既是粒子又是波，所以有隧穿效应。人们发现一些宏观物理量，如微粒子的磁化和量子相干器件中的磁通量，也表现出隧穿效应，这就是宏观量子隧穿效应。其最初被用来解释超细镍粒子在低温下的超顺磁特性。有研究表明，铁-镍薄膜中的畴壁运动速度低于某一临界温度时基本上与温度无关。因此，有人提出量子力学的零点振动可以在低温起着类似热起伏的效应，使零温度附近微颗粒磁化矢量取向发生重新调整，存在有限的弛豫时间，即在绝对零度仍然存在非零的磁化反转率。相似的观点解释高磁晶各向异性单晶体在低温产生阶梯式的反转磁化模式，以及量子干涉器件中一些效应。

宏观量子隧穿效应的研究对基础研究及实用都有着重要意义。它限定了磁带、磁盘进行信息贮存的时间极限。量子尺寸效应和宏观量子隧穿效应将是未来微电子和光电器件的基础，可以说它们确立了现有微电子器件的尺寸缩小的极限。当微电子器件的尺寸逐步减小时，必须考虑上述量子效应。

9.4.5   库仑阻塞效应

1951 年，Gorter 等人为了解释颗粒状金属的电阻随着温度的降低而出现的异常增加行为，提出了库仑阻塞效应的概念。库仑阻塞效应是电子在纳米级导电材料之间移动时发生的一种重要物理现象。当一个物理系统的尺寸达到纳米级时，电容会小到一定程度，使系统的充放电过程不连续（量子化），这时充入一个电子需要的能量被称为库仑阻塞能（它是电子在进入或离开系统时的一个电子库仑斥力）。换句话说，库仑阻塞能是前一个电子对后一个电子的库仑排斥能，这就导致了对一个小体系的充放电过程，电子不能集体传输，而是一个一个单电子地传输。通常把小体系这种单电子输运行为称库仑阻塞效应。

9.4.6　量子隧穿效应

在人类传统的认知里，人穿墙是不可能的，只有在童话故事里才有。但在量子世界里，有一种效应叫量子隧穿效应。简单地说，量子隧穿效应是指微观粒子可以穿过比自己高的墙，这是一种量子效应，在经典牛顿物理学中可能很难理解。然而，结合量子力学中的波的观点、薛定谔方程可以很容易地得到解决。

众所周知，经典的情况是：当一个粒子碰到一个障碍物时，如果障碍物的势能大于粒子的动能，那么粒子越过障碍物出现在另一边的概率就是零。而在量子世界里，这个粒子越过障碍物出现在另一边却具有一定的概率，这就是量子隧穿现象。量子隧穿效应属于量子力学领域，该领域研究发生在量子尺度上的事件。

根据量子力学的基本理论，当微观粒子的高度和厚度都是有限值屏障限制时，即使微观粒子的能量低于屏障高度，微观粒子仍然有一定的概率出现在屏障限制之外，就像微观粒子在屏障上打了个孔穿过一样，如图9.11所示。产生隧穿效应的原因在于微观粒子的波动性，尤其是电子。因为它们的质量小，其波动性更明显。电子迅速穿越势垒的隧穿效应本质上是一种量子转换。

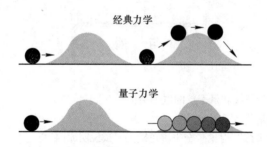

经典力学

量子力学

图 9.11　量子隧穿现象示意图

在电学中，传导是电子在导体中的运动。如果两个纳米粒子没有连接，电子从一个粒子到另一个粒子就像通过一个隧道一样。如果电子的隧穿是逐个发生的，那么在电压-电流图上就会有一个阶梯曲线，这就是量子隧穿效应。为了使单个电子从一个金属纳米粒子隧穿到另一个，电子的能量必须克服纳米粒子的库仑阻挡能量，这一过程被称为单电子隧穿效应，如图9.12所示。

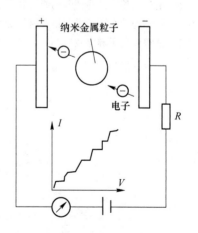

图 9.12　库仑阻塞效应和
单电子隧穿效应示意图

近年来，基于单电子隧穿效应和库仑阻塞效应的单电子晶体管、纳米单电子存储器等元件的开发获得了很大进展，它们具有低消耗、高灵敏度、易集成等突出优点，被认为是继传统场效应管电子元件之后最有前景的新型纳米级元件，它将在未来的纳米电子领域发挥重要作用。例如，当两个作为势垒的纳米颗粒之间的距离较小时，能在它们之间隧穿的电子波长有限，当外来电子能量对应的波长满足有限波长（纳米颗粒之间的距离，即势垒间隔满足驻波条件）时，电子波由于共振很容易通过间隙。根据此现象研制了一种新型的量子效应器件-共振隧穿二极管。量子阱共振隧穿二极管是利用量子隧穿效应制造的新一代器件：在导带内制备纳米厚的双势垒结构异质结，电子波函数多次反射到这些势垒上。当由外加电压决定的电子波长与超晶格宽度（势垒间距）相匹配时，就会发生共振。电子隧穿势垒的机会最大，隧穿电流达到峰值（二极管导通）。改变电压使电子波长多次满足驻波条件，这反过来使二极管有几种不同的导通状态。

    扫描隧道显微镜（STM）也利用量子隧穿效应工作。由于电子隧穿效应，金属中的电子并不完全局限在一个严格的边界内，即电子密度不会在表面骤降为零，而是在表面以外指数衰减到约 1 nm 的长度尺度。如果两个金属靠得很近，小于 1 nm，它们表面的电子云会重叠，这意味着两个金属的电子会发生相互作用。如果在这两种金属之间加一个电压，就会检测到一个小的隧穿电流，而隧穿电流的大小与两种金属之间的距离有关，这就是STM 的基本原理。实际的 STM 会将其中一块金属做成针尖，由于针尖可以做得很细很尖，通过移动针尖的位置，就可以探测到另一块金属的表面信息（表面的起伏、表面电子态密度等）。

习 题

9.1   试简单说明量子阱、量子线和量子点的电子结构特点。

9.2   久保理论的两个假设是什么？

9.3   俗话说的"真金不怕火炼"对纳米金来讲正确吗？试说明原因。

9.4   试举例说明纳米材料的独特效应对材料性能的影响。

9.5   纳米微粒有哪些特殊的光学性质，它们分别与哪些纳米效应有关？

9.6   鸽子为什么能千里归巢，螃蟹为什么横着走？试结合所学谈谈你的看法。

9.7   试解释量子隧穿效应。

附录　习题参考答案

第 1 章习题答案

1.1　C，一共有七大晶系，分别是三斜、单斜、正交、六方、菱方、四方、立方晶系。

1.2　B，一共有 14 种布拉菲格子，分别是简单三斜、简单单斜、底心单斜、简单正交、底心正交、体心正交、面心正交、简单六方、简单菱方、简单四方、体心四方、简单立方、体心立方、面心立方格子。

1.3　B，单胞中 a 轴和 c 轴之间的夹角被标记为 β。

1.4　B，一个四方单胞的定义是：$a=b\neq c$，$\alpha=\beta=\gamma=90°$。

1.5　B，密勒指数被用来标记晶面和晶向。

1.6　C，现在常用 X 射线衍射来探究晶体结构。

1.7　B

1.8　B，面心立方单胞中，每个面上占有 1/2 个原子，每个顶点上占有 1/8 个原子，所以一共有 4 个原子。

1.9　A，注意：$<uvw>$ 为晶向族。

1.10　A，注意：(hkl) 为单一晶面指数。

1.11　如图所示晶面 $a_1b_1c_1d_1$ 及 $a_2b_2c_2d_2$ 为相互平行的两个晶面，在 x、y、z 坐标轴上的截距分别为 1、1、∞，及 2、2、∞，其倒数分别为 1、1、0，及 $\dfrac{1}{2}$、$\dfrac{1}{2}$、0，化为最小整数，则两个晶面的晶面指数都是（110）。同理可求图中，晶面 $a_1b_1c_1$ 及 $a_2b_2c_2$ 的晶面指数分别是（11$\bar{1}$）及（$\bar{1}\bar{1}$1）。这两个晶面的指数数字相同而符号相反，这是由于原点选取不同造成的，但它们仍然是互相平行的。

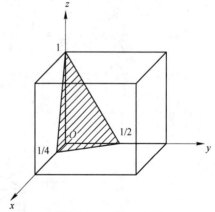

附图 1.1　题 1.12 图

1.12　晶面（hkl）并不是仅仅表示一个晶面，而是代表了一组平行的晶面。其中离原点最近的一个晶面就是（$1/h$，$1/k$，$1/l$）。故已知晶面指数画出该晶面时，可视情况画出离原点最近的这个晶面。（421）晶面如附图 1.1 所示。

1.13　对立方晶系两晶向间的夹角公式为：

$$\cos\varphi = \frac{h_1h_2 + k_1k_2 + l_1l_2}{\sqrt{(h_1^2 + k_1^2 + l_1^2)(h_2^2 + k_2^2 + l_2^2)}}$$

假设 [111] 和 [001]，[111] 和 [1$\bar{1}$1] 方向之夹角分别为 α，β，则：

$$\cos\alpha = \frac{1}{\sqrt{3}}$$

$$\cos\beta = \frac{1}{3}$$

所以 $\alpha = 54.75°$，$\beta = 70.5°$。

1.14

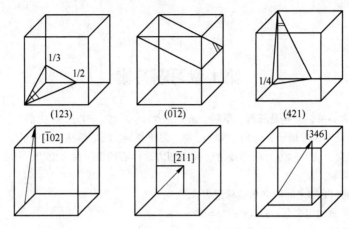

附图 1.2　题 1.14 图

1.15　（1）对于面心立方：

$$d_{(100)} = \frac{1}{2}\frac{a}{\sqrt{h^2+k^2+l^2}} = \frac{1}{2}\frac{a}{\sqrt{1^2+0^2+0^2}} = \frac{a}{2}$$

$$d_{(110)} = \frac{1}{2}\frac{a}{\sqrt{h^2+k^2+l^2}} = \frac{1}{2}\frac{a}{\sqrt{1^2+1^2+0^2}} = \frac{\sqrt{2}a}{4}$$

$$d_{(111)} = \frac{a}{\sqrt{h^2+k^2+l^2}} = \frac{a}{\sqrt{1^2+1^2+1^2}} = \frac{\sqrt{3}a}{3}$$

（2）对于体心立方：

$$d_{(100)} = \frac{1}{2}\frac{a}{\sqrt{h^2+k^2+l^2}} = \frac{1}{2}\frac{a}{\sqrt{1^2+0^2+0^2}} = \frac{a}{2}$$

$$d_{(110)} = \frac{a}{\sqrt{h^2+k^2+l^2}} = \frac{a}{\sqrt{1^2+1^2+0^2}} = \frac{\sqrt{2}a}{2}$$

$$d_{(111)} = \frac{1}{2}\frac{a}{\sqrt{h^2+k^2+l^2}} = \frac{1}{2}\frac{a}{\sqrt{1^2+1^2+1^2}} = \frac{\sqrt{3}a}{6}$$

1.16

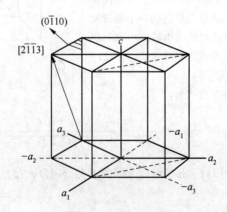

附图 1.3　题 1.16 图

1.17

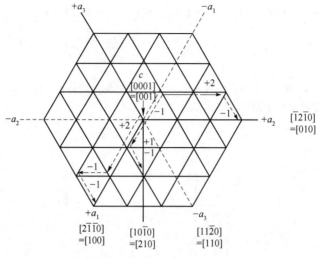

附图 1.4　题 1.17 图

1.18　可作如附图 1.5 加以证明，四方晶系表面上也可含简单四方、底心四方、面心四方和体心四方结
　　　构，然而根据选取晶胞的原则，晶胞应具有最小的体积，尽管可以从四个体心四方晶胞中勾出一
　　　个面心四方晶胞，从四个简单四方晶胞中勾出一个底心四方晶胞，但它们均不具有最小的体积，
　　　因此，四方晶系实际上只有简单四方和体心四方两种独立的点阵。

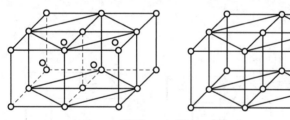

附图 1.5　题 1.18 图

1.19　空间点阵中每个阵点应具有完全相同的周围环境，而密排六方晶胞内的原子与晶胞角上的原子具有不同
　　　的周围环境。在 A 和 B 原子连线的延长线上取 $BC=AB$，然而 C 点却无原子。若将密排六方晶胞角上的
　　　一个原子与相应的晶胞内的一个原子共同组成一个阵点 [(0, 0, 0) 阵点可视作由 (0, 0, 0) 和
　　　$\left(\dfrac{2}{3}, \dfrac{1}{3}, \dfrac{1}{2}\right)$ 这一对原子所组成]，如附图 1.6 所示，这得出的密排六方结构应属简单六方点阵。

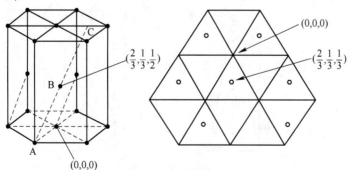

附图 1.6　题 1.19 图

1.20 为了确定 [$\bar{1}$10] 是否位于 (111) 面上，可运用晶带定律：$hu+kv+lw=0$ 加以判断，这里 1×
(−1)+1×1+1×0=0，因此 [$\bar{1}$10] 位于 (111) 面上，如附图 1.7 所示。

$$K_{[\bar{1}10]} = \frac{4 \times r}{l} = \frac{4(\sqrt{2}a/4)}{\sqrt{2}a} = 1$$

同样的 [10$\bar{1}$] 和 [01$\bar{1}$] 晶向上的线密度也为 1，这说明晶向族 <110> 是 fcc 的最密排方向，该方
向上原子互相紧密排列（相切），无间隙存在。

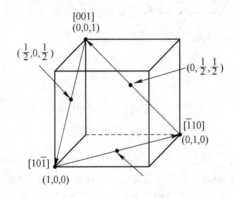

附图 1.7 题 1.20 图

1.21 作图如附图 1.8 所示。

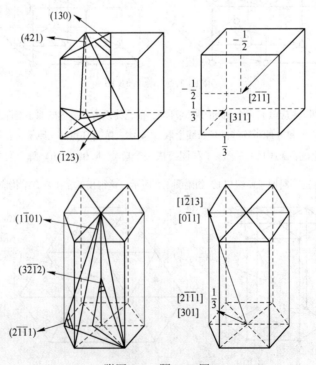

附图 1.8 题 1.21 图

1.22 作图如附图 1.9 所示。

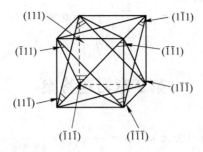

附图 1.9　题 1.22 图

晶面族 $\{123\}$ = (123) + (132) + (213) + (231) + (321) + (312) +

$(\bar{1}23)$ + $(\bar{1}32)$ + $(\bar{2}13)$ + $(\bar{2}31)$ + $(\bar{3}21)$ + $(\bar{3}12)$ +

$(1\bar{2}3)$ + $(1\bar{3}2)$ + $(2\bar{1}3)$ + $(2\bar{3}1)$ + $(3\bar{2}1)$ + $(3\bar{1}2)$ +

$(12\bar{3})$ + $(13\bar{2})$ + $(21\bar{3})$ + $(23\bar{1})$ + $(32\bar{1})$ + $(31\bar{2})$

晶向族 $<221>$ = $[221]$ + $[212]$ + $[122]$ + $[\bar{2}21]$ + $[\bar{2}12]$ + $[\bar{1}22]$ +

$[2\bar{2}1]$ + $[2\bar{1}2]$ + $[1\bar{2}2]$ + $[22\bar{1}]$ + $[21\bar{2}]$ + $[12\bar{2}]$

1.23 以立方晶系的 $[111]$ 晶向和 (111) 晶面为例。

从矢量数性积得知，若 $\boldsymbol{a} \cdot \boldsymbol{b} = 0$，且 $\boldsymbol{a}$、$\boldsymbol{b}$ 为非零矢量，则 $\boldsymbol{a} \perp \boldsymbol{b}$。

$[111]$ 晶向的矢量表示法为：$[111] = 1\boldsymbol{a} + 1\boldsymbol{b} + 1\boldsymbol{c}$。

从题 1.20 得知 $[110]$ 位于 (111) 面上，现求 $[111]$ · $[\bar{1}10]$ 值。

$$[111] \cdot [\bar{1}10] = -a^2 + b^2$$

在立方晶系中由于 $a = b = c$，因此，代入上式即得 $[111]$ · $[\bar{1}10]$ = 0

所以 $[111]$ 与 (111) 互相垂直，此关系可推广至立方晶系的任何具有相同指数的晶向和晶面。

1.24 在面心立方晶体中，当 (hkl) 不为全奇数或全偶数时，有附加面。

$$d_{(100)} = \frac{1}{2} \frac{a}{\sqrt{1^2 + 0 + 0}} = 0.5a$$

$$K_{(100)} = \frac{\left(\frac{1}{4} \times 4 + 1\right) \pi r^2}{a^2} = \frac{2\pi r^2}{\left(\frac{4}{\sqrt{2}} r\right)^2} = 0.785$$

$$d_{(110)} = \frac{1}{2} \frac{a}{\sqrt{1^2 + 1^2 + 0}} = 0.354a$$

$$K_{(110)} = \frac{\left(\frac{1}{4} \times 4 + \frac{1}{2} \times 2\right) \pi r^2}{\sqrt{2} a^2} = \frac{2\pi r^2}{\sqrt{2}\left(\frac{4}{\sqrt{2}} r\right)^2} = 0.555$$

$$d_{(111)} = \frac{a}{\sqrt{1^2 + 1^2 + 1^2}} = 0.577a$$

$$K_{(111)} = \frac{\left(\frac{1}{6} \times 3 + \frac{1}{2} \times 3\right)\pi r^2}{\frac{\sqrt{3}}{4}(\sqrt{2}a)^2} = \frac{2\pi r^2}{\frac{\sqrt{3}}{4}\left(\sqrt{2}\,\frac{4}{\sqrt{2}}a\right)^2} = 0.907$$

第 2 章习题答案

2.1　$a = \dfrac{4r}{\sqrt{2}} = \dfrac{4 \times 0.1243}{\sqrt{2}}\text{nm} = 0.3516\ \text{nm}$；$\rho = \dfrac{4A_r}{a^3 \times N_A} = \dfrac{4 \times 58.69}{(3.516 \times 10^{-8})^3 \times 6.023 \times 10^{23}}\text{g/cm}^3 =$

8.977 g/cm^3。

2.2　$a = \dfrac{4r}{\sqrt{3}} \rightarrow r = \dfrac{4}{\sqrt{3}}a = \dfrac{4}{\sqrt{3}} \times 0.3147\ \text{nm} = 0.13626\ \text{nm}$。

2.3　$\rho = \dfrac{nA_r}{a^3 N_A} \rightarrow n = \dfrac{\rho a^3 N_A}{A_r} = \dfrac{7.19 \times (2.884 \times 10^{-8})^3 \times 6.023 \times 10^{23}}{52.0} = 1.9977 \approx 2$，故为 bcc 结构。

2.4　(1)　$n = \dfrac{\rho a^2 c \times N_A}{A_r} = \dfrac{7.286 \times (3.252 \times 10^{-8})^2 \times (4.946 \times 10^{-8}) \times 6.023 \times 10^{23}}{114.82} = 1.9991 \approx 2$，

故 In 的单位晶胞中有 2 个原子。

　　(2)　$k = \dfrac{2 \times \dfrac{4}{3}\pi r^3}{a^2 c} = \dfrac{2 \times \dfrac{4}{3}\pi (0.1625)^3}{0.3252^2 \times 0.4946} = 0.6873$。

2.5　$\rho = \dfrac{nA_r}{a^3 N_A} \rightarrow n = \dfrac{\rho a^3 N_A}{A_r} = \dfrac{7.26 \times (6.326 \times 10^{-8})^3 \times 6.023 \times 10^{23}}{54.94} = 20.091 \approx 20$，故每单位晶胞内

20 个原子；$k = \dfrac{20 \times \dfrac{4}{3}\pi r^3}{a^3} = \dfrac{20 \times \dfrac{4}{3}\pi \times 0.112^3}{0.632^3} = 0.466$。

2.6　(1)　$a_{\text{fcc}} = \dfrac{4r}{\sqrt{2}} \rightarrow V_{\text{fcc单胞}} = a_{\text{fcc}}^3 = \dfrac{64}{2\sqrt{2}}r^3$

　　　　$a_{\text{bcc}} = \dfrac{4r}{\sqrt{3}} \rightarrow V_{\text{bcc单胞}} = a_{\text{bcc}}^3 = \dfrac{64}{3\sqrt{3}}r^3$

　　　　$\Delta V_{\gamma\text{-}\alpha} = \dfrac{\dfrac{1}{2} \times \dfrac{64}{3\sqrt{3}}r^3 - \dfrac{1}{4}\dfrac{64}{2\sqrt{2}}r^3}{\dfrac{1}{4}\dfrac{64}{2\sqrt{2}}r^3} = 9\%$

　　(2)　fcc：$r = \dfrac{\sqrt{2}}{4}a = \dfrac{\sqrt{2}}{4} \times 0.3633\ \text{nm} = 0.1284\ \text{nm}$

　　　　bcc：$r = \dfrac{\sqrt{3}}{4}a = \dfrac{\sqrt{3}}{4} \times 0.2892\ \text{nm} = 0.1251\ \text{nm}$

　　　　$\Delta V_{\gamma\text{-}\alpha} = \dfrac{\dfrac{1}{2} \times 0.2892^3 - \dfrac{1}{4} \times 0.3633^3}{\dfrac{0.3633^3}{4}} = 0.87\%$

2.7　$\rho = \dfrac{4[A_r(\text{Mg}) + A_r(\text{O})]}{(2r_{\text{Mg}} + 2r_0)^3 \times N_A} = \dfrac{4 \times 24.31 + 4 \times 16.00}{8 \times (0.78 + 1.32)^3 \times 10^{-24} \times 6.023 \times 10^{23}}\text{g/cm}^3 = 3.614\ \text{g/cm}^3$

$$k = \frac{4 \times \frac{4}{3}\pi r_{Mg}^3 + 4 \times \frac{4}{3}\pi r_O^3}{(2r_{Mg} + 2r_O)^3} = \frac{\frac{16}{3} \times (0.78^3 + 1.32^3)}{8 \times (0.78 + 1.32)^3} = 0.6275$$

2.8 $\rho = \dfrac{A_r(Cs) + A_r(Cl)}{\left[\dfrac{2(r_{Cs^+} + r_{Cl^-})}{\sqrt{3}}\right]^3 \times N_A} = \dfrac{132.9 + 35.453}{\left[\dfrac{2 \times (1.67 + 1.81)}{\sqrt{3}}\right]^3 \times 6.023 \times 10^{23} \times 10^{-24}} \text{g/cm}^3 =$

4.3101 g/cm^3;

$$k = \frac{\frac{4}{3}\pi r_{Cs^+}^3 + \frac{4}{3}\pi r_{Cl^-}^3}{\left[\dfrac{2(r_{Cs^+} + r_{Cl^-})}{\sqrt{3}}\right]^3} = \frac{\frac{4}{3}\pi(0.167^3 + 0.181^3)}{\left[\dfrac{2 \times (0.167 + 0.181)}{\sqrt{3}}\right]^3} = 0.6835$$

2.9 $\rho = \dfrac{A_r(K) + A_r(Cl)}{\left[\dfrac{2(r_{K^+} + r_{Cl^-})}{\sqrt{3}}\right]^3 \times N_A} = \dfrac{139.102 + 35.453}{\left[\dfrac{2 \times (1.33 + 1.81)}{\sqrt{3}}\right]^3 \times 6.023 \times 10^{23} \times 10^{-24}} \text{g/cm}^3 = 2.598 \text{ g/cm}^3;$

$$k = \frac{\frac{4}{3}\pi r_{K^+}^3 + \frac{4}{3}\pi r_{Cl^-}^3}{\left[\dfrac{2(r_{K^+} + r_{Cl^-})}{\sqrt{3}}\right]^3} = \frac{\frac{4}{3}\pi(0.133^3 + 0.181^3)}{\left[\dfrac{2 \times (0.133 + 0.181)}{\sqrt{3}}\right]^3} = 0.728$$

2.10   因为 $r = \dfrac{\sqrt{2}}{4}a$ ，所以 $a = \dfrac{4}{\sqrt{2}}r = 1.3615$ nm。

则 $\rho = \dfrac{m}{V} = \dfrac{4(63.5/0.602 \times 10^{24})}{(0.3615 \times 10^{-9})^3} = 8.93$ g/cm^3。

2.11   1 mm^3 固态锶所含的原子数 n_{Sr} 为 $n_{Sr} = \dfrac{2.6 \times 10^{-3}}{87.62/6.02 \times 10^{23}} = 1.78 \times 10^{19}$ 个 /mm^3;

$$\rho_{堆积密度} = \frac{4}{3}\pi (0.215 \times 10^{-6})^3 \times 1.78 \times 10^{19} = 0.74$$

因为堆积密度为 0.74，故该晶体为面心立方结构。

2.12   每单位晶胞中有 4 个 Fe^{2+} 和 4 个 O^{2-}。

$$V = a^3 = [2(0.074 + 0.140) \times 10^{-9}]^3 \text{ m}^3 = 78.4 \times 10^{-30} \text{ m}^3$$
$$m = 4(55.8 + 16.0)/(0.602 \times 10^{24})\text{g} = 479 \times 10^{-24} \text{ g}$$

所以 $\rho = m/v = 479 \times 10^{-24}/(78.4 \times 10^{-30}) = 6.1 \times 10^6$ g/m^3 = 6.1 g / cm^3

2.13   对立方晶系两晶向间的夹角公式为：

$$\cos\varphi = \frac{h_1 h_2 + k_1 k_2 + l_1 l_2}{\sqrt{(h_1^2 + k_1^2 + l_1^2)(h_2^2 + k_2^2 + l_2^2)}}$$

假设 [111] 和 [001]、[111] 和 [1$\bar{1}$1] 方向之间的夹角分别为 α 和 β，则：

$$\cos\alpha = \frac{1}{\sqrt{3}}; \quad \cos\beta = \frac{1}{3}$$

所以 $\alpha = 54.75°$; $\beta = 70.5°$。

第 3 章习题答案

3.1   A

3.2   B

3.3　D

3.4　氧离子空位；Ca^{2+} 处于晶格间隙位置；Ca^{2+} 占据 K^+ 位置，带一个单位正电荷；Ca 原子处于 Ca 原子位置上。

3.5　点缺陷、线缺陷、面缺陷

3.6　"⊥"

3.7　解：$\ln\dfrac{n_v}{n} = \dfrac{\Delta s_v^0}{k} - \dfrac{\Delta E_v}{kT}$

$T = (800 + 273)\,K = 1073K$

$\ln 10^{-4} = \dfrac{\Delta s_v^0}{k} - \dfrac{0.32 \times 10^{-18}\,J/原子}{[13.8 \times 10^{-24}\,J/(原子 \cdot K)] \times 1073\ K}$

得　　　　　　　　　　　$\dfrac{\Delta s_v^0}{k} = 12.4$

所以　　　　$\ln 10^{-3} = 12.4 - \dfrac{0.32 \times 10^{-18}\,J/原子}{[13.8 \times 10^{-24}\,J/(原子 \cdot K)]T}$

得　　　　　　　　　　　$T = 1201\ K = 928\ ℃$

3.8　解：NiO 和 Cr_2O_3 固溶入 Al_2O_3 的缺陷反应为：

$$2NiO \xrightarrow{Al_2O_3} 2Ni'_{Al} + V_O^{\cdot\cdot} + 2O_O$$

$$Cr_2O_3 \xrightarrow{Al_2O_3} 2Cr_{Al} + 3O_O$$

3.9　解：非化学计量化合物 Fe_xO 可认为是 a（mol）的 Fe_2O_3 溶入 FeO 中形成的固溶体，其缺陷反应式为：

$$Fe_2O_3 \xrightarrow{3FeO} 2Fe_{Fe}^* + 3O_O + V''_{Fe}$$
$$\ \ \ a\ \ \ \ \ \ \ \ \ \ \ \ 2a\ \ \ \ \ \ \ \ \ \ \ \ \ \ \ \ a$$

此固溶体（非化学计量化合物）的组成为：$Fe_{1-3a}^{2+}Fe_{2a}^{3+}O$

已知：$Fe^{3+}/Fe^{2+} = 0.1$

则：$\dfrac{2a}{1-3a} = 0.1$，故 $a = 0.0435$

即 $x = (1 - 3a) + 2a = 1 - a = 0.9565$

又因为：$[V''_{Fe}] = a = 0.0435$

正常格点数 $N = 1 + x = 1 + 0.9565 = 1.9565$

则，空位浓度为 $\dfrac{[V''_{Fe}]}{N} = \dfrac{0.0435}{1.9565} = 2.22\%$（热缺陷浓度可忽略不计）

3.10　(1) $NaCl \xrightarrow{CaCl_2} Na'_{Ca} + Cl_{Cl} + V_{Cl}^{\cdot}$

(2) $CaCl_2 \xrightarrow{NaCl} Ca_{Na}^{\cdot} + 2Cl_{Cl} + V'_{Na}$

(3) $O \Longleftrightarrow V'_{Na} + V_{Cl}^{\cdot}$

(4) $Ag_{Ag} \Longleftrightarrow V'_{Ag} + V_{Ag}^{\cdot}$

3.11　刃位错和螺位错。刃位错：(1) 有一个额外的半原子面；(2) 不一定是直线，它必与滑移方向垂直，也垂直于滑移矢量；(3) 滑移面同时包含位错线和滑移矢量，只有一个；(4) 刃型位错周围的点阵发生弹性畸变，既有切应变，又有正应变。

螺位错：(1) 无额外半原子面，原子错排是呈轴对称的；(2) 螺型位错线与滑移矢量平行，一定是直线，位错线的移动方向与晶体滑移方向互相垂直；(3) 纯螺型位错的滑移面不是唯一的；

（4）螺型位错线周围的点阵也发生了弹性畸变，只有平行于位错线的切应变而无正应变；（5）螺型位错周围的点阵畸变随离位错线距离增加而急剧减少，故它也是包含几个原子宽度的线缺陷。

3.12 （1）选定位错线的正向（ξ），常规定出纸面方向为位错线的正方向；（2）在实际晶体中，从任一原子出发，围绕位错（避开位错线附近的严重畸变区）以一定的步数作一右旋闭合回路 MNOPQ（称为柏氏回路）；（3）在完整晶体中按同样的方向和步数作相同的回路，该回路并不封闭，由终点 Q 向起点 M 引一矢量 **b**，使该回路闭合。这个矢量 **b** 就是实际晶体中位错的柏氏矢量（参考图 3.16）。

3.13 刃位错：位错线垂直于 **b**，位错线垂直于位错运动方向；螺位错：位错线平行于 **b**，位错线平行于位错运动方向。

3.14 是；否；纯刃型的相同，混合型的不同。

3.15 A

3.16 C

3.17 A

3.18 A

3.19 A

3.20 B

3.21 B

3.22 （1）晶体学条件（几何条件），$b=b_1+b_2$；（2）能量条件，$b^2>b_1^2+b_2^2$。

3.23 两相邻晶粒的点阵彼此通过晶界向对方延伸，一些原子将出现有规律的重合。由这些原子重合位置所组成比原来晶体点阵大的新点阵，通常称为重合位置点阵。

3.24 弗兰克-瑞德（Frank-Read）位错源；双交滑移增殖；攀移增殖等。

3.25 （1）根据两相邻晶粒位向差大小分为小角度晶界（$\theta<10°$）和大角度晶界；（2）根据两相邻晶粒位向差性质分为倾侧晶界、扭转晶界、混合晶界；（3）根据晶界两侧原子匹配程度可分为共格、半共格、非共格晶界。

3.26 螺型位错的柏氏矢量与位错线平行，一根位错只有一个柏氏矢量，而一个位错环不可能与一个方向处处平行，所以一个位错环不能各部分都是螺型位错。刃位错的柏氏矢量与位错线垂直如果柏氏矢量垂直位错环所在的平面，则位错处处都是刃型位错。这种位错的滑移面是位错环与柏氏矢量方向组成的棱柱面，这种位错又称棱柱位错。

3.27 不能，在大角度晶界中，原子排列接近于无序的状态，而位错之间的距离可能只有 1、2 个原子的大小，不适用于大角度晶界。

3.28 （1）AB 和 CD 位错线的形状都不变，但 AB 的长度缩短 $|b_2|$，CD 的长度增加 $|b_1|$；（2）AB 位错上形成右螺型扭折，EF 位错上形成左螺型扭折。

3.29 （1）都是刃位错；（2）AB 和 CD 不动；BC 向上滑移，AB 向下滑移。

第 4 章习题答案

4.1 略。

4.2 由题意可知，输入氮气后膜片两侧浓度恒定，此时达到稳态扩散，可以应用菲克第一定律，即扩散中粒子的通量与质量浓度梯度成正比，即：

$$J = -D\frac{\mathrm{d}c}{\mathrm{d}x}$$

根据题意，浓度梯度 $\dfrac{\mathrm{d}c}{\mathrm{d}x} = \dfrac{100\ \mathrm{mol/m^3} - 1000\ \mathrm{mol/m^3}}{0.001\times10^{-2}\ \mathrm{m}}$，通过铁膜片的氮总数等于扩散通量乘以膜

片的面积，所以有氮总量 q：

$$q = JA = -DA\frac{\mathrm{d}c}{\mathrm{d}x}$$

$$= -4 \times 10^{-7}\ \mathrm{cm^2/s} \times \pi \times \left(\frac{3\ \mathrm{cm}}{2}\right)^2 \times \frac{100\ \mathrm{mol/m^3} - 1000\ \mathrm{mol/m^3}}{0.001 \times 10^{-2}\ \mathrm{m}} = 2.543 \times 10^{-6}\ \mathrm{mol/s}$$

氮原子数量为 $n = 2qN_A = 2 \times 2.543 \times 10^{-6}\ \mathrm{mol/s} \times 6.02 \times 10^{23}\mathrm{mol^{-1}} = 3.06 \times 10^{18}\ \mathrm{s^{-1}}$

4.3 （1）根据式（4.31）有 $\ln D = \ln D_0 - \dfrac{Q}{RT}$，根据表格中不同温度下的扩散系数，以 $\ln D$ 对 $1/T$ 作图，并拟合直线可获得 $\ln D_0$ 和 $-Q/R$ 值，直线拟合如附图4.1所示，可以得到扩散常数 $D_0 = 2.49 \times 10^{-4}\ \mathrm{m^2/s}$；扩散激活能 $Q = 1.76 \times 10^5\ \mathrm{J/mol}$。

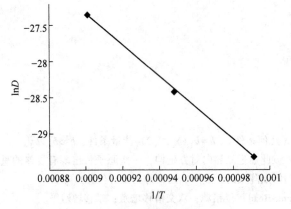

附图 4.1　题 4.3 图

（2）将 $T = 773$ K 代入上式，则可以得到相应温度下的扩散系数，500 ℃时碳在 α-Ti 中的扩散系数是 $D = 3.27 \times 10^{-16}\mathrm{m^2/s}$。

4.4 根据限定源扩散问题的特解，即式（4.15）有 $\rho = 3 \times 10^{10}\ \mathrm{mol/m^3}$，$M = 5 \times 10^{10}\ \mathrm{mol/m^2}$，$D = 4 \times 10^{-9}\ \mathrm{m^2/s}$，$x = 8\ \mathrm{\mu m}$，代入式（4.15）可得 $t = 1650\ \mathrm{s} = 0.46\ \mathrm{h}$。

4.5 随着表面渗入的碳量增加，表层的 γ 相数量不断增加，α 相数量不断减少。当渗入的碳在钢的表面浓度达到 α-Fe 的最大溶解度时，钢表面完全转变为 γ 相，形成 γ 相单相区。随着渗碳过程的进行，γ 相层不断增厚，但两相区内始终没有碳的宏观扩散流出现，其碳浓度保持原始 c_0 不变。渗碳层厚度就等于 γ 相层厚度，渗碳层中的碳浓度分布规律可以用以下表达式描述：

$$c_\gamma = c_2 + (c_s - c_2)\left[1 - \mathrm{erf}\left(\frac{x}{2\sqrt{D_\gamma t}}\right)\right]$$

其中 c_s 是碳势，c_2 是合金原始成分，D_γ 是碳在 γ 相中的扩散系数。如果渗碳时间足够长，则随 γ 相层增厚，最终可完全取代两相区。

第 5 章习题答案

5.1　A

5.2　D

5.3　A

5.4　C

5.5　D

5.6   弹性的不完整性

5.7   包申格效应、弹性后效、弹性滞后、循环韧性

5.8   滑移、孪生、扭折

5.9   滑移方向

5.10   最密的晶面和晶向、点阵阻力最小

5.11   45°

5.12   平行或者垂直

5.13   丝织构

5.14   板织构

5.15   点阵畸变

5.16   提示：从滑移与位错阻力的角度回答。

5.17   要点：弹性变形是原子平衡键长的变化，原子在平衡位置附近的位置移动，没有打破化学键。

5.18   (1) 溶质原子数分数越高，强化作用也越大，特别是当原子数分数很低时的强化效应更为显著；(2) 溶质原子与基体金属原子尺寸相差越大，强化作用越大；(3) 间隙型比置换型原子的固溶强化效果明显；(4) 溶质原子与基体金属价电子数相差越大，固溶强化越显著，即固溶体屈服强度随合金电子浓度增加而提高。

5.19   溶质原子与位错的弹性交互作用、化学交互作用和静电交互作用；当固溶体产生塑性变形时，位错运动改变了溶质原子在固溶体结构中以短程有序或偏聚分布状态，引起系统能量升高，增加了滑移变形的阻力。

5.20   (1) Cottrell 气团：固溶体合金中，溶质原子或杂质原子与位错交互作用而形成溶质原子气团。(2) 刃型位错应力场中，在滑移面以上，位错中心区域为压应力，滑移面以下的区域为拉应力。(3) 间隙原子或尺寸大的置换溶质原子存在，会偏聚于刃型位错下方，抵消部分或全部张应力，使位错应变能降低。此时，位错趋向稳定、不易运动，即对位错有着"钉扎作用"。位错开始运动，既要挣脱 Cottrell 气团的钉扎，又要克服点阵阻力，这就形成了上屈服点；位错运动启动后，脱离 Cottrell 气团的钉扎，阻力较小，容易移动，应力降落，出现下屈服点和水平台。

5.21   卸载后立即重新加载，由于位错已经挣脱出气团的钉扎，故不出现屈服点；如果卸载后放置较长时间或经时效则溶质原子已经通过扩散而重新聚集到位错周围形成了气团，故屈服现象又复出现。

5.22   在弹性范围内，应力和应变之间的关系符合胡克定律：

$$\sigma = E\varepsilon$$

其中

$$\varepsilon = (l - l_0)/l_0 = (F/A)/E$$

因此

$$l = l_0 + \frac{F}{EA}l_0 = l_0\left(1 + \frac{F}{EA}\right) = 10 \times \left[1 + \frac{400}{7 \times 10^9 \times \frac{\pi}{4} \times (5 \times 10^{-3})^2}\right] \text{m}$$

$$= 10.02912 \text{ m} = 10029.12 \text{ mm}$$

5.23   不发生塑性变形的最大载荷可根据应力近似等于屈服强度时来计算：

$$F = \sigma A = 180 \times 10^6 \times 10 \times 2 \times 10^{-6} = 3600 \text{ N}$$

在此应力下，该合金板每 mm 的伸长量：

$$\varepsilon = \frac{\sigma}{E} = \frac{180 \times 10^6}{45 \times 10^9} = 0.004$$

5.24　矢量数性积：

$$\boldsymbol{a} \cdot \boldsymbol{b} = |\boldsymbol{a}| \cdot |\boldsymbol{b}|\cos\theta$$

因此，
$$\cos\theta = \frac{\boldsymbol{a} \cdot \boldsymbol{b}}{|\boldsymbol{a}| \cdot |\boldsymbol{b}|} = \frac{a_1 \cdot b_1 + a_2 \cdot b_2 + a_3 \cdot b_3}{\sqrt{a_1^2 + a_2^2 + a_3^2} \cdot \sqrt{b_1^2 + b_2^2 + b_3^2}}$$

(111) $[10\bar{1}]$ 滑移系：

$$\cos\lambda = \frac{-1}{1 \times \sqrt{2}} = \frac{-1}{\sqrt{2}}$$

$$\cos\varphi = \frac{1}{1 \times \sqrt{3}} = \frac{1}{\sqrt{3}}$$

由于负号不影响分切应力大小，因此可取上述两表达式的绝对值：

$$\tau = \sigma|\cos\lambda||\cos\varphi| = \frac{70}{\sqrt{2} \times \sqrt{3}}\ \text{MPa} = 28.58\ \text{MPa}$$

(111) $[\bar{1}10]$ 滑移系：

$$\cos\lambda = \frac{0}{1 \times \sqrt{2}} = 0$$

$$\cos\varphi = \frac{1}{1 \times \sqrt{3}} = \frac{1}{\sqrt{3}}$$

$$\tau = \sigma|\cos\lambda||\cos\varphi| = 0$$

5.25　如附图 5.1 所示，AC 和 $A'C'$ 分别为拉伸前后晶体中两相邻滑移面之间的距离。因为拉伸前后滑移面的间距保持不变，即 $AC=A'C'$，因此，

$$\varepsilon = \frac{A'B' - AB}{AB} = \frac{\dfrac{A'C'}{\sin 30°} - \dfrac{AC}{\sin 45°}}{\dfrac{AC}{\sin 45°}} = \frac{2 - \sqrt{2}}{\sqrt{2}} = 41.4\%$$

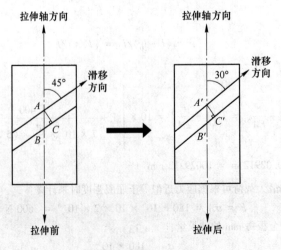

附图 5.1　题 5.25 图

5.26 $\sigma_s = \sigma_0 + kd^{-\frac{1}{2}}$ $\quad 112.7 = \sigma_0 + k(1 \times 10^{-3})^{-\frac{1}{2}} \quad \rightarrow \quad \sigma_0 = 84.935 \text{ MPa}$

$\qquad\qquad\qquad\quad 196 = \sigma_0 + k(0.0625 \times 10^{-3})^{-\frac{1}{2}} \quad k = 0.878$

因此，$\sigma_s = 84.935 + 0.878 \times (0.0196 \times 10^{-3})^{-\frac{1}{2}} = 283.255 \text{ MPa}$

5.27 证明：bcc 晶体的孪晶面为 $\{112\}$，孪生方向为 $\langle 111 \rangle$，孪生时切过的距离为 $\frac{1}{6}\langle 111 \rangle$，那么孪生时孪晶面沿孪生方向的切变为：

$$S = \frac{\frac{1}{6}\langle 111 \rangle}{d_{(112)}} = \frac{\frac{a}{6}\sqrt{3}}{\frac{a}{\sqrt{6}}} = \frac{\sqrt{6} \times \sqrt{3}}{6} = 0.707$$

fcc 晶体的孪晶面为 $\{111\}$，孪生方向为 $\langle 112 \rangle$，孪生时切过的距离为 $\frac{1}{3}\langle 112 \rangle$，那么孪生时孪晶面沿孪生方向的切变为：

$$S = \frac{\frac{1}{3}\langle 112 \rangle}{d_{(111)}} = \frac{\frac{a}{3}\sqrt{\frac{3}{2}}}{\frac{a}{\sqrt{3}}} = \frac{1}{\sqrt{2}} = 0.707$$

第 6 章习题答案

6.1 D

6.2 C

6.3 C

6.4 增大

6.5 减小

6.6 界面能减小

6.7 连续长大、二维形核、螺型位错

6.8 小于

6.9 根据要点回答：（1）负温度梯度下生长的晶体通常呈树枝状；（2）正温度梯度下生长的晶体通常呈光滑表面。从不同温度梯度条件下过冷度对晶体生长的影响角度阐述。

6.10 要点：液、固两相截然分开，从微观上看是光滑的，宏观上它往往由不同位向的小平面所组成，故呈折线状，这类界面也称小平面界面；液两相之间的界面从微观来看是高低不平的，存在几个原子层厚度的过渡层，在过渡层中约有半数的位置为固相原子所占据。

6.11 要点：从形核时体积自由能减小（形核的驱动力）、表面自由能增加（形核阻力）两个方面综合阐述。

第 7 章习题答案

7.1 匀晶转变

7.2 $L \longrightarrow \alpha + \beta$

7.3 $L+\alpha \longrightarrow \beta$

7.4 $L \longrightarrow \alpha$

7.5 $k_0 = w(S)/w(L)$

7.6 正偏析

7.7 D

7.8 B

7.9 A

7.10 C

7.11 C

7.12 要点：当 $k_0 < 1$ 时，凝固前端部分的溶质浓度不断降低，后端部分不断地富集，这使固溶体经区域熔炼后的前端部分因溶质减少而得到提纯，因此区域熔炼又称区域提纯。其本质在于凝固时溶质在固液界面两侧固相和液相中的分配和扩散的不平衡性造成的，是一种非平衡凝固的结果。

7.13 在合金的凝固过程中，由于液相中溶质分布发生变化而改变了凝固温度，使界面前沿液体中的实际温度低于由溶质分布所决定的理论凝固温度时产生的过冷。

7.14 由于前沿液体远离型壁，散热困难，冷速变慢，而且熔液中的温差随之减小，这将阻止柱状晶的快速生长，当整个熔液温度降至熔点以下时，熔液中出现许多晶核并沿各个方向长大，就形成中心等轴晶区。

7.15 (1) 在合金成分线与液相线相交点作水平线，此线与固相线交点的合金成分即为首先凝固出来的固体成分：$w(B) = 85\%$。

   (2) 作 $w(B) = 60\%$ 垂直线与 α 固相线相交点的水平线，此线与液相线 L 相交点的成分即为合金成分：$w(B) = 15\%$。

   (3) 原理同上：合金成分 $w(B) = 20\%$。

   (4) 利用杠杆定律：液体所占比例 $= [(80-50)/(80-40)] \times 100\% = 75\%$；固体所占比例 $= 1 - 75\% = 25\%$。

7.16 共晶反应是指一定成分的液相在一定温度下，同时结晶出两个成分不同的固相的反应；包晶反应是指一定成分的固相和一定成分的液相形成另一成分固相的反应过程；而共析反应是指特定成分的固相在一定温度下，同时分解出两个成分不同的固相的反应。它们的共同点是反应均在恒温下进行，反应物和产物都是具有特定成分的相，都处于三相平衡状态；不同点是共晶反应是一种液相在恒温下，同时生成两种固相的反应，而共析反应是一种固相在恒温下生成两种固相的反应，包晶反应则是一种固相和一种液相在恒温下生成另一种固相的反应。

7.17 (1) 任何温度下所作的连接线两端必须分别相交于液相线和固相线，不能相交于单一液相线或单一固相线。

   (2) A 组元的凝固温度恒定，所以液固相线在 A 成分处应相交于一点。

   (3) 在两元系的三相平衡反应中，三相的成分是唯一的。

   (4) 在两元系只能出现三相平衡反应。

   改正后的二元相图如附图 7.1 所示。

7.18 (1) 相图中单相区有 Mg、Mg_2Si、Si 和 L 相区。

   (2) 合金在 $w(Si)$ 为 36.6% 时形成稳定化合物 Mg_2Si。它具有确定的熔点（1087 ℃），熔化后的 Si 含量不变。所以可把稳定化合物 Mg_2Si 看作一个独立组元，把 Mg-Si 相图分成 Mg-Mg_2Si 和 Mg_2Si-Si 两个独立二元相图进行分析。过 $w(Si) = 65\%$ 合金成分点作垂直线，即可分析其平衡凝固过程：首先从 L→Si，到 946.7 ℃时产生共晶反应 L→Mg_2Si+Si，最终得到的组织为 Si + (Mg_2Si+Si)。

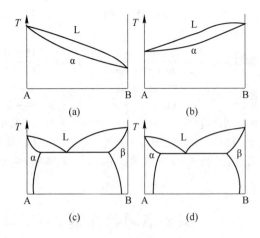

附图 7.1　题 7.17 图

(3) 在较快的冷却条件下凝固，初生相 Si 的量将减少，共晶体（Mg_2Si+Si）的数量增加，且组织变细。若冷却速度进一步增加，有可能得到全部的伪共晶组织。

7.19　图（a）系共晶组织，具有两相交替生成针状组织特征。图（b）系过共晶组织，因为初生相为 Si，由于 Al 在 Si 中的溶解度极低，几乎为纯 Si，不显示树枝晶偏析，且具有非金属结晶特征，即小刻面块晶形，有较规则的外观，正如图（b）中黑块状组织所示。图（c）系亚共晶组织，因为初生相为以 Al 为基的 α 固溶体，在 α 固溶体中溶入一定量的 Si，凝固时固相有浓度变化，通常以树枝状结晶，在显微磨面上呈椭圆形或不规则形状，如图（c）中的大块白色组织所示。
可采用变质剂（钠盐）或增加冷却速率来细化 Al-Si 合金的铸态组织。

7.20　(1) 在不平衡凝固条件下，首先将形成树枝状的 α 晶体；随着凝固的进行，当液体中溶质富集处达到包晶成分时，将产生包晶转变：L+α→β，从而在枝晶间形成 β 相；如果冷速不是特别快，可能继续冷却至 586℃时发生共析反应：β→α+γ；甚至冷却至 520℃时再次发生共析反应；γ→α+β，因此铸件的最后组织将是在 α 的枝晶间分布着 β 相，或者分布着（α+γ）共析体，也可能为共析体（α+β）。

(2) Cu-30%Zn 合金的凝固温度范围窄，不容易产生宽的成分过冷区，即以"壳状"方式凝固，液体的流动性好，易补缩，容易获得致密的铸件，铸件组织主要为平行排列的柱状晶。Cu-10%Zn 合金具有宽的凝固温度范围，容易形成宽的成分过冷区，即以"糊状"方式凝固，液体的流动性差，不易补缩，这是使铸件产生分散砂眼的主要原因，铸件的致密性差，铸件组织主要由树枝状柱状晶和中心等轴晶组成。

(3) Cu-2%Sn 合金为单相 α 组织，塑性好，易于进行压力加工；Cu-11%Sn，Cu-15%Sn 合金的铸态组织中含有硬而脆的 β、γ 等中间相组织，不易塑性变形，适合用于铸造法。

7.21　(1) 所示的 CaO-ZrO_2 相图中共有三个三相恒温转变：

包晶反应：$\qquad\qquad L + t\text{-}ZrO_2 \longrightarrow c\text{-}ZrO_2$

共晶反应：$\qquad\qquad L \longrightarrow c\text{-}ZrO_2 + ZrCaO_3$

共析反应：$\qquad\qquad t\text{-}ZrO_2 \longrightarrow m\text{-}ZrO_2 + c\text{-}ZrO_2$

式中，L 代表液相；t 代表四方；c 代表立方；m 代表单斜。

(2) 由摩尔分数和质量分数的换算公式：

$$x(\mathrm{A}) = \frac{w(\mathrm{A})/A_{rA}}{w(\mathrm{B})/A_{rA} + w(\mathrm{B})/A_{rB}} = \frac{4/(40+16)}{4/(40+16) + 96/(91+16\times2)} \approx 0.08$$

所以 4%CaO（质量分数）= 8%CaO（摩尔分数），而且从图中可见在 900℃ 以下的溶解度变化不大，得：

$$单斜的摩尔分数 = \frac{x(\text{cub}) - x}{x(\text{cub}) - x(\text{mono})} \times 100\% = \frac{15 - 8}{15 - 2} \times 100\% = 53.8\%$$

$$立方的摩尔分数 = \frac{x - x(\text{mono})}{x(\text{cub}) - x(\text{mono})} \times 100\% = \frac{8 - 2}{15 - 2} \times 100\% = 46.2\%$$

7.22　三元相图中若某给定成分的合金在一定温度下处于两相平衡时，且其中一相成分给定，则根据直线法则，另一相的成分点必位于两个已知成分点连线的延长线上；如果两个平衡相成分点已知，则合金成分点必位于两个平衡相成分点连线的延长线上，根据两个平衡相成分可用杠杆定律求出合金的成分。

第8章习题答案

8.1　量子电导理论与经典电导理论的一个重要区别在于：经典电导理论认为，在外电场作用下所有（自由）电子都对电流有贡献；而量子理论认为，只有费米能级附近的电子才对电流有贡献。

8.2　（结合图 8.5）当半导体材料为 N 型时，多数载流子为电子，热探针（上电极）附近的电子热运动较强，向下扩散，使热探针附近缺少电子，而下电极附近积累电子，从而形成极性如图 8.5 所示的电动势。当半导体材料为 P 型时，多数载流子为空穴，热探针附近的空穴热运动较强，向下扩散，使热探针附近缺少空穴，而下电极附近积累空穴，从而形成极性相反的电动势。如此便可以通过所产生电动势的极性来判断半导体材料的型号。

8.3　严格地说，只有在绝对零度时，半导体的价带才是被填满的，导带才是全空的，此时材料的电导率才为零。随着温度的升高，价带中的部分电子跃迁到导带，并在价带中留下等量的空穴。导带中的电子和价带中的空穴具有相反的电荷，在电场的作用下沿着相反的方向运动，它们都能导电，都是载流子。这种由本征热激发产生的载流子称为本征载流子。

8.4　能级关系示意图参考本书图 8.9 和图 8.10。

8.5　在一块长方形的半导体样品中，沿 x 方向通以电流(J_x)，同时在 z 方向加上磁场(B_z)，则在 y 方向的两边就会产生一个电位差(E_y)，这种效应即是霍尔效应。通过霍尔效应的测量，一方面由霍尔系数的符号可以判断半导体的导电类型；另一方面由霍尔系数的绝对值可以确定载流子浓度 n 或 p。

8.6　当 P 型半导体和 N 型半导体接触在一起时便形成 P-N 结。由于在接触前 N 型硅的费米能级 E_{FN} 比 P 型硅的费米能级 E_{Fp} 高，一旦接触在一起，电子将由 N 型区流向 P 型区，并在 N 型区表面层留下带正电的离化施主；同时，空穴将由 P 型区流向 N 型区，并在 P 型区的表面层留下带负电的离化受主。因此，在 P-N 结界面的两侧形成空间电荷层，N 型硅一侧为带正电的空间电荷层，P 型硅一侧为带负电的空间电荷层。

8.7　Frenkel 激子的产生途径有两种：（1）光致激发。光致激发是分子对光的吸收，形成激发态分子的过程。当光子的能量大于分子的光隙时，一个光子可被一个分子吸收，使这个分子由基态转变为激发态，分子中的一个电子由 HOMO 跃迁到 LUMO 或更高能级，分子内形成相互束缚的电子空穴对，即激子。（2）电致激发。如果在有机材料薄膜的两端施加电压，当正负极的功函数分别与有机材料的 HOMO 和 LUMO 能级匹配时，空穴和电子会分别由两个电极注入形成阳离子极化子和阴离子极化子。这些极化子通过在电场作用下的相向输运有可能相遇。然后，阳离子极化子可以俘获邻近分子中的电子，或者阴离子极化子俘获邻近分子中的空穴，在分子内形成了相互束缚的电子空穴对，这样经由电场注入的中性激子就形成了。

8.8　根据激子中相互关联的电子与空穴对之间距离的不同，可将激子分为三类：Frenkel 激子、电荷转移激子（CT）和 Wannier 激子。

8.9 有机物载流子的输运模型一直不断被研究，目前的传输理论主要有三种：局域态跳跃模型、极化子模型和 MTR 模型。局域态跳跃模型认为聚合物中载流子的平均自由程小于平均原子间距，且在禁带中存在大量的局域态能级，电荷传导靠载流子在这些局域态间的跳跃来实现；极化子模型认为聚合物共轭链中的原子在载流子电场的诱导下相对于平衡位置发生位移，形成极化区。载流子和周围极化场相互作用，从而出现自局域化电荷；MTR 模型认为载流子在扩展态中传输时会被存在于禁带的局域态捕获，经过热激发释放，并继续传输。

8.10 具有两种极端的输运模式：能带型输运和跳跃型输运。能带型输运指的是宽能带体系中具有较大自由程的高度离域性平面波运动。其条件是：电荷与晶格声子间的相互作用很小，能带宽度足够大，满足测不准原理。而跳跃型输运指的是高度定域的，从一点到另一点的跳跃式运动。其特征是：电子或空穴在分立能级之间发生非相干跳跃，且在每一点上都会受到散射。在这种模式中，载流子输运很大程度上取决于材料的分子结构和形貌，载流子迁移率不仅依赖于杂质和缺陷，也依赖于过剩载流子与晶格声子的相互作用。声子的发射为跳跃过程提供了必要的激活能，有助于跳跃过程的发生，即载流子通过被声子激发来克服势垒后从一个分子跳跃到另一个分子。因此，与能带型输运不同，跳跃型输运是热激活方式的，载流子迁移率很低且在一定的范围内随温度的升高而增加。

第 9 章习题答案

9.1 量子阱：在二维条件下，每一个子能级上的态密度为常数，二维系统总的态密度为一个阶梯函数。量子线：在一维条件下，态密度与该方向上电子的能量关系与 $\sqrt{E_{k_z}}$ 的倒数成正比，则对应每一个子能级，出现一个态密度峰值。量子点：量子化能级间距与该方向上的约束长度平方成反比，随着该方向的尺寸减小，该方向上量子化能级间距越大，即能量量子化效应越明显。在量子点中甚至出现了完全分立的能级，这种量子点也被称为"人工原子"。

9.2 简并费米液体假设和超细粒子电中性假设。简并费米液体假设：Kubo 将费米面附近超细粒子的电子态视为受尺寸限制的简并电子气，并进一步假设其能级为准粒子态的不连续能级，准粒子之间的相互作用可以忽略不计。超细粒子电中性假设：Kubo 认为，从超细粒子中移除或放置电子是非常困难的，低温下热涨落很难改变超细粒子的电中性。

9.3 不正确。因一般块体金的熔点是 1064 ℃。当颗粒大小减小到 10 nm 时，它下降到 670 ℃，而 2 nm 的金的熔点只有约 327 ℃。由于颗粒尺寸减小而引起材料热学性能发生了变化。

9.4 可结合四大效应中的某一个举例说明即可（如：传统 Al_2O_3 的烧结温度为 1700~1800 ℃，而纳米 Al_2O_3 可在 1200~1400 ℃烧结，致密程度可达到 99.0%以上，烧结温度降低了 400 ℃以上。此种现象是由纳米材料的表面和界面效应引起的）。

9.5 所有的金属在超微颗粒状态都呈现为黑色，尺寸越小，颜色越黑；金属超细粒子对光的反射率不到 1%，约几微米厚度就可以完全消光；纳米粒子的尺寸远小于红外和雷达的波长，纳米粒子对这两个波段的透射率远大于常规宏观材料；一些以前不发光材料的颗粒小到纳米级时，可以观察到它们的发光现象。以上种种都是由于纳米材料的小尺寸效应引起的。

9.6 结合纳米颗粒的磁性能进行说明。（研究表明，鸽子体内存在着超细的磁性颗粒，这种颗粒实质上是一种生物磁罗盘，使这类生物在地磁场中的导航能辨别方向，具有返回能力。）

9.7 经典理论认为：当一个粒子碰到一个障碍物时，如果障碍物的势能大于粒子的动能，那么粒子越过障碍物出现在另一边的概率就是零。而在量子世界里，这个粒子越过障碍物出现在另一边却具有一定的概率，这就是量子隧穿现象。

参考文献

[1] 胡赓祥，蔡珣，戎咏华. 材料科学基础［M］. 上海：上海交通大学出版社，2021.

[2] 赵珊茸. 结晶学与矿物学［M］. 北京：高等教育出版社，2017.

[3] Weller Overton Rourke Armstrong. 无机化学［M］. 6版. 李珺雷等译. 北京：高等教育出版社，2018.

[4] 刘东亮，邓建国. 材料科学基础［M］. 上海：华东理工大学出版社，2016.

[5] 潘金生，田民波，全健民. 材料科学基础［M］. 北京：清华大学出版社，2011.

[6] 刘智恩. 材料科学基础［M］. 西安：西北工业大学出版社，2018.

[7] 胡志强. 无机材料科学基础教程［M］. 北京：化学工业出版社，2011.

[8] 刘恩科，朱秉升，罗晋生. 半导体物理学［M］. 北京：电子工业出版社，2008.

[9] 方海生，刘胜. 晶体生长中输运现象及晶体缺陷［M］. 北京：科学出版社，2023.

[10] 陈继勤. 晶体缺陷［M］. 杭州：浙江大学出版社，1992.

[11] 石德珂. 材料科学基础［M］. 北京：机械工业出版社，2019.

[12] 靳正国，郭瑞松，侯信，等. 材料科学基础［M］. 天津：天津大学出版社，2015.

[13] 陈立佳，材料科学基础［M］. 北京：冶金工业出版社，2007.

[14] 徐时清，王焕平. 材料科学基础［M］. 上海：上海交通大学出版社，2015.

[15] 冯端，师昌绪，刘治国. 材料科学导论［M］. 北京：化学工业出版社，2002.

[16] 蒋平，徐至中. 固体物理学［M］. 上海：复旦大学出版社，2007.

[17] 黄昆，韩汝琦. 固体物理学［M］. 北京：高等教育出版社，1988.

[18] 宁青菊，谈国强，史永胜. 无机材料物理性能［M］. 北京：化学工业出版社，2006.

[19] 文尚胜，黄文波，兰林锋，等. 有机光电子技术［M］. 广州：华南理工大学出版社，2014.

[20] 张引全. 聚合物晶体管中掺杂与电荷输运相关性研究［D］. 南京：南京邮电大学，2022.

[21] 张立德，牟季美. 纳米材料和纳米结构［M］. 北京：科学出版社，2001.

[22] 黄昆，韩汝琦. 固体物理学［M］. 北京：高等教育出版社，1993.

[23] 陈翌庆. 纳米材料学基础［M］. 长沙：中南大学出版社，2009.

[24] 谢希德，陆栋. 固体能带理论［M］. 上海：复旦大学出版社，1999.

[25] 林志东. 纳米材料基础及应用［M］. 北京：北京大学出版社，2019.

[26] 王宁寰. 点石成金：神奇的新材料与纳米技术［M］. 济南：山东教育出版社，2010.

[27] 陈敬中，刘剑洪. 纳米材料科学导论［M］. 北京：高等教育出版社，2006.

[28] 朱长纯，贺永宁. 纳米电子材料与器件［M］. 北京：国防工业出版社，2006.

[29] 余永宁. 材料科学基础［M］. 北京：高等教育出版社，2012.

[30] 束德林. 工程材料力学性能［M］. 北京：机械工业出版社，2016.

[31] 吴广河，沈景祥，庄蕾. 金属材料与热处理［M］. 北京：北京理工大学出版社，2012.

[32] 王学武. 金属材料与热处理［M］. 北京：机械工业出版社，2020.

[33] 关绍康. 材料成型基础［M］. 长沙：中南大学出版社，2009.

[34] 郝士明，李洪晓，蒋敏. 材料热力学［M］. 北京：化学工业出版社，2020.

[35] 周玉. 材料分析方法［M］. 北京：机械工业出版社，2019.

[36] 陶杰，姚正军. 材料科学基础［M］. 北京：化学工业出版社，2022.

[37] 张志焜，崔作林. 纳米技术与纳米材料［M］. 北京：国防工业出版社，2000.

[38] 王荣明，潘曹峰，耿东生. 新型纳米材料与器件［M］. 北京：化学工业出版社，2020.

[39] 张立德，牟季美. 物理学与新型（功能）材料专题系列介绍（Ⅲ）开拓原子和物质的中间领域-纳米微粒与纳米固体［J］. 物理，1992，21（3）：167-173.

[40] 陈海燕，杨晓玲，罗庇荣. CdS及其稀土掺杂纳米带的制备与发光性质的研究［J］. 功能材料，

2010, 41 (1): 115-117.

[41] Suzuki T, Tanaka M, Morikawa T, et al. Tensile Deformation of Si Single Crystals with Easy Glide Orientation [J]. Mater Trans, 2021, 62: 975-981.

[42] Fan Z, Li L, Chen Z, Asakura Makoto, et al. Temperature-dependent yield stress of single crystals of non-equiatomic Cr-Mn-Fe-Co-Ni high-entropy alloys in the temperature range 10-1173 K [J]. Acta Materialia, 2023, 246: 118712.

[43] Kitahara H, Tsushida M, Ando S. Orientation Dependence of Bending Deformation Behavior in Magnesium Single Crystals [J]. Materials Transactions, 2016, 57: 1246-1251.

[44] Di Leo C V, Rimoli J J. New perspectives on the grain-size dependent yield strength of polycrystalline metals [J]. Scripta Materialia, 2019, 166: 149-153.

[45] Tian T, Zha M, Jia H L, et al. The effect of high solid solution Mg contents (7-13wt%) on the dynamic strain aging behavior of Al-Mg alloys [J]. Materials Science & Engineering A, 2023, 880: 145376.

[46] Lan C, Wu Y, Guo L, et al. Microstructure, texture evolution and mechanical properties of coldrolled Ti-32.5Nb-6.8Zr-2.7Sn biomedical beta titanium alloy [J]. Journal of Materials Science & Technology, 2018, 34: 788-792.

[47] Chen K J, Chen J Y, Ting Y H, et al. Ultra-high annealing twin density in < 211 > -oriented Cu films [J]. Scripta Materialia, 2020, 184: 46-51.

[48] Halperin W P. Quantum size effects in metal particles [J]. Reviews of Modern Physics, 1986, 58: 533-606.

[49] Rao C N R, Kulkarni G U, Thomas P J, et al. Metal nanoparticles and their assemblies [J]. Chemical Society Reviews, 2000, 29: 27-35.

[50] Kobo R. Electronic properties of metallic fine particles [J]. Journal of Physical Society of Japan, 1962, 17 (5): 975-986.

[51] Zhang Z K, Cui Z L, Chen K Z. Behaviour of hydrogen in nano-transition metals [J]. Journal of Materials Science and Technology, 1996, 12: 75-77.

[52] Gorter C J. Spectroscopy at radio frequencies [J]. Physica, 1951, 7 (3/4): 169-174.

[53] Hemalatha K S, Rukmani K, Suriyamurthy N, et al. Synthesis, characterization and optical properties of hybrid PVA-ZnO nanocomposite: A composition dependent study [J]. Materials Research Bulletin, 2014, 51: 438-446.

[54] Karch J, Birringer R, Gleiter H. Ceramics ductile at low temperature [J]. Nature, 1987, 330 (6148): 556-558.

[55] Dai Z R, Bradley J P, Joswiak D J, et al. Possible in situ formation of meteoritic nanodiamonds in the early solar system [J]. Nature, 2002, 418 (6894): 157-159.

[56] Barhoum A, Garcia-Betancourt M L, Jeevanandam J, et al. Review on natural, incidental, bioinspired, and engineered nanomaterials: History, definitions, classifications, synthesis, properties, market, toxicities, risks, and regulations [J]. Nanomaterials-Basel, 2022, 12 (2): 177.

[57] Kawabata A. Electronic properties of metallic fine particles [J]. Surface Review and Letters, 1996, 3 (1): 9-12.

[58] Uyeda R. The morphology of fine metal crystallites [J]. Journal of Crystal Growth, 1974 (24/25): 69-75.

[59] Novoselov K S, Geim A K, Morozov S V, et al. Electric field effect in atomically thin carbon films [J]. Science, 2004, 306 (5969): 666-669.

[60] Chou E Y, Huang J C, Huang M S, et al. Baud-rate channel equalization in nanometer technologies [J]. IEEE, 2004, 12 (11): 1174-1181.

[61] Masubuchi T, Endo M, Iizuka R, et al. Construction of integrated gene logic-chip [J]. Nature

Nanotechnology, 2018, 13 (10): 933.

[62] Wang Z L, Jiang T, Xu L. Toward the blue energy dream by triboelectric nanogenerator networks [J]. Nano Energy, 2017, 39: 9-23.

[63] Nasrollahzadeh M, Sajjadi M, Iravani S, et al. Starch, Cellulose, Pectin, Gum, Alginate, Chitin and chitosan derived (nano) materials for sustainable water treatment: a review [J]. Carbohydrate Polymers, 2021, 251: 116986.

[64] Zhao L J, Lu L, Wang A, et al. Nano-biotechnology in agriculture: Use of nanomaterials to promote plant growth and stress tolerance [J]. Journal of Agricultural and Food Chemistry, 2020, 68 (7): 1935-1947.

[65] Wang X M, Li C H, Zhang Y B, et al. Vegetable oil-based nanofluid minimum quantity lubrication turning: Academic review and perspectives [J]. Journal of Manufacturing Process, 2020, 59: 76-97.

[66] Patnaik S, Sahoo D P, Parida K. Recent advances in anion doped g-C_3N_4 photocatalysts: a review [J]. Carbon, 2021, 172: 682-711.

[67] Masubuchi T, Endo M, Iizuka R, et al. Construction of integrated gene logic-chip [J]. Nature Nanotechnology, 2018, 13 (10): 933.

[68] Cebadero-Domínguez Ó, Jos A, Cameán A M, et al. Hazard characterization of graphene nanomaterials in the frame of their food risk assessment: a review [J]. Food and Chemical Toxicology, 2022, 164: 113014.

[69] Vital N, Pinhão M, Yamani N E, et al. Hazard assessment of benchmark metal-based nanomaterials through a set of in vitro genotoxicity assays [J]. Advances in Experimental Medicine and Biology, 2022, 1357: 351-375.